“十三五”国家重点出版物出版规划项目

高性能高分子材料丛书

高性能微波辐射调控复合材料技术

邢丽英 等 编著

科学出版社

北京

内 容 简 介

本书为“高性能高分子材料丛书”之一。高性能微波辐射调控复合材料主要包括结构吸波和结构透波复合材料，是提升航空装备隐身性能和探测性能不可缺少的关键材料，也是当前先进复合材料领域的一个研究热点和重点。结构吸波和结构透波复合材料虽然应用目的完全不同，但本质都是微波的辐射调控，因此称为微波辐射调控复合材料。微波辐射调控复合材料的不同树脂基体、增强材料、使用环境、结构形式对微波辐射调控特性都有明显的影响。本书主要介绍高性能微波辐射调控复合材料的设计原理、树脂基体、增强材料、成型技术、性能表征技术，以及目前高性能微波辐射调控复合材料的应用现状以及未来发展等。

本书内容系统全面，实用性强，可供高等院校、研究院所等从事功能复合材料技术研究、工程制造、设计应用等科研人员及学生参考使用。

图书在版编目（CIP）数据

高性能微波辐射调控复合材料技术/邢丽英等编著. —北京：科学出版社，2020.12

（高性能高分子材料丛书/蹇锡高总主编）

“十三五”国家重点出版物出版规划项目

ISBN 978-7-03-067237-7

Ⅰ. ①高…　Ⅱ. ①邢…　Ⅲ. ①微波辐射-复合材料-研究　Ⅳ. ①TB33

中国版本图书馆 CIP 数据核字（2020）第 251977 号

丛书策划：翁靖一

责任编辑：翁靖一　孙静惠 / 责任校对：杜子昂

责任印制：师艳茹 / 封面设计：东方人华

科学出版社 出版

北京东黄城根北街 16 号

邮政编码：100717

http://www.sciencep.com

北京通州皇家印刷厂 印刷

科学出版社发行　各地新华书店经销

*

2020 年 12 月第　一　版　　开本：720 × 1000　1/16

2020 年 12 月第一次印刷　　印张：19 1/4

字数：368 000

定价：139.00 元

（如有印装质量问题，我社负责调换）

高性能高分子材料丛书

编　委　会

总　序

自20世纪初，高分子概念被提出以来，高分子材料越来越多地走进人们的生活，成为材料科学中最具代表性和发展前途的一类材料。我国是高分子材料生产和消费大国，每年在该领域获得的授权专利数量已经居世界第一，相关材料应用的研究与开发也如火如荼。高分子材料现已成为现代工业和高新技术产业的重要基石，与材料科学、信息科学、生命科学和环境科学等前瞻领域的交叉与结合，在推动国民经济建设、促进人类科技文明的进步、改善人们的生活质量等方面发挥着重要的作用。

国家“十三五”规划显示，高分子材料作为新兴产业重要组成部分已纳入国家战略性新兴产业发展规划，并将列入国家重点专项规划，可见国家已从政策层面为高分子材料行业的大力发展提供了有力保障。然而，随着尖端科学技术的发展，高速飞行、火箭、宇宙航行、无线电、能源动力、海洋工程技术等的飞跃，人们对高分子材料提出了越来越高的要求，高性能高分子材料应运而生，作为国际高分子科学发展的前沿，应用前景极为广阔。高性能高分子材料，可替代金属作为结构材料，或用作高级复合材料的基体树脂，具有优异的力学性能。这类材料是航空航天、电子电气、交通运输、能源动力、国防军工及国家重大工程等领域的重要材料基础，也是现代科技发展的关键材料，对国家支柱产业的发展，尤其是国家安全的保障起着重要或关键的作用，其蓬勃发展对国民经济水平的提高也具有极大的促进作用。我国经济社会发展尤其是面临的产业升级以及新产业的形成和发展，对高性能高分子功能材料的迫切需求日益突出。例如，人类对环境问题和石化资源枯竭日益严重的担忧，必将有力地促进高效分离功能的高分子材料、生态与环境高分子材料的研发；近14亿人口的健康保健水平的提升和人口老龄化，将对生物医用材料和制品有着内在的巨大需求；高性能柔性高分子薄膜使电子产品发生了颠覆性的变化；等等。不难发现，当今和未来社会发展对高分子材料提出了诸多新的要求，包括高性能、多功能、节能环保等，以上要求对传统材料提出了巨大的挑战。通过对传统的通用高分子材料高性能化，特别是设计制备新型高性能高分子材料，有望获得传统高分子材料不具备的特殊优异性质，进而有望满足未来社会对高分子材料高性能、多功能化的要求。正因为如此，高性能高分子材料的基础科学研究和应用技术发展受到全世界各国政府、学术界、工业界的高度重视，已成为国际高分子科学发展的前沿及热点。

因此，对高性能高分子材料这一国际高分子科学前沿领域的原理、最新研究进展及未来展望进行全面、系统地整理和思考，形成完整的知识体系，对推动我国高性能高分子材料的大力发展，促进其在新能源、航空航天、生命健康等战略新兴领域的应用发展，具有重要的现实意义。高性能高分子材料的大力发展，也代表着当代国际高分子科学发展的主流和前沿，对实现可持续发展具有重要的现实意义和深远的指导意义。

为此，我接受科学出版社的邀请，组织活跃在科研第一线的近三十位优秀科学家积极撰写"高性能高分子材料丛书"，内容涵盖了高性能高分子领域的主要研究内容，尽可能反映出该领域最新发展水平，特别是紧密围绕着"高性能高分子材料"这一主题，区别于以往那些从橡胶、塑料、纤维的角度所出版过的相关图书，内容新颖、原创性较高。丛书邀请了我国高性能高分子材料领域的知名院士、"973"项目首席科学家、教育部"长江学者"特聘教授、国家杰出青年科学基金获得者等专家亲自参与编著，致力于将高性能高分子材料领域的基本科学问题，以及在多领域多方面应用探索形成的原始创新成果进行一次全面总结、归纳和提炼，同时期望能促进其在相应领域尽快实现产业化和大规模应用。

本套丛书于 2018 年获批为"十三五"国家重点出版物出版规划项目，具有学术水平高、涵盖面广、时效性强、引领性和实用性突出等特点，希望经得起时间和行业的检验。并且，希望本套丛书的出版能够有效促进高性能高分子材料及产业的发展，引领对此领域感兴趣的广大读者深入学习和研究，实现科学理论的总结与传承，科技成果的推广与普及传播。

最后，我衷心感谢积极支持并参与本套丛书编审工作的陈祥宝院士、李仲平院士、瞿金平院士、王玉忠院士、张立群教授、李光宪教授、郑强教授、王笃金研究员、杨小牛研究员、余木火教授、解孝林教授、王锦艳教授、张守海教授等专家学者。希望本套丛书的出版对我国高性能高分子材料的基础科学研究和大规模产业化应用及其持续健康发展起到积极的引领和推动作用，并有利于提升我国在该学科前沿领域的学术水平和国际地位，创造新的经济增长点，并为我国产业升级、提升国家核心竞争力提供该学科的理论支撑。

中国工程院院士

大连理工大学教授

前　言

先进树脂基复合材料具有性能可设计性，使之不但具有优异的力学性能，同时具有许多其他性能，如声、光、电、磁、热等，在航空航天等领域的应用日益广泛，对提升武器装备的生存力与战斗力具有重要作用。结构透波复合材料在预警机等电子探测和电子战飞机中作为电磁窗口材料应用，有效保障了天线的可靠性。结构吸波复合材料在隐身战斗机吸波结构中应用有效降低了飞机的强雷达散射源和次强雷达散射源的雷达散射截面积（RCS），大幅度提升了战斗机的生存能力和突防能力。统计表明，在第四代隐身战斗机中，结构功能一体化复合材料占其复合材料总体用量的30%左右，在先进电子探测和电子战飞机中，结构功能一体化复合材料用量更高，能够达到复合材料总用量的60%以上。树脂基结构功能复合材料已经成为最为重要的一类复合材料。

高性能微波辐射调控复合材料主要包括微波吸收和微波透明复合材料，是提升航空装备隐身性能和探测性能不可缺少的关键材料，也是当前先进复合材料领域的一个研究热点和重点。结构吸波和结构透波复合材料虽然应用目的完全不同，但本质都是微波的辐射调控，因此称为微波辐射调控复合材料。微波辐射调控复合材料的不同树脂基体、增强材料、使用环境、结构形式对微波辐射调控特性都有明显的影响。

本书系统介绍了高性能微波辐射调控复合材料的设计原理、树脂基体、增强材料、成型技术、性能表征技术，以及目前高性能微波辐射调控复合材料的应用现状以及未来发展等。

本书的作者均是长期从事微波辐射调控复合材料技术研究的科研人员，对微波辐射调控复合材料技术有较深刻的认识和了解，书中包含了与作者相关的研究结果，并根据作者多年研究工作的经验，提出了高性能微波辐射调控复合材料技术未来发展重点等，具有一定的指导意义。

本书内容系统全面，力求具有技术先进性和工程实用性，可供高等院校、研究院所等从事功能复合材料技术研究、工程制造、设计应用等科研人员及学生参考使用。

本书共 7 章，第 1 章、第 2 章由邢丽英编写，第 3 章由李亚锋、院伟编写，第 4 章、第 6 章由洪旭辉编写，第 5 章由礼嵩明编写，第 7 章由邢丽英、礼嵩明、李亚锋编写。邢丽英提出全书的撰写大纲并对全书进行了统稿、修改、校稿和终审。

我们衷心希望奉献给读者一本高性能微波辐射调控复合材料技术方面的高质量作品，但由于作者水平有限，书中难免存在疏漏之处，恳请广大读者批评指正！

邢丽英

2020 年 9 月

目　录

第1章

绪　论

1.1 引　言

先进树脂基复合材料具有性能可设计、高比强度和比刚度、耐疲劳性能好、耐腐蚀、可整体成型和多功能一体化等优点，在航空航天等领域的应用日益广泛，已经发展成为最重要的一类结构材料和结构功能一体化材料[1, 2]。在先进军民用大型飞机（如B787、A350和A400M飞机）中，复合材料的用量达到40%～50%。在F22、F35等第4代战斗机①中，复合材料用量达到25%以上，其中以具备电磁波吸收和电磁波透过功能为主的结构功能一体化复合材料达到全部复合材料用量的20%左右，已经成为一类极其重要的复合材料。这类结构功能复合材料的应用，对于提升飞机的隐身和探测性能，进而提升飞机的生存力与战斗力，具有重要的作用。

电磁波吸收复合材料的应用目的是实现雷达波的高效吸收，电磁波透过复合材料则希望雷达波能够全部透过，对电磁波透明，尽管应用的目的完全不同，但实质都是电磁波辐射的调控。同时由于目前雷达应用的频段主要在微波频段，因此可统称为微波辐射调控复合材料。不同的树脂基体、增强材料、使用环境、结构形式对复合材料微波辐射调控特性都有明显的影响。本书将主要介绍微波辐射调控复合材料的基本知识、设计原理、基础材料、成型技术、性能表征技术、应用现状以及未来发展等。

1.2　电磁波谱的分类

在电磁学里，电磁波谱包括电磁辐射所有可能的频率。一个物体的电磁波谱专指这个物体所发射或吸收的电磁辐射（又称电磁波）的特征频率分布。

电磁波谱频率从低到高分别为无线电波、微波、红外线、可见光、紫外线、X射线和伽马射线，如图1-1所示。微波只是电磁波谱中一个很小的部分。电磁

① 国际上美俄对战机的划代标准不同，但都以具有超机动性、高隐身性特点的战机为最新一代战机，本书中将此代战机表述为第4代战斗机。

波谱是无限的而且是连续的。短波长的极限被认为几乎等于普朗克长度，长波长的极限被认为等于整个宇宙的大小[3]。

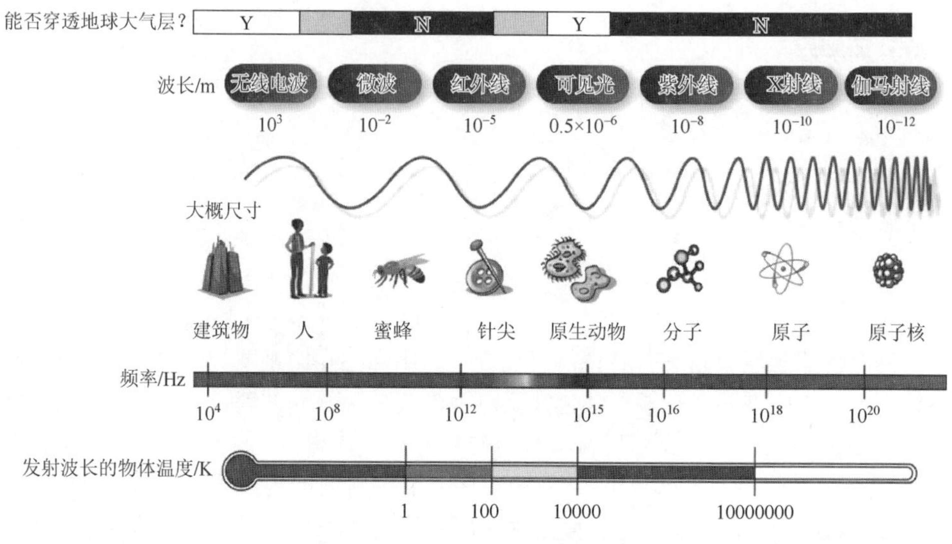

图 1-1　不同物体辐射的电磁波

电磁波通常以频率、波长或光子能量中的任意一种物理量来描述。波长与频率成反比，波长越长，频率越低；反之，频率越高，波长越短，其乘积是一个常数，即光速。另外电磁波的能量与频率成正比，系数为普朗克常数。即频率越高，波长越短，能量越大[4]。

电磁波的物理行为与其波长有关。人类眼睛可以观测到波长大约在 400～700nm 之间的电磁辐射，称为可见光。在光谱学里，各种各样的光谱仪可以探测到的电磁波波长的值域，比可见光的波长值域宽广很多。普通实验使用的光谱仪可以测量 2～2500nm 波长的电磁波。使用不同的光谱仪，可以得知物体、气体甚至恒星的详细波谱数据。

按照电磁辐射与物质相互作用的不同机制，电磁波可以分为很多种类（表 1-1）。

表 1-1　电磁波的分类

波谱的谱域	与物质相互作用的机制
无线电波	在大块物质内，电荷载子的集体振荡，如由导体组成的天线，其导体内部的电子的振荡
微波至红外线	等离子体振荡（plasma oscillation），分子转动（molecular rotation）
近红外线	分子振动（molecular vibration），等离子体振荡（只在金属里）
可见光	分子的电子激发（包括可以在人体视网膜里找到的色素分子），等离子体振荡（只在金属里）

续表

波谱的谱域	与物质相互作用的机制
紫外线	分子或原子的价电子的激发，包括电子的发射（光电效应）
X射线	原子的内层电子的激发与发射，低原子序数的原子的康普顿散射
伽马射线	重元素的内层电子的高能量发射，康普顿散射，原子核的激发（包括原子核的解离）

无线电波：根据共振原理，无线电波可以由天线发射出去或接收回来，其波长在几百米至 1 cm 之间。通过调变可将信息加载于无线电波。因此无线电波可以用来传递信息。电视、移动电话、无线网络等都使用无线电波来传递信息。

微波：电子速调管（klystron）或磁控管（magnetron）可以用来生成微波，微波的波长通常为 10m～1mm。每一种电极性分子，会对应着某些特定频率的微波，使得电极性分子随着振荡电场一起旋转，过程中电极性分子会吸收微波的能量。

太赫兹辐射：太赫兹辐射的频域在红外线与微波之间。以前太赫兹辐射研究和应用较少，但是最近已发展了太赫兹辐射成像和通信等的应用技术。高频率电磁波能够干扰敌方的电子设备使其失去功能，太赫兹辐射具有潜在的军事用途。

红外线：红外线的频域在 300GHz（1mm）～400THz（750nm）之间，可以分为三部分。远红外线的频域在 300GHz（1mm）～30THz（10μm）之间。处于不同物态的物质吸收远红外线的机制并不相同。中红外线的频域在 30THz（10μm）～120THz（2.5μm）之间。热物体（黑体辐射源）辐射中红外线的强度大大强过其他种类的电磁辐射。中红外线会被分子振动吸收，分子内部的原子会因此增加振动的振幅。对于热物体而言，这个频域称为指纹频域，因为每一种热物体都有其特征的吸收谱线。近红外线的频域在 120THz（2500nm）～400THz（750nm）之间。在这个频域内的物理过程类似于可见光频域的物理过程。

可见光：可见光是频率在 400THz（750nm）～790THz（380nm）之间的电磁辐射，可以被人类眼睛感知发现。可见光的频域也是太阳和其他类似的恒星所发射的大部分辐射的频域。分子或原子内部的电子通常会吸收或发射可见光（和近红外线）。

紫外线：紫外线的能量很高，能够破坏化学键，使分子不寻常地具有高反应性，或使分子被离子化。例如，日光长时间地照射于皮肤会造成晒伤（sunburn），这是因为紫外线会伤害皮肤细胞。紫外线已被证明是一种突变原，会诱导有机体突变。每一天太阳都会发射大量的紫外线，但是大部分的紫外线都会被高空大气层的臭氧层吸收，不会抵达地球表面。

X 射线：由于 X 射线具有更高能量，X 射线能够以康普顿效应与物质相互作用。X 射线又分为硬 X 射线和软 X 射线两种。硬 X 射线的波长短于软 X 射线的波长。X 射线由于能透过大多数物质，可以用来透视物体。

伽马射线：伽马射线是由保罗·维拉德（Paul Villard）于 1900 年研究镭元素发射的辐射时发现的。伽马射线是能量最高的光子，其频率没有定义上限。

1.3 雷达波段、波长和频率划分标准

雷达波段（radar frequency band）指雷达发射电波的频率范围。其度量单位是赫兹（Hz）或周/秒（C/s）。大多数雷达工作在超短波及微波波段，其频率范围在 0.03～300GHz，相应波长为 10m～1mm。在 1GHz 频率以下，由于通信和电视等占用频段，一般雷达较少采用，只有少数远程雷达和超视距雷达采用这一频段。高于 15GHz 频率时，空气中水分子对雷达波吸收严重；高于 30GHz 频率时，对雷达波的吸收进一步急剧增大，造成雷达接收机内部噪声增大，因此只有极少数毫米波雷达在这一频段工作。

由于最早的雷达使用的是米波，这一波段被称为 P 波段。早期用于搜索雷达的电磁波波长为 23cm，这一波段被称为 L 波段，后来这一波段的中心波长变为 22cm。当波长为 10cm 的电磁波被使用后，其波段称为 S 波段。在主要使用 3cm 电磁波波长的火控雷达出现后，3cm 波长的电磁波称为 X 波段。为了结合 X 波段和 S 波段的优点，逐渐出现了使用中心波长为 5cm 的雷达，该波段称为 C 波段。德国早期选择 1.25cm 作为雷达的中心波长，这一波长的电磁波称为 K 波段。由于这一波长可以被水蒸气强烈吸收，这一波段的雷达不能在雨中和有雾的天气使用。为了避免这种吸收，通常使用比 K 波段波长略长的 Ku 和略短的 Ka 波段。表 1-2 为欧洲有关雷达波段、波长和频率划分标准，表 1-3 为中国有关雷达波段、波长和频率划分标准。

表 1-2 欧洲雷达波段、波长和频率划分标准

波段	类型	波长/cm	频率/GHz
A	米波		<0.25
B	米波		0.25～0.5
C	分米波	30～60	0.5～1
D	分米波	15～30	1～2
E	分米波	10～15	2～3
F	分米波	7.5～10	3～4
G	分米波	5～7.5	4～6
H	厘米波	4～5	6～8
I	厘米波	3～4	8～10

续表

波段	类型	波长/cm	频率/GHz
J	厘米波	1.5～3	10～20
K	厘米波	0.75～1.5	20～40
L	毫米波	0.5～0.75	40～60
M	毫米波	0.3～0.5	60～100

表 1-3　中国雷达波段、波长和频率划分标准

波段代号	标称波长/cm	波长/cm	频率/GHz
P		130～30	0.23～1
L	22	30～15	1～2
S	10	15～7.5	2～4
C	5	7.5～3.75	4～8
X	3	3.75～2.5	8～12
Ku	2	2.5～1.67	12～18
K	1.25	1.67～1.11	18～27
Ka	0.8	1.11～0.75	27～40
U	0.6	0.75～0.5	40～60
V	0.4	0.5～0.375	60～80
W	0.3	0.375～0.3	80～100

1.4　微波辐射调控复合材料的分类与组成

按功能分类，微波辐射调控复合材料包括微波吸收复合材料和微波透明复合材料。按结构形式，可分为层合型和夹层型微波辐射调控复合材料。按所用树脂基体（使用温度），主要可分为120℃以下长期使用环氧微波辐射调控复合材料，150～180℃长期使用双马来酰亚胺（简称双马）微波辐射调控复合材料，以及260℃以上长期使用聚酰亚胺双马微波辐射调控复合材料等[2, 5-7]。

1. 层合型微波辐射调控复合材料

层合型微波辐射调控复合材料包括层合型微波吸收复合材料和层合型微波透明复合材料。

层合型微波吸收复合材料一般由表面透波层/阻抗匹配层/损耗吸收层/反射承载层组成，如图 1-2 所示，其主要特点是具有较宽的吸收频带，结构承载性能高，适用于结构空间小、承载要求高的结构件应用。层合型微波吸收复合材料表面透波层一般由透波纤维及其织物增强环氧/双马来酰亚胺（简称双马）和聚酰亚胺组成，阻抗匹配层一般由透波纤维及其织物增强含有少量吸收剂的吸波环氧/双马来酰亚胺和聚酰亚胺树脂基体组成，损耗吸收层一般由透波纤维及其织物增强含有较多吸收剂的吸波环氧/双马来酰亚胺和聚酰亚胺树脂基体组成，反射承载层一般由力学性能更高的碳纤维及其织物增强环氧/双马来酰亚胺和聚酰亚胺树脂基体组成。

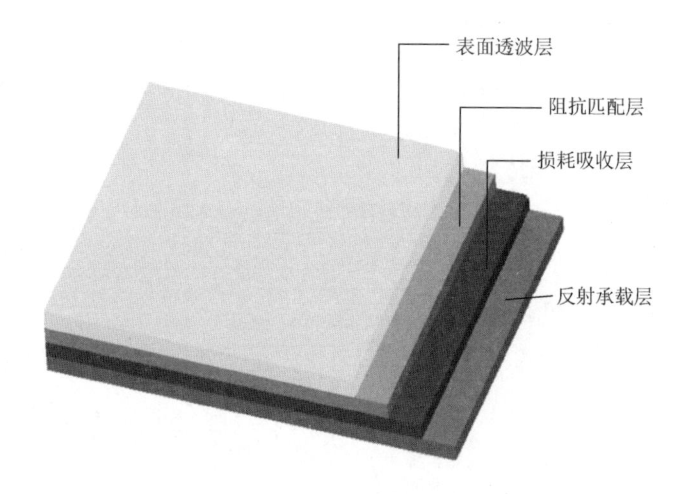

图 1-2　层合型微波吸收复合材料示意图

层合型微波透明复合材料一般由透波增强材料和透波树脂基体组成。透波增强材料包括无碱玻璃纤维、高强玻璃纤维、石英纤维和高性能有机纤维。透波树脂基体包括传统的酚醛树脂、不饱和聚酯树脂和环氧树脂，以及耐高温、高性能的双马来酰亚胺、聚酰亚胺和氰酸酯树脂基体。高性能树脂基体和增强材料的应用使层合型微波透明复合材料具有更优异的力学性能和透波性能。

2. *夹层型微波辐射调控复合材料*

夹层型微波辐射调控复合材料包括夹层型微波吸收复合材料和夹层型微波透明复合材料。

夹层型微波吸收复合材料一般由表面透波层/损耗吸波芯材/反射承载层组成，如图 1-3 所示，其主要特点是具有宽的吸收频带，吸收效率高，适用于结构空间较大，吸收性能和结构刚度要求高的结构件应用。

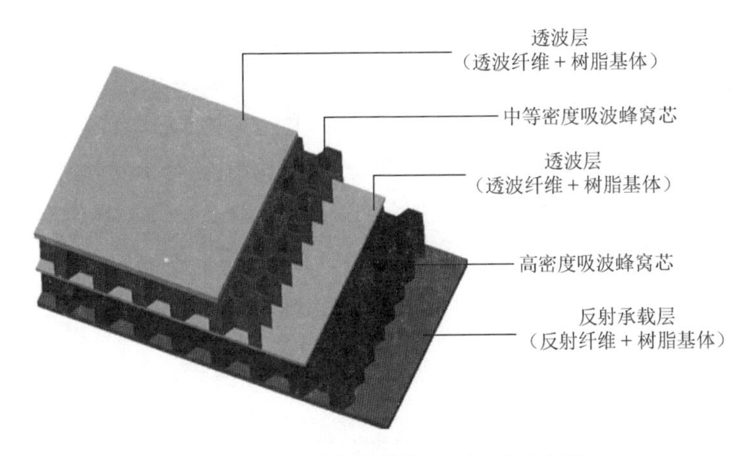

图 1-3 夹层型微波吸收复合材料示意图

夹层型微波透明复合材料由层合型透波复合材料作为面板，透波蜂窝或透波泡沫作为芯材构成。夹层型微波透明复合材料具有结构刚度高，透波频带宽等特性，是常用的一种透波结构形式。

1.5 微波辐射调控复合材料发展现状及其趋势

随着探测技术的发展，现代探测系统可以同时覆盖电磁波多个频谱，微波吸收复合材料必须同时满足多频谱宽频隐身的要求。为实现多频谱宽频隐身，需要引入超材料结构等新的吸波机制，通过超材料结构与微波吸收复合材料相结合，以获得具有良好吸波性能的宽频吸波复合材料。需要发现和应用新的物理效应解决红外吸收/雷达吸波材料不能兼容的难题，发展红外/雷达兼容的多频谱吸波复合材料[8-12]。

微波透明复合材料需要发展新型有机纤维增强的高性能微波透明复合材料，进一步提高力学性能以满足装备减轻结构质量的迫切需求；需要发展耐高温和耐大功率密度的透波复合材料结构，满足高功率电子对抗装备发展的需求。

参 考 文 献

[1] 陈祥宝，张宝艳，邢丽英. 先进树脂基复合材料发展及应用现状[J]. 中国材料进展，2009，28（6）：2-12.

[2] 邢丽英. 结构功能一体化复合材料技术[M]. 北京：航空工业出版社，2017.

[3] 美国国家航空航天局. Tour of the Electromagnetic Spectrum. http://www.nasa.gov/ems. [2020-11-21].

[4] Halliday D，Robert R，Jearl W. Fundamental of Physics[M]. 10thed. Hoboken：John Wiley and Sons，2013.

[5] 刘晓丽，鹿海军，邢丽英. 发泡剂含量对双马来酰亚胺泡沫泡孔结构和性能的影响[J]. 材料工程，2016，44（5）：42-46.

[6] 黑艳伟，邢丽英，陈祥宝，等. 耐高温环氧泡沫填充蜂窝芯材的制备及性能研究[J]. 玻璃钢/复合材料，

2018，(7)：53-60.

[7] Jayalakshmi C G，Inamdar A，Anand A，et al. Polymer matrix composites as broadband radar absorbing structures for stealth aircrafts [J]. Journal of Applied Polymer Science，2019，136 (14)：47241.

[8] 邢丽英，包建文，礼嵩明，等. 先进树脂基复合材料发展现状和面临的挑战[J]. 复合材料学报，2016，7：1327-1338.

[9] Ahmad H，Tariq A，Shehzad A，et al. Stealth technology：methods and composite materials—A review [J]. Polymer Composites，2019，40 (12)：4457-4472.

[10] 礼嵩明，吴思保，王甲富，等. 含超材料的新型蜂窝夹层结构吸波复合材料[J]. 航空材料学报，2019，39 (3)：94-99.

[11] 李亚锋，礼嵩明，黑艳伟，等. 太阳辐照对芳纶纤维及其复合材料性能的影响[J]. 材料工程，2019，47 (4)：39-46.

[12] 院伟，吴思保，礼嵩明，等. 雷达与红外多频谱隐身复合材料的研究进展综述[J]. 科学与信息化，2019，625：82-83.

第2章

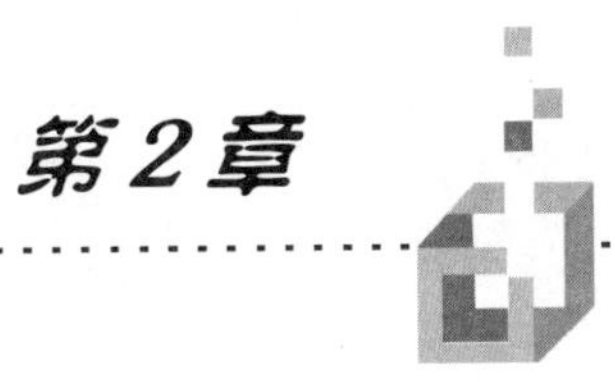

微波辐射调控复合材料性能表征评价

2.1 引　言

微波辐射调控复合材料主要包括微波吸收和微波透明复合材料。微波吸收复合材料具有可设计性强、吸收频带宽、吸收效率高等特点，飞行器应用微波吸收复合材料不但可以明显降低 RCS，同时可以实现结构减重。微波透明复合材料采用低介电低损耗树脂基体与透波纤维增强材料复合而成，常用于制造雷达天线罩等雷达波发射和接收的电磁窗口，同时又要作为飞行器的结构部件承受气动载荷，保护雷达天线免受环境暴露之害和气动热的直接影响。

微波辐射调控复合材料不仅要求具有优异的吸波和透波功能特性，同时要求具有优良的耐热性、高的力学性能和优异的耐环境性能等。本章主要介绍微波辐射调控复合材料的耐热性能、耐环境特性、力学性能以及电磁性能的表征技术。

2.2 微波辐射调控复合材料耐热性能表征

微波辐射调控复合材料耐热性能主要包括玻璃化转变温度、热膨胀系数、热导率等。

2.2.1 玻璃化转变温度

微波辐射调控复合材料树脂基体的耐热性主要通过玻璃化转变温度表征。玻璃化转变温度是树脂基体从玻璃态向高弹态的次级转变[1-3]。在玻璃化转变温度下，树脂基体的比热容和比容发生突变，分子链段开始运动，热膨胀系数迅速增大。树脂基体交联密度的提高，基体链段中强极性基团的存在会增加分子间作用力，以及树脂基体主链和侧基的庞大刚性基团阻碍链段的自由转动，都会提高树脂基体的 T_g。而柔性的侧基能使链段间的距离增大，使其更易运动从而降低 T_g。因此，为了获得高的 T_g，微波辐射调控复合材料的树脂基体一般设计成含有大量刚性链段和高交联密度的网状结构。

从理论上讲，在玻璃化转变过程中发生显著变化或者突变的物理性质都可以用来测量树脂基体的玻璃化转变温度。目前，测试树脂基体玻璃化转变温度的物理性能主要有以下几项：体积变化、热力学性能变化、力学性能变化、电磁性能变化。

通过体积变化测试树脂基体玻璃化转变温度的典型方法是膨胀计法（包括体膨胀计法和线膨胀计法），这是最经典的玻璃化转变温度测试方法。其他与体积变化有关的参数（如密度、折光指数、扩散系数、导热系数等）也可以用于玻璃化转变温度的测试。

树脂基体在玻璃化转变过程中，由于分子运动的变化，必然有吸热或放热发生。利用这一热力学性能测试 T_g 的方法有差示扫描量热（DSC）分析和差热分析（DTA）。这类方法操作方便，制样简单。但由于玻璃化转变是树脂基体的次级转变，其热焓变化不显著，玻璃化转变热焓容易被其他物理或化学反应热焓所掩盖，甚至由于基线的不平稳而阻碍对玻璃化转变温度的判断。热分析法尤其是对热固性树脂基体的玻璃化转变温度的测定更为困难。

利用树脂基体的力学性能尤其是动态力学性能随温度的变化已经成为测量树脂基体玻璃化转变温度的主要方法。其中，动态热机械分析（DMA）是目前最常用的动态力学测试方法。动态热机械分析测定的树脂基体动态力学温度谱中包括三条谱线（图 2-1）：储能模量（E'）、损耗模量（E''）和损耗角正切值（$\tan\delta$），根据聚合物玻璃化转变理论，E''和 $\tan\delta$ 均会出现极大值，它们出现极大值的温度就是树脂基体的 T_g。但是，通常情况下，E''出现极大值的温度小于 $\tan\delta$ 出现极大值对应的温度。同时，也有研究人员用储能模量（E'）的起始下降温度衡量树脂基体的耐热性，他们认为微波辐射调控复合材料作为结构功能一体化复合材料，在实际工程应用中采用这一温度衡量其耐热性更具有合理性。E'的起始下降温度小于 E''出现极大值的温度。升温速率、加载频率、加载模式和应力水平、试样尺寸、材料的导热性能等因素都会直接影响 DMA 的测试结果。

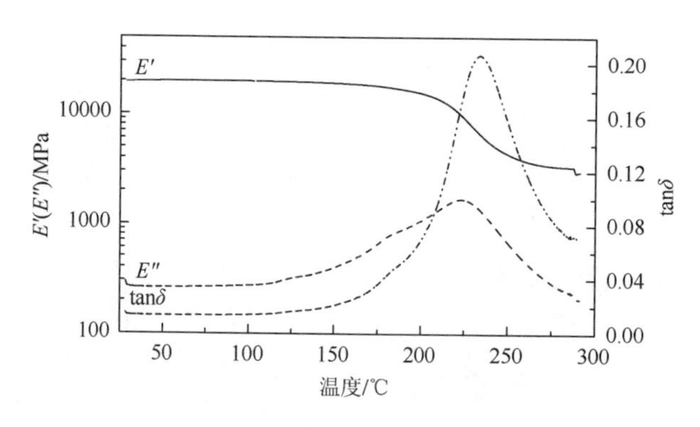

图 2-1 聚合物动态力学温度谱

树脂基体的静态力学性能在玻璃化转变区也有显著的变化。因此，利用热机械分析（TMA）测定树脂基体形变或相对形变对温度的曲线，也是表征树脂的 T_g 的重要方法之一。影响 TMA 测试结果的主要因素为升温速度和试样尺寸。但是对于交联密度高或刚性高的热固性树脂，它们在玻璃化转变区的形变不显著，从而不能准确测量树脂基体的 T_g，得到的实验结果可能是树脂的热变形温度。

树脂基体的导电性和介电性质在玻璃化转变区同样会发生明显的变化，可以用来测量树脂基体的玻璃化转变温度。动态介电分析（DETA）就是利用树脂基体的介电常数和介电损耗随温度变化关系特征来测量 T_g。另外，利用树脂基体的核磁共振（NMR）谱在玻璃化转变区谱线的宽度发生显著变化的特征也可以测定树脂基体的 T_g。

2.2.2　热膨胀系数

热膨胀系数是微波辐射调控复合材料的一项非常重要的性能，对其使用具有广泛的影响[4, 5]。首先，微波辐射调控复合材料制造过程往往会涉及与其他金属件的胶接连接，以及和金属结构的装配连接；其次，微波辐射调控复合材料使用环境包括不同的温度环境，甚至需要在一定温度范围内不断经历热循环，这些过程中都会因材料与结构的热膨胀特性差异产生应力。因此微波辐射调控复合材料的热膨胀系数关系到复合材料结构的尺寸稳定性和结构热应力，对复合材料结构的制造质量和使用寿命都具有重要的影响。

微波辐射调控复合材料的热膨胀系数一般采用顶杆法测试，测试标准为 GJB 332A—2004《固体材料线膨胀系数测试方法》，标准中平均线膨胀系数的含义为在温度区间 T_1 和 T_2 内，温度每变化 1℃试样单位长度变化的算术平均值，测试方法原理是采用单推管式示差膨胀仪，见图 2-2，借助于有同种稳定材质的载管与顶杆构成的组件，对温度变化时固体材料试样相对于气载管的长度变化进行测量，示差膨胀仪一般采用石英示差膨胀仪或石墨示差膨胀仪。测试时，将装好试样的石英示差组件放入升降温装置中，选取适宜的升降温速率（一般不超过 5℃/min）和均温时间，记录温度及对应温度下伸长计的读数，常用的伸长计有千分表、差动变压器及高精度高分辨

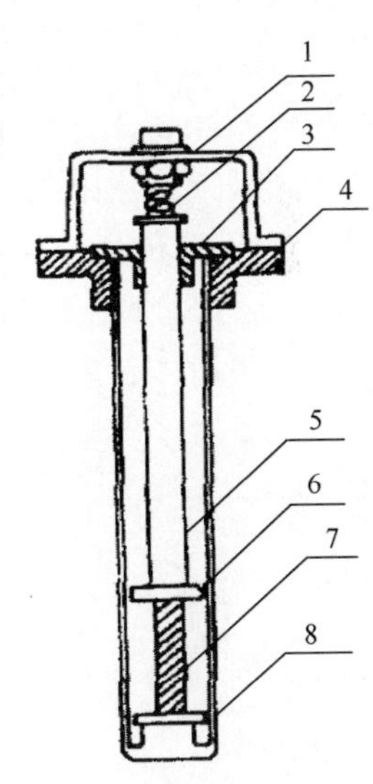

图 2-2　立式石英示差膨胀仪组件

1-支架；2-弹簧；3-石墨小套筒；4-石墨大套筒；5-石英顶杆；6-石英垫片；7-试样；8-石英载管

率的光栅数字位移计，伸长计的分辨率应不大于 0.001mm。然后，由相对应的试样单位长度的长度变化除以相应的温度差，即为平均线膨胀系数，其中试样单位长度的长度变化为由膨胀仪测得的线性热膨胀与石英标准样品在测试温度区间的线性热膨胀之和。

微波辐射调控复合材料作为一种非均质各向异性材料，在沿纤维纵向、横向和厚度方向等各个方向具有不同的热膨胀系数，同时与纤维、树脂种类和铺层结构具有密切的关系，不同材料的热膨胀系数见表 2-1。

表 2-1 不同材料的热膨胀系数

材料	热膨胀系数/($10^{-6}K^{-1}$)
E 玻璃纤维	2.9
S-2 玻璃纤维	2.7
中模聚丙烯腈碳纤维	−1.1
高模聚丙烯腈碳纤维	−2.0
Kevlar 49	−4.9
Kevlar 29	−4.0
钢	11.3
铝	23
环氧树脂（5228）	55
双马来酰亚胺树脂（5428）	55

微波辐射调控复合材料在纤维方向（纵向）的热膨胀系数与垂直于纤维方向（横向）的热膨胀系数相比要小很多，其中微波辐射调控复合材料常用的体系，如单向石墨纤维/环氧和 Kevlar/环氧复合材料，在纤维方向的热膨胀系数是负值，见表 2-2。微波辐射调控复合材料在纤维方向的热膨胀系数是由纤维控制的，在横向的热膨胀系数由基体起主要作用。

表 2-2 各种单向复合材料热膨胀系数

复合材料	纵向热膨胀系数 λ_L/($10^{-6}K^{-1}$)		横向热膨胀系数 λ_T/($10^{-6}K^{-1}$)	
	297K	450K	297K	450K
碳纤维/环氧	6.1	6.1	30.3	37.8
碳纤维/聚酰亚胺	4.9	4.9	28.4	28.4
石墨纤维/环氧	−1.3	−1.3	33.9	33.7
石墨纤维/聚酰亚胺	−0.4	−0.4	25.3	25.3
S 玻璃纤维/环氧	6.6	14.1	19.7	26.5
Kevlar 纤维/环氧	−4.0	−5.7	57.6	82.8

假设纤维、基体和单层板纵向、横向热膨胀系数分别为λ_f、λ_m、λ_L、λ_T，纤维和基体的弹性模量分别为E_f、E_m，体积分数分别为V_f、V_m，在无外力作用下，复合材料所受温度发生均匀变化后，因纤维和基体膨胀系数不同而又黏结成一体，互相约束不能自由伸缩，纤维和基体中产生内应力，内应力消除了纤维和基体不同膨胀造成的伸长差。由物理条件和变形条件可以得到复合材料纵向热膨胀系数为

$$\lambda_L = \frac{\lambda_f E_f V_f + \lambda_m E_m V_m}{E_f V_f + E_m V_m} \tag{2-1}$$

横向热膨胀系数为

$$\lambda_T = V_f(1+\mu_f)\lambda_f + V_m(1+\mu_m)\lambda_m - (\mu_f V_f + \mu_m V_m)\lambda_L \tag{2-2}$$

复合材料在实际应用中通常有不同的铺层方向，铺层方向不同，热膨胀系数也不相同。几种典型铺层的复合材料层合板的热膨胀系数见表 2-3。

表 2-3　不同铺层 T300/4211 复合材料的热膨胀系数

铺层	方向	热膨胀系数/(10^{-6}℃$^{-1}$)
$[0]_{16}$	0	0.02
$[0]_{16}$	90	28
$[\pm45]_{4s}$	0	4.0
$[0_2\pm45]_{2s}$	0	–0.15
$[45/0/-45/90/-45/0/45/90/0/0/90]_s$	0	2.1
$[45/0/-45/90/-45/0/45/90/0/0/90]_s$	90	2.6
$[0_2\pm45/0_4]_s$	0	–0.06
$[0_2\pm45/0_4]_s$	90	16.6

2.2.3　热导率

材料的热传导性能用热导率（或称导热系数）来表示，热导率的定义是指在稳定条件下，垂直于物质单位面积方向的每单位温度梯度通过单位面积上的热传导速率，单位为 W/(m·K)。不同的应用目的对微波辐射调控复合材料热导率有截然不同的要求，如作为大功率雷达天线罩应用的透波复合材料，为了使微波发射引起的热量能够快速传导，希望提高材料热导率或降低材料厚度，从而使微波辐射生成的热量能够尽快导走，以免烧毁雷达罩。

根据复合材料的结构与导热特性，其热导率可采用稳态法和非稳态法测试。热导率的稳态法测试采用 QJ 20169—2012《碳纤维复合材料 20K～373K 热导率测试方法》，基本原理是在一定温度范围内，对试样施加一个加热功率，通过温差热

电偶信号自动控制试样两端的加热功率，保证试样上的热流处于一维稳态的条件，然后根据傅里叶传热定律，可以得到试样的温度梯度与热流密度之间的关系。

$$q = -\alpha(\mathrm{d}T/\mathrm{d}X) \tag{2-3}$$

式中，q 为热流密度，W/m^2；α 为热导率，$W/(m·K)$；$\mathrm{d}T/\mathrm{d}X$ 为温度梯度，K/m。

当达到一维稳态条件时，可导出试样热导率

$$\alpha=\frac{Q\Delta X}{A\Delta T} \tag{2-4}$$

式中，Q 为加热功率，W；ΔX 为试样热流传递方向上两温度点间距离，m；A 为试样热流传递的截面积，m^2；ΔT 为对应试样 ΔX 两温度点的温差，K。为减少不确定因素，实验中不仅要提供一维热流，而且要严格控制层合板试样的边缘效应和环境热损失。

非稳态法测试热导率可采用激光闪射法，最早由 Paker 等在 1961 年提出，由激光闪射提供一个热脉冲，该热量从试样正面传递至背面；用热电偶（或红外检测器）测量热脉冲后时间与温度的关系即可得到材料热扩散率（θ），热扩散率越高，背面温度上升越快，再通过比较参考试样与待测试样的温升关系将试样比热容（C）测出，进而可以计算试样热导率

$$\alpha=\rho\theta C \tag{2-5}$$

式中，ρ 为试样的密度。该测试方法简单快捷，可测试热导率范围广，而且可通过制备一定形状的试样测试不同方向的复合材料热导率。不同材料的热导率见表 2-4。

表 2-4 不同材料的热导率

材料	热导率/[W/(m·K)]	
	纵向	横向
环氧树脂	0.19	0.19
E 玻璃纤维	1.04	1.04
T300	8	—
M40J	40	—
高强碳纤维（58.4vol%[①]）/环氧	9	0.75
高模碳纤维（60.7vol%）/环氧	51	1.46
铜	398	398
气相生长碳纤维	1950	—
单壁碳纳米管	6600	—

① vol%表示体积分数。

2.3　微波辐射调控复合材料耐环境性能表征

微波辐射调控复合材料耐环境特性主要包括热氧老化特性、耐湿热和耐介质腐蚀性能等。

2.3.1　热氧老化特性

微波辐射调控复合材料在高温空气或其他有氧环境中使用时，往往会发生高温氧化，导致复合材料的力学性能和功能特性下降[6-12]。微波辐射调控复合材料的树脂基体主要包括环氧树脂、双马树脂、氰酸酯树脂、聚酰亚胺树脂等，不同树脂体系的使用温度取决于其玻璃化转变温度和热分解温度，前者决定复合材料的高温性能保持率，后者决定了复合材料在高温环境中的使用寿命。一般来说，环氧树脂基复合材料长期工作温度不高于 130℃，双马树脂基复合材料长期使用温度不高于 230℃，聚酰亚胺树脂由于具有高度的芳杂环结构特征，具有较高的玻璃化转变温度和热分解温度，因此可在 260～350℃长期使用，其不同温度下复合材料的热氧老化失重见图 2-3。

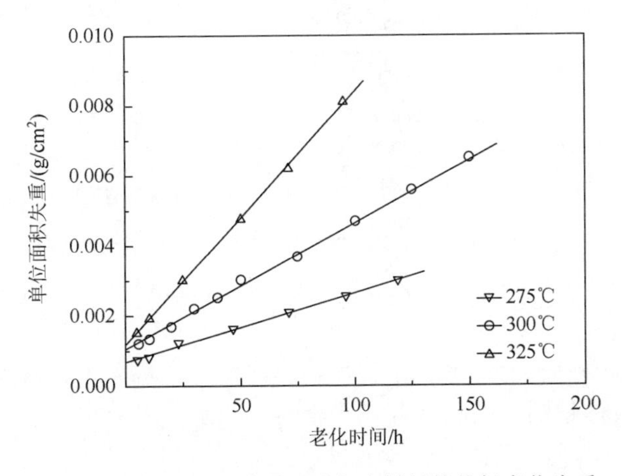

图 2-3　不同温度下聚酰亚胺复合材料的热氧老化失重

微波辐射调控复合材料的热氧老化基本机制如下：①树脂基体的表面开始氧化，形成与初始基体不同的氧化层，此时失重主要发生在表面层；②化学降解的副产物和挥发物扩散至树脂基体外面，而氧则从树脂外面向内扩散；③随着时间的增加，表面层增厚，微裂纹和孔洞在表面形成；④裂纹为氧的渗透提供了额外的路径，加速了复合材料的氧化，出现恶性循环，氧化促进开裂，开裂又使氧化加剧。

树脂基体热氧老化在一定范围内遵循时温叠加原理，在一定温度范围内，树脂在较低温度、较长时间进行热氧老化的结果与较高温度、较短时间热氧老化的结果具有等效性，这个等效性可借助于 Arrhenius 方程表示为

$$\frac{t}{t_1}=\exp\left[\frac{E_a}{R}\left(\frac{1}{T}-\frac{1}{T_1}\right)\right] \tag{2-6}$$

式中，t 和 T 分别为时间和温度；t_1 和 T_1 分别为参照试验的时间和温度；E_a 为热氧老化反应活化能；R 为理想气体常数。参照已知温度下的试验结果，可以预测在其他温度下热氧老化过程对树脂基体的影响。

热氧老化一般可以采用热失重速率来表示。热失重分析（TGA）是评价树脂基体热稳定性的主要方法。TGA 主要表征复合材料的质量随温度变化的关系，监控复合材料热分解过程，研究复合材料的热分解机理，评估复合材料的极限使用温度及寿命。TGA 的评价指标除了复合材料的起始分解失重温度外，还包括复合材料的热分解速率、外推起始失重温度（最大斜率点切线与基线的交点）、终止失重温度或外推终止失重温度、拐点温度或最大失重速率温度、不同失重百分数的温度等。TGA 结果的主要影响因素是升温速率和热失重分析炉内的气氛。

2.3.2 湿热老化特性

微波辐射调控复合材料的湿热老化是复合材料经受吸湿、温度和应力联合作用而产生的退化过程[13]。从 20 世纪 70 年代开始，人们就认识到一定的湿度和温度环境会引起复合材料性能的降低，随后对复合材料的湿热老化行为开展了大量研究，包括复合材料吸湿机理、吸湿影响因素、吸湿对复合材料性能的影响等。

碳纤维和玻璃纤维增强复合材料的吸湿仅限于基体吸湿，基体材料的耐湿热性在很大程度上决定了复合材料的耐湿热性。对于微波辐射调控复合材料，如果增强材料采用芳纶纤维，情况要复杂一些，因为在湿热环境中芳纶纤维也具有较明显的吸湿特性。

微波辐射调控复合材料处于含有水汽的环境时，水分子会向复合材料内部扩散，并以物理或化学结合的方式存在于材料中。水汽向复合材料中渗透和扩散的途径包括：①通过纤维/基体间的界面扩散；②通过树脂基体扩散；③通过复合材料中的裂纹和孔洞扩散。界面扩散对复合材料吸湿的影响较大，一旦水分子到达纤维/基体界面，水分子将沿着界面渗透，界面吸收的水分破坏了纤维/基体黏结，从而引起分层和界面空隙。另外，吸湿引起的微应力会导致基体产生新的裂纹。

树脂基体吸湿的动力主要是水的扩散。环境中气态水分子首先吸附于树脂基体表面，随着水分子浓度的增大，内外渗透压差促使水分子逐渐向内部扩散。水分子向树脂基体的内部扩散过程主要受两个因素控制：一个是树脂基体网络结构中与水分子尺寸相仿的微孔；另一个是水分子和树脂基体之间的作用力。复合材

料树脂基体的吸湿过程一般遵循 Fick 定律，即在吸湿的初始阶段，材料吸收的水的质量随着时间的平方根呈线性增加，然后逐渐变缓，直至达到饱和状态。Fick 第二定律是在 Fick 第一定律基础上得出的，Fick 第二定律指出：在非稳态扩散过程中，在距离 x 处，浓度随时间的变化率等于该处的扩散通量随距离变化率的负值。在材料吸湿的初始阶段，可以用 Fick 第二定律来描述水的扩散行为：

$$\frac{\partial C}{\partial t}=D\frac{\partial^2 C}{\partial^2 Z} \tag{2-7}$$

式中，D、C、t、Z 分别为表观扩散系数、水分子浓度、吸湿时间、扩散距离。对于确定的材料，吸湿率只是 D 和 t 的函数，其中 D 可由下式求得：

$$D=\frac{\pi h^2}{16M_\infty^2}k^2 \tag{2-8}$$

式中，h 为试样厚度；M_∞为平衡吸湿量；k 为吸湿曲线初始直线段的斜率。

复合材料树脂基体吸收水分后，水分起了增塑剂的作用，使树脂基体的大分子溶胀，高分子链之间的距离增大，减小了分子链间的作用力，混合物中的自由体积含量增加，分子链的运动能力增强，导致复合材料 T_g 下降，直至湿度达到平衡、T_g 保持不变。吸湿率对 T300/3231 复合材料玻璃化转变温度的影响见表 2-5，可以看到，玻璃化转变温度随吸湿量的增加而显著降低。

表 2-5 吸湿率对 T300/3231 复合材料玻璃化转变温度的影响

吸湿率/%	玻璃化转变温度/℃
0	112
0.49	86
1.33	63

复合材料玻璃化转变温度下降的幅度与树脂基体的物理化学结构及其吸湿率有很大关系，如 5228 和 5284 环氧复合材料在放入 96～98℃的蒸馏水中浸泡不同时间，玻璃化转变温度随吸湿率的变化见表 2-6，可以看到，5284 复合材料与 5228 复合材料相比，玻璃化转变温度下降幅度显著降低。5284 树脂基体是一种耐湿热基体，固化后的树脂分子结构中含有的羟基等亲水基团很少，因此耐湿热性能较好。

表 2-6 不同复合材料吸湿率和玻璃化转变温度

水煮时间/h	T300/5228		T300/5284	
	吸湿率/%	T_g/℃	吸湿率/%	T_g/℃
0	0	191.9	0	214.1
12	0.615	175.7	0.213	203.5
24	0.787	166.7	0.290	204.0
49.3	0.991	155.9	0.346	202.5

同时，吸湿对复合材料的力学性能也有明显的影响。表 2-7 列出了吸湿前后环氧树脂基碳纤维复合材料的力学性能。由表可以看出，吸湿后复合材料的强度明显下降。

表 2-7　T700/LT-03A 环氧碳纤维复合材料干态与湿态力学性能

测试项目	室温力学性能		80℃力学性能	
	干态	湿态	干态	湿态
纵向压缩强度/MPa	1234	1102	1120	929
纵向压缩模量/GPa	118	125	122	126
横向压缩强度/MPa	178	149	158	120
横向压缩模量/GPa	9.37	9.80	8.76	9.01
面内剪切模量/GPa	3.89	4.44	3.06	3.00
面内剪切强度/MPa	107	99.7	79.4	71.2
层间剪切强度/MPa	80.7	68.7	63.2	50.2
弯曲强度/MPa	1427	1372	1213	1030
弯曲模量/GPa	115	110	113	112

注：湿热老化条件为 71℃，85%RH 条件下吸湿平衡后

吸湿对复合材料介电性能有明显的影响。表 2-8 为不同吸湿率下树脂基体介电性能的变化，表 2-9 为吸湿前后不同透波复合材料体系的介电性能。随着吸湿率增加，透波复合材料的介电常数和介电损耗增加，特别是介电损耗增加非常明显。

表 2-8　不同吸湿率下树脂基体介电性能的变化

树脂基体	介电常数（9.3GHz）				介电损耗（9.3GHz）			
	0%	1%	2%	3%	0%	1%	2%	3%
LJ25	3.15	3.30	3.39	3.49	0.0224	0.0301	0.0315	0.0420
5228A	3.30	3.37	3.45	3.60	0.0286	0.0295	0.0339	0.0340
5429	3.06	3.14	3.26	—	0.0119	0.0150	0.0187	—

表 2-9　吸湿前后不同透波复合材料体系的介电性能（9.3GHz）

牌号	吸湿前		吸湿后		吸湿率/%	平衡吸湿率/%
	介电常数	介电损耗	介电常数	介电损耗		
K49/环氧	4.1	0.0179	4.18	0.0306	0.7965	2.60
F12/环氧	4.07	0.0168	4.23	0.0196	0.746	2.91
PI/环氧	3.64	0.0121	3.76	0.0173	0.6505	1.79
石英/环氧	3.60	0.0121	3.63	0.0159	0.3714	0.96

复合材料吸湿标准试验方法包括国标 GB/T 1462—2005《纤维增强塑料吸水性试验方法》、HB 7401—1996《树脂基复合材料层合板湿热环境吸湿试验方法》、ASTM D 5229/D 5229M《聚合物基复合材料吸湿性能和平衡条件标准试验方法》等。

按照 GB/T 1462—2005，复合材料吸水率测试的试样可以采用特定尺寸的模压件、板材、管材、棒材或型材，根据材料的不同可在（23±0.5）℃的水中或沸水中进行吸水试验，结果仅作对比之用。吸水性的具体测试方法和步骤为：①将试样放进（50±2）℃的烘箱中干燥（24±1）h，移至干燥器中冷却至室温，取出后随即称量每个试样的质量，精确至 0.001g；将试样浸入温度为（23±0.5）℃的蒸馏水中，浸泡（24±0.5）h 后，将试样从水中取出，用清洁的布或滤纸除去表面水分，在取出的 1min 内再次称量试样质量，精确至 0.001g。然后可以分别计算试样的绝对吸水量、单位表面积吸水量或相对于试样质量的吸水百分率。②如果采用沸水进行吸水试验，则将浸泡过程改为煮沸的蒸馏水中浸泡（30±1）min，将试样移入室温蒸馏水中冷却（15±1）min 取出，其他过程同上。

从工程应用的角度考虑，采用美国材料研究学会（ASTM）制定的 ASTM D 5229/D 5229M《聚合物基复合材料吸湿性能和平衡条件标准试验方法》表征复合材料吸湿特性可能更为合理。当考虑服役环境的影响时，复合材料的吸湿性能常采用平衡吸湿量和饱和吸湿量来表示，平衡吸湿量指复合材料在一定的温度、湿度环境中，复合材料达到吸湿平衡时的吸湿质量百分比，平衡的标志为复合材料质量变化在试验周期内不超过 0.01%，饱和吸湿量是指复合材料在最大湿度条件下可以达到的平衡吸湿质量百分比。ASTM D 5229/D 5229M 标准规定的试验周期通过平衡吸湿法确定，当采取其他时间间隔时，应按比例对吸湿量进行调整，如果以 32h 作为参考时间间隔，则试样在 24h 内的吸湿质量变化不超过 0.0075%或 48h 内吸湿质量变化不超过 0.015%。

由于在实际环境中达到吸湿平衡需要较长时间，一般采用加速吸湿试验，但对于特定的材料在进行加速吸湿试验前首先需要了解该材料的吸湿特性。为了加速材料的吸湿试验，可以采用两步法，如先在 95%的相对湿度下进行加速吸湿，然后在 85%的相对湿度下达到最终的吸湿平衡，但是在此过程中，必须注意加速吸湿的环境应不致引起材料发生化学变化，不改变材料的吸湿机理。由于湿气扩散速率强烈依赖于温度，在加速吸湿试验时往往需要升高环境温度，为避免长时间暴露在高温环境中引起材料的化学变化，ASTM D 5229/D 5229M 建议对于中温（约 121℃）固化环氧复合材料加速吸湿试验温度应不高于 70℃，高温（约 177℃）固化环氧复合材料加速吸湿试验温度应不高于 80℃，其他材料的加速吸湿试验温度应低于其湿态玻璃化转变温度 25℃以上。

美国空军对使用年限达 10～15 年飞机复合材料吸湿量的监测表明，飞机复合材料均未超过在 85%的相对湿度下的平衡吸湿量，为此经过综合考虑，美国国防部制定的 MIL-HDBK-17 认为合理的飞机设计服役相对湿度上限值为 85%RH。目前，国外军机和民机复合材料结构设计要考虑的吸湿状态均选择为相当于 85%的平衡吸湿量。

2.3.3 耐盐雾和耐介质腐蚀特性

近年来，微波辐射调控复合材料在海洋船舶和舰载机上的应用日益增多，相对于陆上环境，海洋大气环境具有更显著的盐雾、湿热等特点，其中盐雾由于含有 NaCl 等多种盐分，具有腐蚀性，含盐潮湿大气的水分子进入微波辐射调控复合材料后，使树脂基体与增强纤维之间由于吸湿膨胀程度的不同而发生界面脱黏，降低增强材料和树脂基体之间的应力传递作用，导致复合材料的力学性能下降，所以盐雾环境对复合材料的影响不容忽视。

复合材料的盐雾试验主要是通过模拟海洋大气或海边大气中的盐雾，同时配合温度、湿度等环境因素，对复合材料进行腐蚀老化。表 2-10 列出了不同盐雾老化时间下玻璃纤维复合材料的力学性能，由表可以看出，材料的力学性能随着老化时间的延长而下降。

表 2-10 盐雾老化的玻璃纤维复合材料强度与老化时间的关系

老化时间/d	纵向拉伸强度/MPa	横向拉伸强度/MPa	压缩强度/MPa	层间剪切强度/MPa
0	256	195	136	22
8	190	151	104	19
16	169	133	107	13
40	149	115	79	14
60	144	107	73	14

腐蚀是复合材料在环境介质的化学作用（包括电化学作用）以及物理因素协同作用下发生破坏的现象。在微波辐射调控复合材料-化学介质系统中，不仅化学介质向复合材料内部渗透、扩散，并发生化学反应，复合材料中的被溶物、降解及氧化产物也从复合材料向介质析出、流失。而且由于吸波复合材料中的吸收剂很容易腐蚀，因此微波辐射调控复合材料的腐蚀问题更加需要重视。

化学介质对复合材料的腐蚀除了引起性能降低外，还会引起复合材料微观结构和状态发生变化，如失去光泽、变色、起泡、裂纹、纤维裸露、浑浊等。为了综合评价复合材料的耐介质腐蚀性，常采用定性的描述方法：以√表示耐腐蚀性很好；○表示尚耐腐蚀、可用；×表示不耐腐蚀、不能用。对于复合材料，以上符号（级别）对应的性能变化数值范围见表 2-11。

表 2-11　判定复合材料耐介质腐蚀性等级标准

级别	等级符号	增重/%	失重率/%	强度保持率/%	尺寸变化率/%	试样外观	介质变化
一级（耐腐蚀）	√	＜3	＜0.5	＞85	＜1	不变	不变
二级（尚耐腐蚀）	○	3～8	0.5～3	70～85	1～3	轻微变化	颜色稍变
三级（不耐腐蚀）	×	＞8	＞3	＜70	＞3	发生变化	颜色变

在微波辐射调控复合材料的各组分中，树脂基体对于复合材料耐腐蚀性起着决定性作用。树脂基体与化学介质之间的相互作用主要有两种：一种是物理腐蚀，当化学介质与复合材料接触时，会通过表面向内渗透和扩散，使树脂基体产生溶胀及溶解，导致基体性能变化；另一种是由于溶液中的腐蚀介质和树脂基体发生了化学反应，如生成盐类、水解、皂化、氧化、硝化和磺化等，引起树脂基体的主价键破坏和裂解，从而最终改变了树脂基体原来的一些特性，导致基体被腐蚀破坏，这种腐蚀过程称为化学腐蚀。

微波辐射调控复合材料耐介质腐蚀性能与其树脂基体化学组成及结构密切相关，一般来说，主要影响因素如下：

（1）树脂基体的种类及固化度，例如，由于酯键极易水解，酯键的存在会降低树脂的耐腐蚀性能，所以一种材料的耐腐蚀性能直接取决于组成该聚合物的基团在该化学介质中的惰性程度。

（2）增强材料的种类，例如，碳纤维作为化学惰性物质，具有较好的耐介质腐蚀性，能耐很多酸、碱和有机物如苯等的腐蚀，除硝酸等少数强酸外，对碱以及几乎所有药品都稳定。相比较而言，玻璃纤维的耐腐蚀性要比碳纤维差，由于玻璃纤维是非结晶性无机物，其化学组成直接决定了纤维的耐腐蚀性，在组成玻璃纤维的成分中，起耐酸作用的主要是成分最多的 SiO_2，除此之外，玻璃纤维还含有如 Fe_2O_3、TiO_2、Al_2O_3 等其他的金属氧化物，这些金属氧化物在酸性溶液中溶出导致玻璃纤维发生腐蚀；而在碱性溶液中，玻璃纤维的破坏程度将会更大，因为在碱性溶液中—OH 的存在会破坏玻璃纤维成分 SiO_2 中的 Si—O—Si 链，形成溶解度更大的 Si—OH 键，所以玻璃纤维的耐酸性较好，而耐碱性则较差。有机纤维耐介质腐蚀性能与树脂基体基本相似，具有较好的耐介质腐蚀特性。

要改善树脂基复合材料的耐介质腐蚀性能必须从选择树脂基体和增强材料时开始注意，如应尽量选择含有体型结构、苯环、杂环的分子结构；在满足性能要求的前提下，尽可能提高树脂基体的固化度；进行增强纤维的表面处理，既可保护纤维表面，又可增强纤维与树脂界面的黏结力，防止腐蚀性介质的浸入；改善界面黏结性能，提高复合材料的界面黏结强度，降低孔隙率和结构缺陷，使得腐蚀介质在复合材料中不易渗透、扩散；设计合理的耐腐蚀层，如足够的富树脂防渗层等。

2.4　微波辐射调控复合材料力学性能表征

2.4.1　树脂基体力学性能表征

微波辐射调控复合材料树脂基体的力学性能，如模量、韧性等，对复合材料的力学性能影响非常大[14]。本节简要介绍复合材料树脂基体拉伸性能、压缩性能、剪切性能、弯曲性能和冲击性能的试验方法。

1. 树脂基体拉伸性能试验

树脂基体拉伸试验的试样尺寸见图 2-4。采用的测试标准为 GB/T 2568—2008《树脂浇铸拉伸性能试验方法》。测定强度时，试验速度为 10mm/min，仲裁试验速度 2mm/min 或手动速度；测定弹性模量时，试验速度为 2mm/min。

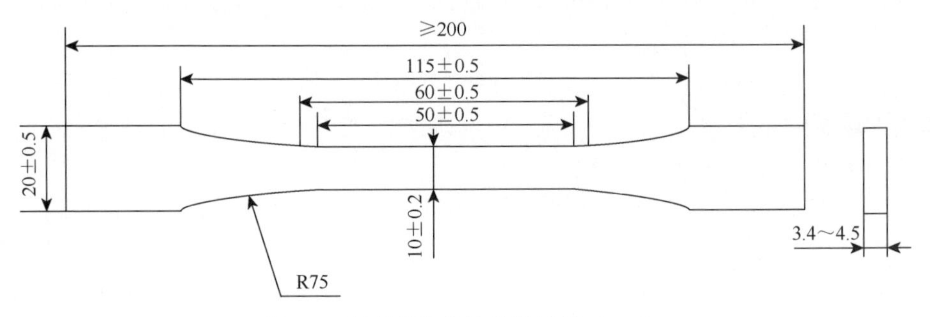

图 2-4　树脂基体拉伸性能试样（mm）

为了便于试样加工和节省树脂原材料，也可采用小试样测定树脂基体的拉伸性能，试样尺寸见图 2-5 及表 2-12。采用的测试标准为 GB/T 1040.2—2006《塑料拉伸性能的测定 第 2 部分：模塑和挤塑塑料的试验条件》。

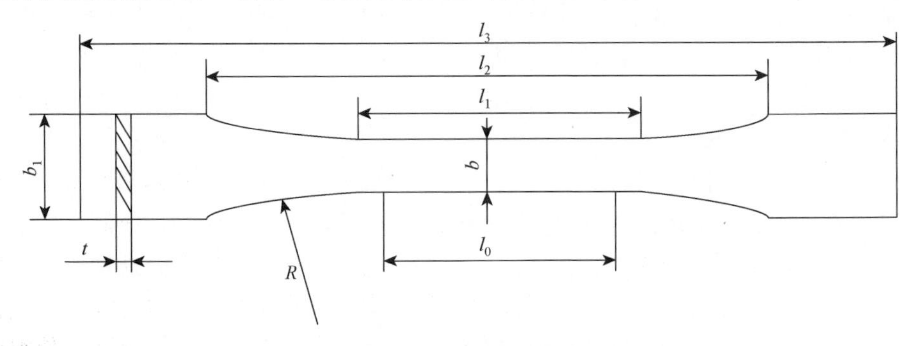

图 2-5　树脂基体拉伸性能试样（小）（mm）

表 2-12　树脂浇铸体拉伸性能小试样尺寸要求（mm）

符号	名称	试样	
		I_1	I_2
l_3	总长度最小值	75	30
b_1	端部宽度	10±0.5	4±0.2
l_1	狭的平行部分的长度	30±0.5	12±0.5
b	狭的平行部分的宽度	5±0.2	2±0.2
R	最小半径	30	12
l_0	计量标线间距离	25±0.5	10±0.2
l_2	夹具间距离	58±2	23±2
t	最小厚度	2	2

2. 树脂基体压缩性能试验

树脂基体压缩性能试样尺寸及形状见图 2-6。采用的测试标准为 GB/T 2567—2008《树脂浇铸体性能试验方法》。测定压缩强度时，试样高度 H 为（25±0.5）mm；测定压缩弹性模量时需要在试样上安装变形仪表时，试样高度 H 为 30～40mm。试样为正方柱体或圆柱体，要求上下两端面相互平行，且与轴线垂直，不平行度应小于试样高度的 0.1%。

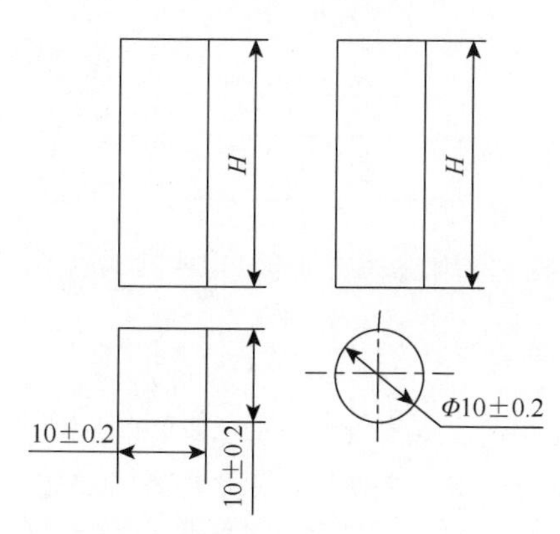

图 2-6　树脂基体压缩试样（mm）

3. 树脂基体剪切性能试验

采用圆形穿孔器，用压缩剪切的方式，将剪切负荷施加于试样，使试样产生剪切变形或破坏，以测定热塑性、热固性塑料的剪切强度。采用的测试标准为 HG/T 3839—2006《塑料剪切强度试验方法 穿孔法》。树脂基体剪切性能试验要求试样厚度均匀，表面光洁、平整，无机械损伤或杂质。试样为边长 50mm 的正方形或直径 50mm 的圆形平板，厚度为 1.0～12.5mm，中心孔径为 11mm，如图 2-7 所示。仲裁试样厚度为 3～4mm。

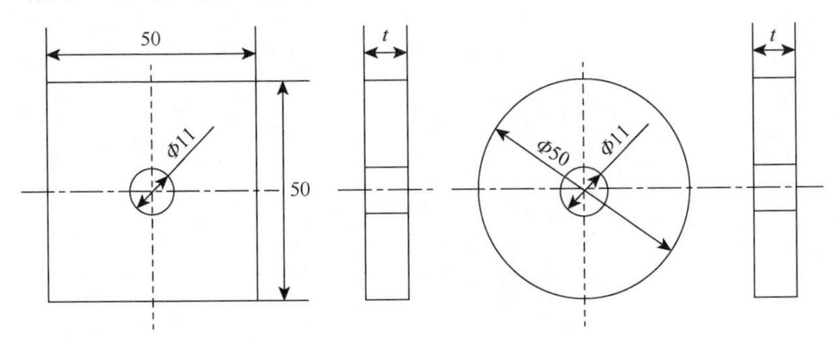

图 2-7 树脂基体剪切试样（mm）

4. 树脂基体弯曲性能试验

树脂基体弯曲性能试验试样为长方体，试样尺寸见图 2-8，其中试样宽度为 15mm，常规检验试样厚度为（3～6）mm，仲裁试样厚度为（4±0.2）mm，长度 l 不小于 $20h$。采用的测试标准为 GB/T 2567—2008《树脂浇铸体性能试验方法》。三点弯曲加载，跨距为（16±1）h，上压头半径（5±0.1）mm。

图 2-8 树脂基体弯曲性能试样（mm）

5. 树脂基体冲击性能试验

利用简支梁式摆锤冲击试验机测定树脂基体的冲击强度，以衡量树脂基体的韧性。冲击性能试样包括缺口冲击试样和无缺口冲击试样，对于热塑性树脂或韧性较好的热固性树脂采用缺口冲击，而韧性较差的热固性树脂通常采用无缺口冲击。试样尺寸要求如图 2-9 所示。采用的测试标准为 GB/T 2567—2008《树脂浇铸体性能试验方法》。测试时简支梁跨距 70cm，摆锤冲击试样中心时的速度为 2.9m/s。对于缺口冲击试验，试样在非缺口处断裂的试样作废，另取试样补充。无缺口冲击试样，均应按一处断裂计算。

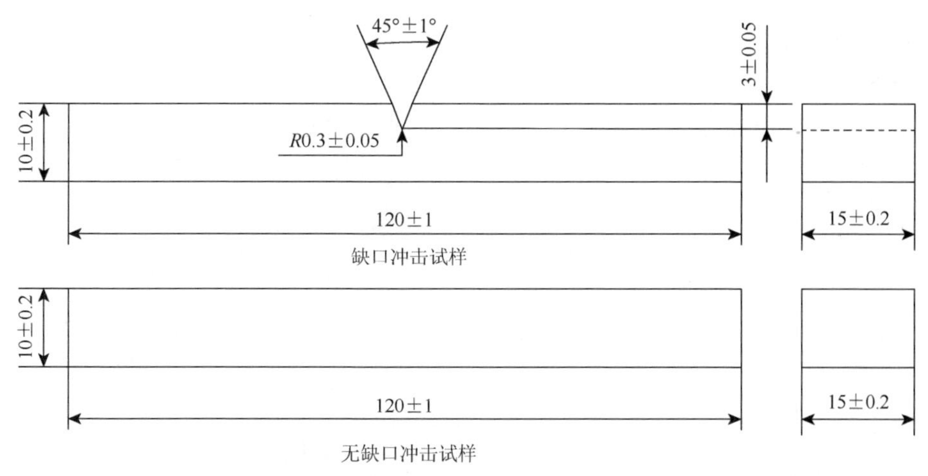

图 2-9　树脂基体冲击试验试样（mm）

2.4.2　复合材料力学性能表征

纤维增强复合材料力学性能测试方法在 20 世纪 70 年代初期以企业标准的形式出现，随后为了复合材料的推广使用，出现了先进材料供应商协会（SACMA）测试标准和 ASTM 标准[15-21]。ASTM 标准通常不超过 5 年确认一次。

现有复合材料力学性能测试的 ASTM 标准大部分是在 21 世纪初修订的。这些标准适用于纤维弹性模量超过 20GPa 的复合材料体系。美国的先进材料供应商协会在很长一段时间里制定了很多测试标准，但在 1994 年后该协会不再对这些标准进行修订和更新。

国内复合材料力学性能测试标准有国家标准（GB 体系）、国家军用标准（GJB 体系）和航空工业行业标准（HB 体系）。国内自 20 世纪 60 年代末期开始纤维增强复合材料技术的研究，从 20 世纪 80 年代初期开始提出复合材料力学性能测试要求，并制订了相关测试标准。当时虽然也开展了一些标准试验方法的研究，但基本上是在对当时 ASTM 复合材料测试标准（主要是 20 世纪 70 年代的标准）消化理解的基础上参照制定的（关键技术内容几乎没有变更，主要是将度量衡单位由英制转换为公制和内容的简化）。

微波辐射调控复合材料是结构功能一体化复合材料，除了引入了功能填料和精细的电磁结构，其树脂基体的种类、增强纤维的形式，甚至成型工艺技术和结构复合材料十分相似。因此本节介绍的结构复合材料拉伸、压缩、面内剪切、弯曲等标准试验方法同样适用于微波辐射调控复合材料。

1. 拉伸性能试验

单向复合材料的纵向拉伸强度与增强纤维的拉伸强度和纤维体积含量有关，

基体拉伸强度和基体体积含量有关。复合材料拉伸试验方法常用于测定拉伸强度、拉伸弹性模量、泊松比、断裂伸长率和应力-应变曲线。图 2-10 为典型纤维、基体和单向复合材料的应力-应变曲线。其中，X_f 是纤维拉伸强度，X_t 是单向复合材料的拉伸强度，X_m 是基体拉伸强度，X_{mf} 是基体对应纤维断裂应变时的应力，X_{fm} 是纤维对应基体断裂应变时的应力。

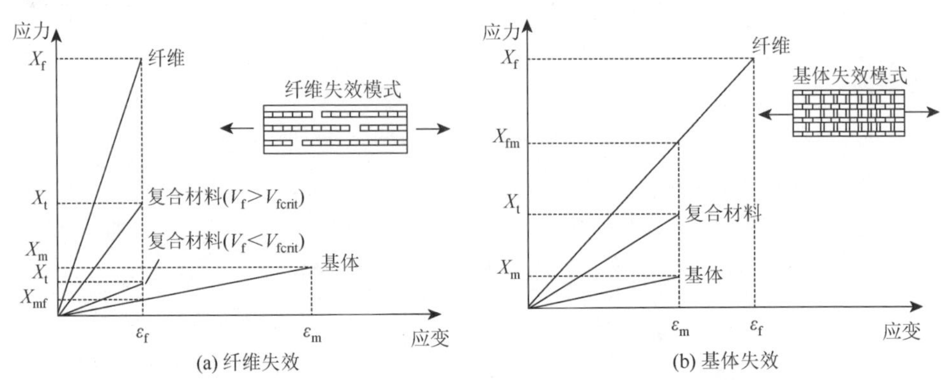

图 2-10　典型纤维、基体和单向复合材料的应力-应变曲线

国内目前采用的复合材料拉伸性能标准试验方法主要包括：GB/T 3354—2014《定向纤维增强聚合物基复合材料拉伸性能试验方法》、GB/T 1447—2005《纤维增强塑料拉伸性能试验方法》，GB/T 3354—2014 和 GB/T 1447—2005 适用于测定纤维增强塑料 0°、90°和多向层合板的拉伸性能。

国外 ASTM D 3039/D 3039M-17《聚合物基复合材料拉伸性能标准试验方法》（Standard Test Method for Tensile Properties of Polymer Matrix Composite Materials）、ASTM D 638-14《塑料拉伸性能标准试验方法》（Standard Test Method for Tensile Properties of Plastics）和 SACMA SRM 4R-94《定向纤维增强树脂基复合材料拉伸性能试验方法》（SACMA Recommended Test Method for Tensile Properties of Oriented Fiber-Resin Composites），也常用于连续纤维增强聚合物基复合材料拉伸性能的测量。

2. 压缩性能试验

迄今已建立了多项用于测试复合材料压缩性能的试验标准，如 ASTM 标准、SACMA 标准和 GB 标准等。但对于同一种复合材料体系，不同测试单位所给出的压缩性能值（主要是压缩强度）往往不同，有的甚至存在较大差异，其主要原因是采用的试验标准不同。

不同试验标准规定的压缩载荷引入方式不同，ASTM D3410 通过剪切将载荷引入试样工作段；ASTM D 695 和 SACMA SRM-1R 通过直接压缩（端部加载）

将载荷引入试样工作段；ASTM D 6641 通过端部加载与剪切联合将载荷引入试样工作段。

GB/T 5258—2008 适用于测定纤维增强塑料的压缩性能。有三种加载方式（对应三种类型的夹具）：剪切加载、端部加载及混合加载。压缩试样工作段内破坏的失效模式是可接受的失效模式，而加强片脱黏、夹持内破坏、端头压溃、夹持边缘分层等失效模式不可接受。

3. 剪切性能试验

剪切性能是复合材料结构设计的重要指标之一，包括面内剪切性能和面外剪切性能，测定剪切性能的主要困难之一是保证在试样中产生纯剪切应力状态。然而边缘效应、耦合效应、非线性特性、不理想的应力分布或正应力存在的纵横效应等使得现有剪切试验方法存在缺陷或局限性。当前试验标准的目标是保证试验过程中剪切应力最大化，并使冗余应力最小化。

目前国内常用的剪切试验标准包括 GB/T 3355—2014、ASTM D 3518/D3518M-18、ASTM D 5379/D5379M-19、ASTM D 3846-08（2015）、SRM 7R-94。GB/T 3355—2014 通过对试样施加单轴拉伸载荷的方式测定单向纤维或织物增强塑料平板的面内剪切性能。

4. 弯曲性能试验

弯曲试验中试样处于一个受拉伸、压缩和剪切共同作用的复杂应力状态，因此弯曲性能反映了材料的综合力学性能。弯曲试验可以用来测定层合板的弯曲强度、弯曲模量和层间剪切强度（使用短梁）以及带有蜂窝状或泡沫状芯和层合面板的夹层结构梁的性能。

用于测定复合材料层合板弯曲性能的两种最常用的方法是三点弯曲和四点弯曲试验。试验时，将一个矩形直条形试样在两边的支座上简支，然后在试样的中心处以三点弯曲加载，或者两个载荷对称地施加在支点之间，成为四点弯曲加载。显然，在加载点存在应力集中。但是对于四点弯曲，在两个内加载点之间有一个恒定的弯矩。

三点弯曲试验的弯矩线性地从支撑点的零值增加到中央加载点的最大值，而剪力沿梁的长度是均匀的。在四点弯曲试验中，弯矩从支撑点的零值线性增加到加载点的最大值，且在两个加载点之间为定值。加载点之间的剪力和层间剪应力为零，所以梁的中心段受到纯弯矩作用。从应力状态的观点来看，四点弯曲更可取，但三点弯曲试验更容易进行。

常用的三点弯曲方法包括 GB/T 3356—2014、GB/T 1449—2005 和 ASTM D 790-17；四点弯曲方法：ASTM D 6272-17e1；三点和四点弯曲方法：ASTM D 7264/

D7264M-15。其中，ASTM D 7264/D7264M-15、GB/T 3356—2014 和 GB/T 1449—2005 适用于单向纤维增强塑料层合板。

5. 层间剪切强度试验

层间剪切强度试验中复合材料破坏主要由树脂和层间性能控制，对于给定的试样几何尺寸、材料体系和铺层顺序，试验结果有很好的重复性，可以用于质量控制和工艺鉴定。如果破坏模式完全相同，也可以用于复合材料的比较试验。常用的层间剪切强度试验标准有 JC/T 773—2010 和 ASTM D 2344，适用于单向纤维增强复合材料。与弯曲试验一样，层间剪切强度试验主要用于质量控制和工艺鉴定，弯曲强度和层间剪切强度数据都不用于复合材料结构强度设计。

2.4.3 复合材料韧性表征

1. Ⅰ型层间断裂韧性试验

直接表征复合材料韧性的力学量通常有层间断裂韧性。复合材料层合板层间分层破坏一般有三种典型模式，如图 2-11 所示。层间断裂韧性又分Ⅰ型、Ⅱ型和Ⅲ型层间断裂韧性。工程应用最为关注的是Ⅰ型层间断裂韧性。Ⅰ型层间断裂韧性衡量的是复合材料抵抗层间张开型裂纹扩展的能力，通常用临界能释放率 G_{IC} 来表征。

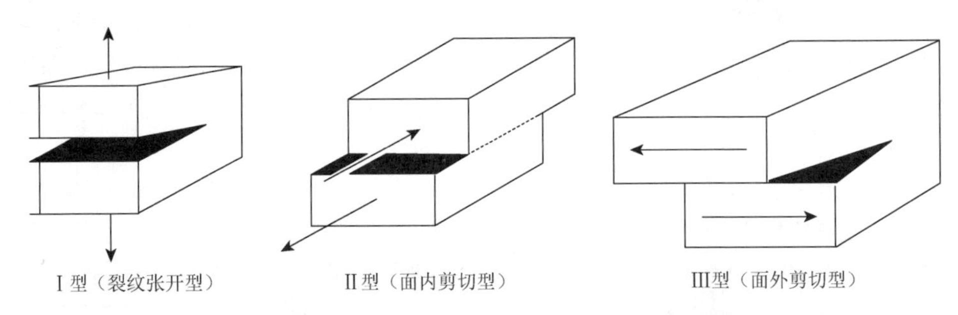

图 2-11 复合材料层合板典型的分层失效模式

Ⅰ型层间断裂韧性 G_{IC} 本质上是张开型裂纹沿纤维方向开始扩展的临界能量释放率。具体测试方法是在单向复合材料层合板双悬臂梁试样预制有裂纹的一端施加拉伸载荷，使得裂纹向前扩展，其间记录试样尺寸、载荷、位移、裂纹长度等信息，经过计算和处理所记录数据获得材料的 G_{IC} 值。

目前国内采用的测定复合材料 G_{IC} 的试验标准主要有两个：HB 7402—1996《碳纤维复合材料层合板Ⅰ型层间断裂韧性 G_{IC} 试验方法》和 ASTM D 5528-13《单向纤维增强聚合物基复合材料Ⅰ型层间断裂韧性标准试验方法》（Standard Test Method for

Mode Ⅰ Inter laminar Fracture Toughness of Unidirectional Fiber-reinforced Polymer Matrix Composites）。

2. 开孔拉伸/压缩强度试验

开孔拉伸强度、开孔压缩强度和冲击后压缩强度等是可以间接表征复合材料韧性的力学量。

开孔拉伸/压缩强度主要是表征开孔对复合材料承载能力的影响。孔的存在减小了复合材料承载净截面积，同时引起孔周围的应力集中，使得复合材料的拉伸/压缩强度相对无孔状态有所下降，而下降的程度与复合材料的韧性状态存在一定的联系，通常可作为复合材料韧性的初步评估。

开孔拉伸/压缩强度的表达式见式（2-9）：

$$\sigma^{\mathrm{ult}} = \frac{P_{\mathrm{m}}}{w \cdot h} \tag{2-9}$$

式中，σ^{ult} 为开孔拉伸或开孔压缩强度；P_{m} 为开孔试样破坏前承受的最大拉伸载荷或最大压缩载荷；w 为试样的宽度（不计孔）；h 为试样的厚度。

开孔拉伸试验主要是评定材料的拉伸性能对切口的敏感程度。目前常用的复合材料开孔拉伸强度试验方法包括 HB 6740—1993《碳纤维复合材料层合板开孔拉伸试验方法》和 ASTM D 5766-11（2018）《聚合物基复合材料层合板开孔拉伸强度标准试验方法》（Standard Test Method for Open-Hole Tensile Strength of Polymer Matrix Composite Laminates）。

开孔压缩试验主要是评定复合材料的压缩性能对切口的敏感程度，目前常用的复合材料开孔压缩强度试验方法有 HB 6741-1993《碳纤维复合材料层合板开孔压缩试验方法》和 ASTM D 6484/D6484M-20《聚合物基复合材料层合板开孔压缩强度标准试验方法》（Standard Test Method for Open-Hole Compression Strength of Polymer Matrix Composite Laminates）。

3. 冲击后压缩强度试验

复合材料层合板抵抗面外冲击性能差，在受到面外低能量冲击后一般会在内部出现层间分层、纤维断裂、基体开裂等损伤。而带损伤复合材料的承压能力会大幅降低，给复合材料结构带来潜在的危险。因此，工程上用冲击后压缩强度（CAI）来表征复合材料受到低能量冲击产生损伤后的耐压性能，用压缩试验获得损伤后复合材料的剩余压缩强度。复合材料的 CAI 值是确定复合材料结构压缩设计值的重要依据。

通常 CAI 值与复合材料的韧性存在一定的关系，韧性相对高的复合材料试样，受冲击时内部产生的损伤较少，对应的 CAI 值较高。压缩试验获得的 CAI 值表达式见式（2-10）：

$$\mathrm{CAI}=\frac{P_{\mathrm{m}}}{w\cdot h} \tag{2-10}$$

式中，CAI 为冲击后压缩强度；P_{m} 为带损伤试样破坏前承受的最大压缩载荷；w 为试样的宽度（忽略损伤）；h 为试样的厚度。

CAI 试验主要是评定材料的压缩性能对冲击损伤的敏感程度，目前常用的复合材料 CAI 试验方法如下：GB/T 21239—2007《纤维增强塑料层合板冲击后压缩性能试验方法》、HB 6739—1993《碳纤维复合材料层合板冲击后压缩试验方法》、ASTM D 7136/D7136M-20《用落锤冲击纤维增强聚合物基复合材料测定损伤阻抗标准试验方法》（Standard Test Method for Measuring the Damage Resistance of a Fiber-Reinforced Polymer Matrix Composite to a Drop-Weight Impact Event）、ASTM D 7137/D7137M-17《带损伤聚合物基复合材料层合板压缩剩余强度标准试验方法》（Standard Test Method for Compressive Residual Strength Properties of Damaged Polymer Matrix Composite Plates）、SACMA SRM 2R-1994《定向纤维增强树脂基复合材料冲击后压缩性能标准试验方法》（Compression after Impact Properties of Oriented Fiber-Resin Composties）；NASA 1142《冲击后压缩试验方法》（Compression after Impact Test）。

2.5　微波辐射调控复合材料电磁性能表征

2.5.1　电磁参数测量方法

电磁波在材料中的传播特性由材料的电磁参数决定[22-24]。微波吸收材料的电磁参数是两个复数常数，即复数介电常数 $\dot{\varepsilon}$ 和复数磁导率 $\dot{\mu}$ 。

$$\dot{\varepsilon}=\varepsilon_0\varepsilon_{\mathrm{r}}=\varepsilon_0(\varepsilon'-\mathrm{j}\varepsilon'') \tag{2-11}$$

$$\dot{\mu}=\mu_0\mu_{\mathrm{r}}=\mu_0(\mu'-\mathrm{j}\mu'') \tag{2-12}$$

式中，ε_0 为自由空间的介电常数，$\varepsilon_0=8.854\times10^{-12}\mathrm{F/m}$；$\mu_0$ 为自由空间的磁导率，$\mu_0=4\pi\times10^{-7}\mathrm{H/m}$；$\varepsilon_{\mathrm{r}}$ 和 μ_{r} 分别为材料的复数相对介电常数和复数相对磁导率：

$$\varepsilon_{\mathrm{r}}=\frac{\dot{\varepsilon}}{\varepsilon_0}=\varepsilon'-\mathrm{j}\varepsilon_0''=\varepsilon'(1-\mathrm{j}\tan\delta_{\varepsilon}) \tag{2-13}$$

$$\mu_{\mathrm{r}}=\frac{\dot{\mu}}{\mu_0}=\mu'-\mathrm{j}\mu_0''=\varepsilon'(1-\mathrm{j}\tan\delta_{\mu}) \tag{2-14}$$

式中，$\tan\delta_{\varepsilon}=\varepsilon''/\varepsilon'$，$\tan\delta_{\mu}=\mu''/\mu'$，分别为材料的电损耗角正切和磁损耗角正切。

雷达波吸收材料属于损耗在 0.1 以上的高损耗材料，常用的测试电磁参数方法有驻波测量法（或测量线法）和网络测量法。测试样品夹具可以是同轴型也可以是波导型，同轴型适用于扫频宽带测量；波导型适用于分波段测量。

1. 驻波测量法

驻波测量法是将填充介质试样的波导段或同轴线段作为传输系统的一部分来测量它的电磁参数。常用的方法是终端短路或“开路”法。在这种方法中，介质试样段接在传输系统的末端，并在它的输出端接短路或“开路”器（即 $\lambda/4$ 短路器）来产生全反射波，根据介质试样段引起的驻波最小点偏移和驻波系数变化，确定介质的电磁参数。采用波导测量线测量固体介质的电磁参数的原理见图 2-12。

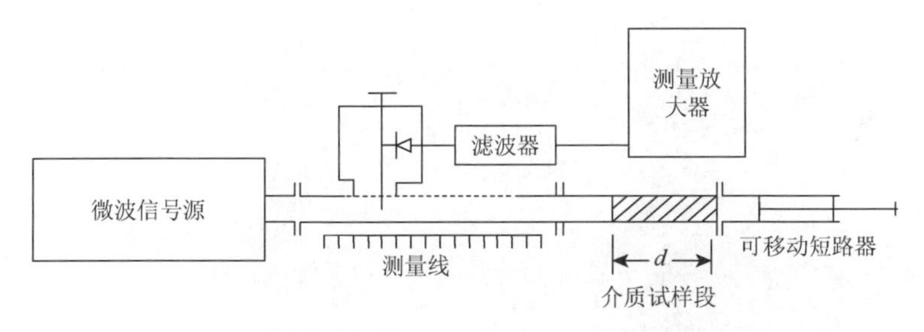

图 2-12　波导测量线测量介质电磁参数示意图

在终端短路和“开路”两种情况下，介质试样的归一化输入阻抗按下式计算：

$$Z_{\mathrm{i}}=\frac{\rho\left[1+\tan\left(\frac{2\pi\bar{D}}{\lambda_{\mathrm{g}}}\right)-\mathrm{j}(\rho^{2}-1)\tan\left(\frac{2\pi\bar{D}}{\lambda_{\mathrm{g}}}\right)\right]}{\rho^{2}+\tan^{2}\left(\frac{2\pi\bar{D}}{\lambda_{\mathrm{g}}}\right)} \tag{2-15}$$

式中，$\bar{D}$ 为驻波最小点到介质试样输入端的距离；ρ 为波导段中装有介质试样时的驻波系数；λ_{g} 为电磁波的波导波长：

$$\lambda_{\mathrm{g}}=\frac{\lambda_0}{\sqrt{1-\left(\frac{\lambda_0}{\lambda_{\mathrm{c}}}\right)^2}} \tag{2-16}$$

其中，λ_0 为自由空间的波长；λ_{c} 为波导的截止波长。TE10 模式下，$\lambda_{\mathrm{c}}=2a$，a 为波导宽边尺寸。

以终端短路时的 $\bar{D}$ 和 ρ 代入式（2-15）求得 $Z_{\mathrm{i}\,短路}$，以终端“开路”时的 $\bar{D}$ 和 ρ 代入式（2-15）求得 $Z_{\mathrm{i}\,开路}$。

介质试样段的归一化特性阻抗为

$$Z_{\mathrm{c}}=\sqrt{Z_{\mathrm{i短路}}\cdot Z_{\mathrm{i开路}}} \tag{2-17}$$

电磁波在介质中的传播常数为

$$\gamma=\frac{1}{d}\operatorname{arcth}\sqrt{\frac{Z_{\mathrm{i短路}}}{Z_{\mathrm{i开路}}}} \tag{2-18}$$

式中，d 为介质试样的长度。

式（2-18）可给出无限多的解，因而需要测量不同长度的试样，以便确定正确的结果。由 Z_{c} 和 γ 便可计算出介质的电磁参数。

$$\mu_{\mathrm{r}}=-\mathrm{j}\frac{\lambda_{\mathrm{g}}}{2\pi}\gamma Z_{\mathrm{c}} \tag{2-19}$$

$$\varepsilon_{\mathrm{r}}=\left(\frac{\lambda_0}{2\pi}\right)^2\frac{\left(\frac{2\pi}{\lambda_{\mathrm{c}}}\right)^2-\gamma^2}{\mu_{\mathrm{r}}} \tag{2-20}$$

2. 网络测量法

网络测量法不需要很多设备，但测量几种样品或者在几种频率下测量一种样品要花较长的时间。而多数雷达波吸收体的设计目标是获得较宽的频带，必须了解材料在不同频率范围内的电磁性质，因此需要扫频测量。扫频测量是在自动矢量网络分析仪的基础上发展起来的。测试试样为针对不同频率范围的不同尺寸波导试样。图 2-13 为网络法测量电磁参数示意图，电磁参数测试原理见图 2-14。

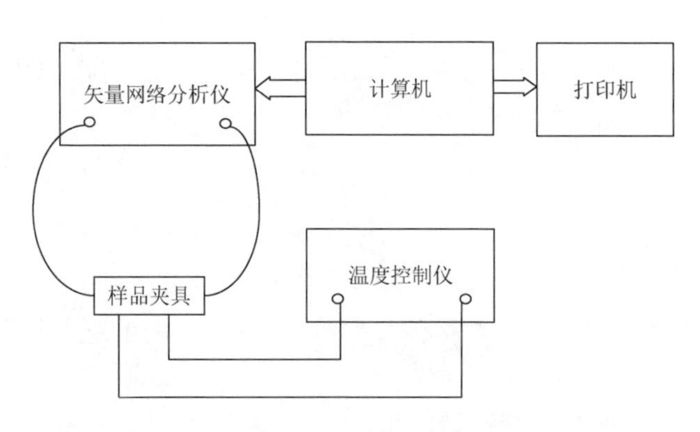

图 2-13 网络法测量电磁参数示意图

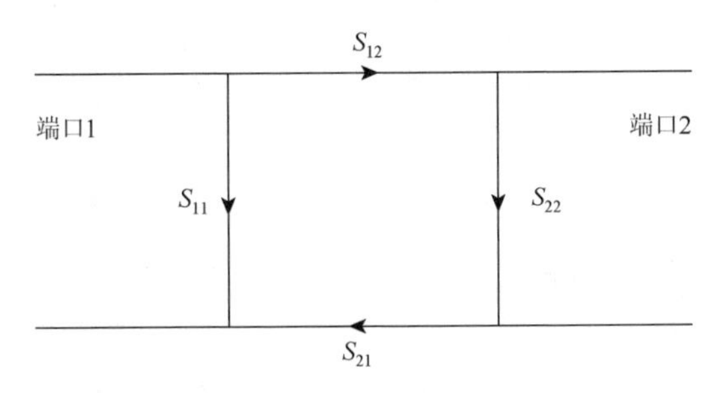

图 2-14　S 参数流程图

电磁参数的测试原理是构成一有耗二端口网络，其特性可用散射网络参数表示。这是一个连接在传输线上的二端口装置，它受到来自两个方向的入射波激励。入射波 E_{i1} 在端口 1 的反射和入射波 E_{i2} 在端口 2 向端口 1 的传输，激起向端口 1 左侧传播的反向行波。入射波 E_{i2} 在端口 2 的反射和入射波 E_{i1} 在端口 1 向端口 2 的传输，激起向端口 2 右侧传播的正向行波。

网络参数之间的关系由下列方程组表示：

$$E_{\gamma1} = S_{11}E_{i1} + S_{21}E_{i2} \tag{2-21}$$

$$E_{\gamma2} = S_{12}E_{i1} + S_{22}E_{i2} \tag{2-22}$$

式中，S 参数的第一个下标表示激励端口，第二个下标表示被测量的入射波输出端口。

分别切断两端的入射波，可以独立地测得未知的四个参数。例如，由 $E_{i2} = 0$ 可以测出 S_{11} 和 S_{12}：

$$S_{11} = E_{\gamma1} / E_{i1} \tag{2-23}$$

$$S_{12} = E_{\gamma2} / E_{i1} \tag{2-24}$$

同理，由 $E_{i1}=0$ 可以测得 S_{21} 和 S_{22}：

$$S_{21} = E_{\gamma1} / E_{i2} \tag{2-25}$$

$$S_{22} = E_{\gamma2} / E_{i2} \tag{2-26}$$

上述四个参数的频率特性可由矢量网络分析仪方便地测出。

可以证明

$$S_{11} = \frac{(1-T^2)\Gamma_0}{1-T^2\Gamma_0^{\ 2}} \tag{2-27}$$

$$S_{21} = \frac{(1-\Gamma_0^{\ 2})T}{1-T^2\Gamma_0^{\ 2}} \tag{2-28}$$

式中，Γ_0 为试样长度为无限长时介质表面的反射系数，

$$\Gamma_0=\frac{\sqrt{\frac{\mu_r}{\varepsilon_r}}-1}{\sqrt{\frac{\mu_r}{\varepsilon_r}}+1} \tag{2-29}$$

T 为电磁波在长度为 d 的试样段中的传输系数，

$$T=e^{-j\gamma_1 d} \tag{2-30}$$

式中，γ 为传播常数，$\gamma=\frac{2\pi}{\lambda}\sqrt{\mu_r\cdot\varepsilon_r}$。

由式（2-29）、式（2-30）可得

$$\Gamma_0=K\pm\sqrt{K^2-1} \tag{2-31}$$

式中，$K=\frac{\left(S_{11}^2-S_{21}^2\right)+1}{2S_{11}}$，

$$T=\frac{S_{11}+S_{21}-\Gamma_0}{1-(S_{11}+S_{21})\Gamma_0} \tag{2-32}$$

由式（2-31）、式（2-32）可得

$$\frac{\mu_r}{\varepsilon_r}=\left(\frac{1+\Gamma_0}{1-\Gamma_0}\right)^2 \tag{2-33}$$

$$\mu_r\cdot\varepsilon_r=-\left[\frac{\lambda}{2\pi d}\ln\left(\frac{1}{T}\right)\right]^2 \tag{2-34}$$

样品置于波导中时，如果材料是均匀的，试样与波导壁之间无间隙，试样端面与波导中波的传播反方向垂直。在此理想的条件中，由于横向边界条件的一致性，在空波导和填充材料部分，均不存在高次模，唯一可能存在的模式为 TE10 模。此时，

$$\mu_r=(1+\Gamma_0)/\left\{\Lambda(1-\Gamma_0)\sqrt{\frac{1}{\lambda_0^2}-\frac{1}{\lambda_c^2}}\right\} \tag{2-35}$$

$$\varepsilon_r=\frac{\left(\frac{1}{\Lambda^2}+\frac{1}{\lambda_c{}^2}\right)\lambda_0{}^2}{\mu_r} \tag{2-36}$$

$$1/\Lambda^2=-\left[\frac{1}{2\pi d}\ln\left(\frac{1}{T}\right)\right]^2 \tag{2-37}$$

通过以上分析，可以认为测量微波吸收材料电磁参数的实质就是测量一对复数散射参数 S_{11}、S_{21}，通过中间变量 Γ、T，最后求得材料的扫频复介电常数 ε_r 和复数磁导率 μ_r。测试样品夹具可以是同轴型也可以是波导型，同轴型适用于扫频

宽带测量，波导型需要分波段测量。图 2-15 和图 2-16 是电磁吸收剂介电常数和磁导率的测量结果。

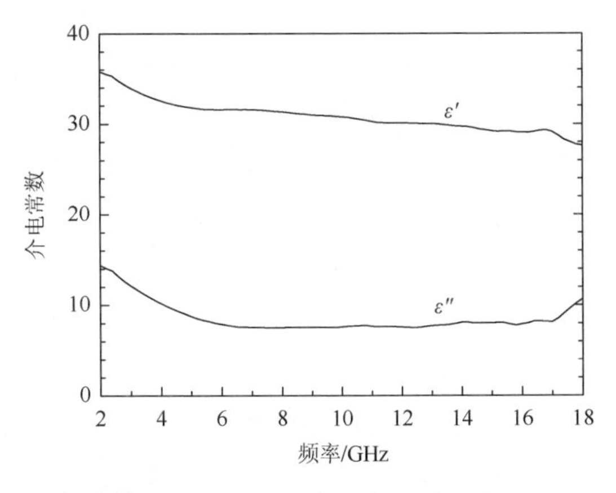

图 2-15　B 吸收剂介电常数测量结果

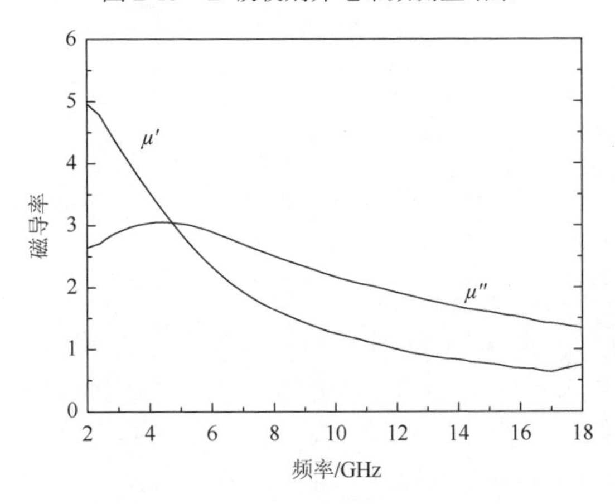

图 2-16　B 吸收剂磁导率测量结果

2.5.2　微波吸收材料反射率测量

微波吸收材料反射率是表征吸波材料的重要指标，它表示了吸波材料相对于金属平板反射的大小。常用的测量微波吸收材料反射率的方法有弓形测量法和远场 RCS 测量法。

1. 反射率弓形测量法

1）测量原理

在给定波长和极化的条件下，电磁波从同一角度，以同一功率密度入射到微波吸收材料平面和良导体平面，微波吸收材料平面与同尺寸良导体平面二者镜面方向反射功率之比定义为微波吸收材料反射率。

$$\Gamma = \frac{P_a}{P_m} \tag{2-38}$$

式中，Γ 为微波吸收材料反射率；P_a 为 RAM 样板的反射功率；P_m 为良导体平面的反射功率。

实际测量中，常常并不直接测量绝对反射功率，而是分别测量良导体平面和微波吸收材料试样板的反射功率与同一参考信号之比：

$$\Gamma_m = \frac{P_m}{P_i} \tag{2-39}$$

$$\Gamma_a = \frac{P_a}{P_i} \tag{2-40}$$

式中，P_i 为与发射信号成正比的参考信号功率，那么，微波吸收材料反射率

$$\Gamma = \frac{P_a}{P_m} = \frac{P_a/P_i}{P_m/P_i} = \frac{\Gamma_a}{\Gamma_m} \tag{2-41}$$

以分贝数表示为

$$\Gamma_{dB} = 10\lg\Gamma_a - 10\lg\Gamma_m \tag{2-42}$$

2）测量系统

弓形测量法是 20 世纪 40 年代末由美国海军研究实验室（NRL）发明，是目前国际上应用最广泛的微波吸收材料测量评价方法。弓形测量系统主要由分别安装在半圆架子上的发射与接收天线构成，被测微波吸收材料样品置于弓形框的圆心。通过改变天线在弓形框上的位置，可以测出不同入射角的微波吸收材料的反射率。我国于 20 世纪 80 年代末基于弓形法建立了扫频测量系统（图 2-17），该系统测量频率范围 2～18GHz，对于−20dB 以上的反射率测量，测量精度可达到 1.2dB。图 2-18 为典型微波吸收材料反射率的测量结果。

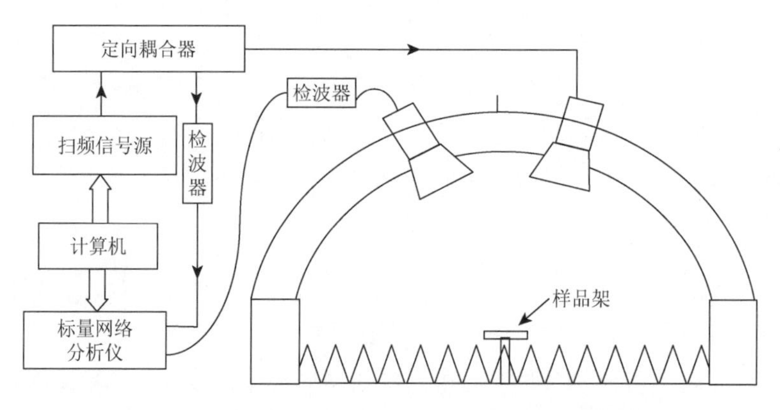

图 2-17　弓形法 RAM 反射率自动扫频测试系统方框图

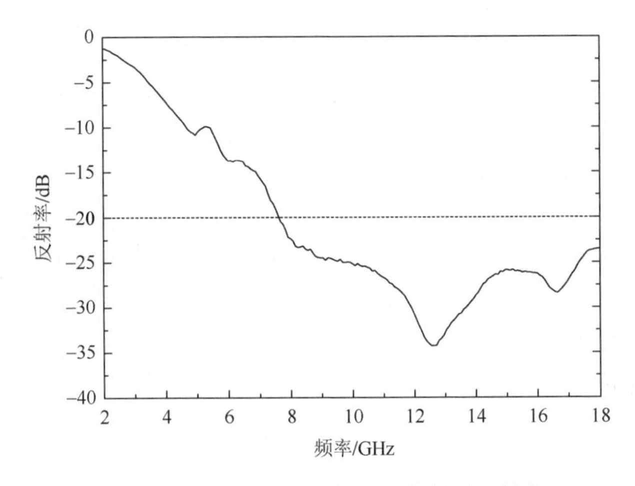

图 2-18　弓形法测量的微波吸收材料反射率

3）测试条件

微波吸收材料反射率测量中，为减小边缘绕射的影响，一般要求样品边长大于 5λ。例如 8～18GHz 频率范围内，一般使用 180mm×180mm 的正方形平板样品进行反射率测量。

近场弓形测量法收发天线可以在 RAM 样板的近场区，但两天线要在彼此影像的远场区（经过测试点测量的距离）。天线口面到样品的最小测试距离由下式计算：

$$R_{\min}=\frac{D^2}{\lambda} \tag{2-43}$$

式中，D 为天线口面横向最大尺寸；λ 为电磁波波长。

测试背景反射的大小直接影响测量的准确度。为了减小背景的影响，在样品架周围的地面需铺设暗室用吸波材料，保证测试背景反射小于–40dB。

2. 反射率远场 RCS 测量法

在弓形测量法中，由于喇叭天线距被测物仅 1～2m，因而入射波的波阵面是球面。如果从更实际的条件来考察吸波材料的性能，希望入射波波阵面平坦一些。利用远场 RCS 法实现微波吸收材料反射率的测量，能更真实地表征微波吸收材料的反射率性能。在微波暗室内，利用矢量网络分析仪的时域功能等，对反射率为–40dB 的吸波材料的测量精度达到 0.5dB。

远场 RCS 法测量在微波暗室内或加设紧缩场的微波暗室内进行，测量距离应满足远场条件：

$$R=kD^2/\lambda \tag{2-44}$$

式中，系数 k 取决于对测量精度的要求，一般 $k\geqslant 2$；D 取天线和目标尺寸中较大的一个。

在测量中还应该注意几个问题。首先，微波吸收材料样品不宜太小，否则边缘效应将干扰测量。一般说来，样品的边长要大于 5 倍波长。如果被测物具有较好的吸收性能，样品的尺寸还应该加大。这是因为在这种情况下，被测样品表面的反射会降至与边缘散射同一数量级，此时，测量并不能很好地说明物体的吸收性能。另一方面，较大的样品具有较窄的镜面回波波瓣。如果此波瓣太窄，样品就很难在支架上定位。典型的定位要求是在垂直平面内俯仰角误差不大于 0.5°、主瓣幅度允许下降 1dB。根据这些要求，可以估算出样品的边长应小于 15 个波长。因此，用于测量的样品边长尺寸一般在 5～15 倍波长。图 2-19 为微波吸收材料反射率 RCS 法测量系统示意图。

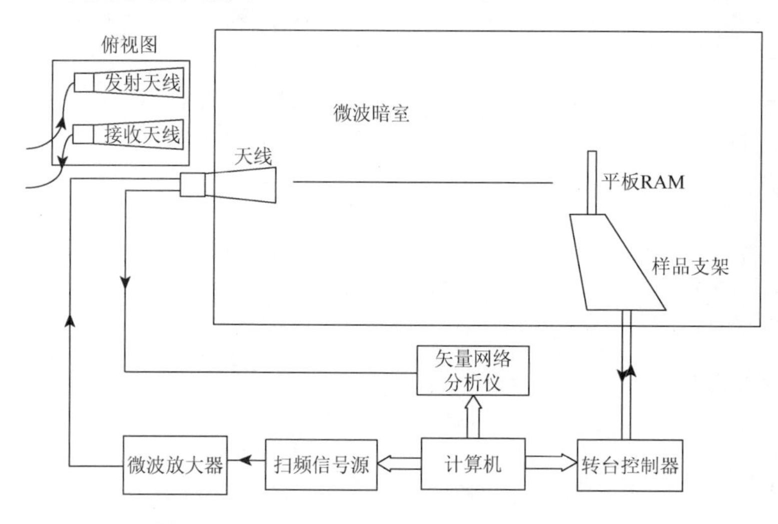

图 2-19 RCS 法测量微波吸收材料反射率系统

2.5.3 目标 RCS 测量

使用微波吸收材料的目的就是降低目标的雷达散射截面（RCS），微波吸收材料的反射率表征了微波吸收材料在平板状态的吸收效果，但目标的 RCS 减缩不但和吸波性能有关，而且与目标形状、结构形式等有密切关系。通过进行 RCS 测量可以了解目标的 RCS 和微波吸收材料的应用效果。

1. 雷达散射截面

当物体被电磁波照射时，能量将朝各个方向散射。能量的空间分布依赖于物体的形状、大小和结构及入射波的频率和特性。能量的这种分布称为散射，物体本身通常称为目标或散射体。散射效率用一个等效的各向同性反射体的截面积来表示，称为目标的雷达散射截面（RCS），用符号 σ 表示。目标的雷达散射截面，是一个向接收方向散射的矢量信号功率密度与向目标入射的雷达信号功率密度之比的量度，特定目标的具体数值只有在极化组合、目标方向和雷达频率都已确定的条件下才能确定。

雷达散射截面的定义是基于平面波照射下目标各向同性散射的概念，雷达散射截面与目标的距离无关，由下式定义：

$$\sigma = 4\pi \lim_{R\to\infty} R^2 \frac{|E_s|}{|E_i|} = 4\pi \lim_{R\to\infty} R^2 \frac{|H_s|}{|H_i|} \tag{2-45}$$

式中，E_s、H_s分别为距离收发天线 R 处目标散射电场强度和散射磁场强度；E_i、H_i分别为入射到目标的电场强度和磁场强度。RCS 单位为 m^2。由于通常 RCS 在一个宽的动态范围上变化，实验和理论数据常常都表示成对数形式。用平方米的分贝数表示（dBsm）。

实验定义可从普通的雷达距离方程中分离出雷达散射截面得到

$$\sigma = \frac{(4\pi)^3 R^4 P_r}{P_t G^2 \lambda^2} \tag{2-46}$$

式中，P_t为天线发射功率；P_r为天线接收功率；G为发射（接收）天线的增益。

2. 目标 RCS 测量概述

目标的 RCS 等效于各向同性散射体的截面积，金属球的 RCS 在球的周长大于10λ的光学区等于球的投影面积。在实际的 RCS 测量中，常常以金属球为定标体，通过比较目标的散射功率和金属球的散射功率得出目标的 RCS。

RCS 测量可以在微波暗室进行，也可在测试外场进行。为了获得目标远场的 RCS 数据，较大的目标（如飞机）通常在外场测试，测试场天线到目标的距离都较远。而缩比模型和较小的目标可在微波暗室进行测量。微波暗室一般为几十米，为了形成理想的平面波，可以采用紧缩场技术。该技术已广泛应用于暗室 RCS 测量中。抛物面反射紧缩场的原理示意图见图 2-20。

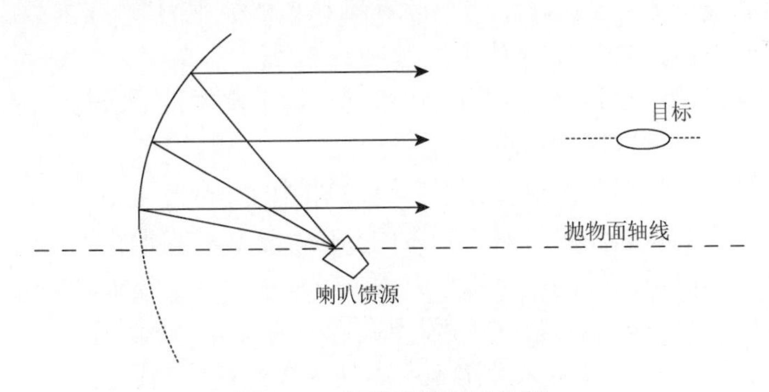

图 2-20　紧缩场原理示意图

紧缩场装置中，喇叭馈源放在抛物面的焦点处，且瞄准反射器。反射面的一个特点是，从焦点到一个垂直于反射轴平面上各点所有路径长度都是相等的。因此在这个平面上由抛物面反射的所有射线是同相位的，即形成了平面波。

2.5.4 透波特性测量

透波复合材料介电性能测试主要用矢量网络分析仪，利用对微波信号反射和传输参数的测量得到介质材料的介电参数，主要测试方法包括传输线法、谐振腔法和自由空间法[25-30]。材料介电性能是评价透波材料微波透明性能的主要指标。透波复合材料是采用低介电低损耗树脂基体与增强纤维复合而成的一种低介电低损耗材料，从测试精度考虑，并不是所有测试方法都适用于透波复合材料介电参数的测量。

传输线法是测量介电常数最成熟的方法，主要的优点是可以进行宽频带测试，其频率范围为 0.2～110GHz。传输线法通过测量信号遇到介质样品时的反射系数和传输系数来确定介质的介电常数，适用于高损耗材料，对低损耗介质材料，测试的误差比较大，其测试精度范围为 1%～2%，因此不适用于透波复合材料的电磁参数测试。

自由空间法是一种非接触和非破坏的测试方法，对介质材料样品不会产生损伤；可以对介质材料样品进行宽频带扫频测试，频率范围为 2.0～110GHz，适用于表面平整、表面积大于波束横截面面积 3 倍的样品；可以对样品进行取向测试，非常适合做材料的高低温测试。自由空间法测试精度为 $\tan\delta \pm 0.005$，同样不适于测试低损耗的结构透波复合材料的介电参数。

谐振腔法是微波频段测试材料介电性能的重要方法，有高的测试精度（$\tan\delta \pm 0.00002$），对低损耗介质材料测试精度可达到 10^{-6}。谐振腔法通过分别测量谐振腔中加载样品前和加载样品后的谐振频率和品质因数的变化来计算样品的介电常数。常用的谐振腔可以为圆柱形谐振腔或平行板谐振腔，也可以为其他形状的谐振腔，如带状线谐振腔。圆柱形谐振腔有高 Q 值（品质因数）的特点，适用于低损耗透波复合材料介电参数的测试。

谐振腔法只能测试材料点频的介电性能，对于宽频带测试有一定的局限性，分析也比较复杂，测试误差也较大。

结构透波复合材料平板透波性能和透波材料的介电性能、结构、厚度、入射角等有关，采用结构透波复合材料制备的构件，还和结构形状有关。结构透波复合材料及其结构的透波性能，可以根据透波结构的尺寸、要求测量的频率范围等综合考虑在微波暗室或在测试外场进行测试。

结构透波复合材料透波率常用测试方法为聚焦透镜测试法，按 GJB 7954—2012《雷达透波材料透波率测试方法》进行，透波率测试系统构成如图 2-21 所示。

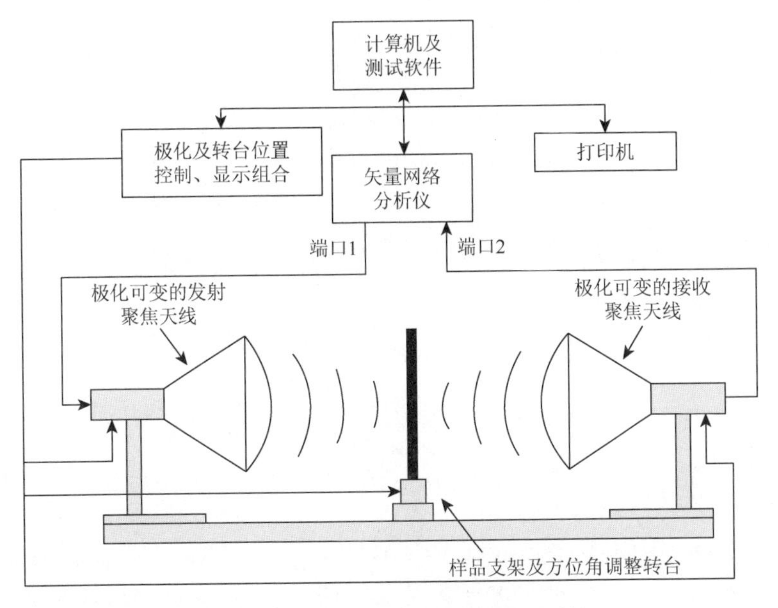

图 2-21　透波材料聚焦透镜法测试系统

透波复合材料透波率由下式计算得出：

$$T = \frac{P_a}{P_0} \tag{2-47}$$

式中，P_a 为放置透波复合材料平板后在测试位置接收天线的功率响应，mW；P_0 为无透波复合材料平板状态接收天线在测试位置接收到的功率，mW。

图 2-22 为透波复合材料平板透波率测试图，试样安装在测试架上，测试过程中通过试样转动，获得不同的入射角下的透波特性，通常考虑入射角为 0°、15°、30°、45°、60°、75°。测试频段按照天线实际发射频段确定，一般进行扫频测试，并分别考虑水平极化和垂直极化两种极化方式。

图 2-22　透波复合材料平板测试安装图

参 考 文 献

[1] 过梅丽. 高聚物与复合材料的动态力学热分析[M]. 北京：化学工业出版社，2002.

[2] Lin S C，Eli M P. High Performance Thermosets[M]. New York：Hanser/Gardner Publications Inc.，1994.

[3] 王山根. 复合材料性能测试技术要点与方法[M]. 北京：专利文献出版社，1989.

[4] 陈祥宝. 聚合物基复合材料手册[M]. 北京：化学工业出版社，2004.

[5] Wegman R F，Tullos T R. Adhesive bonded structural repair. I-Materials and processes，damage assessment and repair[J]. Sampe Journal，1993，29：8-13.

[6] Colin X，Verdu J. Strategy for studying thermal oxidation of organic matrix composites[J]. Composites Science and Technology，2005，65（3-4）：411-419.

[7] 丁孟贤. 聚酰亚胺——化学、结构与性能的关系及材料[M]. 北京：科学出版社，2006.

[8] Leveque D，Schier A，Mavel A，et al. Analysis of how thermal aging effects the long-term mechanical behavior and strength of polymer-matrix composites[J]. Composites Science and Technology，2005，（65）：395-401.

[9] Pochiraju K V，Tandon G P，Schoeppner G A. Evolution of stress and deformations in high-temperature polymer matrix composites during thermo-oxidative aging[J]. Mech Time-Depend Mater，2008，（12）：45-68.

[10] Putthanarat S，Tandon G P，Schoeppner G A. Influence of aging temperature，time，and environment on thermo-oxidative behavior of PMR-15：nanomechanical characterization[J]. J Mater Sci，2008，43（20）：6714-6723.

[11] Tandon G P，Pochiraju K V. Heterogeneous thermo-oxidative behavior of multidirectional laminated composites[J]. Journal of Composite Materials，2011，45（4）：415-435.

[12] Schoeppner G A，Tandon G P，Ripberger E R. Anisotropic oxidation and weight loss in PMR-15 composites[J]. Composites：Part A，2007，38（3）：890-904.

[13] Lafarie-Frenot M C. Damage mechanisms induced by cyclic ply-stresses in carbon-epoxy laminates：Environmental effects[J]. International Journal of Fatigue，2006，28（10）：1202-1216.

[14] Hao W F，Ge D Y，Ma Y J，et al. Experimental investigation on deformation and strength of carbon/epoxy laminated curved beams[J]. Polymer Testing，2012，31（4）：520-526.

[15] Gibson R F. Principles of Composite Material Mechanics[M]. NewYork：McGraw-Hill Inc，1994.

[16] 计欣，华鲁阳，戴福隆.工程试验力学[M]. 北京：机械工业出版社，2010.

[17] 杨静宁，马连生.复合材料力学[M]. 北京：国防工业出版社，2014.

[18] Anderson T L. Fracture Mechanics Fundamentals and Applications[M]. Florida：CRC Press Taylor & Francis Group，2011：59.

[19] CMH-17 协调委员会. 复合材料手册 第 1 卷[M]. 汪海，沈真等译. 上海：上海交通大学出版社，2014.

[20] 周履，王震鸣，范赋群.复合材料及其结构的力学进展[M]. 广州：华南理工大学出版社，1991：243-250.

[21] 陈祥宝. 先进复合材料导论[M]. 北京：航空工业出版社，2018.

[22] 邢丽英. 雷达隐身材料[M]. 北京：化学工业出版社，2004.

[23] 孙敏，于名讯. 隐身材料技术[M]. 北京：国防工业出版社，2013.

[24] 黎炎图，黄小忠，杜作娟，等. 结构吸波纤维及其复合材料的研究进展[J]. 材料导论，2010，24（4）：76-79.

[25] Volksen W，Miller R D，Dubois G . Low dielectric constant materials[J]. Chemistry Review，2010，（110）：

56-110.
[26] 李大进，肖加余，邢素丽.机载雷达天线罩常用透波复合材料研究进展[J]. 材料导报，2011，25（11）：352-357.
[27] 李欢，刘钧，肖加余，等.雷达天线罩技术及其电性能研究综述[J]. 材料导报 A：综述篇，2012，26（8）：48-52.
[28] 邓少生，纪松. 功能材料概论[M]. 北京：化学工业出版社，2012.
[29] 洪旭辉，华幼卿. 玻璃纤维增强树脂基复合材料的介电特性[J]. 化工新型材料，2005，33（4）：16-19.
[30] 祖群. 高性能玻璃纤维研究[J]. 玻璃纤维，2012，（5）：16-23.

第3章

微波辐射调控复合材料设计

3.1 引　言

微波辐射调控复合材料设计主要目的是调控电磁波在材料中的传播行为，实现电磁波透过/选择性透过/吸收等功能，从而达到信息获取与反获取的目的。微波辐射调控复合材料设计涵盖材料分子结构直至复合材料构件的多层次、多学科，具体有材料的选择设计、工艺设计、结构设计、功能（电性能）设计等内容，主要通过设计、选择具有特定功能的原材料，开展结构与电性能设计，满足结构承载与电磁功能需求，并通过考核验证，最终实现结构功能一体化的设计应用。微波辐射调控复合材料依据其功能可以分为微波吸收复合材料和微波透明复合材料两大类。微波吸收复合材料具备电磁波吸收功能，满足结构隐身需求；微波透明复合材料具备良好的电磁波透过功能，主要用于各种透波窗口。本章将从微波吸收复合材料和微波透明复合材料两方面介绍微波辐射调控复合材料设计技术。

3.2 微波吸收复合材料设计

微波吸收复合材料是指能够吸收、衰减入射微波的电磁能，并将其转化成热能或者其他形式的能量而损耗掉的一类材料[1, 2]。微波吸收复合材料具备宽频吸波和结构承载一体化的特性而被广泛应用于隐身领域。新一代微波吸收复合材料的发展目标是超宽频高吸收和高力学性能，支撑未来隐身装备发展的需求[3]。

本节首先介绍微波吸收复合材料基本理论，包括电磁参数、材料微波吸收机理等基本理论。针对多层微波吸收复合材料、含电路屏的微波吸收复合材料等，介绍微波吸收复合材料的几种常用设计方法。根据微波吸收复合材料的特性，介绍其等效电磁参数计算方法、反射率计算方法、材料体系设计方法以及性能优化方法。在此基础上，根据组成结构形式的不同梳理了夹层型、层合型两种微波吸收复合材料的设计方法，并进行了总结和展望。

3.2.1　微波吸收复合材料基本理论

1. 微波吸收材料电磁参数

假设在真空中的电磁场，电场强度为 E，磁场强度为 H，电感应强度为 D，磁感应强度为 B。根据麦克斯韦方程

$$
\begin{aligned}
D &= \varepsilon_0 E \\
B &= \mu_0 H
\end{aligned}
\tag{3-1}
$$

式中，ε_0 与 μ_0 为真空中的介电常数与磁导率，$\varepsilon_0 = 1.257\times10^{-16}\,\mathrm{H/m}$，$\mu_0 = 8.854\times10^{-12}\,\mathrm{F/m}$，介质在无外部电场作用的情况下，其内部存在一个平衡的电场。在受到外部作用以后，内部的平衡电场被破坏，就会出现介质极化。同样的过程在磁场中被称作磁化现象，于是电磁波在非真空介质中传播的方程为

$$
\begin{aligned}
D &= \varepsilon E = \varepsilon_0 \varepsilon_\mathrm{r} E \\
B &= \mu H = \mu_0 \mu_\mathrm{r} H
\end{aligned}
\tag{3-2}
$$

介电常数 ε 和磁导率 μ 是表达电磁波和吸波材料相互作用的重要参数。$\varepsilon = \varepsilon_0\varepsilon_\mathrm{r} = \varepsilon_0(1+\chi_\mathrm{e})$，$\mu=\mu_0\mu_\mathrm{r}=\mu_0(1+\chi_\mathrm{m})$，$\chi_\mathrm{e}$ 和 χ_m 为材料的极化率和磁化率。ε_r 和 μ_r 表示相对介电常数和相对磁导率，二者是表征吸波材料电磁特性的本征参数，不仅决定着材料吸收电磁波的能力，即衰减特性，还决定着微波吸收材料阻抗的大小，进而影响阻抗匹配的程度，因此电磁参数对材料的吸波性能影响很大。在交变磁场的作用下，ε_r 和 μ_r 均为复向量，可分别用复数形式表示为

$$
\begin{aligned}
\varepsilon_\mathrm{r} &= \varepsilon_\mathrm{r}' - \mathrm{j}\varepsilon_\mathrm{r}'' \\
\mu_\mathrm{r} &= \mu_\mathrm{r}' - \mathrm{j}\mu_\mathrm{r}''
\end{aligned}
\tag{3-3}
$$

式中，ε_r' 和 μ_r' 分别为吸波材料在电场和磁场作用下产生的极化和磁化强度；ε_r'' 为外加电场作用下，材料的电偶极矩发生重排引起的损耗；μ_r'' 为在外加磁场下材料的磁偶极矩发生重排引起的损耗。在设计吸波材料时，复磁导率 μ_r'' 和复介电常数 ε_r'' 是必须要考虑的两个重要参数。因此吸收剂的介电常数虚部 ε_r'' 和磁导率虚部 μ_r'' 越大越好。此外，损耗角正切值 $\tan\delta$ 是评价吸波材料性能的另一个重要参数。

$$
\tan\delta_\mathrm{e} = \varepsilon_\mathrm{r}''/\varepsilon_\mathrm{r}',\ \tan\delta_\mathrm{m} = \mu_\mathrm{r}''/\mu_\mathrm{r}' \tag{3-4}
$$

式中，$\tan\delta_\mathrm{e}$ 为电损耗角正切，其值主要通过介质的电子极化、分子极化、离子极化、界面极化或固有电偶极子极化来衰减和吸收电磁波；$\tan\delta_\mathrm{m}$ 为磁损耗角正切，其值主要通过磁滞损耗、畴壁共振、涡流损耗和自然共振等机制对电磁波进行衰减和吸收电磁波；δ_e 为电感应场 D 滞后外加电场的相位；δ_m 为磁感应场 B 滞后外加磁场的相位。定义损耗因子 $\tan\delta$ 为

$$
\tan\delta = \tan\delta_\mathrm{e} + \tan\delta_\mathrm{m} = \varepsilon_\mathrm{r}''/\varepsilon_\mathrm{r}' + \mu_\mathrm{r}''/\mu_\mathrm{r}' \tag{3-5}
$$

可见，$\tan\delta$ 随着 $\tan\delta_e$ 和 $\tan\delta_m$ 的增大而增大，即材料的 ε_r'' 和 μ_r'' 越大，材料对电磁波的损耗能力就越强。

2. 微波吸收基本原理

微波吸收材料的基本原理是通过材料的介质损耗将电磁波能量转化为热能或其他形式的能量。微波吸收材料对电磁波产生吸收作用有两个条件：第一，电磁波入射到材料表面时，能够进入材料内部，避免电磁波的直接反射，即材料的电磁匹配特性要好（匹配特性）；第二，当电磁波进入材料内部时，能迅速地被衰减掉，即电磁损耗要大（衰减特性）。因此微波吸收材料设计要求考虑匹配特性和衰减特性[4, 5]。

1）阻抗匹配特性

以图 3-1 所示的单层吸波材料为例，电磁波通过单层吸波材料时存在反射、吸收和透射三种情况，由传输线理论可以推导出单层吸波材料的反射率公式为

$$R = 20\lg\left|\frac{z - z_0}{z + z_0}\right| \tag{3-6}$$

$$\begin{aligned} z &= \sqrt{\mu_r/\varepsilon_r} \\ z_0 &= \sqrt{\mu_0/\varepsilon_0} \end{aligned} \tag{3-7}$$

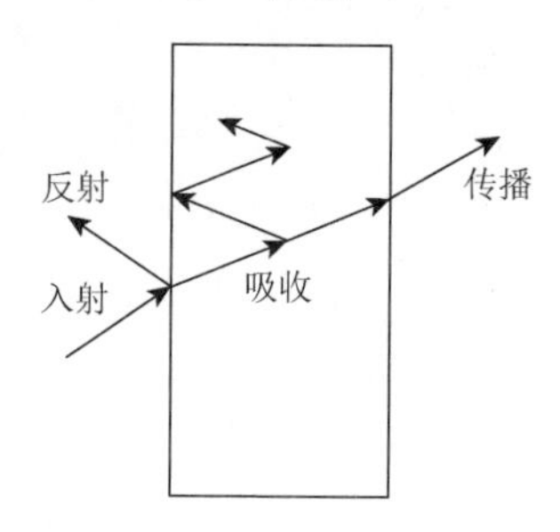

图 3-1 电磁波通过单层吸波材料的传输示意图

要使电磁波被完全吸收，反射系数 R 值为 0，即 $z = z_0$，这就需要介电常数 ε_r 和磁导率 μ_r 相等。但由于各种吸波材料的结构组成、入射波方式有所不同（很难做到相同），所以在进行电匹配设计时，尽可能使材料的介质表面阻抗特性与空气的阻抗特性接近，从而保证更多的电磁波入射到材料内部。

2）衰减特性

相对复介电常数 ε_r、相对复磁导率 μ_r、电损耗角正切 $\tan\delta_e$ 和磁损耗角正切 $\tan\delta_m$ 是影响衰减特性的主要因素。根据材料的吸波原理，其可以分为谐振型与吸收型[6]，但无论哪种类型，电磁波在介质传播时的衰减特性都是材料吸波的关键。要想使微波吸收材料具有较强的电磁损耗特性，增大对进入材料内部的电磁

波的衰减吸收，必须使介质材料具有足够大的电磁参数和电磁损耗角正切，但增大材料电磁参数的同时，极化率和磁化率也会增加，阻抗匹配和强吸收要同时满足就会有矛盾，这样就有必要对材料的组分与结构形式进行设计，改变材料的电磁参数，使之尽可能阻抗匹配。决定输入阻抗的主要因素是材料的电磁参数、频率以及厚度，合理设计这些参数使得输入阻抗与空气阻抗相匹配，才能实现微波吸收材料对电磁波的高吸收。

3.2.2　微波吸收复合材料设计方法

常用的微波吸收复合材料的设计方法有传输线法[7, 8]、电路模拟法[9, 10]、有限元法[11, 12]，下面分别就这几种设计方法进行介绍。

1. 传输线法

在微波吸收复合材料设计过程中，为了展宽吸收频带，通常将具有不同电磁参数的功能层分层叠置形成多层结构。此类微波吸收复合材料的设计通常遵循阻抗匹配原则，以实现宽频高吸收。

传输线是传输电磁能量的电路系统。由传输线引导向既定方向传播的电磁波称为导行波。在微波领域，能够导行电磁波的传输线称为双导线。以金属板为基底的多层微波吸收复合材料的结构模型如图 3-2 所示，根据传输线理论，电磁波垂直入射到该微波吸收复合材料表面的反射率 R 为

$$R = 20\lg\left|\frac{z_n - z_0}{z_n + z_0}\right| \tag{3-8}$$

式中，R 为反射率；z_0 为空气的本征阻抗；z_n 为第 n 层材料的输入阻抗。当空气本征阻抗取 1 时，反射率 R 可表示为

$$R = 20\lg\left|\frac{z_n - 1}{z_n + 1}\right| \tag{3-9}$$

$$z_n = \frac{z_{n-1} + \eta_n \operatorname{th}(k_n d_n)}{\eta_n + z_{n-1} \operatorname{th}(k_n d_n)}\eta_n \tag{3-10}$$

式中，th 为双曲正切函数，归一化的第 n 层材料的输入阻抗 z_n 是该层材料厚度 d_n、传播常数 k_n、特性阻抗 η_n 以及下一层材料输入阻抗 z_{n-1} 的函数。

$$k_n = \frac{\mathrm{j}w\sqrt{\mu_\mathrm{r}\varepsilon_\mathrm{r}}}{c} = \frac{\mathrm{j}2\pi f_\mathrm{p}}{c}\sqrt{\mu_\mathrm{r}\varepsilon_\mathrm{r}} \tag{3-11}$$

$$\eta_n = \sqrt{\frac{\mu_\mathrm{r}}{\varepsilon_\mathrm{r}}} \tag{3-12}$$

式中，c 为光速；f_p 为频率；μ_r 和 ε_r 分别为第 n 层的复磁导率和复介电常数

（$\varepsilon_r=\varepsilon_r'-j\varepsilon_r''$，$\mu_r=\mu_r'-j\mu_r''$），通过式（3-10）可得第 1 层到第 n 层的阻抗 z_n，然后根据式（3-9）可求出反射率 R。

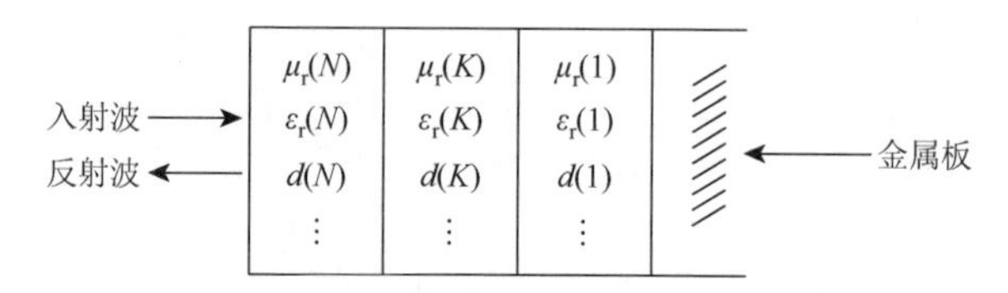

图 3-2　多层微波吸收复合材料的结构模型

2. 电路模拟法

在微波吸收材料中加入电路模拟吸波结构（电路屏 FSS），能够获得在一定频率范围内具有吸波功能的微波吸收复合材料，这种材料的优点是可以在不增加材料质量的情况下，实现在特定频率时对雷达波的隐身功能。对于用电阻片或半导体阵列组成的频率选择表面，也可称为电路模拟（circuit analogue，CA）结构。如果这些电阻片除了具有电导之外还有电纳，那么在设计过程中就可以灵活很多。要得到电纳，可以将连续的电阻片改为其导电材料具有适当的几何形状的电阻片。对这样的吸收体，其几何形状通常是用它们的有效电阻、电容和电感来表示，因此使用“电路模拟”这个术语，并应用等效电路技术来分析和设计所得到的吸收体[13, 14]。

1）单层吸波材料

设 $\dot{Z}_{\text{in}}$ 为表面输入阻抗，$\dot{\bar{Z}}_{\text{in}}=\dot{Z}_{\text{in}}/\dot{Z}_0$ 为背衬导电体的吸收材料的输入阻抗对空气波阻抗的归一化值。$\left|\dot{Z}_{\text{in}}\right|$ 极大值一般小于 1。对于单层吸波材料，设计时总是靠选择材料的厚度使其接近极大值。但在一个宽的频带内要做到这一点是很困难的。另一途径是设法增大 $\left|\dot{Z}_{\text{in}}\right|$ 的极大值。电路模拟材料就是利用这一原理制成。

2）多层吸波材料

在多层电路模拟吸收材料中，每一个电路屏就相当于并联了一个电纳在电路模型的相应位置，扩大了材料的等效输入阻抗的变化范围，这样使材料的等效输入阻抗在更大的带宽中与空气阻抗相匹配，从而获得较好的宽频吸收性能。

根据前面所述的多层微波吸收材料的传输线理论公式，多层微波吸收材料中第 k 层材料的输入阻抗 $z_{\text{in}k}$ 可由式（3-10）表示，即

$$z_{\text{in}k}=z_k\frac{z_{\text{in}k-1}+\eta_k\text{th}(\gamma_k d_k)}{\eta_k+z_{\text{in}k-1}\text{th}(\gamma_k d_k)}\tag{3-13}$$

式中，th 为双曲正切函数；d_k 为该层材料厚度；$z_{\text{in}k-1}$ 为 $k-1$ 层的输入阻抗；η_k 为

k 层的特性阻抗；γ_k 为 k 层的传播常数。由 k 层吸收介质组成的 k 层吸波材料的反射系数 R 可由式（3-9）表示，即

$$R = 20\lg\left|\frac{z_{\text{in}k} - z_0}{z_{\text{in}k} + z_0}\right| \tag{3-14}$$

常用的 FSS 结构有“十字形”结构、方形结构、环形结构等，以图 3-3 所示的方形结构为例进行说明。

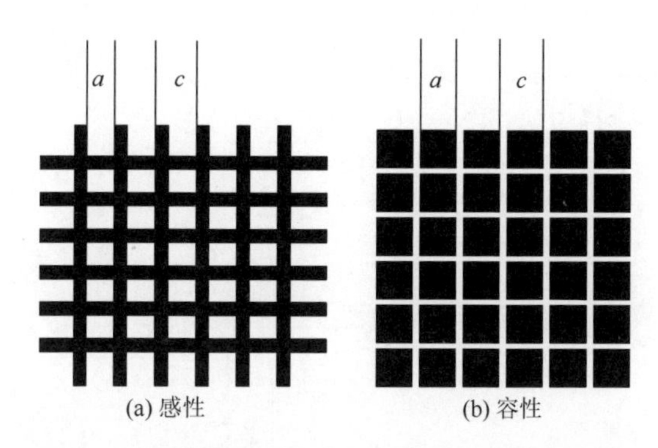

图 3-3　感性（a）、容性（b）电路屏结构示意图

在该 FSS 结构中，其电纳的近似计算公式为

$$Y_{\text{ind}} = Y_{\text{cap}}^{-1} = (-1)\left(\beta - \beta^{-1}\frac{\left[\frac{a}{c}+\frac{1}{2}\left(\frac{a}{\lambda}\right)^2\right]}{\ln\left[\csc\left(\frac{\pi}{2}\cdot\frac{\delta}{a}\right)\right]}\right) \tag{3-15}$$

$$\beta = \frac{1-0.41\delta/a}{a/\lambda}$$
$$\delta = \frac{a-c}{2} \tag{3-16}$$

式中，Y_{ind} 为图 3-3（a）所示的金属栅的感纳；Y_{cap}^{-1} 为图 3-3（b）所示的金属片的容纳值，二者均为归一化值；a 和 c 的值可由图 3-3 所示进行确定；λ 为电磁波在 FSS 所处材料中的波长。一般情况下，当 $c/a>0.7$ 时，上述公式准确性较好。

将上述 FSS 结构置于多层吸波材料间的等效电路，可由图 3-4 表示。图中，L_k 为第 k 层微波吸收复合材料的等效传输线长度，其他参数的定义方法与此类似。此时，图中的等效阻抗变为

$$z_{\text{in}k} = z_k\frac{z_{\text{in}k-1} + \eta_k\,\text{th}(\gamma_k d_k)}{\eta_k + z_{\text{in}k-1}\,\text{th}(\gamma_k d_k)}\quad (k=1,3) \tag{3-17}$$

$$z_{\text{in}k} = \frac{\eta_k z_{\text{in}k-1}}{\eta_k + z_{\text{in}k-1}} \quad (k=2) \tag{3-18}$$

式中，

$$\eta_2 = R_2 + \text{j}\omega L_2 + 1/\text{j}\omega C_2 = \frac{1}{\dfrac{1}{R_2} + \text{j}Y_{\text{ind}}}$$

式中，R_2为 FSS 的电阻；L_2为电感；C_2为电容。R_2、L_2、C_2由 FSS 的材料特性及其中单元的形状、排布方式所决定。所以相对于电阻片的阻抗而言，频率选择表面的阻抗调节具有更大的自由度，不仅可以通过改变自身的电阻来实现，还可以通过选取合适的种类、单元形状和排布方式来改变电感和电容，从而实现阻抗匹配。

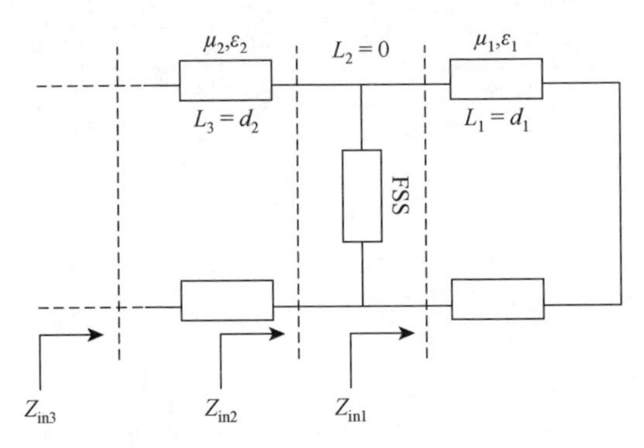

图 3-4　含 FSS 屏的微波吸收复合材料等效电路图

电路模拟结构在微波吸收复合材料中能引起入射电磁波与反射电磁波的干涉，起到又一反射屏的作用；而且由于电路模拟结构是周期结构，无论入射的电磁波呈现什么样的极化方式，对电路模拟结构的作用都相当于施加电压激励，能在电路模拟结构上引起谐振电流；当形成自适应极化条件时，在损耗介质中会产生耗散电流，耗散电流在复合材料中逐渐衰减而产生电磁能的损耗。因此，电路模拟结构能使外场的电磁波能量感应成耗散电流能量。而微波吸收复合材料中的损耗介质则使电流能量转化为热能，增加微波吸收复合材料的吸波性能；同时，电路模拟结构的加入能够增大微波吸收复合材料的表面输入阻抗模，从而提高吸波性能。

3. 有限元法

有限元法就是将整个区域分割成许多很小的子区域，这些子区域通常称为“单元”或“有限元”，将求解边界问题的原理应用于这些子区域中，求解每个小区域，通过选取恰当的尝试函数，使得对每一个单元的计算变得非常简单，经过对每个单元进行重复而简单的计算，再将其结果总和起来，便可以得到用整体矩阵表达的整个区域的解，这一整体矩阵又常常是稀疏矩阵，可以更进一步简化和加快求解过程。由于计算机非常适合重复性的计算和处理过程，因此整体矩阵的形成过程很容易通过计算机处理来实现[15]。1965 年，Winslow 首先将有限元法应用于电气工程问题。其后，1969 年 Silvester 将有限元法推广应用于时谐电磁场问题。发展至今，有限元法已经成为各类电磁场、电磁波工程问题定量分析与优化设计的主导数值计算方法，并且无一例外地是构成各种先进、实用计算软件包的基础。有限元法的主要特点包括以下几点[16]。

（1）离散化过程保持了明显的物理意义。

（2）优异的解题能力。

（3）可方便地编写通用计算程序，使之构成模块化的子程序集合，适应计算功能延拓的需要，从而构成各种高效能的计算软件包。

（4）从数学理论意义上讲，有限元法作为应用数学的一个重要分支，很少有其他方法应用得这样广泛。它使微分方程的解法与理论面目一新，推动了泛函分析与计算方法的发展。

国际上已有很多成熟的有限元软件用于电磁场计算，如美国的 ANSYS、法国的 FLUX、日本的 JMAG、加拿大的 MagNet 等。其中，ANSYS HFSS 是世界上第一个商业化的三维结构电磁场仿真软件，可分析仿真任意三维无源结构的高频电磁场，可直接得到特征阻抗、传播常数、参数及电磁场、辐射场、天线方向图等结果。该软件广泛应用于无线和有线通信、计算机、卫星、雷达、半导体和微波集成电路、航空航天等领域。因此，本部分将采用 ANSYS HFSS 软件来说明有限元法的基本原理。

采用有限元理论设计微波吸收复合材料的基本流程为：①针对待研究的微波吸收复合材料建立有限元模型；②选取和划分网格；③计算结果收敛性判断；④得出计算结果。下面分别就上述各部分流程进行介绍。

1）建立有限元模型

为了便于说明有限元模型的建立方法，以某单层微波吸收复合材料为例，并采用 ANSYS HFSS 软件对其进行建模。图 3-5 所示为单层微波吸收复合材料的有限元模型。在模型中，激励源为垂直均匀平面电磁波，并沿着 z 轴负向入射到单层微波吸收复合材料表面，微波吸收复合材料以金属材料作为背板（模型中一般设置为 PEC）以保证电磁波透过为零。在方形微波吸收复合材料单元的四周分别设有两对 Master 边界和 Slave 边界，通过两端口来计算反射率 S_{11} 以及透过率 S_{12}。

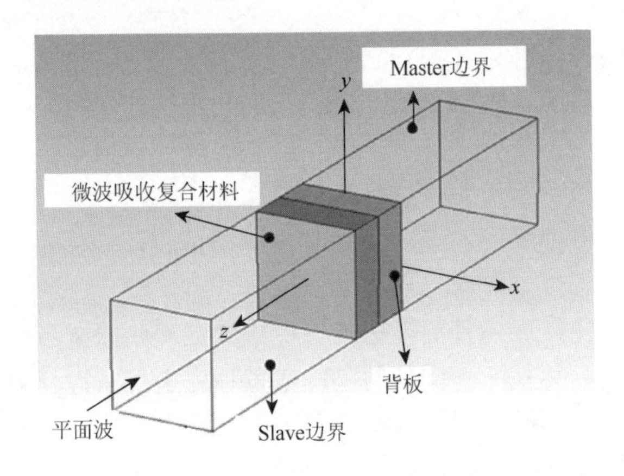

图 3-5 有限元原理计算某单层微波吸收复合材料模型

2）选取和划分网格

在三维场中，最简单的单元是四面体。此时，对应的系数矩阵比较简单，能够适应各种复杂的场域，但它必须剖分得足够精细，否则精度较差。以 ANSYS HFSS 为例，软件中所包含的有限元网格划分只有一种形式——四面体。所有的几何模型都被划分为很多四面体单元。在四面体单元里面每一点矢量场如电场、磁场的值都从四面体单元的顶点进行内插。在每个顶点，储存与四面体三条边相切矢量场的分量。另外，ANSYS HFSS 可以储存与四面体一个面相切并且与棱边垂直的指定边中点的矢量场分量。四面体内部的场量通过结点数值内插法求出。

利用这种描述场量的方法，可将整个系统的方程转变成可以通过传统数值方法计算出的矩阵方程。图 3-6 所示的四面体单元中，任一点的位函数可选用如下的线性插值函数

$$\tilde{\varphi}(x,y,z)=a_1+a_2x+a_3y+a_4z \tag{3-19}$$

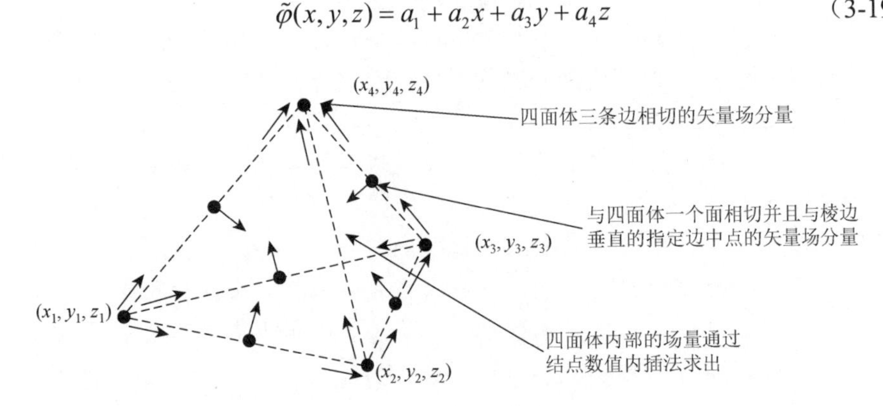

图 3-6 有限元原理计算场量过程示意图

将四个节点的坐标和相应的待求位函数值 φ_1，φ_2，φ_3，φ_4 代入式（3-19）中即可得到

$$\left.\begin{aligned}\varphi_1 &= a_1 + a_2 x_1 + a_3 y_1 + a_4 z_1 \\ \varphi_2 &= a_1 + a_2 x_2 + a_3 y_2 + a_4 z_2 \\ \varphi_3 &= a_1 + a_2 x_3 + a_3 y_3 + a_4 z_3 \\ \varphi_4 &= a_1 + a_2 x_4 + a_3 y_4 + a_4 z_4\end{aligned}\right\} \tag{3-20}$$

联立求解上述方程组，四个待定系数分别为

$$\left.\begin{aligned}a_1 &= (a_1\varphi_1 + a_2\varphi_2 + a_3\varphi_3 + a_4\varphi_4)/6V \\ a_2 &= (b_1\varphi_1 + b_2\varphi_2 + b_3\varphi_3 + b_4\varphi_4)/6V \\ a_3 &= (c_1\varphi_1 + c_2\varphi_2 + c_3\varphi_3 + c_4\varphi_4)/6V \\ a_4 &= (d_1\varphi_1 + d_2\varphi_2 + d_3\varphi_3 + d_4\varphi_4)/6V\end{aligned}\right\} \tag{3-21}$$

式中，V 为四面体单元的体积：

$$V = \frac{1}{6}\begin{vmatrix} 1 & 1 & 1 & 1 \\ x_1 & x_2 & x_3 & x_4 \\ y_1 & y_2 & y_3 & y_4 \\ z_1 & z_2 & z_3 & z_4 \end{vmatrix} \tag{3-22}$$

a_1、b_1、c_1 和 d_1 分别为

$$\begin{gathered} a_1 = \begin{vmatrix} x_2 & x_3 & x_4 \\ y_2 & y_3 & y_4 \\ z_2 & z_3 & z_4 \end{vmatrix} \\ b_1 = \begin{vmatrix} 1 & 1 & 1 \\ y_2 & y_3 & y_4 \\ z_2 & z_3 & z_4 \end{vmatrix} \\ c_1 = \begin{vmatrix} 1 & 1 & 1 \\ x_2 & x_3 & x_4 \\ z_2 & z_3 & z_4 \end{vmatrix} \\ d_1 = \begin{vmatrix} 1 & 1 & 1 \\ x_2 & x_3 & x_4 \\ y_2 & y_3 & y_4 \end{vmatrix} \end{gathered} \tag{3-23}$$

其余的 a_2、b_2、…、c_4、d_4 可将式（3-23）中的下标按 1、2、3、4 的次序置换而得。为使四面体的体积计算值永为正值，单元节点的编码必须有一定次序。

将式（3-21）代入式（3-19），整理得

$$\tilde{\varphi}(x,y,z)=N_1^e\varphi_1+N_2^e\varphi_2+N_3^e\varphi_3+N_4^e\varphi_4=\sum_{i=1}^{4}N_i^e\varphi_i \tag{3-24}$$

上式表明四面体内任意点电位和该单元各顶点电位值之间的关系。式中，N_i^e 为形状函数，它的表达式为

$$N_i^e=\frac{1}{6V}(a_i+b_ix+c_iy+d_iz)\quad (i=1,2,3,4) \tag{3-25}$$

若用矩阵表示式（3-25），则可写为

$$\tilde{\varphi}(x,y,z)=[N]_e[\varphi]_e \tag{3-26}$$

在上述离散化并构造出相应插值函数的基础上，即可进行单元和总体能量泛函的离散化分析，最终获得待求的三维场有限元方程[17]。

计算机软件技术的日益成熟使得软件前处理和网格自动剖分成为可能。近年来有多部专著介绍了软件前处理和网格自动剖分技术[18, 19]，下面先介绍自适应剖分技术。

自适应剖分技术是靠软件自身根据场量的分布而生成或细分网格的一种技术，它可以大大增强软件的自动化程度和通用性，明显降低软件对用户所具有电磁场数值计算经验的要求，自适应软件更加接近智能化软件。

自适应剖分技术是靠网格细分与场量计算的循环过程来实现的，具体步骤如下：

（1）生成开端网格，即采用网格自动细分软件将场域剖成很粗的网格；

（2）求解场量，即形成有限元方程并求解方程；

（3）分析场结果，计算误差（对每个单元进行误差分析）；

（4）根据误差分析，确定需要细分的网格单元；

（5）细分局部网格；

（6）返回到（2），求解场量，计算最后结果。

生成三维四面体网格的理想方法是 Delaunay 算法。自适应软件中的关键步骤是进行单元误差分析，其计算流程框图如图 3-7 所示。

3）计算结果收敛性判断

通过多步自适应计算，每次自适应计算都会比上步增加一定比例的网格数量，这个比例可以自行设定，默认为 20%。计算结果的收敛性是通过定义一个收敛准则 ΔS 来判断的。ΔS 定义为连续两步自适应计算之间得到的 S 参数大小变化的最大值，默认为 0.02，这个值能保证精度在绝大部分情况下都得到满足。以 ANSYS HFSS 为例，ANSYS HFSS 通过多步计算，直到连续两步计算得到的 S 参数的大小变化值小于所定义的 ΔS，即可判定结果收敛，此结果即为通过上述有限元原理计算得到的分析结果。

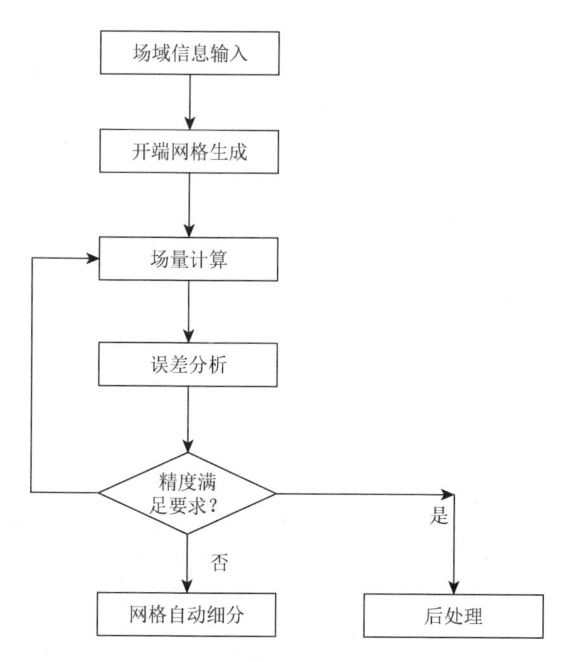

图 3-7　自适应网格剖分流程框图

3.2.3　微波吸收复合材料设计优化

微波吸收材料按照承载能力和成型工艺可分为涂覆型吸波材料和结构型吸波材料。涂覆型吸波材料虽然具有价格便宜、工艺简单等特点，但存在密度大、吸波频段窄、耐候性及可维护性差等缺点[20]。微波吸收复合材料是在先进复合材料基础上发展起来的、既能承载又能吸波的多功能复合材料[21-23]。相比涂覆型吸波材料，微波吸收复合材料具有承载/隐身一体化的优势，是目前研究最广泛、应用前景最好的一类吸波材料。本部分主要介绍微波吸收复合材料的设计优化，包括等效参数计算、反射率计算、性能优化设计。

1. 微波吸收复合材料等效参数计算

不论对于何种微波吸收材料，材料本身的电磁参数是其能够有效吸收电磁波的关键。因此，在微波吸收复合材料的设计过程中，电磁参数也应当是首先考虑的因素。不同于一般的吸波材料，微波吸收复合材料所含的组分类型较多。但无论是由多个功能层组成的层合型结构还是由泡沫、吸波蜂窝芯等高损耗材料组成的夹层结构，微波吸收复合材料通常都可归纳为由磁损耗型（如羰基铁粉、铁氧体等）或介电损耗型（如炭黑、碳纳米管等）吸收剂与树脂、纤维组成的材料体系。因此，获取等效电磁参数对于微波吸收复合材料的性能设计具有重要作用；另外，电阻率是保障材料原始组分与材料吸收电磁波的基本特性，也是评价微波吸收复合材料的重要参数，尤其是对于电阻型微波吸收复合材料。通过研究微波吸收复合材料的导电性能可以对其吸波性能进行预测。

1）微波吸收复合材料等效电磁参数计算

在微波吸收复合材料等效电磁参数计算方面，经过多年的发展，人们提出了多种模型，如 Rayleigh 混合公式、经验公式、T 矩阵法、有效媒质理论等理论计算方法，本部分就上述理论计算方法分别进行介绍。

（1）Rayleigh 混合公式。

假设磁导率和介电常数分别为 μ_{i}、ε_{i} 的球形颗粒状吸收剂均匀分布在磁导率和介电常数分别为 μ_{m}、ε_{m} 的背景媒质中，混合体系的等效磁导率和等效介电常数 μ_{eff}、$\varepsilon_{\mathrm{eff}}$ 与 μ_{i}、ε_{i}、μ_{m}、ε_{m} 存在如下关系：

$$\begin{aligned}\frac{\mu_{\mathrm{eff}}-\mu_{\mathrm{m}}}{\mu_{\mathrm{eff}}+2\mu_{\mathrm{m}}}&=f\frac{\mu_{\mathrm{i}}-\mu_{\mathrm{m}}}{\mu_{\mathrm{i}}-\mu_{\mathrm{m}}}\\ \frac{\varepsilon_{\mathrm{eff}}-\varepsilon_{\mathrm{m}}}{\varepsilon_{\mathrm{eff}}+2\varepsilon_{\mathrm{m}}}&=f\frac{\varepsilon_{\mathrm{i}}-\varepsilon_{\mathrm{m}}}{\varepsilon_{\mathrm{i}}-\varepsilon_{\mathrm{m}}}\end{aligned} \tag{3-27}$$

式中，f 为吸收剂的体积分数。根据此式，如果知道材料和背景媒质的电磁参数，即可计算得到复合材料体系的等效电磁参数。但需要说明的是，上式适用于稀疏分布的球形颗粒组成的混合体系。

（2）经验公式。

等效电磁参数的经验公式[24]适用于由两种介质 A 和 B 组成的复合材料。其等效电磁参数（以磁导率为例，介电常数与此类似）可由下式表示：

$$\mu_{\mathrm{eff}}^{k}=V_{\mathrm{A}}\mu_{\mathrm{A}}^{k}+V_{\mathrm{B}}\mu_{\mathrm{B}}^{k} \tag{3-28}$$

当两种介质串联时，k=–1；当两种介质并联时，k=1。如果两种介质既不是串联也不是并联，均匀混合在一起，则可认为是由无数串联系统和并联系统组合而成，则 k 趋近于零。

令 k 趋近于零并对式（3-28）两边求导，可得

$$\mu_{\mathrm{eff}}^{-1}\mathrm{d}\mu_{\mathrm{eff}}=V_{\mathrm{A}}\mu_{\mathrm{A}}^{-1}\mathrm{d}\mu_{\mathrm{A}}+V_{\mathrm{B}}\mu_{\mathrm{B}}^{-1}\mathrm{d}\mu_{\mathrm{B}} \tag{3-29}$$

解微分方程，化简关系式，可得下式：

$$\mu_{\mathrm{eff}}=\mu_{\mathrm{A}}^{V_{\mathrm{A}}}+\mu_{\mathrm{B}}^{V_{\mathrm{B}}} \tag{3-30}$$

通过实验结果验证[24]，在 B 介质体积分数较小时，应用该经验公式才较为准确；两种介质的磁导率参数相差越大，使经验公式成立的 B 介质体积分数范围就越窄。

（3）有效媒质理论。

在研究复合体系时，有效媒质理论是常用的电磁参数计算方法，主要包括 Maxwell-Garnett 公式、Bruggeman 公式[25]。

Maxwell-Garnett 公式：图 3-8 所示为 Maxwell-Garnett 公式物理模型。在磁导率为 μ_i 的树脂基体中随机均匀分布着球形颗粒，颗粒的磁导率与体积填充量分别为 μ_m 和 f 。整体材料体系的等效磁导率 μ_{eff} 可通过磁感应强度平均值与磁场的平均值的比值来求解，如下式所示：

$$\langle B\rangle=\mu_{eff}\langle H\rangle \tag{3-31}$$

磁场平均值可由外部磁场与颗粒内部叠加得到，即

$$\langle H\rangle = fH_i+(1-f)H_e \tag{3-32}$$

式中，H_e、H_i 分别为球形颗粒的外场与内场。将式（3-32）代入式（3-31）中，可得

$$\langle B\rangle=f\mu_i H_i+(1-f)\mu_m H_e \tag{3-33}$$

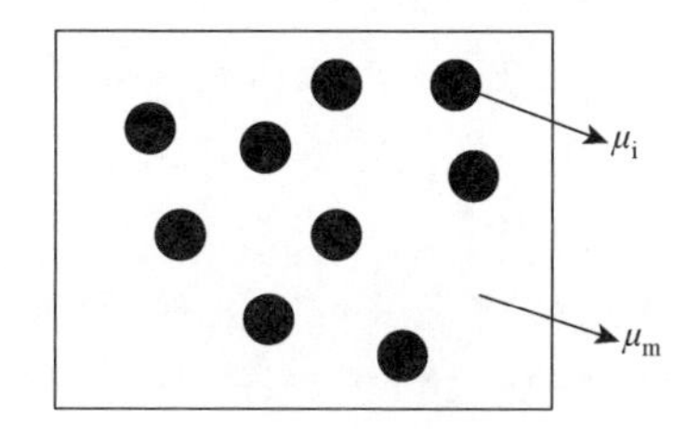

图 3-8　Maxwell-Garnett 公式物理模型

等效磁导率可表示为

$$\mu_{eff}=\frac{f\mu_i A+\mu_m(1-f)}{fA+(1-f)} \tag{3-34}$$

式中，A 为内场与外场的比值，即

$$A=\frac{H_i}{H_e} \tag{3-35}$$

研究表明，在内外场的作用下，当 $A=\dfrac{3\mu_m}{\mu_i+2\mu_m}$ 时，满足球形颗粒的 Maxwell 方程，于是有效磁导率为

$$\mu_{eff}=\mu_m+3f\mu_m\frac{\mu_i-\mu_m}{\mu_i+2\mu_m-f(\mu_i-\mu_m)} \tag{3-36}$$

以上就是经典的 Maxwell-Garnett 公式。

Bruggeman 公式：Maxwell-Garnett 公式是将颗粒填充物假定为非连续相，基体假定为连续相，而 Bruggeman 公式的特点则有所差异，基体和填充颗粒在模型中都视为非连续相。如图 3-9 所示，Bruggeman 表达式如下

$$(1-f)\frac{\mu_{\mathrm{m}}-\mu_{\mathrm{eff}}}{\mu_{\mathrm{m}}+2\mu_{\mathrm{eff}}}+f\frac{\mu_{\mathrm{i}}-\mu_{\mathrm{eff}}}{\mu_{\mathrm{i}}+2\mu_{\mathrm{eff}}}=0 \tag{3-37}$$

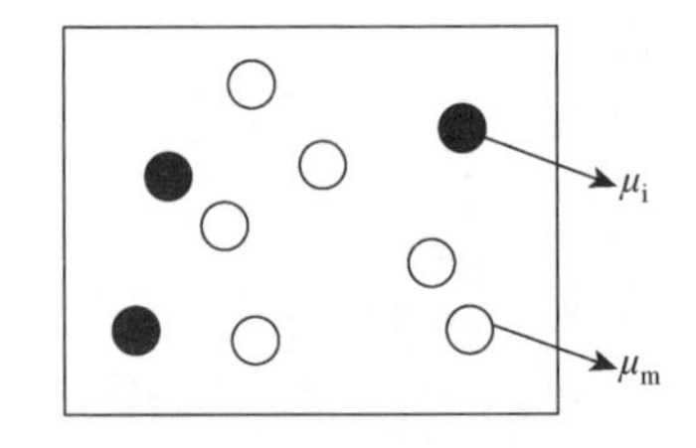

图 3-9 Bruggeman 公式物理模型

由公式的表达式能够得出：颗粒填料与基体的磁导率是对称的。物理含义即填充颗粒对等效磁导率的贡献与基体的贡献是等价的。

前已述及，对于微波吸收复合材料，一方面，计算并预测其等效电磁参数对于吸波复合材料设计具有重要意义；另一方面，还需要关注其导电性能。一般来讲，逾渗效应模型是研究其导电性能的重要手段。

2）微波吸收复合材料的逾渗效应

逾渗现象主要应用于基体材料中填充导电颗粒物的复合材料，主要指导电填料的浓度达到一定值时，就会引起该体系的性质发生改变的现象。不同的导电颗粒与基体材料，这个浓度的固定值有所差别。导电填料浓度含量较低时，颗粒之间彼此分散并不连通，体系内部并不存在导电通路；当导电填料的浓度较大，颗粒之间能够接近或连通，复合材料体系内部就会形成导电通路，由绝缘体转变为半导体或者导体，此时的导电填料的浓度就是渗流阈值[26]。图 3-10 所示为导电颗粒物与不导电基体复合材料的渗流过程，颗粒在基体之中是各向同性分布。

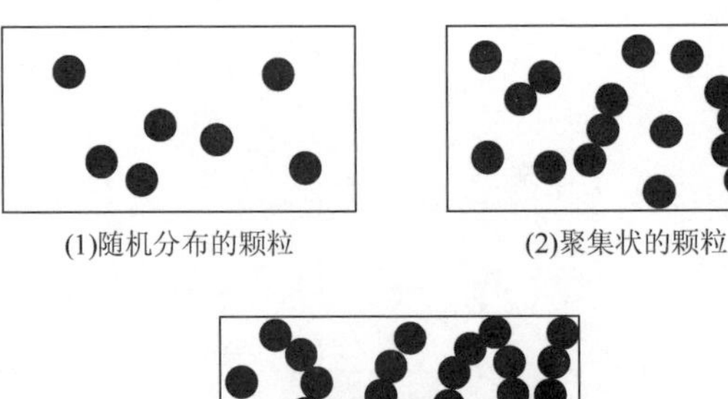

(1)随机分布的颗粒　　(2)聚集状的颗粒

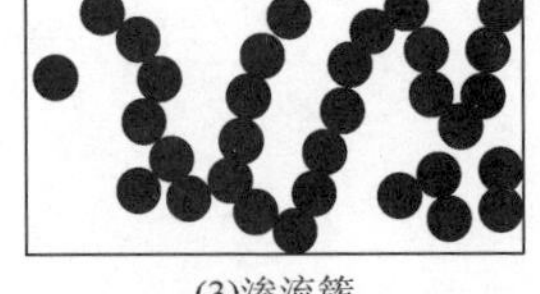

(3)渗流簇

图 3-10 导电颗粒填料渗流体系形成过程示意图

随着颗粒填料的浓度不断增加，体系会经历绝缘区域、导电渗流区域以及导电饱和区域的变化过程。当颗粒填料的浓度达到一个临界含量（渗流阈值）时，复合材料体系的电阻率就会急剧下降，介电常数迅速增加，电阻率-填料质量分数的曲线就会有较窄的突变区域。

2. 微波吸收复合材料反射率计算

无论对于层合结构还是夹层结构微波吸收复合材料，都可视为多层材料。通常多层材料反射率的计算方法有传输线法、跟踪计算法和传输矩阵法。其中，传输线法已在前面进行过详细介绍，此处不再赘述。下面主要就后两种计算方法进行介绍。

1）跟踪计算法

跟踪计算法是一种针对多层材料的设计方法。该方法摈弃了传统的设计计算方法，解决了总反射系数快速计算问题，同时结合单纯形法进行优化（此法将在后面优化方法部分介绍），能够给出候选材料的组配方案、性能预测和评价。该系统理论计算与实验结果基本吻合，特别对于均匀多薄层吸波结构更加有效[27]。

跟踪计算法的基本原理是：考虑入射电磁波在多层介质中的折射和反射，认为不论入射波和反射波多么复杂，只能存在两种情况：①波经过多次反射而折射出吸波体，这类波的集合就是吸波体整体对电磁波的反射波；②波经过多次反射和折射后已衰减到一个很小的值，这个值与预先给定的精度相比可以忽略不计，即波已损耗殆尽。采用数值计算方法，模拟电磁波在多层材料中传输的物理机制。在计算过程中，凡由介质折射或反射到自由空间的波，仅求其总和而不再进行模拟跟踪。显然，吸波体反射回自由空间中的波的总和与入射波的比值就是吸波体的反射系数。

2）传输矩阵法

图 3-11 所示为多层材料的分层介质示意图。以 TE 波为例，可以用区域 $i+1$ 中波的振幅 A_{i+1} 和 B_{i+1} 表示区域 1 中波的振幅 A_i 和 B_i 。

$$\begin{bmatrix} A_i \mathrm{e}^{-\mathrm{j}k_{ix}d_i} \\ B_i \mathrm{e}^{-\mathrm{j}k_{ix}d_i} \end{bmatrix} = U_{i(i+1)} \begin{bmatrix} A_{i+1} \mathrm{e}^{-\mathrm{j}k_{(i+1)x}d_{i+1}} \\ B_{i+1} \mathrm{e}^{-\mathrm{j}k_{(i+1)x}d_{i+1}} \end{bmatrix} \tag{3-38}$$

式中，$U_{i(i+1)}$ 为反向传播矩阵。

$$U_{i(i+1)} = \frac{1}{2}\left(1+\frac{\mu_i k_{(i+1)x}}{\mu_{i+1} k_{ix}}\right) \begin{bmatrix} \mathrm{e}^{\mathrm{j}k_{(i+1)x}(d_{i+1}-d_i)} & R_{i(i+1)} \mathrm{e}^{-\mathrm{j}k_{(i+1)x}(d_{i+1}-d_i)} \\ R_{i(i+1)} \mathrm{e}^{\mathrm{j}k_{(i+1)x}(d_{i+1}-d_i)} & \mathrm{e}^{-\mathrm{j}k_{(i+1)x}(d_{i+1}-d_i)} \end{bmatrix} \tag{3-39}$$

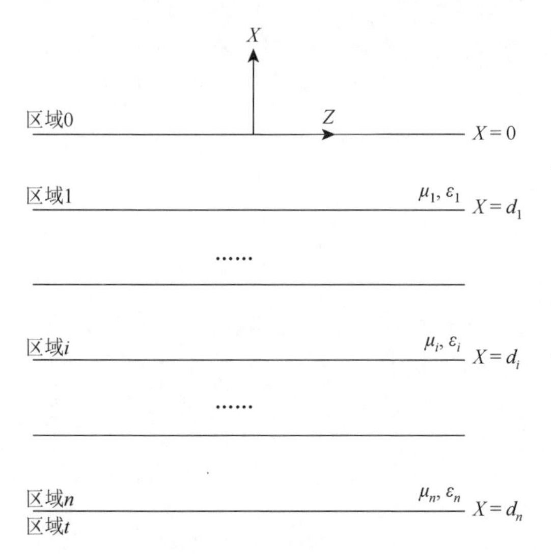

图 3-11　分层介质示意图

式中，$R_{i(i+1)}$ 为TE波在区域 i 与区域 i+1 界面上的反射系数。$U_{0n}=U_{01}\cdot U_{12}\cdot\ \cdots\ \cdot U_{(n-1)n}$ 是区域 0 到区域 t 的 n 个反向传播矩阵的乘积。由此可得

$$
\begin{aligned}
&\begin{bmatrix} R_{\mathrm{TE}} \\ 1 \end{bmatrix} = U_{0n}\cdot\begin{bmatrix} -T_{\mathrm{TE}} \\ T_{\mathrm{TE}} \end{bmatrix} = \begin{bmatrix} U_{11} & U_{12} \\ U_{21} & U_{22} \end{bmatrix}\cdot\begin{bmatrix} -T_{\mathrm{TE}} \\ T_{\mathrm{TE}} \end{bmatrix} \\
&R_{\mathrm{TE}} = (U_{12}-U_{11})/(U_{22}-U_{21}) \\
&T_{\mathrm{TE}} = 1/(U_{22}-U_{21})
\end{aligned}
\tag{3-40}
$$

对于 TM 分量的解，可以通过对偶定理从 TE 的解来获得。

3. 微波吸收复合材料性能优化方法

对微波吸收复合材料进行设计时，通常都将提出较具体的设计目标或指标。例如，在某个频段范围或频点附近，需要设计达到的反射率或 RCS 值；或在现有的材料参数里，去找到一组满足要求的反射率或最低 RCS 值的电磁参数组合，这就需要对吸波材料的参数进行优化设计。常用的优化设计方法有遗传算法、单纯形法、罚函数法等。

1）遗传算法

遗传算法是模拟生物进化机制的全局优化算法，它来源于生物学中适者生存的自然规律，主要由美国科学家 John Holland 建立并不断发展起来。

遗传算法的基本思想是[28]：从一个初始群体（一组候选解）开始进行迭代，在每次迭代过程中都按照候选解的优劣顺序进行排序，保留其中优秀的部分，通过一些遗传操作（杂交、变异等运算），产生新一代候选解，重复这个过程直到满足收敛条件为止。

遗传算法的主要步骤如下所示：①基因编码；②产生初始群体；③评价群体的优劣；④进行遗传操作；⑤评价新一代群体的优劣；⑥如果不满足收敛条件，返回④进行迭代运算。

下面就以多层微波吸收复合材料为例来说明运用遗传算法进行优化设计的具体方法。

（1）编码技术。

主要采用二进制编码技术。对于每一层吸波材料，根据其厚度与材料种类分别进行编码处理。有一点需要说明：此处之所以不直接对材料参数进行编码设计优化，是因为即使理论上优化出吸收特性很好的参数（如 $\sqrt{\mu_r/\varepsilon_r}=1$），而实际上并不存在这种参数的材料，再好的参数都没有实际意义。所以这里优化的是材料种类，即这种材料是实际存在的，当优化程序“觉得”需要这种材料时，我们才将该类型材料参数代入计算。

对厚度采用 3 位长度的位串来表示，即 $T_J=t_J^1\cdot t_J^2\cdot t_J^3$。之所以采用 3 位长度的位串来表示厚度，是因为对于吸波泡沫等材料难于精细分层，而过于细分虽然在理论上更好，但实际没有意义。材料厚度约束在 3～10mm 之间，则分档精度为 $(10-3)/(2^3-1)=1\text{mm}$，相应的译码公式为

$$\text{thichness}_J=3+\frac{10-3}{2^3-1}\times\sum_{k=1}^{3}(T_J)_k 2^{k-1} \tag{3-41}$$

对材料种类的选择，则视要优化的材料种类的多少来确定需要多长的位串来表示。例如，可选材料为 8 种，则用 3 位位串来表示（$2^3=8$），如果是 16 种，则用 4 位位串来表示（$2^4=16$）。如果可选材料不是 2^N（N 为自然数）种，可以通过重复来凑足。以 16 种可选材料为例，$M_J=m_J^1\cdot m_J^2\cdot m_J^3\cdot m_J^4$，相应的译码公式为

$$\text{Material}_J=1+\frac{16-1}{2^4-1}\times\sum_{k=1}^{4}(M_J)_k 2^{k-1} \tag{3-42}$$

设计好每一层材料的厚度和种类编码后，每一层材料总的编码方案为

$$\text{Layer}_J=M_J\cdot T_J \tag{3-43}$$

对于某种五层结构的材料，其编码方案为

$$G=\text{Layer}_1\cdot\text{Layer}_2\cdot\text{Layer}_3\cdot\text{Layer}_4\cdot\text{Layer}_5 \tag{3-44}$$

位串 G 为遗传算法中的染色体，其总长度为 $5\times(3+4)=35$ 位。译码时由前面所述的译码公式分别译出。

（2）目标函数的建立。

在具体应用中，适应值函数的设计要结合求解问题本身而定。由于在遗传算法中适应值函数要比较排序并在此基础上计算选择概率，所以适应值函数设计时必须满足其值为正值的条件。而设计的目标是希望在指定的频率范围内的反射系

数尽可能小。因此，可以直接采用反射系数 R 作为适应值函数。当然，由于 $0 \leqslant R \leqslant 1$，所以通过公式 $dB = 20\lg(R)$ 计算出的值均为负数，将 dB 作为计算适应值的目变函数也可以。本部分采用后者作为优化的目标函数。

（3）控制参数的选取。

下面分别讨论种群数目、选择策略、交叉概率和变异概率等的选取。考虑到该算法涉及的计算较多，如果种群数目过大则计算的时间要很长，过少则容易陷入局部收敛状况。根据各文献的经验取值，取种群数为 20。即随机产生（20×35）大小的二进制矩阵，即遗传算法中的初始种群。该种群按统计规律较均匀地分布在多变量空间中。至于选择策略，分别采用精英选择和混合遗传算法（模拟退火算法和遗传算法的组合）。交叉算子采用均匀交叉的方式和单点交叉的组合，即依交叉概率对染色体的每一位即基因进行交叉。同样，变异算子采用逐点变异的方式。至于交叉概率和变异概率，分别取交叉概率 $p_c = 0.60 \sim 0.95$，变异概率 $p_m = 0.001 \sim 0.01$。

（4）收敛性判断。

收敛可以说是整个遗传算法中最重要的一步了。如何判断算法已经收敛目前并无定论。但是，有两种方法在目前的实际应用中使用得相当广泛。一种是选择精英策略后运行遗传算法，在指定次数的迭代后不再得到提高作为收敛的判据。经验表明，在大多数情形下，40 次已经足够。尽管遗传算法注定了有统计误差，但在各参量（如种群数目、选择策略、交叉概率、变异概率等）适当范围内变动的情况下，最终结果相差不多，证明确实收敛在全局最优点的邻域内。为了保险起见，可以选择较大的种群数目，有的文献有高达 8000 的报道。另外一种方法同样是根据经验取值，即直接确认遗传操作循环执行的次数，执行完毕即认为算法已经达到收敛。当然，较多的执行次数对算法的收敛有好处，但也并非越大越好，因为太多的执行代数反而会把已经接近收敛的解再次发散开。至于哪一种方法更好，应该根据不同的情形来确定。一般情况下，如果初始种群数比较大，采用循环次数来确认收敛比较好；如果初始种群数量较小，则主要采用指定迭代不再提高作为收敛判据。

2）单纯形法

在吸波材料设计中，除考虑增大材料对电磁波的吸收外，还要考虑材料电磁参数的匹配。对于多层吸波材料，分层组配尤其重要。显然，仅仅依靠实验手段进行研究需要投入大量人力和物力，并且需要较长的研究周期。因此，有必要在理论上探讨材料在较佳吸收情况下，电磁参数的取值规律，从而实现优化设计。

优化设计的目的是寻找吸波材料整体反射系数最小时，各层材料电磁参数 ε'、ε''、μ'、μ''、d 的取值。解决这一问题的实用方法是单纯形法[29]，即求解无约束最优化问题的直接搜索法，其特点是只用到目标函数 $f(x)$，而不必求目标函数的导数，也不必写出搜索变量的解析表达式。因此，考虑频率为 ω 的

平面极化电磁波与多层吸波材料相互作用时，其反射系数由各层材料的电磁参数决定，即

$$|R| = |R(\varepsilon', \varepsilon'', \mu', \mu'', d)| \tag{3-45}$$

式中，$|R|$为单纯形法的目标函数。为方便起见，用 x_1, x_2, x_3, x_4, x_5 代替 ε'、ε''、μ'、μ''、d。

单纯形法的基本思想是：先计算出若干点上的目标函数值（反射系数）$f(x)$。例如，在各搜索变量的 n 维空间中，算出 n+1 个点（它们构成一个单纯形的各个顶点）的函数值；然后进行比较，通过单纯形的迭代计算，舍去其中最坏点［$f(x)$最大值］，代之以新的点，构成一个新的单纯形；再进行各点函数值比较，逐步逼近极小值点（最优点），从而完成单纯形的最优化搜索。

3）罚函数法

对于非线性规划问题，可能存在局部最优解，采用某些优化方法，搜索会停在局部最优解上，无法得到整体最优解。有的文献认为：能否求出整体最优解并不重要，程序只要能求出满足需要的“满意解”就可以了，但是这些称为“满意解”的局部最优解不能最大限度地发挥材料参数的潜力，用于指导选材，会得到错误结论。考虑到实际材料参数的限制，较好的局部最优解对选材也有参考价值，所以满足要求的优化方法应该既能求出整体最优解，也能求出较好的局部最优解。根据这一要求，可以选择罚函数调用的适应性随机搜索法。

4. 夹层型微波吸收复合材料设计

根据组成功能层的不同，微波吸收复合材料可分为夹层型和层合型两大类。夹层型微波吸收复合材料通常是以吸波蜂窝芯或吸波泡沫作为损耗层的一类结构吸波复合材料，其结构形式通常为透波面板、吸波蜂窝芯/吸波泡沫。夹层结构具有高抗压强度、高比强度以及高比刚度等特点，是优异的轻质高强结构材料。而以吸波蜂窝为代表的夹层微波吸收复合材料，在不牺牲力学性能的基础上，同时具有优异的吸波性能，具有其他吸波材料不可比拟的优势。夹层型微波吸收复合材料设计包括面板层设计和吸波夹芯层设计。

1）面板层设计

多数的微波吸收复合材料设计集中在吸波夹芯层设计方面，而忽略了面板层对吸收性能的贡献。实际上，面板层对夹层型微波吸收复合材料的吸收性能起至关重要的作用。因此，研究面板层材料及其厚度对微波吸收复合材料吸波性能的影响规律，获取最佳的材料参数和匹配厚度，对于提升夹层型微波吸收复合材料的吸收性能具有重要意义。

大量研究结果表明，不同介质材料面板和不同厚度面板在不同频率下的响应

特性是不同的，面板厚度增加对高频微波匹配性能影响更大。究其原因可从面板材料的选择与电性能方面进行解释。一般来讲，面板材料选择需要综合考虑面板材料本身的透波性能及其与自由空间的匹配性能。由于面板材料多属于介质类材料，其透波性主要取决于材料本身的电磁参数。在选择面板用透波材料时通常选取介电常数较小、损耗角正切值较低的材料。此类材料可保证良好的阻抗匹配性及透波性能。就材料体系而言，目前已经成功发展了石英纤维、玻璃纤维、芳纶纤维增强环氧树脂、双马树脂及氰酸酯树脂基体透波复合材料，均被证明具有良好的透波效果。另外，透波面板厚度也是需要着重考虑的因素。一般来讲，透波面板的厚度在影响电磁波透过性的同时，还会影响面板与自由空间的阻抗匹配性。目前，研究者多通过有限元法、传输线法等方法对透波面板与吸波蜂窝进行综合设计，使得透波面板在较小的区域范围内与吸波夹芯层及自由空间匹配，从而达到宽频的吸波效果。

2）吸波夹芯层设计

（1）蜂窝夹芯层设计。

蜂窝夹芯层的设计方法有很多，如从实验角度考察蜂窝芯本身的规格尺寸以及浸渍工艺对蜂窝介电常数或反射率的影响、从数值计算的角度计算蜂窝夹芯层结构的电磁参数、从传输线理论角度计算蜂窝夹芯层的反射率、从电匹配设计的角度优化设计蜂窝结构得到最佳吸波特性等。

吸波蜂窝参数对吸波性能的影响：吸波夹芯层的吸波性能主要以反射率衡量，反射率越小，吸波性能越好。吸波夹芯层的反射率受到吸波蜂窝规格、浸渍胶液体系、浸渍量等多个参数的影响。通过研究上述各参数对反射率的影响能够获得最优的吸波性能。邢丽英等[30]研究了反射率随浸渍胶液体系、蜂窝孔格尺寸、蜂窝高度、浸渍工艺等的变化规律。结果表明，优化设计合适的胶液体系介电常数，即使在较低的上胶量下也可以获得较好的吸波性能；在夹芯层厚度较小的情况下，孔格小的夹芯层比孔格大的夹芯层更容易实现较好的吸波性能；当夹芯层达到一定厚度时，大小孔格的夹芯层按自身一定规律变化，均可以达到较好的吸波效果；不同高度的夹芯层有一个最佳浸渍量，在此浸渍量下吸波效果最佳。浸渍层吸收剂的厚度较大时，梯度蜂窝要优于均渍蜂窝的吸波性能。华宝家等[31]着重研究了吸收剂种类（电阻型、磁介质型、电介质型）、吸收剂分布形式（浸渍吸收剂、填充吸收体、空白蜂窝芯）、蜂窝层数、树脂基体、增强材料等对吸波性能的影响。刘文言等[32]重点考察了浸渍层厚度对蜂窝吸波性能的影响。结果表明，浸渍层必须达到一定厚度，才能保证较好的吸波性能。当浸渍层达到一定厚度以后，随着浸渍层厚度继续增加，高频吸波性能增强，低频吸波性能降低。

蜂窝夹芯层电磁参数计算：实验法优化蜂窝夹芯层电性能的过程相对复杂，通过数值计算的方法能够避免繁杂的实验重复工作，并可以获得较好的效果。因此，矩量法、时域有限差分（FDTD）法、有限元法等多种数值计算方法被用于蜂窝夹层结构的性能设计。

Smith[33]采用时域有限差分法，在三个互相正交的方向上照射平面波，先预测蜂窝夹芯层的反射系数，再由反射系数得到输入阻抗，此输入阻抗是介电常数的函数，从而可以通过两步反演计算得到蜂窝夹芯层三个正交方向的相对介电常数。

Gao 等[23]将浸渍了吸收剂的蜂窝壁用表面阻抗表示，将无限大周期结构的电场用格林函数表示，选取有耗蜂窝结构中具有代表性的基本计算单元，应用矩量法建立数学模型，根据蜂窝壁表面电场必须满足入射电场等于散射电场和阻抗电场之和的原则，推导出表面电场积分方程，求解蜂窝结构的表面电流，利用蜂窝夹芯层结构的周期规律得到无限大均匀周期阵列的散射电场，再求出反射系数。在此基础上，得到不同蜂窝高度、不同吸收剂和浸渍厚度的数值结果。

王海风等[34]采用 FDTD 建立了蜂窝夹芯层结构的电磁散射模型，通过数值仿真方法计算了该结构的雷达散射截面积（RCS），同时考察了不同入射角情况下蜂窝夹芯层 RCS 值的变化规律。结果表明，蜂窝孔径减小、蜂窝高度增加都可以增强夹芯层的吸波性能。

电磁理论计算蜂窝夹芯层的反射率：蜂窝夹芯层结构可以采用电磁理论来估算反射率，如传输线理论、强扰动理论等。与数值计算法相比，这些方法能够更快速地得到结果。

为了获得更宽频带的吸波效果，往往需要对蜂窝夹芯层进行多层设计。传输线法对于多功能层材料的性能设计和预测具有很好的效果。高正平[35]根据传输线理论建立了蜂窝夹芯多功能层结构的数学模型，即给出各蜂窝夹芯层的等效电路，求出蜂窝结构各区域的输入阻抗，最后得到整个材料的反射系数。

另一种有效的电磁设计理论是强扰动理论。强扰动理论是从矩阵形式的麦克斯韦方程出发，将蜂窝夹芯层看作电磁混合媒质，分析其电磁散射。当混合媒质中的粒子线度远小于电磁波波长时，混合媒质的介电常数和磁导率之间互不影响。这样便可以忽略混合媒质之间的耦合效应，分别提取吸波蜂窝结构材料的等效介电常数和等效磁导率。何燕飞等[36]根据强扰动理论，在波长近似条件下，忽略蜂窝之间的相互影响，推导出了蜂窝夹芯层等效介电常数和磁导率计算公式，并根据等效介电常数和磁导率计算得到反射系数。通过编程计算得到，对于不同蜂窝结构高度，吸收层有一最佳厚度使蜂窝夹芯层的反射率最低；等效介电常数和磁导率随吸收层厚度增加而增加。这些结果对于蜂窝夹芯层的设计具有重要指导意义。

（2）泡沫夹芯层设计。

泡沫夹芯型微波吸收复合材料不但能够在较宽频带内对电磁波具有较好的吸收效率，而且还具有质量小、耐高温、耐湿热、抗腐蚀、易加工等特点，成为新一代武器装备实现隐身化必不可少的重要材料。

泡沫夹芯型微波吸收复合材料的设计主要有两种技术途径，一是设计具有吸波功能的面板，通过吸波面板和空白泡沫芯来实现泡沫夹芯型微波吸收复合材料隐身功能；二是设计制备具有良好隐身性能的吸波泡沫夹芯层，再与不同的透波面板层匹配实现吸波性能。

吸波面板/泡沫夹芯层设计：吸波面板/泡沫夹芯层微波吸收复合材料的制备方法通常是以热塑性或热固性树脂与吸收剂混合形成树脂基体，涂覆在纤维（包括碳纤维、石英纤维、芳纶纤维）或织物表面形成预浸料，然后与泡沫夹芯层通过共固化成型。此类微波吸收复合材料的设计方法目前主要以实验为主，通过实验研究吸收剂种类、含量等对材料整体性能的影响。例如，Kim 等[37]首先以碳纳米管为吸收剂制备了纳米复合面板，再与 PVC 泡沫夹芯层复合制备了夹层结构平板，制得了具有较好吸波性能的泡沫夹层型微波吸收复合材料；张月芳等[38]根据 $\lambda/4$ 型电磁共振原理，设计了面层电阻膜和导电膜匹配的轻质泡沫夹芯材料，实现了 S 波段的良好吸收效果。

吸波泡沫夹芯层设计：区别于第一种设计途径，吸波泡沫夹芯层材料的设计思想是基于阻抗渐变或界面匹配的原理，在泡沫夹芯层中加入吸收剂，使其具备吸波效果，再与面板匹配从而改善泡沫夹芯层的吸波性能。此设计方法是目前泡沫夹芯型微波吸收复合材料的主要设计技术途径。张义桃等[39]以微米级钡铁氧体和炭黑的混合物为吸收剂，分散于聚氨酯（PU）泡沫中制得夹芯型微波吸收复合材料，具备一定的吸波性能；吕术平等[40]将氧化锰和炭黑填充到聚苯乙烯泡沫中，实现了 S 和 X 波段的优良吸波性能。

5. *层合型结构吸波复合材料设计*

层合型微波吸收复合材料是指通过厚度不同的几个功能层按一定的顺序和工艺叠合而成，利用材料的电磁特性不同，来提高材料吸收电磁波的能力。目前研制较多的三层结构包括透波层、吸波层和反射层，如由阻抗变换层、低介质层和大损耗层组成的三个不同结构层次。层板状吸波材料的结构虽然相对比较简单，但是需要通过多种结构型式或综合设计的方法来达到更好的吸波效果。层合型吸波复合材料在设计时应综合考虑吸波性能、承载性能、密度、厚度等因素。

层合型吸波复合材料透波层的设计，与夹层结构类似，本部分不再赘述。下面主要介绍层合型吸波复合材料中损耗层的设计。

在层合型吸波复合材料设计中，采用最多的是阻抗渐变的设计原理，即自上而下，每层材料的阻抗逐渐变大。实现材料阻抗渐变可通过变化吸收剂浓度或更换材料种类两种方式进行。采用阻抗渐变的设计原则设计的吸波结构类似于尖劈吸波材料。不同的是尖劈材料从物理形状上实现了阻抗的变化，层合结构从每层材料的电磁参数差异或吸收剂含量的变化实现阻抗的梯度变化[41-44]。阻抗渐变设计材料的最大优势是往往可以在很宽的频率范围内实现高吸收，但带来材料厚度大、质量大等问题。

层合结构吸波复合材料的吸波性能与各层的电磁参数、厚度等有关，在上述参数已知的情况下，通过优化设计可预估材料吸波性能，进行材料结构层数优化设计，提高吸收效率。目前研究者使用的最多的优化设计方法是遗传算法。关于遗传算法的基本介绍以及利用遗传算法进行层合结构设计在本章前面进行了详细介绍，此处不再赘述。

层合结构设计从本质上来讲，是将材料在厚度方向上分成若干层，每层可设置不同的电磁参数，从宏观上引入材料参数的变化梯度，增加参数调整的灵活性，此种设计对吸波性能的影响主要表现在以下几个方面。

1）拓宽吸收频带

宽带吸收的本质是对材料等效电磁参数的频响特性进行调整，其调整幅度的大小及变化趋势决定了材料吸收性能，而多层设计正是由于从厚度方向引入了不同参数的材料，具备调整等效参数的功能，因此可以实现吸收频带的展宽。

2）提高吸收效率

对于要求宽频高吸收的层合结构微波吸收复合材料，在设计中需要优化设计不同功能层的电磁参数，使微波吸收复合材料表面阻抗和空气阻抗尽可能匹配，以保证入射微波最大限度地进入材料内部，减少入射微波在界面的反射；进入材料内部的微波要求尽可能损耗吸收掉，主要通过采用高介电损耗和磁损耗吸收剂、新型电结构设计、增加材料厚度等技术途径实现，最终实现微波吸收复合材料宽频高吸收。

3.2.4　微波吸收复合材料设计技术发展

微波吸收复合材料设计技术在电磁设计理论方面已有丰富的理论成果作为基础，形成了针对不同结构形式、材料体系的等效电磁参数、反射率和性能优化设计方法。在此基础上，还形成了针对夹层型和层合型两类微波吸收复合材料的丰富设计成果，为微波吸收复合材料在武器装备上的工程化应用奠定了良好基础。

由于微波吸收复合材料涉及了蜂窝材料、泡沫材料、面板复合材料、吸收剂（电损耗型、磁损耗型等）等多种材料体系，依靠传统的重复试验手段难以获得优化的效果，必须借助等效电磁参数设计、FDTD 仿真算法等新型设计手段。

现有的微波吸收复合材料主要通过吸收剂对电磁波的损耗实现吸收电磁波。但就目前的研究结果来看，即使微米、纳米量级的吸收剂在低频段（P 波段、L 波段）很难具有良好的吸波效果。而增加材料厚度不仅带来材料质量增加，且吸收效果也有限。因此必须引入超材料（超表面）等新的吸收机制，建立新的设计技术，以实现对传统微波吸收复合材料吸波性能的进一步提升。

3.3 微波透明复合材料设计

微波透明复合材料是指对电磁波“透明”的一类材料，具有电磁波透过功能，主要用于雷达天线罩、天线窗等部件[45-48]。微波透明复合材料虽然对其性能有着各种要求，如透波性、力学性能、耐热性以及耐环境性等，但首要的是它们应具备优异的电磁波透过功能，这是微波透明材料区别于其他功能材料的特殊之处。本节阐述了微波透明复合材料的设计技术基础，介绍了微波透明复合材料的设计和验证方法，以及微波透明复合材料设计技术的最新发展。

3.3.1 微波透明复合材料设计技术基础

1. 微波透明复合材料的透波率

在实际应用时，电磁波在微波透明复合材料表面和内部传输过程中，不仅发生电磁波反射（表面）和透射（内部），而且透射过程中还伴随有电磁波能量的损失和吸收。根据能量守恒定律，在电磁波反射和透射（透波）过程中，下式成立[49]。

$$|T|^2+|R|^2+A=1 \tag{3-46}$$

式中，$|T|^2$ 为功率传输系数；$|R|^2$ 为功率反射系数；A 是在介质中的衰减，主要为热损耗。

由上式可以看出，反射与吸收是造成传输损耗的主要原因，$|R|^2$ 和 A 越小则 $|T|^2$ 越大，通常材料透过电磁波多少，取决于微波透明材料本身的介电性能、结构、厚度、入射角等。对单层平板电磁波透过情况来说，能量损耗 A、反射系数 Γ 和功率传输系数 $|T|^2$（或透波率）又有如下关系式。

能量损耗：

$$A=(2\pi d/\lambda)\left[\varepsilon\tan\delta/(\varepsilon-\sin^2\theta)^{\frac{1}{2}}\right] \tag{3-47}$$

式中，λ 为电磁波的波长，m；ε 为介质材料的介电常数；$\tan\delta$ 为介质材料的损耗角正切；θ 为电磁波对材料平面入射角；d 为介质材料的厚度，m。

反射系数：

$$\Gamma=\frac{\left[\varepsilon-\sin^2\theta\right]^{\frac{1}{2}}-\varepsilon\cos\theta}{\left[\varepsilon-\sin^2\theta\right]^{\frac{1}{2}}+\varepsilon\cos\theta} \tag{3-48}$$

透波率：

$$|T|^2 = \frac{(1-\Gamma^2)^2}{(1-\Gamma^2)^2 + 4\Gamma^2\sin^2\phi} \tag{3-49}$$

式中，

$$\phi=(2\pi d/\lambda)(\varepsilon-\sin^2\theta)^{\frac{1}{2}} \tag{3-50}$$

对以上各式关联分析，可以得出结论：介质材料对电磁波的透过（或反射）过程，材料本身的电磁参数起着至关重要的作用。$\tan\delta$ 越大，电磁波在穿透结构透明复合材料时的损耗能量越多，据文献报道，当 $\tan\delta \geqslant 0.02$ 时，A 超过 8%；ε 越高，电磁波在介质表面上的反射就越大。选取低介电常数、低介电损耗的材料能更好地满足材料的微波透明性要求。

2. 微波透明复合材料的介电常数

1）介电常数的物理意义[50, 51]

介质的介电极化：微波透明材料一般为电介质材料，在外电场的作用下，电介质分子或者其中某些基团中电荷分布发生相应变化称为介电极化。

介质的介电极化包括三个部分：电子极化、离子极化和偶极子转向极化（取向极化）。这些极化的基本形式又分为两种：第一种是位移式极化，这是一种弹性的、瞬间完成的极化，所需时间约为 10^{-13}～10^{-15}s，不消耗能量，电子极化和离子极化都属于这种情况；第二种是取向极化，又称偶极极化，这种极化与热运动有关，完成这种极化需要一定的时间，一般为 10^{-9}s，并且是非弹性的，因而消耗了一定能量。

偶极极化是材料中偶极子的转向极化。由于电介质材料是由一端带正电，另一端带负电的偶极子组成，一般情况下，偶极子的正、负电荷分布是无序的，当介质材料处于直流电场中时，偶极子在电场的作用下重新排列，变成了有一定取向、有序排列的极化分子，这就是介质在外加电场作用下的极化现象——偶极极化。

电子极化、离子极化在高频区发生，偶极极化多发生于低频区。

含有电介质的电容器与相应真空电容器之比，即为该电介质的介电常数 ε。介质的介电常数是综合反映以上几种极化微观过程的宏观物理量，不同介质材料，偶极距大小不同，介电常数 ε 值也存在差异。

介电常数 ε 表示电介质储电能力的大小，是电介质极化的宏观表现，而分子极化率 α 是反映分子极化特征的微观物理量。极化率 α 定义为

$$\alpha = \frac{\mu_1}{\varepsilon_0 E_1} \tag{3-51}$$

式中，μ_1 为诱导偶极距；E_1 为有效电场强度；ε_0 为真空介电常数。

ε 与 α 之间的关系可由 Clausius-Mosotti 方程给出。

对于非极性分子，

$$\frac{\varepsilon-1}{\varepsilon+2}\cdot\frac{M}{\rho}=\frac{N_{\mathrm{A}}}{3}(\alpha_{\mathrm{e}}+\alpha_{\mathrm{a}}) \tag{3-52}$$

式中，α_e 为电子极化率；α_a 为原子极化率；M 为分子量；ρ 为密度；N_A 为 Avogadro 常数。

对于极性分子，

$$\frac{\varepsilon-1}{\varepsilon+2}\cdot\frac{M}{\rho}=\frac{N_{\mathrm{A}}}{3}\left(\alpha_{\mathrm{e}}+\alpha_{\mathrm{a}}+\frac{\mu_0^2}{3kT\varepsilon_0}\right) \tag{3-53}$$

$$\alpha_{\mu}=\frac{\mu_0^2}{3kT\varepsilon_0} \tag{3-54}$$

式中，α_μ 为取向极化率；μ_0 为偶极子的固有偶极矩；k 为玻尔兹曼常数；T 为热力学温度。

在交变电磁场中，介电材料将被反复极化，材料的束缚电荷会在电荷附近范围内发生迅速振动或转动而形成和电磁场一样变化的交变电流，这个电流称为束缚电流，束缚电流产生退磁化的电场。极化电场会削弱交变电磁场。对于不同的介质，如果极化越厉害，则合成电场就越弱，介电常数 ε' 是标志介电极化难易的一个物理量，其反映了介质材料对外电场反作用的强弱。

2）介电常数的影响因素

微波透明复合材料的介电常数主要受频率、温度影响。介质在交变电场中通常发生松弛现象，介质在外电场作用下，从开始的瞬间到极化稳定状态的建立，需要一定的时间，这个时间称为极化松弛时间（τ），对位移极化（即离子、电子极化），τ 为 10^{-15}～10^{-12}s，而对转向极化（即偶极极化），τ 为 10^{-5}～10^{-3}s。

介电常数 ε' 和入射电磁波的频率是有关系的，这种变化关系，可以用下列数学式子表示出来。

研究表明，介电常数 ε'（与 ε 同）与松弛时间有如下的关系：

$$\varepsilon'=\varepsilon_{\infty}+\frac{\varepsilon_{\mathrm{s}}-\varepsilon_{\infty}}{1-\omega^2\tau^2} \tag{3-55}$$

式中，ε_s 为电场频率 $\omega\to0$ 时的介电常数，即静电介电常数；ε_∞ 为 ω 非常大，达到光学频率时的介电常数。

当 $\omega\to0$ 时，所有的极化都能完全跟得上电场的变化，介电常数达到最大值，即 $\varepsilon'\to\varepsilon_s$；当 $\omega\to\infty$ 时，偶极取向极化不能进行，只能发生离子、电子极化，介电常数很小，$\varepsilon'\to\varepsilon_\infty$；在上述两个极限范围内，偶极的取向不能完全跟得上电场的变化，介电常数下降。

具体来说，ε 的变化是随 ω 的增加而下降，$\omega\to0$，ε 为最大，$\omega\to\infty$ 时，ε 降到最小值。

根据上式：ε' 在 ε_s～ε_∞ 之间。

温度对松弛极化产生影响，因而在固定频率下，ε'在不同温度下也是不同的。一般来说，当温度很低时，松弛时间（弛豫时间）τ较大，$\omega\tau \gg 1$，分子热运动很弱，ε'较小。ε'主要由快极化提供，并在一定温度范围内变化不大，随着温度升高，分子热运动加强，介质的黏滞摩擦阻力减小，这样，在外电场的作用下介质比较容易极化，ε'呈指数式规律上升；当温度升高到一定数值时，再继续升温，ε'反而有下降的趋势。这是因为此时分子热运动继续加剧，促使偶极子解取向，削弱了外电场的作用，使定向极化发生困难，所以介电常数将随温度升高而缓慢下降。

3）微波透明复合材料介电常数的计算

微波透明复合材料是由增强纤维和基体材料构成的，两者的介电常数直接决定微波透明复合材料的介电常数，如下式[46, 47]：

$$\lg\varepsilon_{\mathrm{N}} = v_{\mathrm{f}}\lg\varepsilon_{\mathrm{f}} + (1 - v_{\mathrm{f}} - v_0)\lg\varepsilon_{\mathrm{m}} + v_0\lg\varepsilon_0 \tag{3-56}$$

式中，ε_{N}为复合材料的介电常数；ε_{f}为复合材料中纤维的介电常数；ε_{m}为复合材料中基体的介电常数；ε_0为复合材料中孔洞中介质的介电常数；v_{f}为复合材料中纤维的体积分数；$1-v_{\mathrm{f}}-v_0=v_{\mathrm{m}}$，为复合材料中基体的体积分数；$v_0$为复合材料中孔洞的体积分数。

一般v_0很小，通常要求<1%，因此复合材料中的ε_{N}主要取决于ε_{m}和ε_{f}，就是复合材料的介电常数取决于增强纤维和基体介电常数及其比例。

3. 微波透明复合材料的介电损耗

1）介电损耗的物理意义[50, 51]

实际体系对外场刺激响应的滞后统称为松弛现象。在交变电场（$E=E_0\cos\omega t$）的作用下，电介质被反复极化，外电场的变化频率越高，π 偶极子反复极化的运动也越剧烈。由偶极子极化所形成的束缚电荷将在小范围内发生迅速的振动或转动形成交变电流，也称位移电流。若交变的位移电流与交变电场的变化达到同步，此时的位移电流将超前高频电压 $\pi/2$ 的相角，则完全是电抗性的无功电流，但实际上位移电流与交变电场产生相互作用，同时受到介质的黏滞，摩擦阻力使位移电流与交变电场达不到同步运动，即束缚电荷的位移跟不上电场变化的速度，此时位移电流超前高频电压的相角达不到$\pi/2$，而是比$\pi/2$要小一个角度δ，这样位移电流就有了有功分量。角度δ的大小与介质吸收电能转变为自身内能的程度有密切关系，所以把δ角称为损耗角。

在极化过程中，束缚电荷由于与周围介质不断发生摩擦而消耗掉一部分能量，此即为松弛极化损耗。另外还产生小的传导电流以热的形式消耗掉，即为电导损耗以及结构损耗等。

如果把 ε'表示实测的介电常数，代表体系的储电能力，ε''表示损耗因子，代表体系的耗能部分，损耗角正切 $\tan\delta$ 为电介质材料耗能与储能之比，即

$$\tan\delta=\frac{\varepsilon''}{\varepsilon'} \tag{3-57}$$

损耗角正切 $\tan\delta$ 是一个无量纲的物理量，通常用 $\tan\delta$ 来衡量介质损耗的大小，对于微波透明复合材料要求损耗越低越好。

2）介电损耗的影响因素

微波透明复合材料的介电损耗与介电常数类似，受频率、温度作用明显。研究表明，介电损耗因子 ε'' 与松弛时间（τ）有如下的关系

$$\varepsilon''=\frac{(\varepsilon_s-\varepsilon_\infty)\omega\tau}{1-\omega^2\tau^2} \tag{3-58}$$

则损耗角正切

$$\tan\delta=\frac{(\varepsilon_s-\varepsilon_\infty)\omega\tau}{\varepsilon_s+\omega^2\tau^2\varepsilon_\infty} \tag{3-59}$$

当 $\omega\to 0$ 时，所有的极化都能完全跟得上电场的变化，介电损耗最小，即 ε'' 和 $\tan\delta$ 都趋于 0；当 $\omega\to\infty$ 时，偶极取向极化不能进行，只能发生离子、电子极化，ε'' 和 $\tan\delta$ 趋于 0；在上述两个极限范围内，偶极的取向不能完全跟得上电场的变化，介电损耗会出现峰值。

具体来说，$\tan\delta$ 的变化是随 ω 的增加发生波动式变化，即随 ω 增加，$\tan\delta$ 增加，达到某一峰值（峰值发生在外场频率 ω 与某种偶极运动单元的松弛时间的倒数 $1/\tau$ 接近或相当）后，随 ω 的继续增加，$\tan\delta$ 下降。

根据上式：$\varepsilon''_{峰值}$ 为 $\frac{\varepsilon_s-\varepsilon_\infty}{2}$ 。

在固定频率下，$\tan\delta$ 在不同温度下是不同的。一般来说，当温度很低时，松弛时间（弛豫时间）τ 较大，$\omega\tau\gg 1$，分子热运动很弱，ε''（$\tan\delta$）很小。随着温度升高，分子热运动加强，介质的黏滞摩擦阻力减小，但偶极的取向并不能完全跟上电场的变化，使 ε''（或 $\tan\delta$）随温度的上升而增加，并出现 ε'' 的峰值。

3）微波透明复合材料介电损耗的计算

根据介质损耗角正切的定义，垂直于纤维布平面的微波透明复合材料的介电损耗角正切 $\tan\delta_\perp$ 为

$$\tan\delta_\perp=\frac{\left[\nu_f\varepsilon_m\varepsilon_0\tan\delta_f+(1-\nu_f-\nu_0)\varepsilon_f\varepsilon_0\tan\delta_m+\nu_0\varepsilon_m\varepsilon_f\tan\delta_0\right]\varepsilon_N}{\varepsilon_m\varepsilon_f\varepsilon_0} \tag{3-60}$$

式中，ε_f 为复合材料中纤维的介电常数；ε_m 为复合材料中基体的介电常数；ε_0 为复合材料中孔洞中介质的介电常数；ν_f 为复合材料中纤维的体积分数；$1-\nu_f-\nu_0=\nu_m$，为复合材料中基体的体积分数；ν_0 为复合材料中孔洞的体积分数；$\tan\delta_f$ 为复合材料中纤维的介电损耗；$\tan\delta_m$ 为复合材料中基体的介电损耗；$\tan\delta_0$ 为复合材料中孔洞中介质的介电损耗。

一般 ν_0 很小，通常要求<1%，因此复合材料中的 $\tan\delta_\perp$ 主要取决于 ε_m、$\tan\delta_m$、ε_f 和 $\tan\delta_f$。

4. 微波透明复合材料设计技术基础

1）组成对介电特性的影响

由上文可知，微波透明复合材料的介电特性取决于其组成，具体来讲主要受基体材料、增强纤维及其比例，以及界面、杂质、水分、孔隙、固化温度影响。

基体材料的介电常数取决于基体的极化，而基体的极化与其分子结构和物理状态密切相关。介质的极化主要分为电子极化、离子极化和偶极子取向极化。其中取向极化为介质极化最重要的极化方式。由于介质分子极性大小决定了取向极化的强弱，因此分子极性大小是介质介电常数大小的主要决定因素，一般来讲，聚合物分子中能够发生取向运动的极性官能团含量越高，介电常数越大，聚合物分子链的对称性越好，介电常数越小。

介电损耗的本质是电介质在交变电场中，消耗一部分电能使介质本身发热。决定高聚物介电损耗大小的内在原因有两个，一是高聚物分子极性大小和极性官能团的密度，另一个是极性基团的可动性。高聚物分子极性越大，极性官能团密度越大，则介电损耗越大。

常见微波透明复合材料用树脂基体的介电常数和介电损耗如图 3-12 所示。分子结构高度对称的聚乙烯（PE）和聚四氟乙烯（PTFE）的介电常数明显低于环氧树脂、双马树脂、氰酸酯等热固性树脂。PE 和 PTFE 等非极性聚合物的 $\tan\delta$ 一般在 10^{-4}，而环氧、双马等热固性极性聚合物一般在 10^{-2} 数量级。

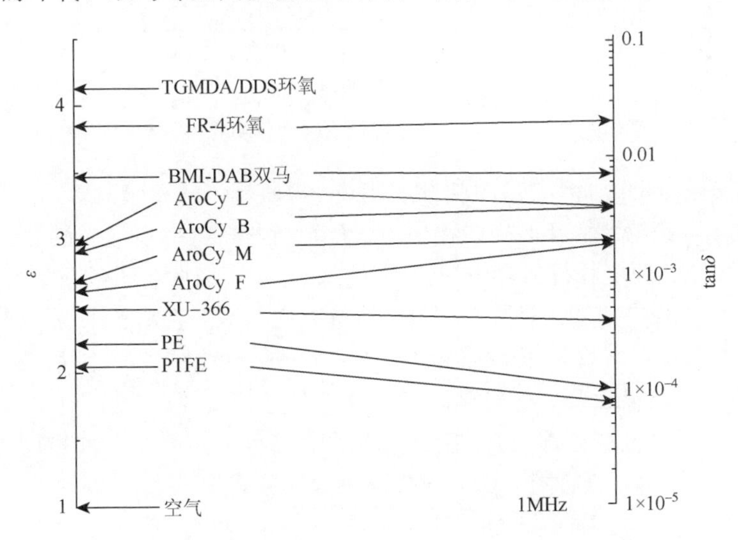

图 3-12　微波透明复合材料基体材料的介电性能[52]

复合材料的介电特性是基体和增强材料两种材料介电性能的综合表现，并与它们含量比例有关。以玻璃纤维增强树脂基微波透明复合材料为例，树脂基体的介电常数一般比较小，ε 在 2.1～4.2 之间，而玻璃纤维增强纤维 ε 在 3.8～6.1 之间，那么对于复合材料来说，其 ε 将随着树脂基体含量的增加而降低。但对于介电常数较低的 PE 和 PTFE 增强纤维以及中空微球填充复合材料，由于增强材料的介电常数在 2.5 以下，低于树脂基体的介电常数，因此复合材料的 ε 将随着树脂基体含量的增加而增加，如图 3-13 所示。

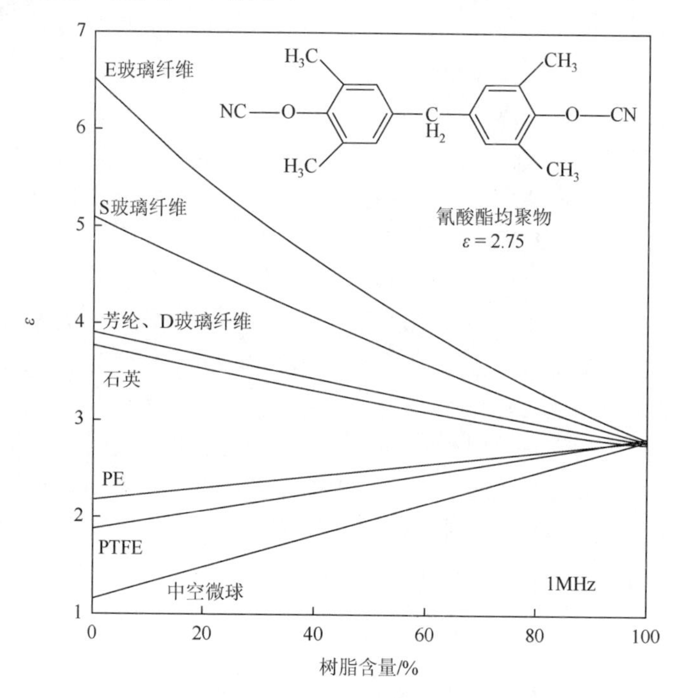

图 3-13 氰酸酯树脂含量对不同纤维体系复合材料介电常数的影响作用[52]

对于损耗角正切 $\tan\delta$ 的数值，相对来说，树脂基体的 $\tan\delta$ 比较大，在 0.005～0.04 之间，而玻璃纤维的 $\tan\delta$ 比较小，在 0.0026～0.0068 之间，而大部分有机纤维和中空微球类的增强材料介电损耗更低，因此随着树脂含量的增加（增强纤维含量减小），$\tan\delta$ 将增加。对某些玻璃纤维增强树脂基复合材料来说，树脂含量对介电性能中的介电常数和介电损耗角正切的影响是互相矛盾的。随着树脂含量的增加，ε 降低，$\tan\delta$ 提高。而对微波透明材料来说，ε 降低，材料对电磁波的吸收（或储存）能量降低，对透波有利；$\tan\delta$ 增加，意味着材料本身的热损耗量增加，对透波不利，因而对复合材料的介电性能来说应该兼顾 ε、$\tan\delta$ 两者的变化，选择适中的树脂含量。同时应注意的是，复合材料中的树脂含量对其力学性能同样有影响，还须根据结构设计对材料力学性能的要求进行树脂含量（范围）的确定。

树脂基复合材料中，增强体与树脂基体接触构成的界面是一层具有一定厚度、结构随基体和增强体而异、与基体性能有明显区别的新相。它对复合材料的介电性能以及其他如力学性能等都有重要影响。特别在加入偶联剂后，这些影响尤为显著。用不同偶联剂处理的复合材料，由于其表面某些基团反应活性、表面自由能和浸润活化能不同，引起具有不同的界面层结构和状态，这些不同的界面在外电场作用下，产生不同的界面极化作用，进而导致具有不同界面介电性能。所以微波透明复合材料的介电性能，不仅由材料组分的介电性能决定，而且也受到界面介电性能的影响。

复合材料界面介电损耗角正切 $\tan\delta_1$ 可用式（3-61）进行计算。

$$\tan\delta_1 = \frac{\varepsilon_m \varepsilon_f \tan\delta_\perp - \varepsilon_N \left(\nu_m \varepsilon_f \tan\delta_m + \nu_f \varepsilon_m \tan\delta_f\right)}{\varepsilon_m \varepsilon_f - \varepsilon_N \left(\nu_m \varepsilon_f + \nu_f \varepsilon_m\right)} \tag{3-61}$$

式中，各符号的意义与式（3-60）同。

材料中的杂质对介电性能也有很大影响，如用石英织物增强二氧化硅基为主的介电防热复合材料，主要是碱金属和碱土金属杂质对该材料高温介电性能产生影响，当钠、镁离子在基材中被激发时，将产生很大的介电损耗。材料中存在的少量杂质、缺陷容易产生空间电荷极化、界面极化，使界面损耗增大。

在复合材料制造过程中，由于树脂对增强材料的浸润不良，不能完全排除纤维中夹杂的空气，配制树脂时的搅拌也会引入空气，固化反应中低分子产物的外溢等原因，在复合材料内部产生孔隙。材料中的孔隙包括封闭孔隙和开口孔隙，在干燥的情况下，实质上是被空气所占据的。而空气的介电常数一般情况下接近 1，损耗角正切更是接近于 0，因此，孔隙率越大，复合材料的 ε、$\tan\delta$ 越低，即在透波过程中，反射和热耗都降低，透波率升高。但孔隙的存在会使复合材料的有效承载面积减小，机械性能将下降。综合透波性能与力学性能等因素，微波透明复合材料的孔隙率以小于 3%为宜。

微波透明复合材料含有树脂基体及孔隙，因此，存在不同程度的吸水现象。材料吸水将对材料的介电性能产生很大影响，使 ε、$\tan\delta$ 都增加，尤其是 $\tan\delta$ 对含水量特别敏感，吸水率不到 1%，将使 $\tan\delta$ 增加近 6 倍。这是因为水的介电常数和损耗角正切都非常大，分别为 $\varepsilon_{水}=81$，$\tan\delta_{水}=0.55$，吸水后将使复合材料整体的介电性能数值提高，透波性能下降。

一般随着后处理温度的增高或时间延长，树脂交联密度增大，从而使 ε 和 $\tan\delta$ 数值降低，透波性能加强。这是因为后处理温度的增高或时间延长均会使热固性树脂的交联密度增加，导致对分子或链段的束缚力增加，在外电场中的取向运动变得更加困难，形成反电场的能力减弱。

2）使用环境条件对介电特性的影响

微波透明复合材料的透波率除受复合材料的自身特性和构件结构形状的影响

外，使用环境条件对透波率也有较大影响，主要表现在电磁波的频率、使用温度、湿度、雨蚀、击穿等。

在电磁波的作用下，复合材料各组分中的极性官能团会产生极化现象，损耗电磁波的能量，并转化为热能，被周围介质吸收，引起介质温度的升高，导致复合材料介电常数和损耗的增大，使材料的透波率下降，但值得注意的是这种变化并不是一成不变的。因为在一定温度下，一方面随着外电场频率的升高，有的极性基团跟不上外电场的变化，使极化程度下降，材料的介电常数下降，透波率增加；而另一方面随着电场频率的升高，介质分子的取向运动次数增加，这会加大外电场能量的损耗，使得介电损耗角正切增加，这又使得透波率下降，而复合材料的透波率是介电常数和介电损耗随频率变化共同作用的结果。

微波透明复合材料的使用温度范围广，最高达1200℃以上，环境条件差异很大。例如，在航天飞行器的飞行环境中，温度变化最突出，温度从几百摄氏度增加到几千摄氏度，材料将发生一系列的热沉积、熔化、气化、分解、电离等变化，并且通常是不可逆的。在高温作用下材料的介电性能出现明显变化，如有机硅树脂复合材料在高温产生烧蚀的热化学反应，使材料有较高的残碳率，碳杂质在基体中聚集形成碳层或弥散分布，对电磁波有很大的屏蔽或衰减作用，严重影响材料的透波性能。

微波透明材料在高温环境下使用时，透波性能下降，主要由电极损耗、迎风面材料物理变化产生的近表面电导损耗等因素引起。在高马赫数的飞行环境下，材料厚度方向存在极大温度差，甚至发生物态变化，都对材料的介电性能产生严重影响。一般来讲，在玻璃化转变温度以下，聚合物基复合材料的介电常数和介电损耗随温度的升高而增大，氰酸酯改性环氧树脂及其E玻璃纤维织物复合材料的介电常数和介电损耗随温度的变化曲线如图3-14所示。

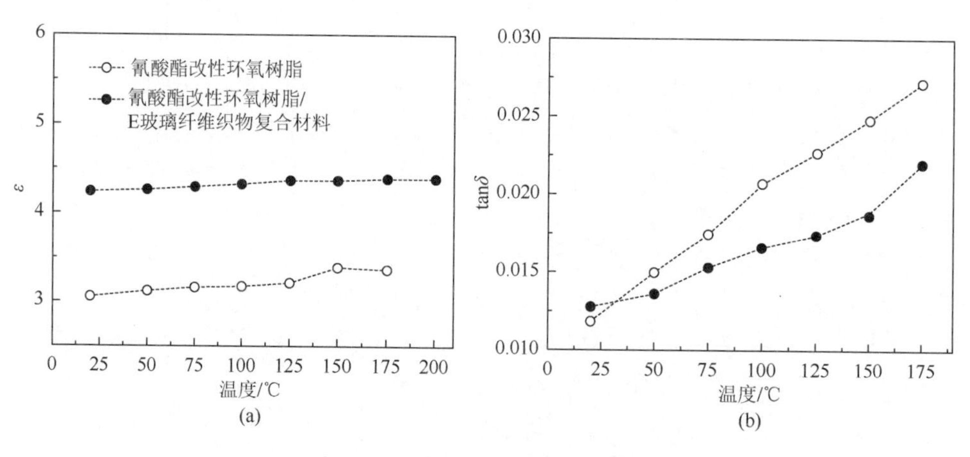

图3-14 介电性能-温度曲线[53]

航天微波透明材料在使用过程中，表面被急剧加热，沿材料的厚度方向存在极大的温度梯度，同时存在相应的 ε 和 $\tan\delta$ 梯度。现有材料介电性能测试方法所测出的结果均为沿材料厚度方向的平均值，不能准确反映材料真实的介电性能和物理状态。为此，可根据计算精度要求和实际掌握的材料性能数据，将材料视为由多层构成，每层具有不同的温度和与其温度相应的 ε 和 $\tan\delta$ 值，采用多层壁（板）透射系数计算公式来获得材料的电磁波透过性能，经实验修正和飞行修正，可找到有效的理论与经验公式。

微波透明复合材料受环境湿度、雨蚀和击穿等环境因素的影响也很明显。复合材料的吸水率随着环境湿度的增加而增加，而水分子的介电常数和介电损耗明显高于树脂基体和增强纤维，因此材料的介电常数和介电损耗随着吸湿率的增加而上升，导致透波率的下降。雨点同时也对材料有冲击作用，引发小缺陷损伤，因此通常需要在微波透明复合材料表面喷涂或粘贴一层聚氨酯弹性体类能量吸收层，防止雨蚀。除此之外，在复合材料的长期使用过程中会在复杂应力以及环境浸蚀下产生微裂纹等缺陷，从而对复合材料的电性能产生影响，这在设计中也是需要注意的。

3）结构对介电特性的影响

在原材料组分确定的前提下，复合材料构件的电磁性能取决于其结构形式，如实心结构、夹层结构等。一般为了得到宽频透波性能，需要采用外层为透波面板，内层为低密度芯材的夹层结构。蜂窝夹层结构可获得低的 ε，一般为 1.1 左右。低密度泡沫结构具有与蜂窝夹层结构类似的 ε，由热塑性或热固性树脂与空心微珠组成的复合泡沫塑料的 ε 较高，一般高于 1.4。因此夹层结构通常比实心材料损耗低，吸收少，透过率高，并且其密度、强度及刚度均能满足设计要求，应用广泛。影响微波透明复合材料的另一个重要结构因素是设计的相对厚度。在材料和基本结构已经确定的前提下，除了半无穷大介质外，对于各种结构的均匀厚度介质，波的传播都是由多次反射波叠加而成。波的多次反射过程大致如下：在介质前面由源辐射的第一次入射波传播到不同介质分界面处产生第一次反射波，反射波以反射角等效于入射角的反方向传播。部分波穿过介质表面在介质内传播，当传播到后介质分界面处，又产生反射波，此反射波在介质中反方向传播，传导前介质分界面时，部分再反射到介质中，部分穿过前介质面以与第一次反射波的相同方向传播。以后过程与前述相似，在介质前的反射波是多次反射的波的总和。因此来自于不同界面电磁波的相互叠加将决定电磁波的损耗，这种损耗在不合理的厚度匹配下的影响可能超过其他因素。在实际工程设计中，值得注意的是电磁波的界面损耗。假设相对介电常数为 4 的低损耗材料，在界面的一次反射功率损失为 11%，当电磁波从第二个反射界面反射回来，由于时间滞后将改变其相位，若这一相位改变使第二次反射波和第一次反射波相叠加，则总损耗将急剧增加。

如果是相抵消，则由界面引起的损耗将为零。因而给出一种在考虑频带内相匹配的厚度分配是减少损耗的核心内容，在理论和工程应用两方面已证明半波设计是最有效的方法。

3.3.2 微波透明复合材料设计方法

微波透明复合材料是一种典型的功能复合材料，在航空航天领域大量应用。特殊的工作环境对航空航天用微波透明复合材料提出了防热、隔热、抗冲击、透波、耐候、气密等多方面的要求。具体要求满足：①低介电常数和介电损耗角正切值。一般情况下，在 0.3～300GHz 频率范围内，微波透明材料的介电常数要求在 1～4 之间，介电损耗角正切值不高于 0.1 数量级，才能获得理想的透波性能。②足够的机械强度和适当的弹性模量，满足微波透明构件的强度、刚度等承载需求，保护天线系统工作稳定性和机械可靠性。③良好的热冲击性、耐热性和低的热膨胀系数，避免微波透明部件在复杂工况下因厚度方向上产生的温度梯度而影响天线的使用性能。④满足雨蚀、盐雾、霉菌、辐射、雹冲击等环境使用条件。⑤工艺性良好，能够满足稳定批量生产的要求。

因此微波透明复合材料的设计比传统结构复合材料的设计更复杂。微波透明复合材料的设计首先考虑关键、主要的性能，选择性能高、分散性小的材料，以及尽可能采用简单、方便的成型工艺。本小节将介绍微波透明复合材料的材料、工艺选择原则，结构和电性能设计，考核验证等，全面阐述微波透明复合材料的设计过程。

1. 材料和工艺的选择

微波透明复合材料的选材原则：①满足结构使用要求和结构完整性要求，复合材料具有满足使用要求的拉伸、压缩强度和模量；具有良好的韧性和抗冲击损伤性能，同时应注意物尽其用，避免盲目追求高性能的做法。②满足微波透波功能要求，具有良好的介电性能，低介电、低损耗。③满足使用环境要求，材料的最高使用温度高于结构件的最高使用温度要求，湿热环境下材料的性能满足环境使用要求，满足耐介质、辐照、盐雾、雨蚀等其他环境要求。④具有良好的工艺性，铺贴性好，加压带宽，易于成形固化，可机械加工，材料相容性好，可修理。⑤材料性价比高，具有可靠稳定的供应渠道。⑥优选性能数据完整，经过试验验证，材料标准规范齐全的材料。

对于微波透明复合材料用增强纤维的选择，首要考虑因素为纤维的透波性与强度、模量，其次要注意考察纤维的上浆剂与所选用的树脂基体种类、成形固化温度与使用温度的匹配性，选择物化性能与树脂基体相容的上浆剂。同时要结合具体使用要求选择合适的增强材料规格形式，诸如单向纤维增强材料，织物增强材料，织物形式，纤维 tex 数，有捻、无捻等。对于芳纶、超高分子量聚乙烯、聚酰亚胺等有机纤维，还要充分考虑纤维的耐温、吸湿、蠕变等对复合材料性能的影响作用。常见透波纤维的力学、介电与耐热性能如表 3-1 所示。

表 3-1 常见透波纤维的性能[54-62]

纤维种类	拉伸强度/MPa	拉伸模量/GPa	介电常数（9.375GHz）	介电损耗角正切（9.375GHz）	耐热温度/℃
S 玻璃纤维	4000	90	5.21	0.0068	399
E 玻璃纤维	3450	72	6.13	0.0039	371
D 玻璃纤维	2400	52	4.00	0.0026	371
石英纤维	1700	78	3.78	0.0002	1000
芳纶纤维	3000～5500	120～160	3.85	0.001	177
超高分子量聚乙烯纤维 Spectra1000	3000	172	2.3	0.0004	104

微波透明复合材料的树脂基体主要从电性能、力学性能、耐热性以及树脂/纤维增强材料之间的匹配性、工艺性等方面出发进行选择，其中电性能尤其是介电损耗的高低是复合材料实现透波功能的关键影响因素，微波透明复合材料要求应用低介电、低损耗、高韧性、耐高温的树脂基体。典型的微波透明树脂基体的力学、介电和耐温性能如表 3-2 所示，树脂/纤维匹配性和工艺性能如表 3-3 所示。

表 3-2 典型微波透明树脂基体的力学、介电和耐温性能[54-62]

树脂种类	拉伸强度/MPa	拉伸模量/GPa	介电常数（9.375GHz）	介电损耗角正切（9.375GHz）	T_g/℃
聚酯	80	2.9	2.8240	0.006～0.026	60～200
环氧树脂	70～120	3.1～3.8	2.8～4.2	0.015～0.050	125～230
氰酸酯树脂	70～90	2.6～3.2	2.6～3.2	0.002-0.008	191～316
双马树脂	50～90	3.5～4.5	2.8～3.5	0.005～0.020	180～280
有机硅树脂	35	2.2	2.8～2.9	0.002～0.006	300 以上
聚酰亚胺	70～100	3.0～4.0	2.7～3.2	0.005～0.008	290～400
聚四氟乙烯	14～25	0.4	2.1	0.0004	200 以上

表 3-3 典型微波透明树脂基体的树脂/纤维的匹配性、工艺性能

树脂种类	树脂/纤维结合性	工艺性能
聚酯	○	√
环氧树脂	√	√
氰酸酯树脂	○	×
双马树脂	○	○
有机硅树脂	×	×
聚酰亚胺	○	×
聚四氟乙烯	×	×

注：√良好；○一般；×较差

夹层结构微波透明复合材料具有宽频透波的特点，常用的夹芯材料有蜂窝材料和泡沫材料。其中，蜂窝芯材有 Nomex 蜂窝和 Korex 蜂窝两种，Korex 蜂窝在强度、模量、耐温性能、湿热性能、抗疲劳、吸湿性、热膨胀和介电性能等方面均优于 Nomex 蜂窝，当蜂窝的孔格规格和密度相同时，Korex 蜂窝的压缩强度和剪切强度比 Nomex 蜂窝提高了 50%，压缩模量和剪切模量提高 2 倍，力学性能明显优于 Nomex 蜂窝，是未来高性能蜂窝的发展方向。常用的泡沫芯材有聚氨酯泡沫和 PMI 泡沫，PMI 泡沫具有良好的抗压缩蠕变性能、耐高温性能和尺寸稳定性能，适用于与中、高温 EP 或 BMI 共固化的夹层结构构件中。但 PMI 泡沫的介电性能与泡沫的相对密度有关，其 ε 值和 $\tan\delta$ 值随泡沫密度增加而逐渐增加，实际应用中需要根据结构强度和透波的要求进行权衡选择。雷达天线罩常用夹芯材料的介电性能见表 3-4。

表 3-4 天线罩常用夹芯材料的介电性能

性能	Nomex 蜂窝	Korex 蜂窝	聚氨酯泡沫	PMI 泡沫（Rohacell IG）
ε（10GHz）	1.09～1.12	1.09	1.09	1.09
$\tan\delta$（10GHz）	0.003～0.0046	0.003	0.003	0.0039

微波透明复合材料成型工艺方法主要有手糊成型、真空袋压成型、模压成型、热压罐成型、缠绕成型以及树脂传递模塑成型等方法[63]，主要优缺点如表 3-5 所示。设计时需要根据实际需求选择合适的成型工艺方法。造价低的地面微波透明复合材料构件，如不饱和聚酯类玻璃纤维透波复合材料，原来都选用手糊方法成型，由于操作环境污染大，现在更多的采用真空袋压法成型，而航空高性能微波透明复合材料构件多选用热压罐成型。

表 3-5　典型成型工艺方法

成型方法	特点	存在问题
手糊	常温常压固化成型，可制成形状复杂制件；模具费用低、投资少	劳动强度大，制件性能差，环境污染大
真空袋压	产品较致密、强度较高，设备费用低，生产成本较低	制件性能较差
模压	制件表面光洁，尺寸精确，强度高，生产效率高	设备投资大，模具造价高
热压罐	制件纤维含量控制精确，孔隙率低，强度高，表面较光滑平整	设备造价高，能耗大，制品大小受设备限制
树脂传递模塑	制件表面光洁，尺寸精确，纤维含量易控制，孔隙率低，性能较好	模具造价高
缠绕	纤维分布方向及数量可设计性好，制件纤维含量高，强度高	树脂浪费较多，设备投资大，受制件形状制约

2. 微波透明复合材料设计分类

微波透明复合材料构件的设计主要包括结构设计与电性能设计两方面，其中结构设计主要包含静强度和刚度设计等，保证构件的气动载荷能力；电性能设计主要是通过材料选择、结构形式设计满足构件的透波性需求。

1）微波透明复合材料结构设计

微波透明复合材料结构设计的几大要素是载荷、稳定性、安全系数、基准值等，其目的是结构件在实际工况的载荷作用下能够保持稳定、完整的状态。因此在设计结构时，要进行必要的力学分析。力学分析包括静力分析、屈曲分析、动力学分析、疲劳分析和鸟撞分析等。按照电性能初步设计结果和材料的力学参数建立静力分析模型，进行有限元分析，明确铺层设计，分析应力及变形分布，对构件的结构强度、刚度和稳定性进行校核，按照安全系数（一般机载天线罩 1.5～2.0）确定材料性能指标[64]。

目前，常用的微波透明复合材料结构形式主要有以下三种：①实心结构；②A 夹层结构；③C 夹层结构以及多夹层结构。具体如图 3-15 所示。

夹层结构主要由蒙皮和芯材两部分，通过胶膜黏结在一起。蒙皮材料主要为透波纤维增强树脂基复合材料，其力学性能主要由纤维增强材料决定。芯材对蒙皮材料起到支撑作用，影响透波构件的力学性能。芯材的选择应满足低密度、平压模量高、剪切模量高、介电性能好的要求。目前国内外常用的微波透明芯材有：聚氨酯泡沫、芳纶纸蜂窝以及聚甲基丙烯酰亚胺（PMI）泡沫，后两种在航空领域尤为常用。

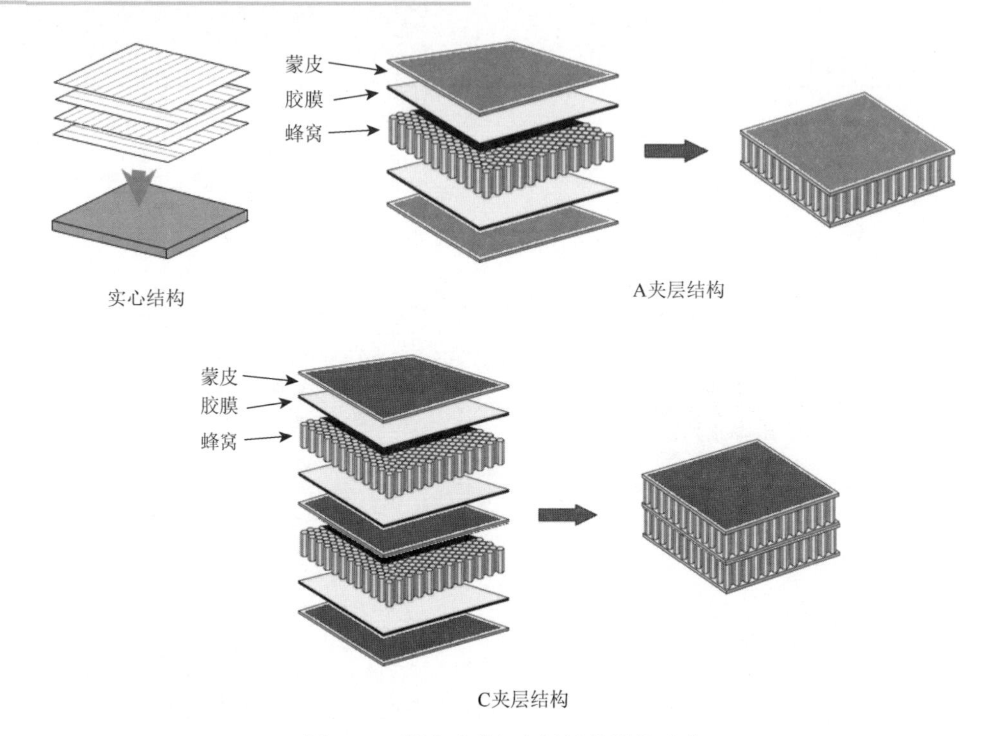

图 3-15　微波透明复合材料的结构形式

2）微波透明复合材料电性能设计[64-68]

微波透明构件的电性能设计流程为：①对给定的天线罩电性能指标进行分析；②根据所匹配的天线形式选择恰当的设计准则；③进行罩壁结构的优化设计及电性能仿真计算。

首先要根据设计输入所选用材料的介电性能、工作频段、扫描范围、电性能要求等，进行电信分析。电信分析方法有几何光学（GO）法、物理光学（PO）法、矩量法（MOM）、周期矩量法（PMM）、有限元法（FEM）、有限积分法（FIT）、时域有限积分（IEFD-TD）、互导纳法、等效电路法、感应电流率（ICR）理论等。其中常用的分析方法有几何光学法、物理光学法、有限积分法和矩量法。其中几何光学法和物理光学法主要用于解决电大尺寸透波结构的电性能分析问题，如10个波长或是更大尺寸的天线罩。矩量法的计算精度较高，但是计算量较大，计算效率较低，一般只适用电小尺寸天线罩电性能的分析计算。

一般而言，微波透明复合材料电信设计准则有“最大传输”和“最小反射”，以获得最大的透射效率和最小的误差。“最小反射”准则针对的是雷达罩的二阶影响，即罩壁反射对天线远区副瓣的影响。除此之外，美国机载雷达罩专家Benjamin Rul认为，还应把“等插入相位延迟（IPD）”也作为一个约束条件，这将控制雷达罩的一阶影响，即对主瓣和近区副瓣的影响。这是一种综合型设计准则。

电磁波在介质材料中的传播情况，除了取决于介质材料本身的介电性能（介电常数 ε、介电损耗角正切值 $\tan\delta$），还取决于材料结构形式、厚度和电磁波的频率、入射角度等因素。微波透明构件设计，在确定介质材料后，要选取正确的材料结构形式。其中罩壁结构厚度的设计是设计的核心内容，其实质是要匹配天线的工作频率与适配入射角和极化角。同时，机载雷达罩往往具有复杂的空气动力学外形，天线要在雷达罩内进行±60°的方位和俯仰扫描，这使得雷达罩的各处具有不同的入射角变化范围。按照适配入射角的原则，雷达罩的各处就应有不同的最佳厚度，这就形成了变壁厚设计。与等壁厚设计相比，变壁厚设计能够使雷达罩性能得到进一步的挖掘和提升。

3. 微波透明复合材料设计软件

满足气动性能的结构设计是天线罩设计的基础，随着仿真分析技术的进步，国内外研究者在静力学、动力学及可靠性分析方面都取得了长足的进步。在天线罩设计领域常用的设计计算软件包括：基于 FEM 的 HFSS、基于 FIT 的 CST 和基于 MOM 的 FEKO 等。

1）HFSS 软件

HFSS（high frequency structure simulator）软件是 Ansoft 公司推出的三维电磁仿真软件，是世界上第一个商业化的三维结构电磁场仿真软件，是电磁设计业界公认的三维电磁场设计和分析的工业标准。HFSS 提供了一简洁直观的用户设计界面、精确自适应的场解器、拥有空前电性能分析能力的功能强大后处理器，能计算任意形状三维无源结构的 S 参数和全波电磁场。HFSS 软件拥有强大的天线设计功能，它可以计算天线参量，如增益、方向性、远场方向图剖面、远场 3D 图和 3dB 带宽；绘制极化特性，包括球形场分量、圆极化场分量、Ludwig 第三定义场分量和轴比。使用 HFSS，可以计算：①基本电磁场数值解和开边界问题，近远场辐射问题；②端口特征阻抗和传输常数；③S 参数和相应端口阻抗的归一化 S 参数；④结构的本征模或谐振解。而且由 Ansoft HFSS 和 Ansoft Designer 构成的 Ansoft 高频解决方案，是目前唯一以物理原型为基础的高频设计解决方案，提供了从系统到电路直至部件级的快速而精确的设计手段，覆盖了高频设计的所有环节，是当今天线设计最流行的设计软件。

HFSS 可以进行天线、天线罩及天线阵设计仿真，为天线及其系统设计提供全面的仿真功能，精确仿真计算天线的各种性能，包括二维、三维远场/近场辐射方向图、天线增益、轴比、半功率波瓣宽度、内部电磁场分布、天线阻抗、电压驻波比、S 参数等。同时也可以开展目标特性研究和 RCS 仿真。

2）CST 软件[69, 70]

CST（computer simulation technology）软件是由德国 CST 股份公司开发的一款

结合三维电磁场仿真、热力学、结构力学、电路等方面进行协同仿真的模拟仿真软件。经过多年的发展与完善已经成为使用范围最广的纯电磁场模拟软件。整套CST软件集成了多种模拟仿真功能，如CSTCS（CST CABLE STUDIO）能够提供专业线缆电磁兼容仿真，CSTEMS（CST EM STUDIO）能够提供静电、静磁、稳恒电流、低频电磁场仿真，CSTPS（CST PARTICLE STUDIO）用于电真空器件、粒子加速器、等离子体等自由带电粒子的仿真分析等。其中对雷达罩的RCS和点频、扫频进行分析则使用的是CSTMWS（CST MICRO WAVE STUDIO）。其优点有：

（1）算法多样，能够解决多种电磁仿真问题：软件继承了多种电磁算法、精确全波算法和高频渐进算法，适用于对整个电磁波进行仿真，在多种不同的情境中使用相应的算法来满足用户的需要。

（2）简单易用，软件更加人性化：操作界面友好，在CST整体工作设计环境下，多种仿真功能能够轻易地被拖动到界面上，通过多种仿真模块的连接来将上一仿真模块的模型、材料等数据直接在下一仿真模块中使用。

（3）兼容强大，能够在多种平台下使用：软件使用Visual Basic进行编写，不仅对Windows及旗下软件有良好的兼容，而且能够在Linux环境中运行。

（4）接口丰富，能够从其他软件导入或导出到其他模拟软件中：软件能够在多种CAD、CAE、电磁场软件中进行数据交换，提供了各种软件之间的协同计算能力。

（5）软件还集合了常用的材料数据，并提供了后处理等功能：CST软件支持使用VBS脚本进行参数化建模及分析。

3）FEKO软件

FEKO软件是EMSS公司开发的一款三维全波电磁仿真软件，是一款针对天线设计、天线布局与电磁兼容性分析而开发的专业电磁场分析软件。它以矩量法（MOM）、多层快速多极子方法（MLFMA）、物理光学（PO）法、一致渐进绕射理论（UTD）、混合方法等高频精确算法和近似算法为主，配以求解复杂介质体的有限元FEM，可以求解含高度非均匀介质电大尺寸的问题。FEKO可以用于天线分析、共形天线设计、阵列天线设计、天线罩分析设计、多天线布局分析、RCS隐身分析、系统的电磁兼容分析等。

3.3.3 微波透明复合材料试验验证

微波透明复合材料的验证试验主要包括结构完整性、电性能、力学性能和环境试验几部分，其目的是考察构件的内部质量、功能性、承载能力和环境适应性等性能是否满足设计使用要求。

1. 结构完整性试验

微波透明复合材料的结构完整性主要通过无损检测来实现，结构完整性检测主要包括：复合材料层压板内部的分层缺陷检测、蒙皮与蜂窝之间的脱黏缺陷检测、层压板内部的孔隙率检测、外来物检测、蜂窝芯质量检测、蜂窝块间发泡胶拼接质量检测等，主要用于检测复合材料在制造过程中是否存在分层、脱黏、发泡胶质量问题、蜂窝芯缺陷和外来物等缺陷。

目前微波透明复合材料的检测主要有强光照射下目视结合检测锤敲击检查、超声检测与射线检测三种方法。对于薄壁微波透明复合材料构件的结构完整性可以通过强光照射下目视结合手工或啄木鸟敲击仪进行敲击检查蒙皮分层和脱胶，如发现异常，采用超声扫描对异常区域进行检查。对于厚度较大的多夹层制件，通常直接选用超声扫描或射线检测方法[71-73]。

2. 电性能试验

电性能检测的目的是验证设计的微波透明材料构件的透波性能，透波性能主要通过功率传输系数（透波率）来表征，即在给定天线的工作状态下，天线方向图上远区工作空间一点在有罩和无罩状态下所接收的功率比。常规雷达天线罩的功率传输系数的典型值如表 3-6 所示。

表 3-6　功率传输系数的典型值[64, 74]

种类	波段	平均值/%	最小值/%
充气罩	L，S	97	95
介质桁架罩	C	94	90
金属桁架罩	S	80	75
鼻锥机头罩	X	85	75
蛋卵机头罩	X	90	85
导弹天线罩	X	90	85

电性能测试对测试系统的测量精度有很高的要求。要实现精确测试，一方面要有高稳定度、高可靠性、高灵敏度、动态范围大、自动化程度高的先进测量仪器和设备；另一方面要有视角范围大、环境反射小、平面波程度好的测试场。而测试场问题往往是影响测量精度的关键。目前，测试场主要有室外的远场测试和暗室测试两种，其中暗室测试场又可分为近场测试和压缩场两种，如图 3-16 所示。

远场测试　　近场测试　　压缩场测试

图 3-16　微波透明复合材料构件的透波率测试方法

远场测试系统由发射、检测和测量三部分组成，其主要特点为：相对于近场测试，可以快速得到天线罩的传输效率、瞄准误差、交叉极化电平、对方向图影响等数据；但同时远场测试要求有开阔的场地，发射点和测试点之间的距离要满足远场条件，且受天气影响，无法实现全天时和全天候的测试。

近场测试是通过测量天线口径场推算远场的一种测量方法。近场测试避免了天气的影响，可以全天时、全天候测试，其优点是：可以得到二维方向图及任意剖面的方向图，可以计算全空间平均副瓣，还可以通过对比不同部位的相位分布分析制造缺陷。

压缩场为电性能测试提供了一种新型的暗室测试场。它可在短距离内将球面波变成平面波使得天线和雷达罩的测试满足远场条件。其优点是：背景反射电平低，测试精度高，占地面积小，不受外界气候影响，可全天候运行，工作效率高，保密性、安全性好，不受外界电磁干扰，具有好的稳定性和可靠性。目前，美国、英国、以色列等技术发达国家的雷达罩测试基本上都是在压缩场中进行的，建立压缩场对满足高性能雷达罩的电测要求以及发展雷达罩测试技术都是十分重要的。

3. 力学性能试验

由于雷达罩等多数微波透明复合材料构件在正常工作期间，需要承受气动载荷、惯性载荷、交变载荷、冲击载荷等作用，因此在完成微波透明复合材料构件的结构设计后，必须根据其在实际使用条件下的受力状况，对其力学性能进行验证试验，验证构件在上述载荷作用下能否保持稳定的、完整的状态，不发生有害变形和破坏，结构强度是否满足要求，以保证所用的复合材料和结构设计能够满足使用要求。典型的力学性能试验主要包括：静力试验、疲劳试验和振动、冲击、加速度等[75]。

研究人员需要针对不同结构和使用要求的构件，合理地拟定试验方案，需设计专用的试验装置，在最大程度上模拟微波透明构件的实际使用状态，准确获取其力学性能数据。

4. 环境试验

由于微波透明复合材料构件主要作为各类天线罩体使用，将天线与外界环境形成物理隔离，直接与外界环境接触，因此需要针对构件具体的工作环境，开展环境试验，验证材料的环境适应性。

针对环境试验，人们制定了专门的标准试验方法。《环境工程考虑和实验室试验》（MIL-STD-810F）由美国国防部于2000年1月1日颁布[76]，该标准是针对装备整个使用寿命期将遇到的环境制定环境设计要求和环境试验要求，确定能复现装备环境效应的试验方法。在国内，中国人民解放军总装备部2009年8月1日实施GJB 150A—2009《军用装备实验室环境试验方法》[77]，用于环境适应性试验。

3.3.4 微波透明复合材料设计技术发展

结合飞行器外形的结构功能一体化设计是微波透明复合材料设计技术发展的重要趋势[78-80]。例如，美国与澳大利亚合作研发的新一代“楔尾”预警机，与传统的圆盘形和平衡木型等外加雷达天线罩不同，天线与机身融合成一体，大大减小了飞机外形额外突起造成的空气动力损耗，使得飞机综合性能有较大提高，续航时间与起飞重量明显改善。

以微波透明复合材料为基础的共形天线技术是围绕先进飞行器隐身和透波要求发展起来的。近年来国外围绕共形承载天线结构（CLAS）开展了大量研究，Jeon等[81]在CLAS的基础上做成多层的微带天线结构，采用层合的方法将微带天线置入夹层结构透波复合材料中，并对整体结构的力学性能（包括弯曲性能、疲劳性能、冲击性能）进行了测试。从研究结果看，采用这种结构，天线的性能得到很好的发挥，但是在一定的载荷作用下，特别是冲击载荷时，这种结构容易出现分层、塌陷等严重的破坏，导致天线的共振频率完全消失，整个天线系统失效。

Kim 等[82]研究了夹层结构芯-蒙皮黏结剂的电性能及黏结工艺对多层复合材料天线电磁功能的影响作用，天线结构如图3-17所示。从天线的电性能测试结果来看，经过黏结工艺后，天线的谐振频率发生偏移、增益衰减。而研究结果表明谐振频率的偏移主要与胶黏剂的介电常数相关，信号增益衰减主要由介电损耗决定，同时使用更小、更薄的天线能够弥补因粘接对天线性能带来的不利影响。

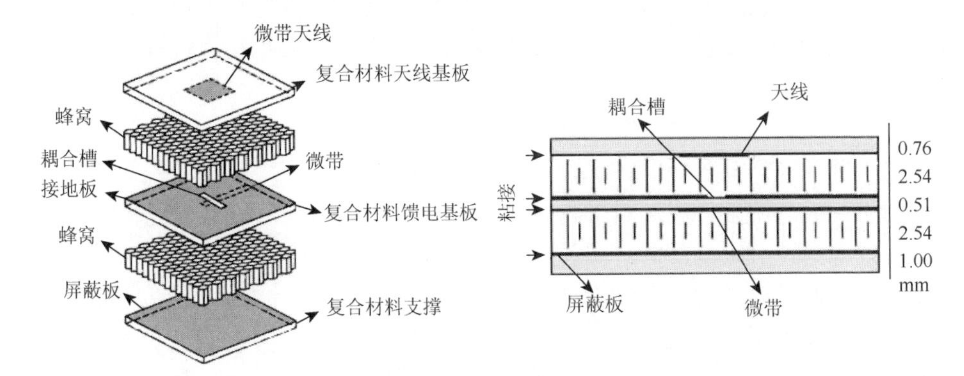

图 3-17 多层复合材料天线结构[82]

You 等[83, 84]设计了一种复合材料共形承载天线，并采用环氧/玻璃纤维复合材料和芳纶蜂窝芯材制备出来一种带曲率的共形承载天线，如图 3-18 所示，同时研究了曲率对冲击能和冲击响应的影响作用，曲率半径为 200mm 的天线在不同冲击能作用下的损伤结果如图 3-19 所示，研究结果证明，辐射图受曲率半径影响显著，

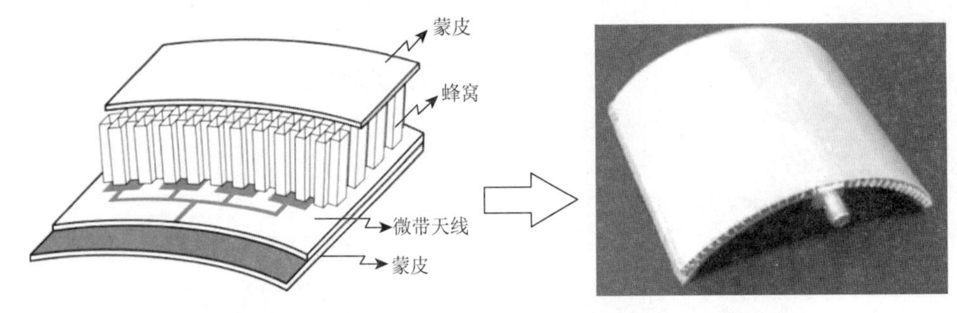

图 3-18 承载共形天线的结构及带曲率构件形式[84]

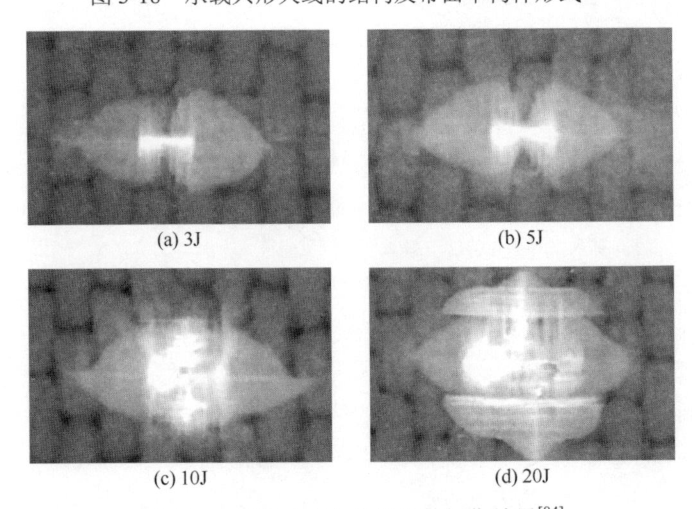

图 3-19 不同冲击能作用下的损伤结果[84]

冲击接触力随曲率的减小大幅衰减，随冲击能的增加，冲击区域的凹痕损伤更为明显，曲率半径是决定共形承载天线电性能和承载性能的重要设计参数。

图 3-20 是三维织物共形承载天线结构形式[85-87]，结果证明采用低损耗的纤维和树脂可使天线的增益提高 6.5dB 以上，三维正交织物共形承载天线在 20J 的能量冲击下，其回波损耗和方向图等性能仍然没有明显变化，具有良好的结构稳定性和抗冲击性能。

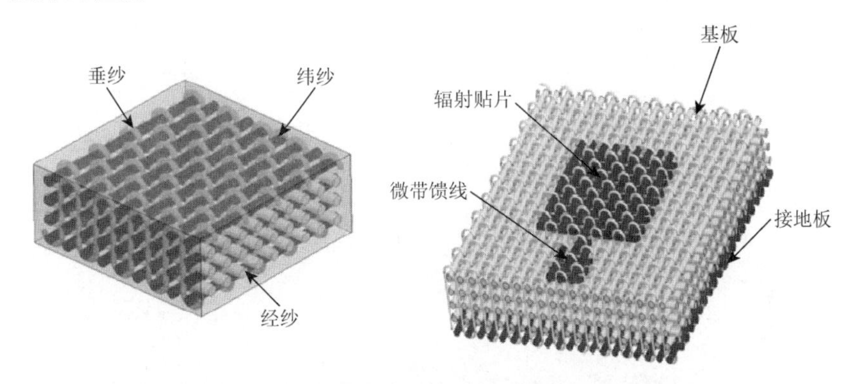

图 3-20 基于三维织物的共形承载天线结构[86]

频率选择表面（FSS）和吸波材料（RAM）结合实现透波/吸波一体化结构设计，保证天线在正常工作频率透波性能的前提下，实现对带外电磁波的吸收，满足飞机的透波/隐身功能一体化的要求，也将是微波透明复合材料设计技术发展的重要方向。

参 考 文 献

[1] 吴其晔. 高分子凝聚态物理及其进展 [M]. 上海：华东理工大学出版社，2006.

[2] 刘顺华，郭辉进. 电磁屏蔽与吸波材料 [J]. 功能材料与器件学报，2002，8（3）：213-217.

[3] 李海燕，张世珍，孙春龙，等. 隐身涂料的研究进展与发展方向[J]. 功能材料，2013，44（B06）：36-40.

[4] 周克省，黄可龙，孔德明，等. 吸波材料的物理机制及其设计 [J]. 中南大学学报（自然科学版），2001，32（6）：617-621.

[5] 秦柏，秦汝虎. “广义匹配规律”的论证及在隐身材料中的应用 [J]. 哈尔滨工业大学学报，1997，(4)：115-117.

[6] 李宇明，武占成，孙永卫，等. 武器装备吸波材料及谐振型吸波体设计 [J]. 装备环境工程，2012，9（1）：50-53.

[7] 王晨，顾家琳，康飞宇. 吸波材料理论设计的研究进展 [J]. 材料导报，2009，23（5）：5-8.

[8] Yu X，Lin G，Zhang D，et al. An optimizing method for design of microwave absorbing materials [J]. Materials & Design，2006，27（8）：700-705.

[9] Chin W S，Dai G L. Binary mixture rule for predicting the dielectric properties of unidirectional E-glass/epoxy composite [J]. Composite Structures，2006，74（2）：153-162.

[10] Meshram M R，Agrawal N K，Sinha B，et al. Characterization of M-type barium hexagonal ferrite-based wide band

microwave absorber [J]. Journal of Magnetism & Magnetic Materials，2004，271（2）：207-214.

[11] 李江海. SRAM 材料及其结构的隐身特性计算与优化设计[D]. 西安：西北工业大学，2003.

[12] Peterson A F. Absorbing boundary conditions for the vector wave equation [J]. Microwave & Optical Technology Letters，1988，1（2）：62-64.

[13] 邢丽英. 含电路模拟结构吸波复合材料研究[D].北京：北京航空航天大学，2003.

[14] 克拉特，阮颖铮. 雷达散射截面：预估，测量和减缩[M]. 北京：电子工业出版社，1988.

[15] 刘国强，赵凌志，蒋继娅. 电子技术. Ansoft 工程电磁场有限元分析[M]. 北京：电子工业出版社，2005.

[16] 倪光正，杨仕友，邱捷. 工程电磁场数值计算[M]. 2 版. 北京：机械工业出版社，2010.

[17] 刘圣民. 电磁场的数值方法[M]. 武汉：华中理工大学出版社，1991.

[18] Penman J，Grieve M. An approach to self adaptive mesh generation [J]. IEEE Transactions on Magnetics，1985，21（6）：2567-2570.

[19] Golias N A，Tsiboukis T D. Three-dimensional automatic adaptive mesh generation [J]. IEEE Transactions on Magnetics，1992，28（2）：1700-1703.

[20] Zheng Y，Kikuchi K，Yamasaki M，et al. Two-layer wideband antireflection coatings with an absorbing layer [J]. Applied optics，1997，36（25）：6335-6338.

[21] Seibert H F. Applications for PMI foams in aerospace sandwich structures [J]. Reinforced Plastics，2006，50（1）：44-48.

[22] 马科峰，张广成，刘良威，等. 夹层结构复合材料的吸波隐身技术研究进展[J].材料开发与应用，2010，25（06）：53-57.

[23] Gao Z，Luo Q. Reflection characteristics of impregnated absorbent honeycomb under normal incidence of plane wave [J]. Journal of University of Electronic Science & Technology of China，2003，（4）：389-394.

[24] 高正娟. 颗粒分散体系电磁特性基础研究 [D].哈尔滨：哈尔滨工程大学，2003.

[25] 王祖鹏，于名讯，潘士兵. 复合材料电磁参数计算的理论研究进展 [J]. 材料导报，2009，23（S1）：246-249.

[26] 刘顺华，刘军民，董星龙. 电磁波屏蔽及吸波材料 [M]. 北京：机械工业出版社，2007.

[27] 张铁夫，曹茂盛，袁杰，等. 多薄层涂覆吸波材料计算设计方法研究 [J]. 航空材料学报，2001，21（4）：46-49.

[28] 甘治平，官建国，邓惠勇，等. 用遗传算法设计宽带薄层微波吸收材料 [J]. 电子学报，2003，31（6）：918-920.

[29] 袁杰，王荣国. 多层吸波材料的计算机辅助优化设计 [J]. 哈尔滨工程大学学报，2000，21（2）：51-54.

[30] 邢丽英，刘俊能. 蜂窝夹层结构吸波材料研究[J]. 材料工程，1992，（6）：15-18.

[31] 华宝家，杨建生. 单层和多层蜂窝结构吸波材料[J]. 宇航材料工艺，1989，（Z1）：65-70.

[32] 刘文言，王从元，亓云飞. 浸渍层厚度对蜂窝吸波性能的影响[J]. 安全与电磁兼容，2011，（5）：13-14.

[33] Smith F C. Effective permittivity of dielectric honeycombs[J]. IEE Proceedings-Microwaves Antennas and Propagation，1999，146（1）：55-59.

[34] 王海风，徐志伟. 结构型吸波材料电磁特性的设计计算 [J]. 机械科学与技术，2008，（11）：1387-1391.

[35] 高正平. 蜂窝状结构型吸波材料的计算机辅助设计[J]. 宇航材料工艺，1989，（Z1）：71-73.

[36] 何燕飞，龚荣洲，王鲜，等. 蜂窝结构吸波材料等效电磁参数和吸波特性研究[J]. 物理学报，2008，57（8）：5261-5266.

[37] Kim P C，Lee D G. Composite sandwich constructions for absorbing the electromagnetic waves [J]. Composite Structures，2009，（87）：161-167.

[38] 张月芳，郝万军，陈健健，等. $\lambda/4$ 型轻质泡沫塑料吸波板材的设计[J]. 塑料工业，2010，（3）：82-85.

[39] 张义桃，刘俊，朱刚，等. 钡铁氧体、炭黑填充聚氨酯软质泡沫基吸波材料性能的研究[J]. 功能材料，2007，

38：3005-3007.

[40] 吕术平，刘顺华，赵彦波. 新型填充式吸波材料的研究[J]. 功能材料与器件学报，2005，11（4）：498-500.

[41] Kostornov A G，Moroz A L，Shapoval A A，et al. Composite structures with gradient of permeability to be used in heat pipes under microgravity [J]. Acta Astronautica，2015，115：52-57.

[42] Chen M，Zhu Y，Pan Y，et al. Gradient multilayer structural design of CNTs/SiO composites for improving microwave absorbing properties [J]. Materials & Design，2011，32（5）：3013-3016.

[43] Tamburrano A，Rinaldi A，Proietti A，et al. Multilayer graphene-coated honeycomb as wideband radar absorbing material at radio-frequency[C]. 2015 IEEE 15th International Conference on. IEEE，Rome，2015：192-195.

[44] 赵宏杰，宫元勋，邢孟达，等. 结构吸波材料多层阻抗渐变设计及应用 [J]. 宇航材料工艺，2015，45（4）：19-22.

[45] Skolnik M I. Radar Handbook[M].New York：McGraw-Hill Companies，2008.

[46] Rajinder Pal. Electromagnetic，Mechanical，and Transport Properties of Composite Materials[M]. Boca Raton：CRC Press，2015.

[47] Kozakoff D J. Analysis of Radome-Enclosed Antennas[M]. Boston：Artech house，2010.

[48] Gay D，Hoa S V，Tsai S W. Composite Materials Design and Applications [M]. Boca Raton：CRC Press，2003.

[49] 杜耀惟. 天线罩电信设计方法[M]. 北京：国防工业出版社，1993.

[50] 何曼君，张红东，陈维孝，等. 高分子物理[M]. 上海：复旦大学出版社，2007.

[51] Riande E，Diaz-Calleja R. Electrical Properties of Polymers [M]. New York：Marcel Dekker，Inc.，2004.

[52] Peters S T. Handbook of Composites [M]. New York：Springer Science Business Media，1998.

[53] 洪旭辉. 改性环氧树脂基体及其复合材料研究——氰酸酯改性和复合环氧体系的反应及性能研究[D]. 北京：北京化工大学，2007.

[54] Baker A，Dutton S，Kelly D. Composite Materials for Aircraft Structures [M]. Virginia：American Institute of Aeronautics and Astronautics，Inc.，2004

[55] 陈祥宝. 聚合物基复合材料手册[M].北京：化学工业出版社，2004.

[56] 邢丽英. 结构功能一体化复合材料技术[M]. 北京：航空工业出版社，2017.

[57] 李春华，齐署华，张剑. 树脂基电磁透波复合材料研究进展[J]. 塑料工业，2005，33（8）：4.

[58] 张军，张恒，沈献民. 电磁透波功能复合材料的研究进展[J]. 材料导报，2003，17（7）：64.

[59] 石毓锬，梁国正，兰立文. 树脂复合材料在导弹雷达天线罩中的应用[J]. 材料工程，2005，（4）：36-39.

[60] 宋来福，杨彩云. 树脂基体复合材料在雷达天线罩上的应用[J]. 上海纺织科技，2018，46（1）：1-3，7.

[61] 郭笑坤，殷立新，詹茂盛. 低介质损耗雷达罩用复合材料的研究进展[J]. 高科技纤维与应用. 2003，28（6）：29-33.

[62] 李欢，刘钧，肖加余，等. 雷达天线罩技术及其电性能研究综述[J]. 材料导报，2012，26（15）：48-52.

[63] Bunsel A R l，Renard J. Fundamentals of Fibre Reinforced Composite Materials[M]. New York：Institute of Physics Publishing，2005.

[64] 张强. 天线罩理论及设计方法[M]. 北京：国防工业出版社，2014.

[65] 刘晓春. 天线罩电性能设计技术[M]. 北京：航空工业出版社，2017.

[66] 刘汉旭. 天线罩力学-电磁性能综合设计研究[J]. 航空科学技术，2012，（4）：73-75.

[67] 张明习，轩立新. 高性能雷达罩设计与制造关键技术分析[J]. 航空科学技术，2015，26（8）：13-18.

[68] 殷虎，陈瑜. 某天线罩设计方法研究[J]. 船舶电子工程，2017，37（6）：127-130.

[69] 张敏. CST 微波工作室用户全书[M]. 成都：电子科技大学出版社，2004.

[70] CST 工作室. CST 微波工作室®：基础入门，2008.

[71] 郭广平. C 夹层雷达罩无损检测技术[J]. 航空制造技术，2008，15：47-49.

[72] 王铮，李硕宁，郭广平. 敲击检测技术在某雷达天线罩在役检测中的应用［J］.无损检测，2012，34（6）：29-32.

[73] 王轩，曹阳丽，孙广先，等. 波音和空客飞机雷达罩损伤检查方法的对比研究[J].科技风，2018，(11)：172.

[74] 万顺生，郭静，王文涛. 飞行器雷达天线罩透波性能研究与测试[J]. 南京航空航天大学学报，2009，41（增刊）：57-61.

[75] 薛澄岐，陈志刚. 机载雷达罩静力试验研究[J]. 电子机械工程，2003，19（6）：14-16.

[76] MIL-STD-810F-2000. 环境工程相关事项及实验室测试[S]. 美国：美国国防部，2000.

[77] GJB 150A-2009 军用装备实验室环境试验方法 [S].北京：中国人民解放军总装备部，2009.

[78] Panwar R，Ryul L J. Progress in frequency selective surface-based smart electromagnetic structures：a critical review [J]. Aerospace Science and Technology，2017，66：216-234.

[79] 张耀锋. 频率选择表面分析与优化设计［D］.西安：西北工业大学，2003.

[80] 甘为. 结构功能一体化 FSS 雷达罩仿真建模平台的设计与实现[D]. 长春：吉林大学，2017.

[81] Jeon J H，You C S，Kim C K，et al. Design of microstrip antennas with composite laminates considering their structural rigidity [J]. Mechanics of Composite Materials，2002，38（5）：447-460.

[82] Kim D，You C S，Hwang W B. Effect of adhesive bonds on electrical performance in multi-layer composite antenna [J]. Composite Structures，2009，90（4）：413-417.

[83] You C S，Hwang W B. Design of load-bearing antenna structures by embedding technology of microstrip antenna in composite sandwich structure [J]. Composite Structures，2005，71（3）：378-382.

[84] You C S，Kim D，Cho S，et al. Impact behavior of composite antenna array that is conformed around cylindrical bodies[J]. Composites Science and Technology，2010，70（4）：627-632.

[85] 王昕. 基于三维正交机织复合材料的共形承载微带天线的研究[D]. 上海：东华大学，2009.

[86] 杜成珠. 基于三维正交机织的纺织微带天线[D]. 上海：上海大学，2012.

[87] Du C Z，Zhong S S，Lan Y，et al. Four element textile array antenna on three dimensional orthogonal woven composites[J]. Microwave and Optical Technology Letters，2010，52（11）：2487-2488.

第4章

微波辐射调控复合材料用主要原材料

4.1 引　言

微波辐射调控复合材料不但具有结构承载能力，同时具有高的电磁波吸收能力或电磁波高“透过”能力。因此，微波辐射调控复合材料对原材料，除和结构复合材料相似的要求外，还要求具有低介电常数以及高损耗或低损耗特征。

微波辐射调控复合材料涉及的主要原材料包括增强纤维、树脂基体、微波吸收剂、微波吸收和微波透明芯材等。微波辐射调控复合材料用增强材料主要有玻璃纤维、高硅氧纤维、石英纤维、芳纶纤维、聚酰亚胺纤维、PBO 纤维、超高分子量聚乙烯纤维等透波纤维。为提高微波吸收复合材料的力学性能，在微波吸收复合材料承载层也应用碳纤维作为增强材料。微波辐射调控复合材料的树脂基体包括不饱和聚酯树脂、环氧树脂、氰酸酯树脂、双马来酰亚胺树脂，聚酰亚胺树脂、苯并噁嗪及有机硅树脂等热固性合成树脂及固化剂，以及聚四氟乙烯树脂、聚醚醚酮树脂、热塑性聚酰亚胺、聚醚酰亚胺及聚酰胺酰亚胺树脂等热塑性树脂。微波吸收剂主要用于微波吸收复合材料，主要有介电型吸收剂、磁介质型吸收剂。微波吸收和微波透明蜂窝、泡沫芯材和人工介质主要在夹层结构微波辐射调控复合材料中应用。

本章主要介绍微波辐射调控复合材料增强纤维、树脂基体、吸收剂、微波吸收和微波透明芯材的组成、基本性能、使用性能、应用现状等，为微波辐射调控复合材料的研制提供选材参考。

4.2 微波辐射调控复合材料增强材料

微波辐射调控复合材料要求采用的增强材料具有微波透过性，即要求其 ε, $\tan\delta$ 数值尽量低，目前大量使用的有各种玻璃纤维、石英纤维和高硅氧纤维等无机纤维，芳纶、超高分子量聚乙烯纤维、聚酰亚胺纤维、PBO 纤维等有机纤维也有部分应用。碳纤维虽然不具有微波透过特性，但为提高力学性能，碳纤维经常在微波吸收复合材料的承载层中作为增强材料应用。

4.2.1 无机纤维

1. 玻璃纤维

玻璃纤维具有成本低、强度好、适应性强等优点，是复合材料增强体中用量最大、使用最为广泛的无机纤维材料。高性能玻璃纤维相对于普通玻璃纤维而言具有高的力学性能、耐腐蚀性能、耐热性能和耐高温性能等。

玻璃纤维的化学成分主要是 SiO_2 或 B_2O_3，前者称为硅酸盐玻璃，后者称为硼酸盐玻璃。玻璃纤维的组分决定玻璃纤维的性质和特点，组分中加入 Na_2O、K_2O 等碱金属氧化物能降低玻璃的熔化温度和黏度；加入 CaO 和 Al_2O_3、MgO 等改善玻璃的某些性质和工艺性能。玻璃纤维的介电性能与其化学成分中含一价碱金属（Na、K）的量有关，玻璃纤维的介电常数及损耗随碱金属含量的增大而增大。

根据碱金属氧化物（用 R_2O 代表 Na_2O 和 K_2O）含量多少，可将玻璃纤维大致分为三种。

（1）无碱纤维：代号 E，w（R_2O）≤2%。

（2）中碱纤维：代号 C，w（R_2O）= 12%。

（3）高碱纤维：代号 A，w（R_2O）= 14.2%。

由于含碱量及其他化学组分不同，玻璃纤维分别有下列的字母牌号：A（高碱）、C（中碱，特点为耐化学性好）、D（R_2O 不超过 1.0%，低介电常数）、E（R_2O 为 0～2%，低导电性）、M（无碱，高模量）、S（无碱，高强度）等[1]。

微波辐射调控复合材料增强纤维主要有 E、D、S 和 M 玻璃纤维。表 4-1 为四种玻璃纤维的化学成分，表 4-2 为四种玻璃纤维的性能。

表 4-1 四种玻璃纤维的化学成分[1]

玻璃纤维代号	化学成分(质量分数)/%						
	SiO_2	Al_2O_3	B_2O_3	CaO	Na_2O	MgO	其他
E	52～56	12～16	5～10	16～25	0.2	0～5	0～0.8%Fe_2O_3
D	72～76	0～5	20～25	—	1.0	—	0.5%LiO_2，1.5%K_2O
S	64～66	24～25	—	0～0.2	—	9.5～10	—
M	53.7	—	—	12.9	—	9.0	2.0%ZrO_2，8%BeO_2，8%TiO_2，3%CeO_2

表 4-2 四种玻璃纤维的性能[2]

玻璃纤维代号	密度/(g/cm^3)	直径/μm	线胀系数/$10^{-6}K^{-1}$	拉伸强度/MPa	弹性模量/GPa	介电常数（10GHz）	介电损耗角正切（10GHz）
E	2.54	12	5	3400	72	6.13	0.0039
D	2.16	12	—	2450	52	4.00	0.0026
S	2.49	12	2.9～5.0	3800	95	5.21	0.0068
M	2.80	12	5～7	3500	110	7.0	0.0039

1）E 玻璃纤维

E 玻璃纤维也称无碱玻璃纤维，是最先用于电子绝缘材料的纤维，也是最早应用于微波透明复合材料的增强材料。E 玻璃纤维耐热性好，在 1200℃左右时纤维强度才开始缓慢下降，长期使用温度可达 600～700℃，瞬时耐热（30s）达 1000℃，不燃烧，不氧化，具有较高的拉伸强度和弹性模量，良好的耐水性，较好的耐老化性能，介电性能也较好，而且价格较低，是一种性能优良的增强材料，已在雷达天线罩中获得较多的应用，主要用于地面罩制造，主要缺点是在酸碱介质中抗化学腐蚀性较低。

2）D 玻璃纤维

D 玻璃纤维也称低介电玻璃纤维。D 玻璃纤维介电常数和损耗均比较低，且受环境温度和频率等外界因素影响小，力学性能稍逊于其他玻璃纤维，密度比较小。D 玻璃纤维通常用于微波透明复合材料雷达罩以及大容量、高速印刷线路板的增强材料。表 4-3 为日本东纺的 NE 纤维、法国圣戈班的 D 纤维的介电性能。表 4-4 为国内研制的 D_2，D_3，D_K 系列低介电玻璃纤维的性能。低介电玻璃纤维的应用改善了复合材料的宽频微波透明性能[3]。

表 4-3 国外低介电玻璃纤维与 E 玻璃纤维的介电性能

牌号	D	NE	E
介电常数ε	4.3	4.5	6.7
介电损耗角正切 $\tan\delta$	0.001	0.001	0.0012

表 4-4 国产低介电玻璃纤维性能

性能	D_2	D_3	D_K
密度/(g/cm^3)	2.14	2.3	2.3
新生态单丝强度/MPa	≥2060	≥2600	≥2600
弹性模量/GPa	＞48.0	≥55	≥55
介电常数 ε	≤4.0	≤4.5	≤5.0
介电损耗角正切 $\tan\delta$	＜0.0030	＜0.0035	＜0.0035

3）S 玻璃纤维

S 玻璃纤维又称高强度玻璃纤维。S 玻璃纤维拉伸强度高，比无碱玻璃纤维高 35%左右，弹性模量高 15%左右，软化点为 970℃，介电损耗角正切相对于低介电玻璃纤维较大。这种纤维主要用作对强度要求较高的机载雷达天线罩，在提高性能和减重方面起到重要作用。目前世界上拥有高强度玻璃纤维生产技术的国家有美国（S-2 或 S 纤维）、法国（R 纤维）、日本（T 纤维）、俄罗斯（BMЛ 纤维）和中国（HS 系列纤维），各国高强玻璃纤维性能见表 4-5[2]。

表 4-5　高强玻璃纤维性能

性能	HS6	S-2	R	T	BMЛ
新生态单丝强度/MPa	4600～4800	4500～4890	4400	4650	4200～5000
拉伸弹性模量/GPa	90～95	85～87	84	84	95
断裂伸长率/%	5.3	5.4	4.8	5.5	4.5
密度/(g/cm^3)	2.50	2.49	2.56	2.49	2.56
浸胶束纱强度/MPa	≥3800	≥3700	≥3400	≥3400	≥3300

4）M 玻璃纤维

M 玻璃纤维又称高模量玻璃纤维。M 玻璃纤维的化学组分中掺入了 BeO_2、Y_2O_3、TiO_2 和 CeO_2，这些氧化物的加入，有效提高纤维的弹性模量，但 BeO_2 剧毒，Y_2O_3 价格高，迄今难以在工业上应用。中国的“M”玻璃纤维添加 CeO_2、TiO_2、ZrO_2 和氯化物，纤维的模量和拉伸强度很高，同时电绝缘性能很好。与 S 玻璃纤维相比，M 玻璃纤维的介电常数较大，一般在 7 左右，而且由于 M 玻璃纤维原材料具有毒性，对环境造成一定污染，生产成本较高，因此目前只在航天飞行器的特定部位应用，尚未大范围推广使用[4]。

2. 高硅氧纤维

高硅氧纤维是一种用特殊工艺生产的高温无机纤维。高硅氧纤维组分中 SiO_2 的含量为 96%～99%，其他含有少量的 B_2O_3，Na_2O 和 Al_2O_3 等其他氧化物。

高硅氧纤维的性能特点如下。

（1）物理力学性能。高硅氧纤维直径 4～10μm，密度为 2.20g/cm^3，拉伸强度为 2500MPa，弹性模量为 73GPa，强度与 D 玻璃纤维接近，模量高于 D 玻璃纤维。

（2）较好的介电性能。在 10GHz 下，ε 为 4.00，$\tan\delta$ 为 0.0048。

（3）很好的耐高温性能。其软化点接近 1700℃，可长期在 900℃环境下使用，在许多高温条件下，保持柔软性不变。

（4）优良的耐环境性能。化学稳定性好，在有机和无机酸中（氢氟酸、磷酸和盐酸除外），甚至在高温下，以及弱碱中保持良好的稳定性能，耐湿，耐日光辐射，防火温度高。

（5）具有良好的耐磨性与绝缘性。可用于耐高温烧蚀材料的增强体。例如，高硅氧纤维增强酚醛树脂制成的各种复合材料已用于导弹、火箭中耐烧蚀部件、壳体及火箭的大型喷管等[2, 5]。

3. 石英纤维

石英纤维是指 SiO_2 含量达 99.90%以上，单丝直径在 1～15μm 的特种玻璃纤维。它是由纯的天然水晶提炼加工成熔融石英玻璃棒并拉制而成，丝的纯度为 SiO_2≥99.99%。其化学组分除 SiO_2 外还含有极少量的 Al、B、Cu、Cr、Ca、K 等元素，数量级在 10^{-7} 范围内，所以石英纤维基本上是高纯石英玻璃成分，与石英玻璃性能非常接近[6]。石英纤维的物理、力学与介电性能见表 4-6。

表 4-6　石英纤维性能[2]

密度 /(g/cm³)	硬度（莫氏）	ε（10GHz）	$\tan\delta$（10GHz）	热胀系数 /K^{-1}	抗拉强度 /MPa	弹性模量 /GPa	断裂伸长率 /%
2.2	7	3.74	0.0002	0.54×10^{-6}	6000	78	4.6

石英纤维具有优越的介电性能，其 ε 和 $\tan\delta$ 是所有矿物纤维中最小的，其 ε 基本不随频率变化而变化。$\tan\delta$ 值则随频率增加先减小，到某一最低值后，随频率的增加而增大。频率从 10kHz 到 100GHz 变化，$\tan\delta$ 为 0.0004～0.0005，其最低值在 0.00007 左右；石英纤维的力学性能优于各种玻璃纤维，其抗拉强度尤为突出；石英纤维的软化点温度为 1700℃，能在 600～1050℃长期使用，当温度高于 1600℃，石英纤维开始升华，因此可作为烧蚀材料使用。石英纤维具有优异的热氧老化性能，在 1000℃烘烤 1000h 后，纤维的质量损失不大于 1.5%[7]。

石英纤维是雷达天线罩、电磁发射窗口和低介电产品的首选材料，在航天航空、半导体、高温隔热方面有着广泛的应用。

4. 碳纤维

碳纤维按原丝类型分为 4 类：聚丙烯腈碳纤维、沥青碳纤维、黏胶碳纤维和酚醛碳纤维。聚丙烯腈碳纤维应用最广、发展最快，产量约占碳纤维产量的 95%。按力学性能，日本碳纤维协会将碳纤维分为低弹性模量、标准弹性模量、中等弹性模量、高弹性模量和超高弹性模量 5 个等级，见表 4-7。

表 4-7 碳纤维等级划分

碳纤维等级	缩写	力学性能		典型牌号
		拉伸强度/MPa	拉伸弹性模量/GPa	
低弹性模量碳纤维	LM 型	＜3000	＜200	
标准弹性模量碳纤维	SM 型	＞2500	200～280	T300，T700SC
中等弹性模量碳纤维	IM 型	＞4500	280～350	T800HB，T1000GB
高弹性模量碳纤维	HM 型		350～600	M40JB，M50JB
超高弹性模量碳纤维	UHM 型		＞600	UM63，UM68

PAN 基碳纤维在 20 世纪 90 年代得到飞速发展，以日本、美国等国为代表的发达国家垄断了碳纤维技术，开发出多种原丝技术和碳纤维制造技术。日本东丽公司于 70 年代初开发成功强度为 3.0GPa 左右的 T300 级碳纤维及原丝工业化技术，之后以每 4～5 年为一标志性阶段不断提升碳纤维性能，先后开发成功强度为 5.5GPa 的 T800 级碳纤维和强度为 6.4GPa 的 T1000 碳纤维产业化技术，近期又推出了综合性能更高的 T1100G 碳纤维和 TORAYCA MX 系列碳纤维。图 4-1 为高性能碳纤维的力学性能[8]。

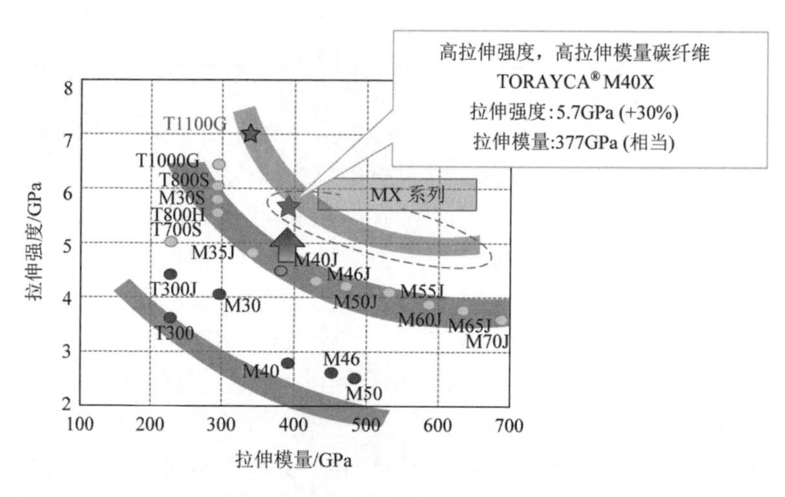

图 4-1 高性能碳纤维的力学性能

“十五”以来国内碳纤维研究取得突破性进展，目前国内 T300 级碳纤维和 T700 级碳纤维性能达到国外同类碳纤维的水平，已实现稳定生产并在航空、航天装备实现应用。T800 级碳纤维制备关键技术已经突破，T800 级碳纤维性能达到国外同类 T800 级碳纤维的水平，目前正在开展 T800 级碳纤维工程化和批量生产技术攻关以及在航空航天的应用考核。表 4-8～表 4-10 为部分高性能碳纤维性能[9]。

表 4-8　部分 T300 级碳纤维基本性能

性能	CCF300（3K）①	MT300（3K）②	T300B（3K）①
拉伸强度/MPa	≥3530	3894	≥3530
拉伸模量/GPa	221～242	238	≥215
延伸率/%	1.50～1.95	1.6	≥1.5
体密度/(g/cm^3)	1.78±0.02	1.76	1.76±0.01
线密度/(g/km)	198±4	198	198±4
生产厂家	威海拓展	扬州煤化所	日本东丽

①材料指标值；②材料典型值

表 4-9　部分 T700 级碳纤维基本性能

性能	ZT700（3K）②	CCF700（12K）②	MT700（6K）②	T700S（12K）①
拉伸强度/MPa	4930	4928	4862	≥4960
拉伸模量/GPa	255	252	248	≥230
延伸率/%	2.06	1.96	2.0	≥2.1
体密度/(g/cm^3)	1.79	1.80	1.78	1.80±0.01
线密度/(g/km)	199	800.3	389	800±4
生产厂家	中简科技	威海拓展	扬州煤化所	日本东丽

①材料指标值；②材料典型值

表 4-10　部分 T800 级碳纤维基本性能

性能	CCF800②	TCF800②	T800H①
拉伸强度/MPa	6001	5620	≥5900
拉伸模量/GPa	294	288	≥290
延伸率/%	2.04	1.95	≥1.9
体密度/(g/cm^3)	444	448	440±4
线密度/(g/km)	1.78	1.78	1.8±0.02
生产厂家	威海拓展	太原钢铁	日本东丽

①材料指标值；②材料典型值

4.2.2　有机纤维

1. 芳纶纤维

芳纶纤维是一种高性能的有机纤维，其全称是“芳香族聚酰胺纤维”，由于密度低，力学性能优异，介电常数较低等特性，在航空、航天、军事装备、交通工具、通信电缆等领域中得到广泛的应用。根据芳纶纤维分子结构的不同，芳纶纤维有芳纶Ⅰ、芳纶Ⅱ、芳纶Ⅲ三种。

20 世纪 60 年代美国杜邦公司首先开发出具有优良热稳定性的聚间苯二甲酰间苯二胺纤维，即 Nomex 纤维，1965 年该公司又研制成功对位芳香聚酰胺，并于 1972 年正式生产，商品名为 Kevlar。美国把芳香族聚酰胺通称为 Aramid[10]。

凡聚合物大分子的主链由芳香环和酰胺键构成，且其中至少 85%的酰胺基直接键合在芳香环上，每个重复单元的酰胺基中的 N 原子和羰基均直接与芳香环中 C 原子相连接并置换其中的一个 H 原子的聚合物纤维称为芳香族聚酰胺纤维，我国定名为芳纶纤维。芳纶纤维包括全芳香族聚酰胺纤维和杂环芳香族聚酰胺纤维两大类。而全芳香族聚酰胺纤维中已经实现工业化的纤维主要是对位芳纶和间位芳纶。这两大类芳纶的主要区别是酰胺键与苯环上的 C 原子相连接的位置不同，其分子式如下。

PNTA 间位芳纶（芳纶Ⅰ）：

$$\left[NH-C_6H_4-NH-\overset{O}{\overset{\|}{C}}-C_6H_4-\overset{O}{\overset{\|}{C}} \right]_n$$

PPTA 对位芳纶（芳纶Ⅱ）：

$$\left[NH-C_6H_4-NH-\overset{O}{\overset{\|}{C}}-C_6H_4-\overset{O}{\overset{\|}{C}} \right]_n$$

PPTA 芳纶（芳纶Ⅱ）主要有两类，一类是聚对苯二甲酰对苯二胺（PPDA）纤维，如美国杜邦公司的 Kevlar49、荷兰恩卡公司的 Twaron HM、中国的芳纶 1414 等；另一类为聚对苯甲酰胺（PBA）纤维，如 Kevlar29、芳纶 14 等。

杂环芳香族聚酰胺纤维是指含有 N、O、S 等杂质原子的二胺和二酰氯缩聚而成的芳纶纤维，也称为芳纶Ⅲ，代表产品为俄罗斯生产的 Apmoc 和国产 F-12[11, 12]。芳纶Ⅲ的分子通式如下：

$$\left[\overset{O}{\overset{\|}{C}}-C_6H_4-\overset{O}{\overset{\|}{C}}-NH-C_6H_4-NH \right]_m \left[\overset{O}{\overset{\|}{C}}-C_6H_4-\overset{O}{\overset{\|}{C}}-NH-C_6H_4-\text{benzimidazole}-NH \right]_n$$

芳纶的分子链是由苯环和酰胺基按一定规律排列而成。酰胺基团又都直接与苯环相连，故而这种聚合物具有良好的规整性，致使芳纶纤维具有高度的结晶性。这种苯环结构，使它的分子链难于旋转，高聚物分子不能折叠，又是伸展状态，形成体状结构，从而使纤维具有很高的模量。聚合物线形结构的分子间排列十分紧密，在单位体积内可容纳很多聚合物分子，这种高密实性使纤维具有较高的强度。此外，这种苯环结构由于环内电子的共轭作用，使纤维具有化学稳定性，又由于苯环结构的刚性，高聚物具有晶体的本质，使纤维具有高温状态下尺寸稳定性。而芳纶III纤维由于其特殊的杂环结构使其比普通对位芳纶具有更高的强度和模量，影响分子链的刚性，降低了分子链排布的有序性，结晶度相对对位芳纶有所降低，形成结晶区和无定形区复合结构。无定形区 N 含量相对较高，更易与树脂基体形成氢键，从而提高其复合材料性能。

芳纶纤维具有拉伸强度高（3.0～5.5GPa）、弹性模量大（80～180GPa）的特点，芳纶III（F-12）的拉伸强度范围为 4.4～5.5GPa，比芳纶 1414 高出 30%～50%，其动态模量的范围是 150～180GPa，仅次于钢丝和碳纤维，具有优异的耐冲击性能和耐疲劳性。芳纶质轻，其密度仅为 1.43～1.45g/cm^3，比各种无机纤维小得多，因此芳纶纤维具有高的比强度和比模量，可作为高性能结构复合材料的增强体。

芳纶纤维具有优良的介电性能，在 10GHz 条件下，其介电常数 $\varepsilon = 2.5$～2.8，$\tan\delta = 0.0015$～0.005，其 ε 值比介电性能好的 D 玻璃纤维还要小，所以是一种很好的微波透明复合材料。芳纶复合材料特别适用于薄壁天线罩和作为雷达罩的蜂窝芯材用于机载、舰载雷达天线罩。芳纶III也可作为微波吸收复合材料中微波透明层的结构材料，非常适用于军用舰船的隐身材料。

芳纶纤维具有良好的热稳定性，耐火而不燃，能长期在 180℃下使用，在低温–60℃不发生脆化。芳纶纤维的热膨胀系数很小，具有各向异性的特点，纵向热膨胀系数在（–4～–2）$\times 10^{-6}K^{-1}$ 之间，横向热膨胀系数为 $59\times 10^{-6}K^{-1}$，若能和其他具有正值热膨胀系数的材料复合，可制成热膨胀系数为零的复合材料。芳纶III在氮气环境中温度达到 538℃或在空气环境中温度达到 520℃时才会分解。当芳纶III被加热到 900℃时，质量残余量还有 58%，且只发生了碳化而不熔融，具有非常好的热稳定性[13]。

芳纶纤维分子结构中存在极性基团酰胺基，因此耐水性较差。芳纶纤维对中性化学药品的抵抗能力是很强的，但易受各种酸碱的侵蚀，尤其对强酸抵抗力弱。然而芳纶III却能耐绝大多数的化学物质，具有优异的耐酸碱性，而且耐有机溶剂、漂白剂以及抗虫蛀和霉变。在高温酸溶液处理后，芳纶III的断裂强度可以保持在处理前的 80%以上，断裂伸长率可保持在处理前的 90%以上。在高温碱溶液处理后，芳纶III的断裂强度保持率为处理前的 94.5%以上，在芳纶家族中芳纶III的耐高温酸碱性最优[11]。

几种常见芳纶的性能见表 4-11。

表 4-11 几种常见的芳纶纤维性能

商品牌号	密度/(g/cm³)	拉伸强度/GPa	拉伸模量/GPa	断裂伸长率/%	LOI	分解温度/℃	吸湿率/%
Kevlar 29	1.44	2.9	63	3.6	29	500	7
Kevlar 49	1.45	2.9	124	2.4	29	500	3.5
Kevlar 119	1.44	2.9	45	4.4	29	500	7
Kevlar 129	1.44	3.3	75	3.3	29	500	7
Kevlar 149	1.47	2.4	160	1.3	29	500	1.2
Armos	1.43	4.5～5.5	130～160	3.5～4.0	39～42	575	2.0～3.5
F-358	1.44	4.2～4.8	140～150	3.0～3.4	—	520	2.0～2.5
F-12	1.45	4.3～4.9	145～160	3.2～3.9	—	505	2.0～2.5

2. 超高分子量聚乙烯（UHMWPE）纤维

20 世纪 70 年代末期，荷兰 DSM 公司发明 UHMWPE 的凝胶纺丝工艺，开始了高强高模量聚乙烯纤维的工业化生产。美国联合碳化物公司购买了荷兰专利，用不同的溶剂在 1988 年实现了 UHMWPE 的商品化生产，商品名为 Spectra 900 和 Spectra 1000[14]。

超高分子量聚乙烯又称直链聚乙烯纤维或高强高模量聚乙烯（HSHMPE）纤维，是以重均分子量大于 10^6 的粉体超高分子量聚乙烯为原料纺制而成的纤维。目前多采用凝胶纺丝方法加上超倍拉伸技术制得。它具有高强度、高模量、良好的耐化学性和耐候性、高能量吸收性、低导电性，在军事、航天航空、航海工程和高性能轻质复合材料、体育运动器械、生物材料等领域有着广泛的应用前景。

聚乙烯具有亚甲基（$—CH_2—CH_2—$）相连的大分子链的化学结构，没有侧基，对称性及规整性好，单键内旋转位垒低，柔性好，容易形成规则排列的三维有序结构，有着较高的结晶度。高强高模量聚乙烯纤维所用的原料 UHMWPE 存在有大量无规线团的非晶区和折叠链的晶体结构，在超倍率拉伸时，其大分子链的高度取向使晶区及非晶区的大分子充分伸展，形成了高度结晶的伸直链的超分子结构。高强聚乙烯纤维的优越性能完全是由它的这种超分子结构决定的。表 4-12 列出了美国商品 Spectra 900 和 Spectra 1000 与芳纶纤维、S 玻璃纤维的性能比较[15]。

表 4-12 Spectra 900 和 Spectra 1000 与芳纶纤维、S 玻璃纤维的性能[14]

纤维代号	纤维直径/μm	密度/(g/cm³)	拉伸强度/GPa	弹性模量/GPa	断裂伸长率/%	比强度/10^8cm	比模量/10^8cm
Spectra 900	38	0.97	2.5	117	3.5	2.67	124
Spectra 1000	27	0.97	3.0	172	2.7	3.09	118

续表

纤维代号	纤维直径/μm	密度/(g/cm^3)	拉伸强度/GPa	弹性模量/GPa	断裂伸长率/%	比强度/10^8cm	比模量/10^8cm
芳纶纤维	12	1.44	2.9	124	2.8	1.94	36
S 玻璃纤维	7	2.5	3.8	95	5.4	1.84	36

由表 4-12 看出已商品化的 UHMWPE 纤维的密度为 0.97g/cm^3，是芳纶的 2/3，它是目前已研制出的高性能纤维中密度最小的一种，其中 Spectra 1000 纤维的比强度高于其他高性能纤维，是芳纶和 S 玻璃纤维的 159%以上，比模量是芳纶和 S 玻璃纤维的 3.28 倍。

表 4-13 是 UHMWPE、芳纶纤维和 D 玻璃纤维三种纤维的介电性能比较。由表可知 UHMWPE 的介电常数和损耗都很小。在各种频率下，UHMWPE 的介电性能也表现稳定，其复合材料对电磁波的透过率大于玻璃纤维复合材料，几乎是全透过，所以从介电性能来说它是制造雷达天线罩、光纤电缆加强芯的最优材料。

表 4-13　三种纤维的介电性能[14, 16]

纤维代号	ε（9.375GHz）	Tan δ (9.375GHz)/10^{-4}
UHMWPE	2.30	2～5
芳纶纤维	3.85	15
D 玻璃纤维	4.00	26

表 4-14 是三种纤维复合材料冲击性能的比较。由表 4-14 可知，Spectra 900 复合材料的比吸收能约是 E 玻璃纤维复合材料的 2 倍，芳纶复合材料的 2.6 倍，所以 UHMWPE 是防弹衣、警用盾牌、防弹头盔、坦克装甲的重要用材。

表 4-14　三种纤维复合材料的冲击性能[16]

性能	Spectra 900	E 玻璃纤维	芳纶纤维
总吸收能/J	45.3	46.8	21.8
比吸收能/J	16.4	8.9	6.3

UHMWPE 由于分子结构上的“—C—C—”结构使其具有光学惰性及化学惰性，因此 UHMWPE 耐光老化性好，不易与化学试剂起反应，无毒、无表面吸附力，不吸水。其熔融温度小于 160℃，所以使用温度在 100～110℃范围，但耐寒性良好，脆化温度低于–140℃，可在–269℃下使用，因为分子链具有良好的柔性，

所以其耐挠曲性能好，在低温下仍能保持其良好的耐挠曲性；UHMWPE 还有良好的耐磨性和与生物共存性。

尽管 UHMWPE 纤维具备许多优异性能而可能有广泛的应用，但 UHMWPE 大分子由亚甲基基团组成，使得纤维表面不仅没有任何反应活性点，难以与树脂形成化学键结合，而且亚甲基的非极性，加上高倍拉伸而形成的高度结晶，高度取向的光滑表面，使其表面能极低，不易被树脂浸润，与树脂基体的粘接性很差，加之纤维的玻璃化转变温度很低（T_g = −78℃），熔点也低，在受到长时间外力作用时，易产生蠕变，这些都极大地限制了 UHMWPE 作为结构复合材料的应用。

表 4-15 和表 4-16 分别列出国外及国内生产的各牌号 UHMWPE 纤维的密度及力学性能。由表可见，国内外 UHMWPE 纤维的密度基本相同，力学性能存在一定的差距。

表 4-15 国外 UHMWPE 纤维性能[15]

生产公司	牌号	密度/(g/cm^3)	拉伸强度/GPa	拉伸模量/GPa	断裂伸长率/%
荷兰 DSM	Dyneema SK60 Dyneema SK65 Dyneema SK75 Dyneema SK76	0.97	2.7 3.0 3.4 3.5	89 95 107 116	3.5 3.6 3.8 3.8
美国 Alliedgnal	Spectra 900 Spectra 1000 Spectra 2000	0.97	2.5 3.0 3.2	117 172 123	3.5 2.7 2.9

表 4-16 国内 UHMWPE 纤维性能[14]

型号	密度/(g/cm^3)	拉伸强度/GPa	拉伸模量/GPa	断裂伸长率/%
中太超高强-Ⅰ 中太超高强-Ⅱ 中太超高强-Ⅲ 中太超高强-Ⅳ 中太超高强-Ⅴ	0.97	1.74 2.13 2.71 2.71 3.48	51.3 51.3 87.0 87.0 121	≤5 ≤5 ≤3.6 ≤3.4 ≤3.0
S-F DC85 S-F DC88	0.97	2.83～3.08 3.00～3.26	77.7～99.3 86～112	3.5～4.0 3.0～3.6

3. 聚酰亚胺（PI）纤维

聚酰亚胺纤维的分子主链上含有酰亚胺环基团，其次是含有苯环、—O—键、C—O 基团，其中芳环中的碳和氧以双键相连形成芳杂环产生共轭效应，使主链的键能很大，同时纤维在制备过程中高度取向，这些特性赋予聚酰亚胺纤维特殊的物理机械性能[17]。

目前已经工业化的 PI 纤维品种主要有以下几个[18]：

Kermel 纤维：20 世纪 60 年代由法国 Rhine-Poulenc 公司开发。Kermel 纤维

具有本质阻燃特性及良好的混纺特性，高强力配以良好的卷曲特性使其很容易与织物进行混纺，且纱线可以机织和针织。同时作为聚酰胺-酰亚胺结构，Kermel纤维具备聚酰亚胺的耐化学性和耐腐蚀性、热稳定性良好等优点。

P84纤维：20世纪80年代中期奥地利Lenzing AG公司（现Inspec Fibers公司）推出的纤维产品，主要由3, 3′, 4, 4′-二苯酮四酸二酐（BTDA）、二苯甲烷二异氰酸酯（MDI）及甲苯二异氰酸酯（TDI）共聚而成。P84纤维为异形，一般为三叶形，比表面积较大，可提高过滤性能，广泛用于高温过滤和防护服，此外还用作密封材料和绝热材料。

轶纶：中国科学院长春应用化学研究所和长春高琦聚酰亚胺材料有限公司共同研发生产的聚酰亚胺短纤维产品，化学稳定性高，能够耐受大多数有机溶剂；阻燃性强，具有不熔特性且离火自熄；高温、低温稳定性好，可在300℃以下工作，5%热失重温度高达578℃。在高温、高压、高湿、变频等条件下仍能保持良好的绝缘性能，可作为P84的替代品。

SM系列聚酰亚胺纤维：2015年，北京化工大学和江苏先诺公司实现了高强高模量聚酰亚胺纤维的商业化生产，生产的S35M纤维的强度大于3500MPa，模量大于120GPa。2017年江苏先诺公司建成了高强高模聚酰亚胺纤维的百吨级生产线，生产的S40M纤维的强度达到4000MPa，代表了聚酰亚胺纤维的国际先进水平，产品可用于防弹装甲、航空航天等领域。

ASPI-TM聚酰亚胺纤维：东华大学和江苏奥神新材料责任有限公司共同研发推出的聚酰亚胺纤维，可广泛应用于高温除尘领域和特种防护领域，具有极好的耐热性和不熔性，极限氧指数（LOI）高达40，属于本体阻燃材料。采用ASPI-TM聚酰亚胺纤维的防护服手感柔软，皮肤适应性良好，紫外稳定性高。干法纺丝技术制备的三叶形截面聚酰亚胺纤维，具有较圆形截面纤维更大的比表面积，可极大提高高温粉尘的过滤效率。

法国Kermel纤维和奥地利P84纤维的分子结构分别如下。

Kermel纤维的分子结构单元为

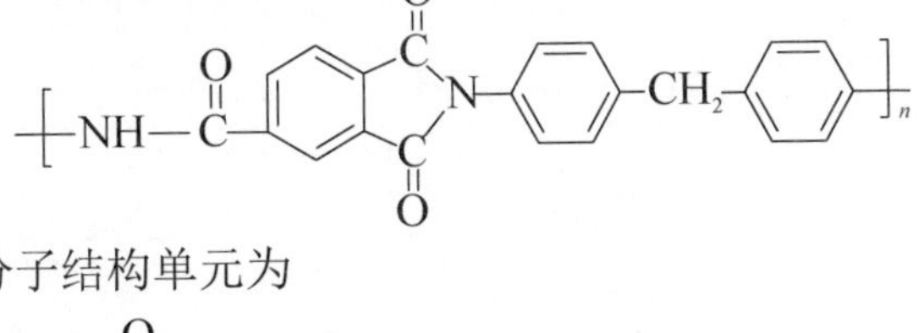

P84纤维的分子结构单元为

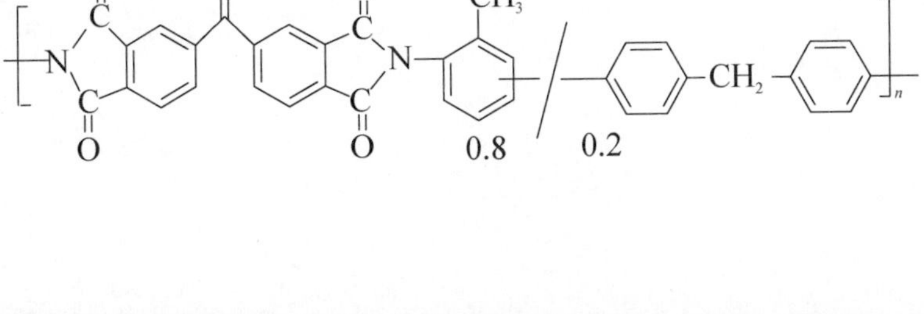

PI 纤维的结构与性能在很大程度上取决于聚合单体的性质，PI 合成方法不同使纤维具有不同的结构，而差异化的分子结构奠定了其所具备的高强高模特性以及耐高温和耐辐射性能，电性能及耐溶剂性能也具有差异性。PI 按其结构不同，分为均苯型、联苯型、单醚酐型、酮酐型、BMI 型及 PMR 型。联苯结构及含嘧啶单元结构的聚酰亚胺纤维性能与其他纤维的比较见表 4-17。

表 4-17　PI 纤维与其他高性能纤维的比较[19]

纤维名称	密度/(g/cm^3)	拉伸强度/GPa	拉伸模量/GPa	断裂伸长率/%	介电常数 ε	介电损耗 $\tan\delta$
聚酰亚胺（联苯结构）	1.44	3.1	128	2.0	3.4	2×10^{-3}
聚酰亚胺（含嘧啶结构）	1.45	5.2	280	2.0	—	—
Kevlar49	1.44	2.9	124	2.8	3.8	1.5×10^{-3}
UHMWPE（Spectra1000）	0.97	3.0	172	2.7	2.3	2×10^{-4}～5×10^{-4}
碳纤维（T300）	1.80	3.5	230	1.5	—	—
玻璃纤维（S-2）	2.50	3.8	95	5.4	5.8	3×10^{-3}

PI 纤维的密度低于玻璃纤维和碳纤维，与芳纶相当，比强度及比模量超过碳纤维。PI 纤维的初始分解温度一般在 500℃以上，最大热失重在 550～650℃。联苯型 PI 纤维的初始分解温度高达 600℃，含杂环 PI 纤维初始分解温度为 570～610℃，玻璃化转变温度（T_g）可以超过 450℃，是热稳定性最好的聚合物品种之一。PI 纤维可耐极低的温度，在−269℃的液氦中仍不会脆裂，这一特性可以用于外太空的温度环境。普通芳香型 PI 纤维的相对介电常数为 3.4 左右，若在 PI 纤维中引入氟或大的侧基，相对介电常数和介电损耗可达到 2.5 和 0.001，介电强度可达到 100～300kV/mm，并在宽广的频率范围和温度范围内介电性能保持不变。PI 纤维具有较小的热膨胀系数，一般为（2～3）$\times10^{-5}$℃$^{-1}$，联苯型 PI 可达 10^{-6}℃$^{-1}$。PI 纤维无毒，具有良好的生物相容性。PI 为自熄聚合物，极限氧指数为 35～75，发烟率低，具本征阻燃性。PI 纤维具有良好的耐化学腐蚀性和耐辐照性能。表 4-18 是江苏先诺公司生产的部分高性能 SM 系列 PI 纤维的性能。

表 4-18　部分 SM 系列 PI 纤维的性能

产品型号	拉伸强度/GPa	拉伸模量/GPa	伸长率/%	5%热失重温度/℃	玻璃化转变温度/℃	吸水率/%	介电性能
S30	⩾3.0	110±10	3.0～4.0	⩾550	⩾320	⩽1.2	ε：2.7～3.2 $\tan\delta$：0.005～0.008
S30M	⩾3.0	150±10	1.8～2.5	⩾550	⩾320	⩽1.2	
S35	⩾3.5	120±10	3.0～4.0	⩾550	⩾320	⩽1.2	
S35M	⩾3.5	150±10	2.0～3.0	⩾550	⩾320	⩽1.2	
S40	⩾4.0	120±10	3.0～4.0	⩾550	⩾320	⩽1.2	

4. PBO 纤维

PBO 纤维是聚对苯撑苯并双噁唑（poly-*p*-phenylene benzobisthiazole）的简称，是一种液晶芳香族杂环聚合物，合成 PBO 的主要单体之一为 4，6-二氨基间苯二酚（DAR）。目前 PBO 纤维产品有初生丝或初生纤维（PBO-AS）和经热处理的高模丝或高模纤维（PBO-HM）。PBO 纤维是继 Kevlar 纤维之后的又一种高性能纤维。

PBO 的化学结构如下：

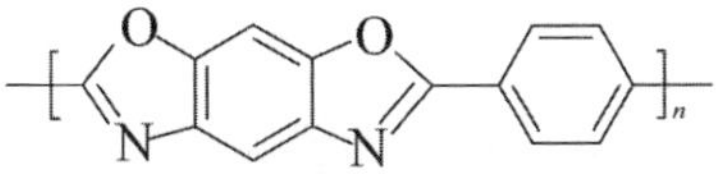

PBO 分子链中苯环和苯并二噁唑环两者几乎是共面的，呈左右对称的刚棒状分子结构，而且其中刚性的苯环及苯并二噁唑环，限制了分子构象的伸张自由度，从空间位阻效应和共轭效应角度分析，PBO 纤维分子链间容易实现非常紧密的堆积，正是由于共平面的原因，PBO 分子链的各结构成分之间存在更高程度的共轭，因而导致了其分子链更高的刚性。PBO 纤维分子单元链是由刚性功能单元组成的刚性棒状分子结构，当纤维在外力作用下拉伸变形时，应变直接由刚性对位键和环的变形消耗，因而使 PBO 纤维具有超高的拉伸强度和模量。

早期 PBO 聚合物及其纤维加工技术专利都属于日本东洋纺公司和 Dow 化学公司，至今日本东洋纺公司是世界上唯一可以商业化生产 PBO 纤维的公司，其商品名称为 Zylon。目前 ZYLON 的品种有两种，即高强型的 AS 和高模型的 HM，PBO-AS 为干喷湿纺的具有伸直链结构的初纺丝，PBO-AS 丝再经过 600℃的高温热处理后就得到强度保持不变的高模量 PBO-HM 纤维。PBO 纤维与其他高性能纤维的性能对比见表 4-19。

表 4-19 PBO 纤维与其他高性能纤维的比较[20]

纤维名称	密度/(g/cm^3)	拉伸强度/GPa	拉伸模量/GPa	断裂伸长率/%	介电常数 ε	介电损耗 $\tan\delta$	裂解温度/℃
Zylon-AS	1.54	5.8	180	3.5	3.0～3.2	（1～2）$\times10^{-3}$	650
Zylon-HM	1.56	5.8	270	2.5	—	—	650
Kevlar49	1.44	2.9	124	2.8	3.8	1.5×10^{-3}	550
UHMWPE（Spectra1000）	0.97	3.0	172	2.7	2.3	（2～5）$\times10^{-4}$	150
碳纤维（T300）	1.80	3.5	230	1.5	—	—	—
玻璃纤维（S-2）	2.50	3.8	95	5.4	5.8	3×10^{-3}	—

PBO 纤维具有超高强度、超高模量、超高耐热和超阻燃性的特性。PBO 纤维除了具有其他高性能有机纤维难以媲美的高强和高模外，还有优异的耐热性，在空气中的裂解温度为 650℃，在 316℃下经 100h 仍能保持其质量不变，工作温度可达 330℃左右。PBO 纤维的极限氧指数为 68%，远超对位芳纶的 29%～32%，是很好的耐高温阻燃材料。PBO 纤维的密度为 1.54～1.56g/cm^3，低于碳纤维，而强度、模量等力学性能远远高于芳纶，因而 PBO 纤维可用于制造密度更小的高强复合材料。PBO 纤维的柔软性也较好，织成的织物柔软性近似于涤纶纤维织物，适宜纺织编织加工。另外，PBO 纤维的耐冲击、耐摩擦、耐化学腐蚀性、耐溶剂性、耐切割性较好，可作为防护材料使用。PBO 纤维的缺点是耐光性差，受紫外线照射影响纤维的强度，因此使用时应避光。

PBO 纤维优异的综合性能预示着它十分广阔的应用前景。与芳纶纤维相比，PBO 纤维的介电性能、耐高温性能更为优异，特别是吸湿率低得多，是微波辐射调控复合材料及其电子材料的理想增强材料。表 4-20 列出了几个国外公司生产的 PBO 纤维的综合性能数据。

表 4-20　PBO 纤维的性能[20]

性能	Sylon AS	Sylon HM	PBO M5	PBO
生产商	东洋纺	东洋纺	阿克苏	杜邦
密度/(g/cm^3)	1.54	1.56	1.70	1.57
拉伸强度/MPa	5800	5800	—	3400
拉伸模量/GPa	180	280	330	406
断裂伸长率/%	3.5	2.5	1.2	—
饱和吸湿率/%	2.0	0.8	—	—
LOI	68	68	75	—
线膨胀系数/（10^{-6}℃$^{-1}$）	—	6	—	—
裂解温度/℃	650	650	—	650
最高工作温度/℃	350	350	—	350

4.3　微波辐射调控复合材料树脂基体

4.3.1　热固性树脂基体

1. 不饱和聚酯树脂

不饱和聚酯（UP）树脂是一类重要的合成树脂，也是最早用于透波复合材料天线罩的聚合物之一。UP 是分子链上具有不饱和键的聚酯高分子，是由二元醇与饱和二元酸和不饱和二元酸（或酸酐）经缩聚反应制得的线型缩聚物。在分子链上有重复的酯键及不饱和双键，所以称为不饱和聚酯。具有黏性的、可流动的 UP 在应用时加入引发剂（过氧化物）、促进剂等可发生反应，形成立体网状结构的热固性高分子树脂。具有多个双键的 UP 和交联剂苯乙烯的双键之间发生共聚反应后形成体型结构，可表示如下[21]。

$$\mathrm{H{+}O{-}R{-}O{-}\overset{O}{\overset{\|}{C}}{-}CH{=}CH{-}\overset{O}{\overset{\|}{C}}{+}_{x}OH} + \underset{C_6H_5}{\mathrm{HC{=}CH_2}} \xrightarrow{\text{过氧化物、促进剂}}$$

$$\mathrm{H{+}O{-}R{-}O{-}\overset{O}{\overset{\|}{C}}{-}CH{-}CH{-}\overset{O}{\overset{\|}{C}}{+}_{x}OH}$$

$$\mathrm{{+}CH_2{-}CH(C_6H_5){+}_{n}}$$

$$\mathrm{H{+}O{-}R{-}O{-}\overset{O}{\overset{\|}{C}}{-}CH{-}CH{-}\overset{O}{\overset{\|}{C}}{+}_{x}OH} \quad n=1\sim3$$

UP 树脂的特点是室温下黏度低，可在室温和常压下固化成型制备复合材料，成型工艺简单，具有强度高、相对密度小、耐磨、耐腐蚀、抗老化性能好，以及电绝缘性好等优点，其介电常数 ε 为 2.8～4.0，介电损耗角正切 $\tan\delta$ 为 0.006～0.026，适合雷达天线罩等微波透明结构件使用。

在制备 UP 树脂过程中，根据所选择的单体原料不同，即采用不同的二元醇、二元酸以及不同的引发剂、交联剂等，所生成的 UP 性能也有较大的差异。目前，国内外各厂家生产的 UP 种类很多，有通用型、增韧型、耐热型、耐腐蚀型、光稳定型、阻燃型等，在国防、工业、农业、交通、建筑等领域中都有广泛应用，可用来制造飞机与舰艇部件、火箭发动机部件及雷达罩等。表 4-21 列出几种国内生产的 UP 树脂。

UP 树脂的主要缺点是适用期短，固化收缩率大，固化物硬而脆，冲击性能差，耐热性不高（热变形温度在 50～80℃）。为改善 UP 树脂的性能，国内外研究者主要围绕增加韧性的同时提高 UP 强度和综合性能，以及提高耐热性与尺寸稳定性两方面对 UP 树脂进行了很多改性工作。

表 4-21　UP 的种类及特性[21]

名称及结构	性能特点	用途
通用型 UP 树脂 $H{+}O-R1-O-\overset{O}{\overset{\Vert}{C}}-R2-\overset{O}{\overset{\Vert}{C}}{+}_x{+}O-R1-O-\overset{O}{\overset{\Vert}{C}}-R3-\overset{O}{\overset{\Vert}{C}}{+}_y OH$ R1：丙二醇（或乙二醇）；R2：顺丁烯二酸酐；R3：邻苯二甲酸酐	以 306 聚酯玻璃钢为例，其性能为：拉伸强度 290MPa，弯曲强度 280MPa，压缩强度 230MPa，冲击强度 150～180kJ/m^2，吸水率 0.5%，马丁耐热≥120℃，介电损耗角正切 0.006、介电常数＜6	一般用于制造玻璃纤维增强大型制件，如汽车车身、小型舰艇壳体、容器、雷达罩及波形板等
增韧型 UP 树脂：通式同上 R1：一缩二乙二醇或一缩二乙二醇与乙二醇的混合物；R2：顺丁烯二酸酐；R3：邻苯二甲酸酐	适于室温低压成型，也可热压成型。该品种性能较接近通用型聚酯树脂，其特点是固化物具有较好的韧性，冲击强度高。其成型加工方法与通用型不饱和聚酯相同	用于耐冲击玻璃钢制品与电器浇铸制品，如汽车车身、船体、机械设备外壳及安全帽等
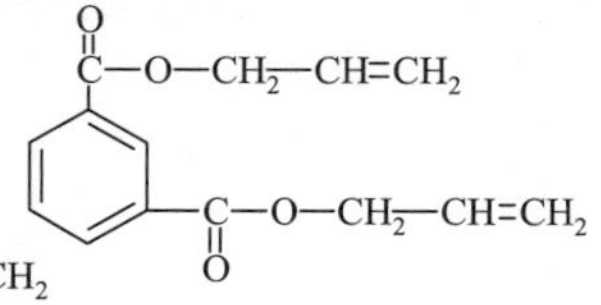 苯二甲酸二烯丙酯交联的 UP 树脂：通式同上。交联剂为邻苯二甲酸二烯丙酯（DAP）或间苯二甲酸二烯丙酯（DAIP） 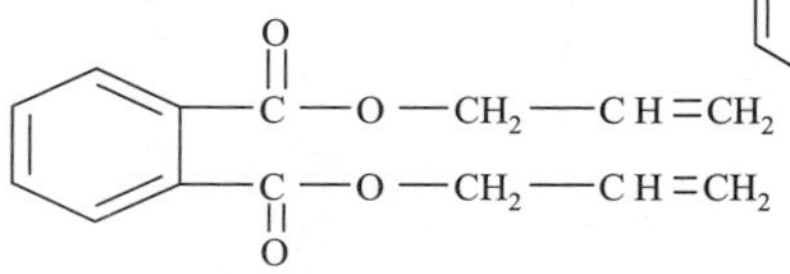 $-\overset{O}{\overset{\Vert}{C}}-O-CH_2-CH=CH_2$（邻位二取代苯环） DAP $-\overset{O}{\overset{\Vert}{C}}-O-CH_2-CH=CH_2$（间位二取代苯环） DAIP	稳定性好，比一般聚酯树脂储存期长 2～4 倍，树脂易浸润玻璃纤维与填料。制得的玻璃纤维增强复合材料有较好的耐热性、耐久性及尺寸稳定性	用于聚酯料团模压制品（SMC）。广泛用作耐冲击、耐中等温度的电器元件和结构部件，以及要求耐候性好的雷达罩等
顺丁烯二酸酐加成物改性 UP 树脂， 二元醇、顺丁烯二酸酐与交联剂 DAP 或 DAIP 及其加成物	稳定性好，树脂易浸润玻璃纤维与填料。制成塑料的热变形温度为 200℃，复合材料有较高的耐热性。尺寸稳定性好，耐水与耐候性较好。用交联剂 DAP 与 DAIP 所制得制品均有上述共同特性，但 DAIP 制品耐热性和耐水性更好	主要用作耐冲击、耐中等温度的电器元件和结构制件，以及耐候性要求较高的雷达罩等

续表

名称及结构	性能特点	用途
甲基丙烯酸UP树脂 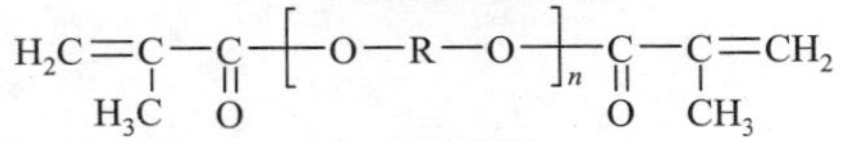 $H_2C=C(CH_3)-\underset{\|\|}{\overset{}{C}}(O)-[O-R-O]_n-C(=O)-C(CH_3)=CH_2$ R：二元醇类	适于加热低压成型，也用于室温接触成型。高频介电性能好，高冲击强度，中等耐热性	电气绝缘材料，如雷达天线罩、飞机油箱、耐热电绝缘结构材料
耐高温不饱和聚酯树脂：通式同通用型。三聚氰酸三烯丙酯为交联剂 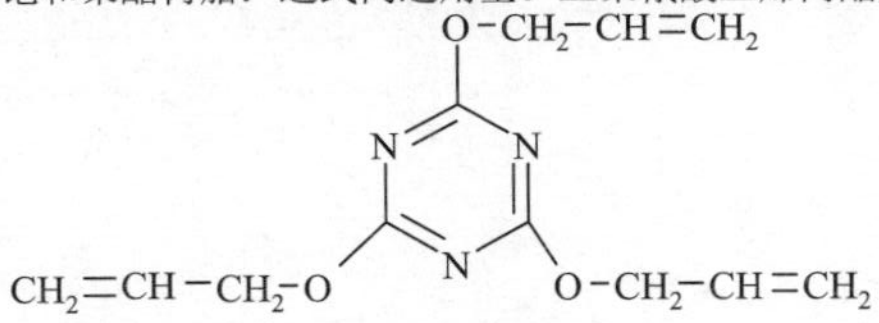 $O-CH_2-CH=CH_2$ $CH_2=CH-CH_2-O$　N　N　$O-CH_2-CH=CH_2$（三嗪环） 三聚氰酸三烯丙酯	制成的玻璃钢在260℃有良好的强度保持率与稳定的高频介电性能，并且在260℃下经200h后，性能无显著下降。缺点是成型时固化工艺条件要求严格，并需较长时间后固化。介电常数（10^{10}Hz，室温时）4.05～4.07，介电损耗角正切0.008～0.010	制造耐高温和高频电绝缘玻璃钢制品，特别适于制作高速飞机的雷达罩

在 UP 树脂增韧、提高强度和综合力学性能方面，主要开展了纳米改性，加入弹性体，形成互穿网络结构，化学结构改性等增韧研究；在提高 UP 树脂耐热性与尺寸稳定性方面，主要通过在 UP 树脂结构中引入耐热酰亚胺环结构，如以不同含量百分比二亚胺二羧酸（BCPI）加入相应的不饱和聚酯原料中反应聚合，可提高树脂的耐热性，同时会带来 UP 树脂体积电阻率（ρ_v）增大和介电损耗角正切 $\tan\delta$ 下降[22]。

2. 环氧树脂（EP）

EP 是一个分子中含有两个以上环氧基，并在适当的化学试剂（固化剂、促进剂）存在下能形成三维交联网络状固化物的化合物总称。不同的 EP，不同的固化剂、促进剂以及固化工艺制度的差异等都导致 EP 体系按照不同反应历程进行固化反应，从而形成不同的固化交联结构，最终使固化物性能存在各种差别，所以通过选择 EP 的种类、配合使用适宜的固化剂和促进剂可以得到具有满足各种需求的物理、力学、介电性能和加工工艺性的树脂体系。

EP 是聚合物复合材料中应用最广泛的基体树脂之一，也作为良好的微波透明复合材料基体应用于雷达天线罩中。EP 具有优异的粘接性、耐磨性、力学性能、电绝缘性，良好的介电性能和化学稳定性以及低收缩率、成型工艺性好等优点，在胶黏剂、仪表、机械、军民用航空领域、电子、电气及先进的复合材料等领域得到广泛的应用。

EP 按照化学结构可分为：缩水甘油醚类、缩水甘油酯类、缩水甘油胺类及脂环族等，每一类又由于分子量和主链结构的差异衍生出多个品种[23]。

未固化的 EP 是黏性液体或脆性固体，没有太多实用价值，只有与固化剂进行固化反应生成三维网络结构才能实现最终的用途，这是热固性树脂的典型特性。适于制造 EP 复合材料基体的固化剂按照官能团可以分为：酸酐、多元胺等。酸酐固化剂的特点是黏度低，固化物的介电性能比较优异。多元胺固化剂的种类很多，适合用于复合材料树脂基体的有芳香族多元胺、双氰胺、咪唑等，这些固化剂具有一定潜伏性，可以与环氧树脂混合成单组分树脂体系，在较低温度（25～60℃）下有较长适用期（7～180 天），当温度升高至 120℃以上时又能够快速发生固化反应。一般而言，微波辐射调控复合材料应用的环氧树脂基体固化物有较高的玻璃化转变温度 T_g 和较低的吸水率。

EP 分子结构的独特性，如分子中含有环氧基、羟基、醚键等活性基团和极性基团，因此赋予了这类树脂许多较其他通用热固性树脂（如酚醛树脂、不饱和聚酯树脂等）更优异的性能：①良好的黏附性及力学性能。EP 树脂分子含有活性较大的环氧基、羟基、胺基、醚键等极性基团，使固化物具有较高的黏结强度，同时由于 EP 具有很强的内聚力，分子链具有一定刚性，固化物力学性能优良。②低固化收缩率。EP 和所用的固化剂的反应是通过直接加成反应或树脂分子中环氧基的开环聚合反应来进行的，没有水或其他挥发性副产物放出，因此，在固化过程中显示出很低的收缩性（小于 2%），是热固性树脂中固化收缩率最小的品种之一，线膨胀系数仅为 $6\times10^{-5}℃^{-1}$，产品尺寸稳定，内应力小，不易开裂。③优良的化学稳定性。固化后 EP 体系具有优良的耐酸碱性和耐溶剂性。此外，EP 也是一种优良的绝缘材料，其介电常数、介电损耗在热固性树脂中较小，ε 为 2.8～3.5，$\tan\delta\leqslant0.025$[24]，具有良好的微波透明性。

EP 种类繁多，并且不断有新品种出现，下面按不同的化学结构选择一些适用于微波透明复合材料的 EP 基体材料，通过表 4-22 简述其性能特点及加工应用。

作为结构微波透明复合材料树脂基体，EP 树脂也显露出如下缺点：一是韧性差，固化物易脆裂；二是耐热性不够，湿热性能差；三是介电常数 ε 和介电损耗角正切 $\tan\delta$ 达不到高微波透明性能要求。环氧树脂固化后，当使用温度＜100℃时，其 ε 为 3.3～4.2，$\tan\delta$ 为 0.018～0.025，而当温度＞100℃后，复合材料的介电性能就有较大的变化，ε 和 $\tan\delta$ 的值会升高。

针对 EP 树脂存在的问题，围绕增加韧性、提高耐热性、改善介电性能等方面，主要开展了高性能热固性树脂改性 EP 树脂、高性能热塑性树脂改性 EP 树脂、无机填料或纳米粒子改性 EP 树脂、笼型倍半硅氧烷（POSS）改性 EP 树脂以及新型 EP 树脂合成等方面的工作。

1）高性能热固性树脂改性 EP 树脂[25, 26]

高性能热固性树脂种类较多，用于改性 EP 的主要有氰酸酯树脂、双马来酰亚胺树脂、有机硅树脂等。

EP 树脂由于固化前后的分子结构中含有大量的羟基等极性基团，使之在潮湿的环境中易吸湿，性能下降。CE 树脂最突出的优点是优异的介电性能，其 $\varepsilon=2.8\sim3.2$，$\tan\delta=0.002\sim0.008$，与 EP 树脂有良好的相容性，CE 改性 EP 体系能形成大量的三嗪环，既能保存 CE 树脂固有的优点，同时，EP 与 CE 树脂的共固化在体系中形成交联的互穿网络结构，可提高材料的机械性能；树脂反应不产生活泼氢，使其吸湿率降低，树脂固化物中含有大量的醚键，因而具有较高的韧性。

BMI 是一类性能优异的交联型聚酰亚胺，具有优良的耐高温和耐潮湿性能，BMI 改性 EP 一般是以二元胺作为载体，通过二元胺与 BMI 的扩链反应所得到的中间体与环氧基团实现共聚，形成兼有两者优点的网络结构。

有机硅树脂有良好的介电性、低温柔韧性、耐热性、耐候性及憎水性，而且表面能低，用其改性 EP 既能提高介电性能，又能提高韧性和耐高温性能，降低内应力。

表 4-22 EP 树脂的种类及特性[24]

名称及结构式	性能特点	加工方法及用途
缩水甘油醚类 EP 双酚 A 型二缩水甘油醚 EP 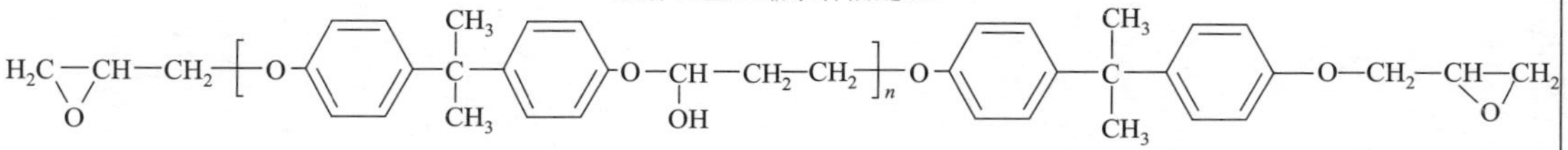	双酚 A 型：低分子量（软化点小于 50℃）、中等分子量（软化点 50～95℃）和高分子量（软化点大于 100℃）3 种。浇铸料性能：密度 1.15～1.25g/cm^3，吸水率（24h）0.07%～0.16%，玻璃化转变温度 100～275℃，介电常数（10^6Hz）3～4.2，介电损耗角正切 0.015～0.05，拉伸强度 40～86MPa，伸长率 1%～7%	用作化学工业用管道和容器，汽车、船舶和飞机的零部件及运动器具等。浇铸成电机中的定子、电机外壳和变压器。浸渍成互感器，线圈绝缘体、电容、电流计等
双酚 S 二缩水甘油醚 EP 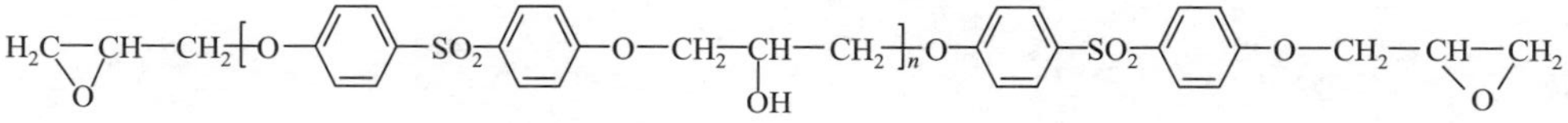	双酚 S 型：有低分子量和高分子量产品，固化物的 HDT 和热稳定性均较双酚 A 型树脂提高，260℃ 200h 失重小于 5%，200℃ 2000h 失重小于 2%。在树脂中加入固化剂后，凝胶速度较快，能很快达到其高机械性能，固化物有较好的尺寸稳定性和耐有机溶剂性能，对玻璃纤维有较好的浸润性，介电性能与双酚 A 型环氧相当	用于生产高温结构胶黏剂、层合制品、模塑复合物和粉末塑料等

续表

名称及结构式	性能特点	加工方法及用途
酚醛环氧树脂 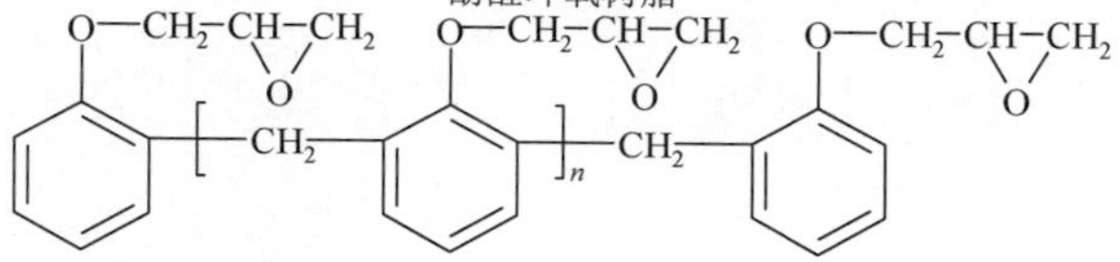	酚醛型：密度1.22g/cm^3，固化物热稳定性和机械强度优良，电绝缘性、耐腐蚀性和防老化性能良好。浇铸塑料热变形温度达300℃以上，介电损耗角正切0.026	制作层合制品，玻璃钢制品，电子元器件的外包材料，特殊用的防电弧、耐热、绝缘等方面的制件。用作宇航工业用高温层压结构制件、电子电气工业用零部件等
缩水甘油酯型EP：邻苯二甲酸二缩水甘油酯EP 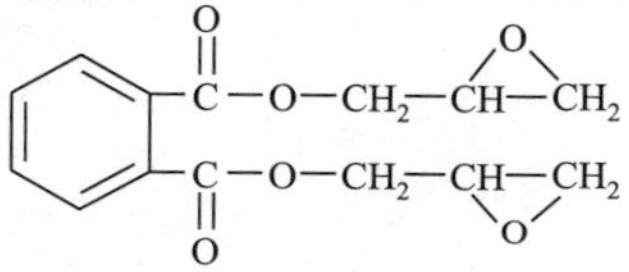	多数为低黏度液体。使用室温固化剂时，固化反应速率快；使用中、高温固化剂（如芳香胺、酸酐）适用期长，但在一定温度下具有高反应性。与双酚A二缩水甘油醚的相容性良好，固化物具有优良的物理机械性能，弹性模量比双酚A型环氧树脂平均提高15%～40%，低温下仍保持优良的机械性能，如邻苯二甲酸二缩水甘油酯在-196℃拉伸强度34.69MPa。其耐漏电痕迹性和耐候性均优于双酚A型树脂，但耐水、耐酸碱和耐热性不如双酚A型环氧树脂，介电性能与双酚A型树脂相当	可用浸渍、浇铸、包封、灌封、传递模塑、层合、喷涂和涂覆等工艺加工。适于用作纤维复合材料、玻璃布层压板、高温绝缘灌封料、浇注料及耐高温胶黏剂等

续表

名称及结构式	性能特点	加工方法及用途
缩水甘油胺类 EP： 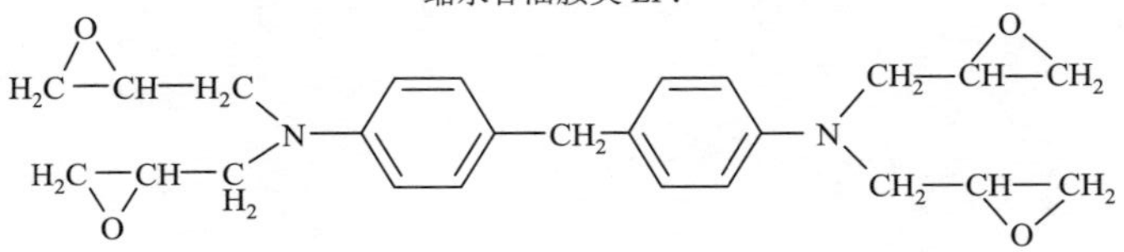	四缩水甘油胺树脂为黏性液体，它溶解于苯、甲苯、二甲苯等溶剂，不溶于正己烷。四缩水甘油二氨基二苯甲烷型 EP 经二氨基二苯砜固化后，拉伸模量为 3.72GPa；T_g为 260℃。介电常数与双酚 A 型 EP 相当，介电损耗略高	用于玻璃纤维、碳纤维复合材料、耐热无溶剂涂料、电绝缘材料
脂环族 EP：特点是结构中含有脂环，并且环氧基连接在脂环上 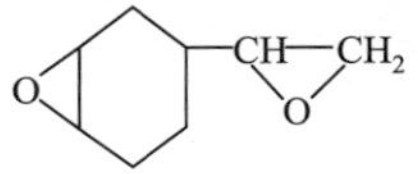	黏度低、环氧当量值较小；固化物交联度高，有较高的热变形温度，耐电弧性及耐漏电痕迹性好，耐紫外光性能好。固化温度高，介电常数和损耗较低	可用浇铸、层压、压制成型、灌封和粉末涂覆等工艺加工
聚丁二烯 EP 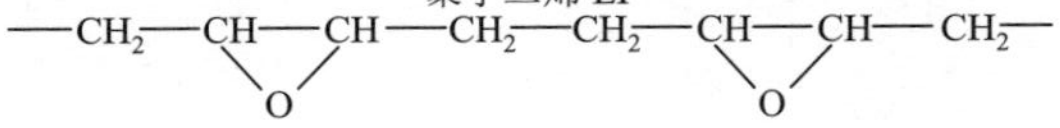	浇铸料密度（25℃）1.14g/cm^3，热变形温度 250 ℃，拉伸强度 38.5MPa，介电常数 ε = 3.0，介电损耗角正切 tan δ = 1.8×10^{-2}	可用浇铸、浸渍、包封、灌封、模塑和层压工艺加工。 可用作浇铸材料、玻璃纤维增强材料、胶黏剂、耐腐蚀涂料及其他树脂的改性剂。用于电器绝缘制品和其他结构制品，高强度结构胶黏剂等

2）高性能热塑性树脂改性 EP 树脂

用于改性 EP 树脂的耐热性优良的热塑性树脂主要有聚苯醚（PPO）、聚酰亚胺（PI）、聚砜（PS）、聚醚砜（PES）、聚醚酮（PEK）等。

聚苯醚是一类耐高温热塑性树脂，具有优异的介电性能（1MHz 下 ε：2.45，$\tan\delta$：0.007）、高 T_g（约 210℃）。苏民社等[27]采用降低 PPO 分子量的方法改进了 PPO 树脂与 EP 树脂的相容性，制得 PPO/EP 复合材料。与改性前树脂相比，PPO/EP 的 ε 和 $\tan\delta$ 分别由 4.4 和 0.025 降为 3.9 和 0.008。

聚酰亚胺是一类优异的工程塑料。它具有突出的耐热性（在 420℃下稳定，可在 260℃下连续使用），优异的高频介电性能及尺寸稳定性。PI 改性 EP 时一般采用共混或者用（聚）酰亚胺作为固化剂等两种方法，制得的 PI 改性 EP 树脂热性能、机械性能、介电性能都得到显著提高。

3）无机填料或纳米粒子改性 EP 树脂

在刚性粒子与树脂组成的体系中，刚性粒子在塑性变形时承受拉伸应力，能有效地抑制基体树脂的裂纹扩展，同时吸收了部分能量，从而起到增韧作用。

纳米粒子具有极高的比表面积，表面原子具有极高的不饱和性，因此，纳米粒子的表面活性非常大，在利用纳米粒子改性 EP 时，环氧基团在界面上与纳米粒子产生远大于范德瓦耳斯力的作用力，形成非常理想的界面，能起到很好的引发微裂纹、吸收能量的作用。

4）笼型倍半硅氧烷（POSS）改性 EP 树脂[28, 29]

笼型倍半硅氧烷（POSS）是一类新型有机无机纳米材料，其结构为

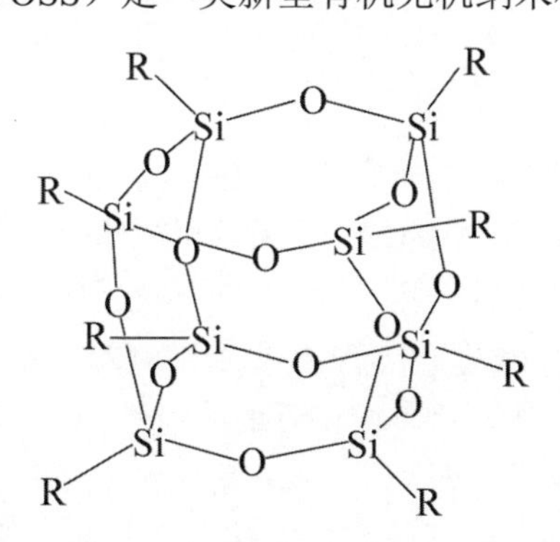

在 POSS 的每个硅原子顶点上根据需要可设计反应性或非反应性的有机官能团，达到与高分子基体相容或分散的目的，可以大幅度提高纳米复合材料的性能。R 可以为异丁基、苯基、硝基酚官能团、环戊基、环己基等。商宇飞等[29]用自制的带有环氧端基的 POSS 对双酚 A 型氰酸酯和环氧共聚体系进行改性，当 POSS 含量为 1%（质量分数）时，POSS 以分子级分散在树脂基体中，固化后体系的热性能和机械性能均有明显提高，体系的介电常数由原来的 3.0 减低到 2.0，并随频

率的变化很小。POSS 本身的笼型、中空结构，相当于在树脂基体中接入了“纳米气泡”，而空气的介电常数公认为 1，所以才导致体系具有如此低的介电常数。此特性可以满足宽频率范围内微波透过材料的稳定性要求，具有很好的应用前景。

5）新型 EP 树脂合成[30, 31]

双酚 A 酚醛环氧树脂是一种多官能团缩水甘油醚型 EP 树脂，与双酚 A 型 EP 树脂相比，环氧官能度高，能够提供的交联点多，易形成高度交联的三维结构，具有玻璃化转变温度高，抗湿性、抗溶剂性、环境适应性好以及耐热性高等特点。

联苯型环氧树脂是在环氧树脂骨架中引入联苯基团，一方面可以提高其耐热性，另一方面可以减小自由体积以提高韧性和降低吸水性。含联苯结构的环氧树脂是一种液晶的环氧树脂，具有断裂强度高、韧性好，良好的耐化学和溶剂性能，玻璃化转变温度高，吸水率低，熔融黏度低等特点。

苯酚-芳烷基环氧树脂（xylok 环氧树脂）具有高耐热性、低吸湿性、高温下的低热膨胀系数、自身阻燃特性、低的介电常数和化学稳定性。

含有萘骨架的环氧树脂是采用萘酚将萘环引入环氧树脂结构，提高分子链段的刚性，从而提高固化产物的玻璃化转变温度。例如，采用 1-萘酚和二环戊二烯为主要原料合成的分子骨架中含有萘基的 EP，用二氨基二苯砜固化后，T_g 可达 236℃，耐热性高，同时由于萘环骨架具有疏水性，吸湿率较低。

四官能环氧树脂，如四酚基乙烷四缩水甘油醚环氧树脂，由于分子结构中含有四个环氧基，固化交联密度高，固化物的耐热性、耐湿性和尺寸稳定性都得到提高。

3. 氰酸酯树脂

人们对氰酸酯树脂（CE）的研究始于 20 世纪 60 年代，直至 80 年代其才开始在复合材料中逐渐得到应用。CE 通常为含有两个或两个以上氰酸酯官能团（—OCN）的酚衍生物，它在热和催化剂作用下，发生三环化反应，生成含有三嗪环的高交联密度网络结构的一类热固性树脂，结构通式可用 NCO—R—OCN 表示，其中 R 根据需要可有多种选择，但主要为芳香族和芳杂环结构。CE 在常温下多为固态或半固态，有的种类甚至在常温下为液态。CE 熔融物的黏度仅有 0.2～0.6Pa·s，可溶于常见的溶剂如丙酮、氯仿、四氢呋喃、丁酮等，与诸多的增强纤维如玻璃纤维、聚芳酰胺纤维、石英纤维、碳纤维等有良好的黏结性和浸润性。

固化后的 CE 具有低介电常数（$\varepsilon = 2.3 \sim 3.2$）、极小的介电损耗角正切（$\tan\delta = 0.002 \sim 0.008$）、高玻璃化转变温度（$T_g = 240 \sim 290$℃）、低收缩率、低吸湿率（小于 1.5%），优良的力学性能和黏结性能等，可在 177℃下固化，并在固化过程中无挥发性小分子产生[32, 33]。CE 主要用于高性能雷达天线罩、低介电损耗印刷电路板等，尤其是用作耐高温高透波率雷达天线罩的基体树脂。

CE 有各种不同的单体结构，商品化的 CE 树脂很多，表 4-23[34, 35]是目前已商品化的苯基二氰酸酯单体及均聚物的结构和性能。

表 4-23 商品化的 CE 的结构和性能

聚氰酸酯单体结构/简称	牌号/供应商/物理状态	共聚物性能		
		T_g/℃	含水量/%	介电常数(1MHz)
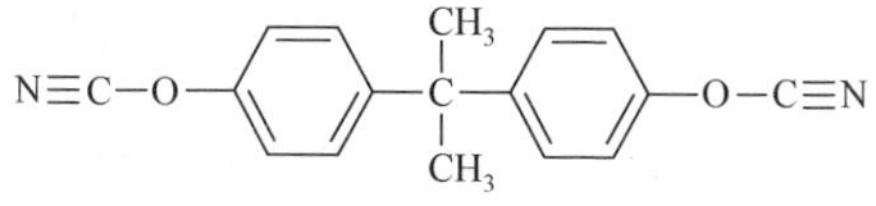 BPACN	Arocy B-10/C_{IBA}-G_{EIGY}/结晶	289	2.5	2.91
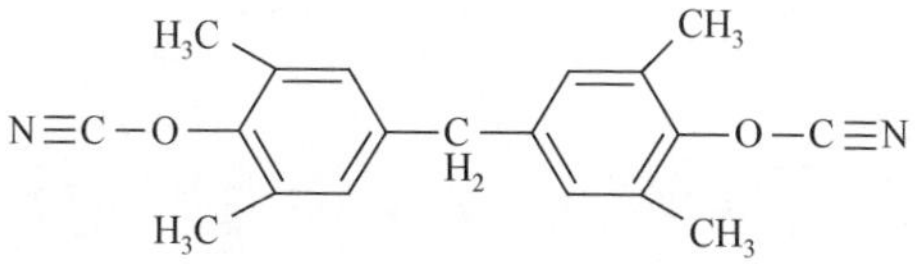 TMBCN	MAROCY M-10/C_{IBA}-G_{EIGY}/结晶	252	1.4	2.75
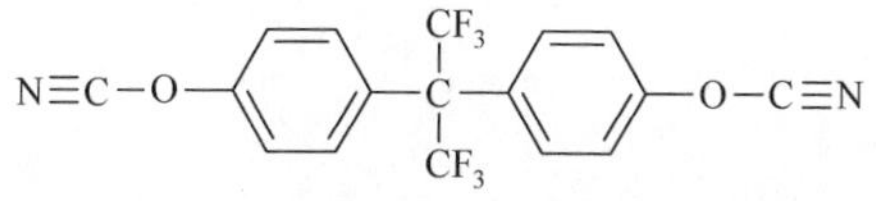 6FBPACN	Arocy F-10/C_{IBA}-G_{EIGY}/结晶	270	1.8	2.66
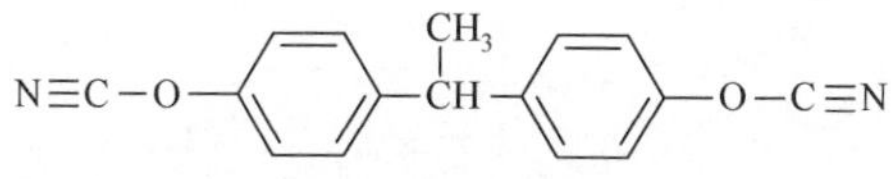 BPECN	AROCY L-10/C_{IBA}-G_{EIGY}/液态	258	2.4	2.98
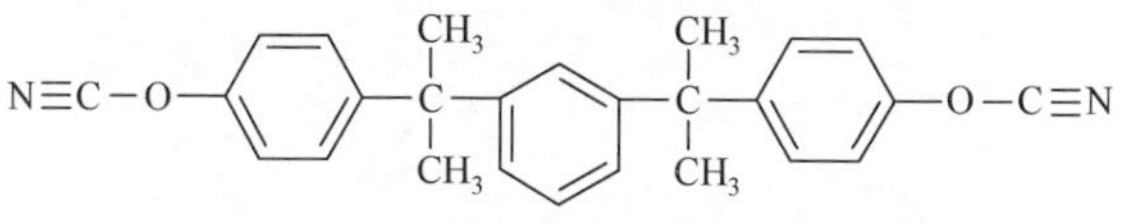 BCPB	RTX-366/Dow Chemical/半固态	192	0.7	2.64
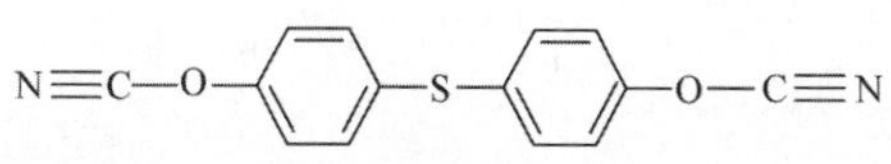	Arocy T-10/C_{IBA}-G_{EIGY}/半固态	273	3.8	3.08
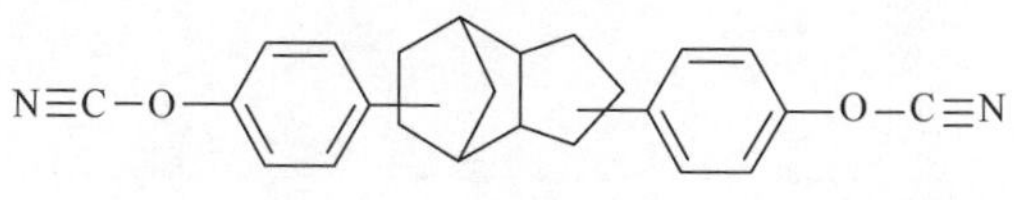 DCPCN	Xu-71787/Dow Chemical/半固态	244	1.4	2.80

固化后的 CE 分子网络结构中同时含有大量的三嗪环及芳香环或刚性脂环，并且三嗪环与芳香环之间通过醚键连接起来，因此，固化 CE 既有良好的耐热耐化学性，又具有较好的抗冲击性和优良的介电性。

表 4-24 中列出了不同化学结构的氰酸酯玻璃化转变温度 T_g、干湿态热变形温

度 HDT 和热失重起始分解温度 TGA。CE 由于含有热稳定性接近苯环的芳香对称的三嗪环而具有很高的热稳定性。

表 4-24 几种 CE 的耐热性能

性能	Arocy					Dow RTX-366	Dow Xu-71787	EP	BMI
	B-10	M-10	T-10	F-10	L-10				
T_g/℃	289	252	273	270	258	192	244	160	270
HDT（干）/℃	254	242	243	238	249	—	—	140	245
HDT（湿）①/℃	197	234	195	160	183	—	—	115	217
TGA/℃	411	403	400	431	408	—	405	306	371

①在 95℃，≥95%RH 的环境中处理 64h

CE 具有较好的力学性能，其固化物中有大量的连接苯环和三嗪环之间的醚键的存在，使 CE 具有较优良的机械强度及模量，又具有较好的韧性。表 4-25 列出了几种 CE 的力学性能数据。

表 4-25 几种 CE 的力学性能

性能	Arocy					Dow RTX-366	Dow Xu-71787	EP	BMI
	B-10	M-10	T-10	F-10	L-10				
弯曲强度/MPa	174	161	134	123	162	121	125	97	176
弯曲模量/GPa	3.1	2.9	3.0	3.3	2.9	2.8	3.4	3.8	3.7
V 型缺口冲击强度/(J/m)	37.3	43.7	43.7	37.3	48	—	—	21.3	16
断裂韧性/(J/m^2)	140	174	160	140	191	210	61	70	90
拉伸强度/MPa	88.2	73	79	74	87	—	—	65	80
拉伸模量/GPa	3.2	3.0	2.8	3.1	3.0	—	—	3.0	3.3
断裂伸长率/%	3.2	2.5	3.6	2.8	3.8	—	—	3.0	2.8

CE 树脂的三嗪环网络结构使整个分子形成一个共振体系，以及三嗪环交联结构高度对称，分子偶极距达到平衡，极性很弱，又由于交联密度大，微量的极性基团也只可能有很小的旋转运动，因而在很宽的温度范围（–160～220℃）和频率范围（10^4～10^{11}Hz）内都具有稳定且极低的介电常数（$\varepsilon = 2.8$～3.2）和介电损耗角正切（$\tan\delta = 0.002$～0.006）。表 4-26 给出了几种 CE 树脂的介电性能。

表 4-26　几种 CE 的介电性能

介电性能	Arocy					Dow RTX-366	Dow Xu-71787	EP	BMI
	B-10	M-10	T-10	F-10	L-10				
ε	2.9	2.75	3.11	2.66	2.98	2.64	2.8	3.0～3.6	2.9～3.6
$\tan\delta/10^{-2}$	0.5	0.2	0.3	0.3	—	—	0.2	1.8～2.2	0.7～0.9

CE 固化物中不含易水解的酯键或酰胺键，分子链上的醚键在常温下几乎不受水分子的影响，高温下影响也不显著，再加上较高的交联密度，较低的极性也使其不易吸收水分。在 25℃、相对湿度＞95%的环境中＜800h 时，CE 的吸水率为 0～1.0%，而在相同条件下 EP 和 BMI 吸水率为 2.0%～3.0%，CE 的吸水率明显低于 EP 和 BMI 的吸水率。

虽然 CE 具有优良的综合性能，但和其他热固性树脂一样，存在固化后三嗪环交联密度过大而韧性相对较差的问题。CE 增韧改性除了采用高性能热固性树脂、高性能热塑性树脂、无机填料或纳米粒子填充改性外，还采用核-壳橡胶（CSR）粒子增韧改性[36, 37]。

CSR 粒子增韧 CE 是一种新型橡胶增韧体系。Dow 化学公司曾用亚微米级的 CSR 增韧酚醛型 CE，获得了良好的增韧效果。表 4-27 列出了 CSR 增韧 Xu-71787 树脂的性能。由表 4-27 可见，Xu-71787 随 CSR 含量的增加，吸水率增加，弯曲强度与模量有一定程度的下降，G_{IC} 有显著的增加。与一般橡胶增韧相比，CSR 增韧的优点在于形态易于控制，增韧效率较高，增韧改性并不影响 CE 的耐热性，而且它对树脂体系的流变性能影响也较小。

表 4-27　CSR/Xu-71787 共混体系的性能

性能	CSR 含量/%			
	0	2.5	5.0	10.0
T_g①/℃	250	253	254	254
吸水率②/%	0.7	0.76	0.95	0.93
弯曲强度/MPa	121	117	112	101
弯曲模量/GPa	3.3	3.1	2.7	2.4
G_{IC}/(kJ/m^2)	0.07	0.20	0.32	0.63

①固化工艺：175℃×1h+225℃×2h+250℃×2h；②湿态条件：水煮 48h

4. 双马来酰亚胺树脂

双马来酰亚胺树脂（简称双马树脂，BMI）是除 EP、CE 之外最主要的高性能复合材料树脂基体。20 世纪 60 年代末，法国 Rhone-Poulene 公司首先研制出牌号为 M-33 的 BMI 及其复合材料，并很快实现商品化，从此 BMI 开始引起越来越多人的重视。

双马来酰亚胺树脂是通过二元胺与顺酐发生酰胺化及亚胺化反应而合成的，是由聚酰亚胺树脂体系派生的另一类树脂体系，其结构通式为[38]

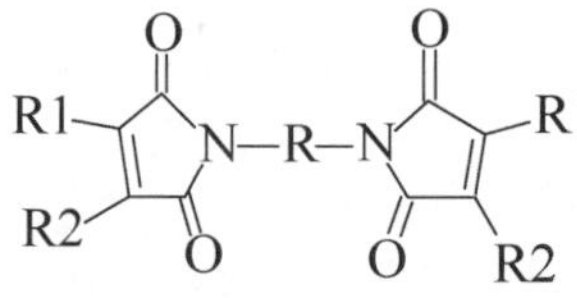

O O
R1 N—R—N R1
R2 O O R2

根据 BMI 分子结构中不同的 R1，R2 基团，BMI 的性能也有差异。

由于 BMI 分子结构中含有苯环、酰亚胺杂环及交联密度较高，BMI 具有突出的耐热性，可以称为耐热树脂的典型代表，其玻璃化转变温度一般大于 250℃，使用温度范围为 177～232℃，在 260℃空气中 100h 其热分解温度达到 380～462℃，因为有芳香族和脂肪族两种分子结构的 BMI，其耐热性能也不同。一般来说芳香族 BMI 耐热性优于脂肪族 BMI。BMI 具有与典型的热固性树脂相似的流动性和可模塑性，可用与环氧树脂类同的一般方法进行成型加工。BMI 的介电性能优良，其介电常数 ε 为 3.1～3.5，介电损耗角正切为 0.005～0.020。

BMI 固化反应是加成反应，成型过程中无低分子副产物放出，且容易控制，固化物结构致密，缺陷少，因而 BMI 具有较高的强度和模量。同时 BMI 还具有良好的耐环境性能，能耐辐射、耐湿热、耐化学药品，吸湿率低和热膨胀系数小等优良特性。BMI 作为先进复合材料的树脂基体在航空、航天、电子信息、交通运输等领域得到广泛的应用。

树脂固化物的交联密度高，分子链刚性强而使 BMI 呈现出极大的脆性，表现在抗冲击强度差、断裂伸长率小、断裂韧性 G_{IC} 低（$<50J/m^2$）。因此 BMI 的改性主要围绕增加韧性展开，主要增韧改性方法包括 BMI 链延长法、烯丙基化合物改性、高性能热塑性树脂增韧和橡胶增韧改性[38, 39]。

1）BMI 链延长法

BMI 分子中，活性端基的 C═C 键受到两个羰基作用呈缺电性，因而易于与二元胺、酰胺、硫化氢、氰尿酸和多元酚等含活泼氢的化合物进行加成反应，利用这个反应，可以对 BMI 扩链制成长链聚合物，从而降低固化物交联密度，达到增韧目的。例如，二元胺改性 BMI 就是解决 BMI 脆性问题的一条较为简便的途径。它主要是利用 BMI 的高反应性，通过与胺基发生共聚反应而获得的。

Rhone-Poulene 公司研制的 Kerimid 601 树脂即由二苯甲烷型 BMI 与二苯甲烷二胺（DDM）按物质的量比 2∶1 共聚而成，在 150～250℃固化，成型工艺性好，具有良好的力学性能和介电性能，其 ε（1kHz）= 3.5，损耗角正切 $\tan\delta$（1kHz）= 2×10^{-2}，浸水 24h，$\tan\delta$ 为 3×10^{-2}。

2）烯丙基化合物改性

常用邻二烯丙基双酚 A（DABPA）和邻二烯丙基双酚 S 作改性剂，形成 BMI/DABPA 体系的固化机理比较复杂。采用此法制得的改性 BMI 有美国 Ciba-Geigy 公司的产品 XU292 和 RD85-101 等。XU292 是二苯甲烷型 BMI 与双烯丙基双酚 A 的共聚物。这种预聚树脂为浅黄色固体，100℃可为低黏度液体，且很稳定，180～250℃固化后，$T_g = 273$～287℃，最高使用温度为 256℃，耐湿热，韧性优异。虽然 XU292 韧性得到提高，耐热性保持较好，但其软化温度高，工艺性较差。

3）高性能热塑性树脂增韧

用耐热性好的热塑性树脂（TP）增韧 BMI 的方法，其优点在于不降低树脂力学性能和耐热性的前提下提高 BMI 的韧性。常用的热塑性树脂主要有：聚苯并咪唑（PBI）、聚芳醚（PES-C）、聚芳醚酮（PEK-C）及聚醚砜（PES）等。

高性能热塑性树脂增韧的不足在于要得到较好的增韧效果，热塑性树脂的含量一般较高（约 15%～30%），易造成 BMI 的高黏度化，导致树脂体系工艺可操作性下降。

4）橡胶增韧改性

橡胶增韧剂通常带有活性基团（如羧基、羟基、氨基等），能与 BMI 中的活性基团反应形成嵌段。BMI 中添加少量橡胶增韧剂就可使 BMI 的断裂能、塑性伸长率、冲击强度和剪切强度等都有较大的提高，但常常导致 BMI 耐热性明显降低。

表 4-28 为 4501A 低介电损耗双马树脂的性能。4501A 是一种综合性能优良的微波透明复合材料树脂基体，为浅棕色透明固体，软化点为 35～45℃，可以任何比例与丙酮混溶。4501A 树脂具有低的 tan δ 值，良好的力学性能和耐热性，主要用于制造人工介质雷达罩、预警机雷达罩、空-空导弹雷达罩、反辐射导弹雷达罩等方面。

表 4-28　4501A 固化树脂的性能[38]

性能		测试值	性能	测试值
密度/(g/cm^3)		1.21	冲击强度/(kJ/m^2)	14.5
拉伸强度/MPa		73	HDT/℃	268
拉伸模量/GPa		3.67	T_g(DSC)/℃	274
断裂伸长率/%		2.02	$T_{分解}$/℃	425
弯曲强度/MPa	RT	112	tan δ（10GHz）	0.0118
	150℃	70	ε（10GHz）	3.3
	180℃	59.5	吸水率/%（水煮 100h）	3.2

注：固化工艺为 150℃×1h+180℃×1h+200℃×2h；后处理工艺为 220℃×10h

表 4-29 为 4503 双马树脂的主要性能。4503 树脂是一种用于采用液体成型（RTM）工艺制造雷达天线罩的 BMI 基体，它由预聚体系、稀释体系、阻聚体系、引发及催化体系组成。4503 树脂均匀透明，常温下起始黏度低，适用期长，是 RTM 工艺成型的高性能低损耗树脂基体。压注温度低（25℃），工作期＞40h，压铸压力小（1～3MPa）。4503 树脂和 E 玻璃纤维布的浸润性良好，可在较低温度下进行固化反应，也可在不大于 200℃下进行后处理。树脂及玻璃纤维增强复合材料具有优良的低介电损耗特性，良好的耐热性能、机械性能和耐环境性能。

表 4-29　4503 双马树脂的性能[38]

性能	测试值	性能	测试值
密度/(g/cm^3)	1.21	冲击强度/(kJ/m^2)	7.9
拉伸强度/MPa	71.2	HDT/℃	215
拉伸模量/GPa	3.50	T_g(DSC)/℃	259
断裂伸长率/%	1.85	ε（10GHz）	3.3
弯曲强度/MPa	82.6	$\tan\delta$（10GHz）	0.0118

5. 聚酰亚胺树脂

聚酰亚胺树脂（PI）是主链上含有酰亚胺重复单元的一类聚合物。聚酰亚胺树脂一般可分为两类，一类是聚合物分子端基为反应性的基团，经过化学交联则形成热固性聚酰亚胺；另一类是无封端基或封端基为非反应性的热塑性聚酰亚胺，也称线型聚酰亚胺。目前大量应用的是热固性聚酰亚胺复合材料。

热固性聚酰亚胺活性端基包括降冰片烯、乙炔基、苯基乙炔（PEPA）、氰基、苯并环丁烯、双苯撑、异氰酸酯、苯基三氮烯等，其中最重要和使用最广泛的是降冰片烯（NA）封端热固性聚酰亚胺和苯基乙炔封端的热固性聚酰亚胺。

NA 封端热固性聚酰亚胺是将二酯化的芳香四酸和芳香二胺以及封端剂（5-降冰片烯-2, 3-二羧酸单甲酯，NE）溶解在低沸点的醇类溶剂中形成单体混合物的低黏度溶液，采用该溶液浸渍增强纤维或织物制备预浸料，在固化过程中去除低沸点溶剂，得到交联结构的聚酰亚胺。最典型的 NA 封端热固性聚酰亚胺为 PMR-15，其组成为摩尔比 BTDE∶MDA∶NE∶=2.087∶3.087∶2，预聚物的平均分子量为 1500。PMR-15 固化反应过程如图 4-2 所示[40]。

PMR-15 聚酰亚胺复合材料具有优异的力学性能及良好的热氧化稳定性，可在 288～316℃使用 1000～10000h。PMR-15 聚酰亚胺碳纤维复合材料在 335℃老化 1000h 后，虽然其室温弯曲强度有所下降，但其在 316℃下的弯曲强度反而有所增加，相对保持率也明显提高。PMR-15 树脂基体存在的主要问题是在成型过程中酰亚胺化缩合反应产生大量的低沸点的水和甲醇，导致成型压力大，复合材料质量可控性差。

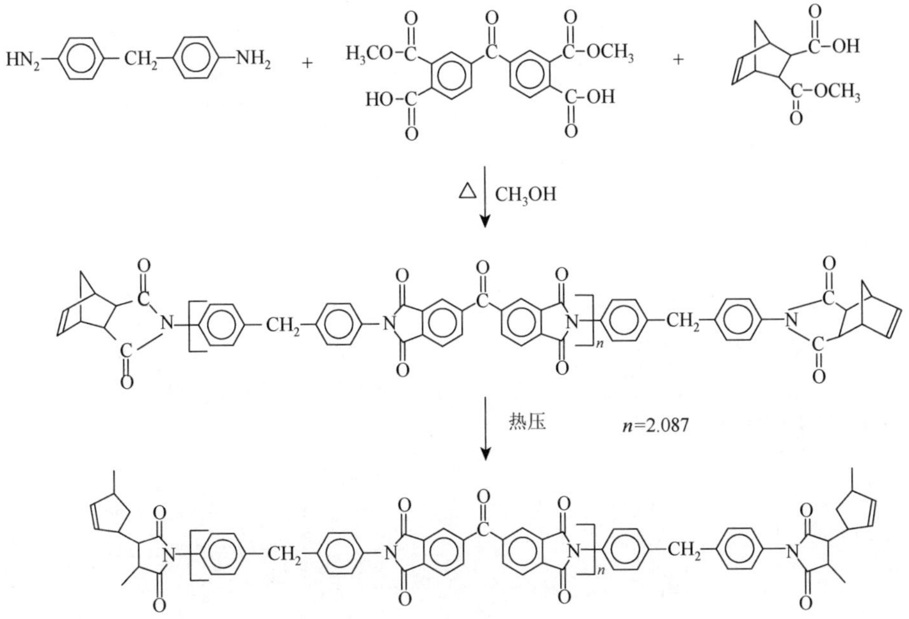

图 4-2 PMR-15 固化反应历程

为提高 NA 封端聚酰亚胺的使用温度，采用热稳定性更好的 4, 4-（六氟异丙基）双邻苯二甲酸二酐（6FDA）和对苯二胺（P-PDA）分别替代 BTDA 和 MDA 研制了 PMR-Ⅱ-50。采用氨基或酐基替代预聚物一端 NA 封端基，研制了 AFR-700 聚酰亚胺。PMR-Ⅱ-50 和 AFR-700 聚酰亚胺复合材料在 371℃下具有非常优异的热氧化稳定性，AFR-700B 聚酰亚胺复合材料在 371℃下的剪切强度保持率达到 88%[41]。

为进一步改善聚酰亚胺的热稳定性和成型工艺性，发展了苯乙炔苯酐（PEPA）封端的热固性聚酰亚胺。相对于 NA 封端聚酰亚胺树脂，苯乙炔苯酐封端聚酰亚胺树脂具有优异的热稳定性和良好的成型工艺性。苯乙炔苯酐封端的树脂交联反应温度明显高于亚胺化温度，亚胺化温度与交联温度界限明显，复合材料工艺窗口宽。固化交联反应过程中无挥发性产物逸出，复合材料孔隙率低。

表 4-30 是苯乙炔苯酐（PEPA）封端 EC-380A 聚酰亚胺树脂基体的性能。EC-380A 聚酰亚胺树脂的玻璃化转变温度（T_g）达到 430℃以上，5%热分解温度达 540℃以上，树脂最低黏度为 130Pa·s，可在较低压力下成型。和 PMR-15 聚酰亚胺树脂相比，EC-380A 聚酰亚胺树脂具有更高的耐热稳定性和更好的成型工艺性。

表 4-30 EC-380A 聚酰亚胺树脂的性能

性能	EC-380A	PMR-15
玻璃化转变温度 T_g/℃	440	338
5%分解温度/℃	542	411
最低黏度/(Pa·s)	130	—
固化温度/℃	380	350

6. 苯并噁嗪树脂

苯并噁嗪（BOZ）树脂是一种从传统酚醛树脂基础上发展起来的新型热固性树脂，是由酚类、醛类和伯胺类为原料合成的苯并六元杂环化合物。这种树脂在加热/催化剂作用下开环聚合，生成含类似酚醛树脂的网状结构，又称聚苯并噁嗪树脂。和酚醛树脂、环氧树脂、双马来酰亚胺树脂相比，BOZ 树脂综合性能更好。BOZ 树脂的加热固化的反应如下[42]。

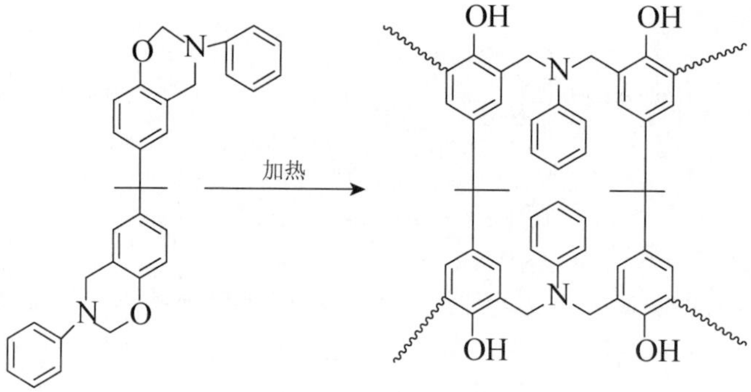

BOZ 树脂的 T_g 为 170～340℃，分解温度高，工作温度达 150℃以上，最高使用温度可达 280℃；BOZ 在固化过程中生成大量的酚羟基，产生大量的分子内和分子间氢键作用，可增加分子链的刚性且使之与外界的水形成氢键的概率降低，导致树脂的吸水率降低；BOZ 树脂在固化过程中零收缩或体积微膨胀，体积收缩接近于零，远低于酚醛树脂 8%的收缩率；BOZ 树脂固化物热膨胀系数低，制品内部应力小，有利于制品几何尺寸精确度；BOZ 树脂具有优异的电性能，从常温至 150℃，介电常数几乎与频率无关，tan δ 一般低于 0.01，具有良好的宽频微波透明性能；BOZ 树脂固化是开环聚合，开环温度高，在室温下不易发生反应，因此预浸料后在室温下可存放 6 个月，不需要低温储存和运输；BOZ 树脂中间体熔融黏度低，聚合过程中不产生对环境污染的副产物，合成工艺比较简单、易控。

BOZ 树脂与其他热固性树脂综合性能对比如表 4-31 所示。

表 4-31　常用热固性树脂性能对比[43]

性能	环氧树脂	酚醛树脂	双马来酰亚胺树脂	氰酸酯树脂	苯并噁嗪树脂
密度/(g/cm^3)	1.2～1.25	1.24～1.32	1.2～1.3	1.1～1.35	1.19
最高使用温度/℃	150	200	220	220	280
拉伸强度/MPa	90～120	24～25	50～90	70～130	100～125
拉伸模量/GPa	3.1～3.8	3～5	3.5～4.5	3.1～3.4	3.8～4.5
伸长率/%	3～4.3	0.3	3.0	2～4	2.3～2.9
介电常数/(1GHz)	3.8～4.5	4～10	3.4～3.7	2.7～3.0	2.2～3.5
固化温度/℃	RT～180	150～190	220～300	180～250	160～220
固化收缩率/%	＞3	＞8	0.007	约 3	约 0
TGA 起始分解温度/℃	300～360	260～340	360～400	400～420	330～400
T_g/℃	130～220	170	220～380	250～270	170～340
断裂能/(J/m^2)	54～100	—	160～250	—	168

BOZ 树脂的缺点是固化温度比较高，超过 190℃，冲击韧性偏低，固化物脆性较大，耐热性与介电性能也有待进一步改善与提高。与其他热固性树脂相比，BOZ 树脂技术尚不成熟。

BOZ 树脂的改性主要集中在苯并噁嗪结构中引入各种反应性官能团或某些原子，形成了新型结构的 BOZ 树脂[44-46]。例如，采用原位合成的方法，在苯酚-二氨基二苯甲烷型苯并噁嗪结构中引入羟甲基，制备了含羟甲基结构的苯并噁嗪树脂（Bhm）。羟甲基的引入改善了苯并噁嗪的溶解性，固化反应峰值温度从 258.2℃降至 225.7℃，改善了苯并噁嗪的成型加工性，弯曲强度从 161.1MPa 提高至 240.8MPa，T_g 从 190℃提高至 233℃。再如，在苯并噁嗪分子中引入脂肪（环）链、噁唑环、双环戊二烯等结构，以及采用氟原子取代氢原子，以高氟化二胺、高氟化双酚 A 和甲醛为原料，合成高氟化主链型苯并噁嗪树脂，有效降低苯并噁嗪的介电常数和介电损耗角正切。表 4-32 表示引入不同原子或基团结构的苯并噁嗪的介电性能。

表 4-32　几种苯并噁嗪树脂的介电性能[42]

树脂	ε	tan δ
双酚 A-BOZ	3.15～3.50	0.0060～0.0100
双环戊二烯-BOZ	2.80～2.85	0.0040～0.0060
双酚 F-BOZ	3.40～3.60	0.0070～0.0090

续表

树脂	ε	$\tan\delta$
酚酞-BOZ	3.20～3.50	0.0080～0.0120
脂环二胺-BOZ	2.86	—
含苯并噁唑-BOZ（氟化）	2.0～2.2（1.7）	—

7. 有机硅树脂

有机硅树脂是一种主链结构为 Si—O—Si 链、侧链由有机基团组成的相互高度交联成网络结构的聚合物。聚有机硅氧烷树脂分子组成中既有 Si—O—Si 链结构，又有甲基、苯基、乙烯基等有机基团，是一种典型的半无机高分子，它既有无机物石英的一系列特性，又具有高分子材料的一些特点。有机硅树脂具有突出的耐热性、抗热震性、微波透明性和电气绝缘性，能够在高温、潮湿下保持稳定的介电性能而在航天领域得到大量应用[47]。

有机硅树脂中典型的有机硅氧烷的结构式为

$$\left[\begin{array}{c} CH_3 \\ | \\ -Si-O- \\ | \\ CH_3 \end{array}\right]_n$$

有机硅树脂是一种热固性树脂，它最突出的性能是优异的热稳定性和热氧化稳定性，这主要是由有机硅树脂的 Si—O—Si 主链决定的。因为在 Si 与 C、O、H 结合的化学键中，以 Si—O 键的键能最大，为 450kJ/mol，而且 Si、O 原子形成 d-pπ 键，增加了高聚物的键能稳定性。所以有机硅树脂的热稳定性高，高温下（或辐射照射）分子的化学键不断裂，不分解。有机硅树脂可在 200～250℃下长期使用而不分解或变色，短时间可耐 300℃，配合耐热填料能耐更高温度。而且有机硅树脂也能耐低温，可在一个很宽的温度范围内使用，无论是化学性能还是物理性能，随温度的变化都很小。

有机硅树脂具有良好的电气绝缘性，其介电损耗、耐电压、体积电阻和表面电阻在绝缘材料中均较好，其介电常数 ε 为 3.0～5.0，$\tan\delta$ 为 0.003～0.05。有机硅树脂不含极性基团，所以其介电常数和损耗在宽广的温度范围及频率范围变化很小。有研究[48]表明，甲基硅树脂作为微波透明复合材料的基体树脂，在 800℃到 1200℃经高温处理后，当电磁波频率为 9.3GHz 时，$\varepsilon<3.5$，材料微波透明率高达 90%以上，这是因为硅树脂基体在高温碳化后形成 SiO_2 层，很少反射电磁波，再添加少量的高温除炭剂，在 1200℃能放出氧，降低树脂的残炭率，对电磁性能十分有利。

有机硅的主链非常柔顺，这与围绕 Si—O 键的旋转自由度是密切相关的。聚二甲基硅氧烷围绕 Si—O 键旋转所需能量几乎为零，这表明聚二甲基硅氧烷链的旋转实际上是自由的。硅原子上的有机基团在自由旋转时要占据较大的空间，从而增加了分子间的距离，减少了分子间的相互吸引力，同时有效交联密度低，因此有机硅树脂的力学性能（弯曲、拉伸、冲击强度）都比较弱[48]。

有机硅树脂的主链为 Si—O—Si，无双键存在，因此不易被紫外光和臭氧分解。有机硅树脂分子结构中，有机基团均为侧基，同时不含极性基团，所以具有优良的抗水性，它对水的接触角与石蜡相近（＞90°）。但聚硅氧烷分子间作用力较弱，间隔也较大，因而对湿气的透过率较大，反过来赶出吸入的水分也比较容易，从而使电磁性能等容易恢复。

有机硅树脂的缺点是机械强度低，需要高温固化，固化时间长、难以大面积施工、黏结性能差、耐有机溶剂性差以及价格较高等。

为了得到综合性能优良的有机硅树脂，需要进一步开展有机硅树脂的改性研究工作，如在有机硅树脂主链或侧链中引入极性基团，以提高有机硅树脂的黏附性和机械强度，在有机硅树脂中引入 B 元素等杂原子形成 Si—O—B 键等提高其耐热性等。

4.3.2　高性能热塑性树脂基体

1. 聚四氟乙烯树脂

聚四氟乙烯（PTFE）为四氟乙烯（TFE）单体的高结晶聚合物，结构式为 $-\!\!\left[CF_2-CF_2\right]_n\!\!-$。在 PTFE 中，氟原子取代了聚乙烯中的氢原子，由于氟原子半径（0.064nm）大于氢原子半径（0.028nm），C—C 链由聚乙烯的平面的充分伸展的曲折构象渐渐扭转到 PTFE 的螺旋构象。这种螺旋构象正好包围在 PTFE 易受化学侵袭的碳链骨架外形成了一个紧密的完全“氟代”的保护层，这使聚合物的主链不受外界任何试剂的侵袭，具有其他材料无法比拟的耐溶剂性、化学稳定性以及低的内聚能密度；同时 C—F 键极牢固，其键能达 460.2kJ/mol，比 C—H 键（410kJ/mol）和 C—C 键（372kJ/mol）高，这使 PTFE 具有较好的热稳定性和化学惰性；另外氟原子的电负性极大，加之 TFE 单体具有完美的对称性，使 PTFE 分子间的吸引力和表面能较低，从而使 PTFE 具有极低的表面摩擦系数和低温时较好的延展性，同时也使得 PTFE 的耐蠕变能力较差，容易出现冷流现象。PTFE 分子链的螺旋构象使得分子链内旋转困难，链段僵硬，导致其熔点高，熔融黏度很大，给加工带来很大困难[49]。

PTFE 有优异的介电性能，其介电常数很小，在–40～250℃，5Hz～10GHz 频率范围内稳定在 2.1 左右，介电损耗角正切也很小，为 10^{-4}～10^{-5} 数量级，悬浮法聚四氟乙烯的 $\tan\delta$ 为（2～3）$\times 10^{-4}$[50]。

PTFE的玻璃化转变温度为327℃，热分解温度为415℃，耐高、低温性能很好，在0～327℃的使用温度下性能基本保持不变，在–40～350℃，其介电性能基本不受温度的影响，而且在–70～80℃低温下保持柔软，–200℃时仍保持韧性。

PTFE具有优异的耐疲劳性、极低吸水率，一般小于0.01%，优异的抗雨蚀性、耐老化性能和抗辐射性能，在低温与高温下尺寸与性能保持稳定，潮湿状态下不受微生物侵蚀，对各种射线辐射具有极高的防护能力。

PTFE除元素F和熔融态的金属钠对其制品有一定腐蚀外，能耐几乎所有的强酸、强碱、强氧化剂和有机溶剂。

PTFE在200℃以上开始微裂解，温度升至熔点（327℃）附近时，失重速率也仅为每小时百万分之二左右，温度继续升至460℃以上时，PTFE产生散热，但表面并不碳化。烧蚀后在表面上没有残渣生成，烧蚀产物均为挥发性的化合物，不会影响材料的电磁性能。

聚四氟乙烯的缺点是力学性能较差，成型加工难。PTFE的拉伸强度较低，悬浮法PTFE的拉伸强度为7.4～28.8MPa，弯曲强度只有4.3～19.6MPa，硬度也较低，洛氏硬度值为50～60，较低的硬度值使其耐磨性差。PTFE没有回弹性，但断裂伸长率较大，达到100%～200%。PTFE为非熔流性材料，其结晶熔点为327℃，但要在380℃以上才能处于熔融状态，熔体黏度高达10^{10}Pa·s。另外聚四氟乙烯又具有极强的耐溶剂性，即使用王水也不能将它溶解。因此，既不能采用熔融加工，也不能溶解加工，通常只能采用粉末冶金方法，即采用模压成型毛坯再烧结成型[50]。

PTFE树脂基体是一种低表面能和惰性氟化碳高分子材料，其中碳原子与氟原子结合非常牢，使得聚合物表面平滑，黏结性极弱，与增强材料很难结合。因此PTFE作为微波辐射调控复合材料树脂基体应用，必须通过各种改性来提高其与其他材料的结合力。

常用的PTFE表面改性技术主要有表面活化技术（激光辐射改性法、等离子体活化法等）、化学腐蚀改性技术（金属钠的氨溶液腐蚀改性、钠-萘络合物化学腐蚀改性等）和表面沉积改性技术等。PTFE表面改性技术是通过在PTFE表面引入极性基团，或消除界面层，或调整表面粗糙度，形成活化表面层，增大界面结合力。

2. 聚醚醚酮树脂

聚醚醚酮（PEEK）树脂是一种线型芳香族高分子聚合物，是全芳香半结晶性材料，一般以4, 4′-二氟苯酮或4, 4′-二氯苯酮与对苯二酚盐或钠盐为原料缩聚而成。PEEK的化学结构式如下：

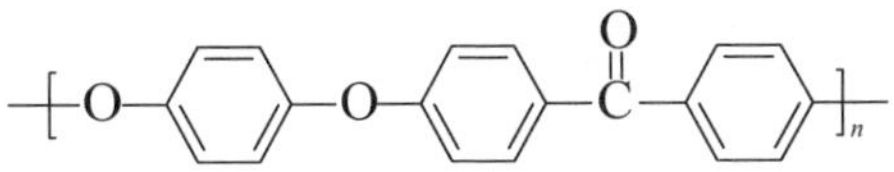

PEEK 在 20 世纪 70 年代末开发成功，1978 年在 ICI PLC UK 实验室制造出，1980 年 ICI 公司将其实现了工业化，在美英等发达国家的航空尖端工程上得到应用。PEEK 作为最热门的新型高性能工程塑料之一，受到材料研究人员的广泛关注，逐步在通用机械、化工、纺织、石油等工程中有所应用。其后，美国杜邦公司、德国 BASF 公司等也先后研究开发出类似的产品，目前 Victrex PIC 公司是 PEEK 的最大制造商，我国吉林大学也有批量生产[51]。

PEEK 具有很高的耐热性，长期使用温度可达到 150℃，短期使用温度可达 300℃，在 400℃下短时间几乎不分解。Victrex PEEK 树脂热变形温度（1.82N/mm^2）达 165℃。PEEK 能耐很多有机或无机化学品，只在浓的无水强氧化性酸中溶解或分解，在较宽的 pH 值范围内几乎不受其他化学品的腐蚀。PEEK 树脂具有良好的力学性能，弯曲强度可达 92MPa，弯曲模量 3.7GPa，压缩强度为 120MPa，断裂伸长率为 50%。PEEK 具有良好的电绝缘性，并可保持到很高的温度范围，其介电损耗在高频条件下也很小，如在 1.0～50MHz，0～150℃时，介电常数 ε 为 3.2～3.3，$\tan\delta$ 为 0.003。此外，PEEK 尺寸稳定性好，耐水性优异，在摩擦性能方面，耐高温磨损性能较为突出。PEEK 具有良好的阻燃能力，是热塑性树脂中唯一能够不加阻燃剂而阻燃的树脂，燃烧时发烟少，无毒性。在加工性能方面，PEEK 可用热塑性树脂的所有加工方法进行加工[52]。

PEEK 虽然耐热性能好，但随着温度升高，其力学性能下降较大，如弯曲强度，PEEK 在常温时为 92MPa，100℃时降至 50MPa，到 300℃，弯曲强度只有 10MPa，其弯曲模量从常温时的 3.7GPa，到 300℃时只剩下 0.3GPa。此外，作为微波调控复合材料树脂基体应用，PEEK 与增强透波纤维之间的界面结合需要进一步提高。

和 PEEK 相似，具有醚分子结构的多种热塑性树脂，如聚醚酮酮（PEKK）、聚醚酮（PEK）、聚醚砜（PES）等树脂都具有优异的力学和介电性能，都适宜作为微波辐射调控复合材料树脂基体应用。

3. 聚酰亚胺树脂

前面简要介绍了热固性聚酰亚胺树脂，这里介绍热塑性聚酰亚胺树脂。热塑性聚酰亚胺（PI）是分子结构中含有酰亚胺环的一种无定形聚合物，其分子结构式为

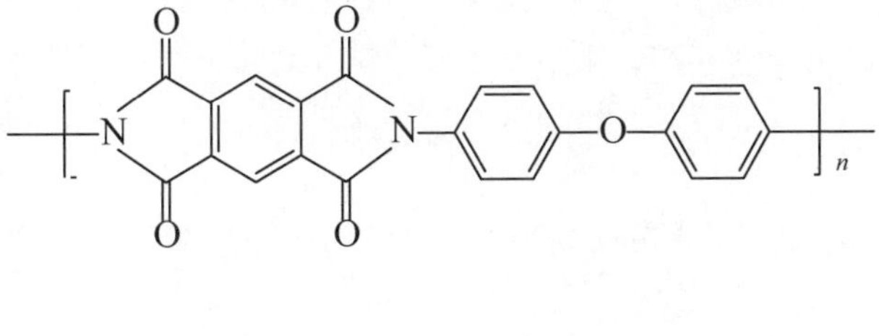

热塑性聚酰亚胺品种很多，其中包括均苯型聚酰亚胺和可熔性聚酰亚胺两种。均苯型聚酰亚胺的分子主链中含有由氮原子所构成的五元杂环和刚性很大的芳香环，是一种半梯型聚合物，它具有优异的耐热性、力学性能、介电性能、耐辐射性和阻燃性。可熔性聚酰亚胺与均苯型相比，在分子链中引入了醚键或酮基，增加了分子链段的挠曲性，因而显著改善了加工性能。可熔性聚酰亚胺主要有单醚酐型聚酰亚胺、双醚酐型聚酰亚胺和酮酐型聚酰亚胺三种。PI 密度为 1.38～1.43g/cm^3，由于具有稳定的芳杂环，PI 具有高模量、高强度，还具有优良的尺寸稳定性、阻燃性、耐化学药品和辐射性等，且能在 550℃短期工作，330℃长期工作，是耐热聚合物中应用最广泛的热塑性树脂[53]。

聚醚酰亚胺是 PI 树脂的一种形式，分子结构中含有酰亚胺环和醚键的无定形聚合物，它既保持了聚酰亚胺的优异性能，又可采用注射、挤出等一般热塑性塑料的成型方法加工，其分子结构式为

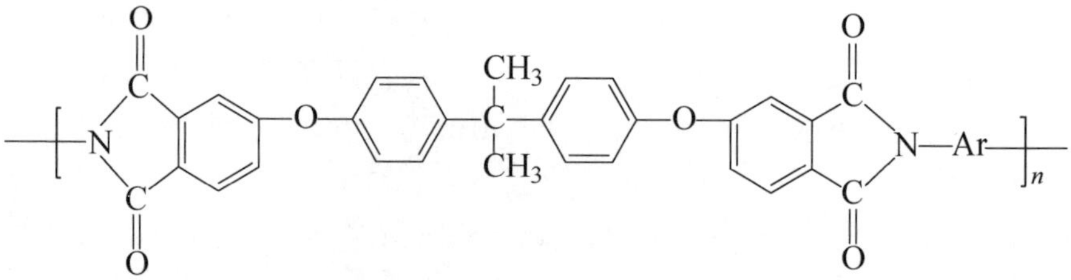

聚酰胺酰亚胺（PAI）是在聚酰亚胺分子结构中引入了酰胺键的一类聚合物，其分子结构式为。它与聚酰亚胺相比，加工性能明显改善，可用于注射方法成型，其他性能与 PI 相当[52]。

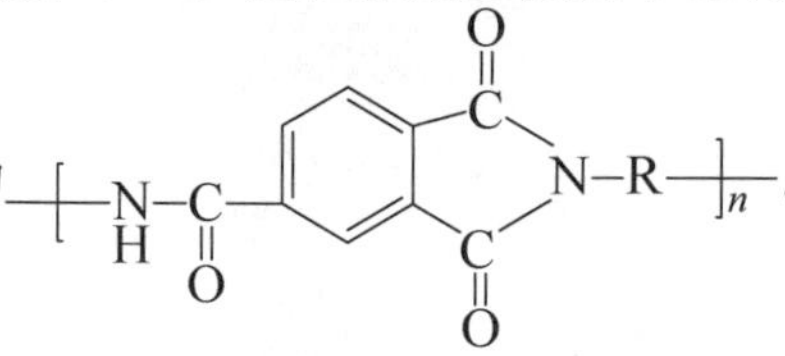

4. 聚苯硫醚树脂

聚苯硫醚（PPS）树脂是分子链中含有结构单元的半结晶性聚合物，密度为 1.34～1.36g/cm^3。PPS 树脂具有很高的热稳定性，热变形温度达 260℃，长期使用温度为 180℃；卓越的耐化学腐蚀性，200℃以下不溶于任何化学溶剂；较好的物理和电性能，成型加工性良好。PPS 树脂是继聚酰胺、聚甲醛、聚碳酸酯、聚甲基丙烯酸丁二酯、聚苯醚之后公认的第六大工程塑料、第一大特种工程塑料[52]。

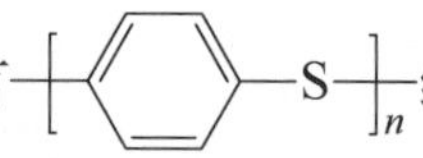

5. 聚砜树脂

聚砜（PSF）树脂是指大分子主链上含有—SO_2—链节和芳环的高分子聚合物。

目前 PSF 类塑料主要有 3 类，即双酚 A 型聚砜、聚芳砜、聚醚砜，突出的特点是耐高温，其耐热性同热固性材料接近，其蠕变值低，力学性能、电性能都比较好。其主要缺点是加工性能不好，在应用方面值得一提的是聚醚砜（PES）基复合材料，在电子产品、雷达天线罩、靶机蒙皮等方面得到大量应用，它也可用于宇宙飞船的关键部件。PES 是分子主链上含有砜基、醚键和亚苯基的一类聚合物，其分子结构式为

$$\left[C_6H_4-SO_2-C_6H_4-O \right]_n$$

PES 树脂具有良好的耐热性、力学性能和介电性能，且在熔融状态时具有良好的流动性，易于成型加工[52]。

4.3.3　环氧固化剂

1. 固化剂分类

固化剂又称硬化剂，是热固性树脂基体必不可少的固化反应助剂，许多热固性树脂在固化反应前是热塑性线型结构，不能直接使用，必须加入固化剂，在一定温度条件下进行交联固化反应，形成体型网状结构的高聚物才能应用。

固化剂种类繁多，环氧树脂用固化剂可以根据反应机理分为两大类，显在型和潜伏型固化剂，显在型中又可以分为加成聚合型固化剂和催化聚合型固化剂。加成聚合型固化剂：环氧树脂的固化反应主要发生在环氧基上，由于诱导效应，环氧基上的氧原子存在着较多负电荷，其末端的碳原子上则有较多的正电荷，因而亲电试剂（酸酐）、亲核试剂（伯胺、仲胺）都以加成反应的方式使之开环聚合；催化型固化剂：可以引发树脂分子中的环氧基按阳离子聚合或阴离子聚合的历程进行固化反应，如叔胺、三氟化硼络合物等；还有一类是潜伏型固化剂，如双氰胺等，固化剂的分类见图 4-3[54]。

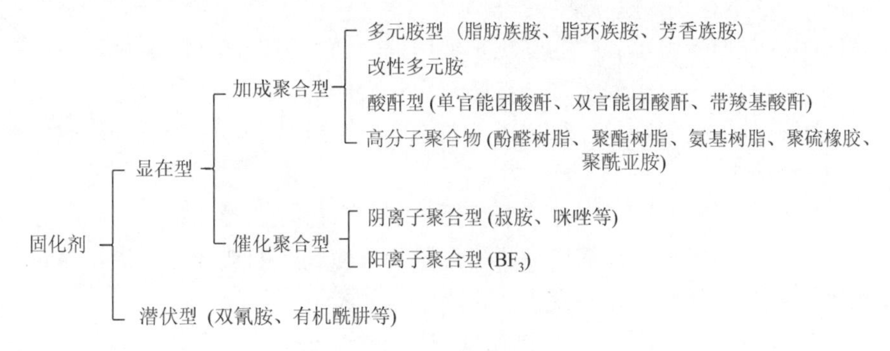

图 4-3　固化剂分类

也可以按固化温度分类，分为低温固化剂、室温固化剂、中温固化剂、高温固化剂。低温固化剂在 30℃以下反应，室温固化剂在 30～70℃反应，中温固化剂在 70～150℃反应，高温固化剂在 150℃以上反应。在较高温度下固化的树脂一般来说具有较高的玻璃化转变温度，因此在高性能环氧树脂基体中以中温和高温固化剂应用为主。

2. 加成聚合型固化剂

固化剂的用量适当为宜，过多过少都有害无益。如果用量太少，则固化不完全，固化产物性能不佳；若是用量太多，适用期变短，固化时集中释放的热量增高，内应力增大，树脂脆性增加，粘接强度降低，残留的固化剂还会影响树脂的其他性能。

1）胺类固化剂

胺类固化剂是环氧树脂基体常用的固化剂。环氧树脂固化时，伯胺和仲胺对环氧基的反应是主要的，氨基与环氧基有严格的定量关系，可按式（4-1）计算出脂肪胺、脂环胺、芳香胺的理论用量。

$$W_a = \frac{M}{N} E_V = A_C E_V \tag{4-1}$$

式中，W_a 为 100g 环氧树脂所需胺类固化剂的质量；M 为胺的相对分子质量；N 为胺分子中活泼氢原子数目；A_C 为胺当量，$A_C = M/N$；E_V 为环氧树脂的环氧值。

脂肪族胺类是较常用的室温固化剂，它的固化速度快，反应放出的热量又能促进树脂与固化剂反应。但这类固化剂对人体有刺激作用，固化产物较脆而且耐热性差，在复合材料方面应用不多。

芳香族胺类固化剂的分子中含有较稳定的苯环结构，反应活性较差，需要在加热条件下固化，但固化产物的热变形温度较高，耐化学药品性和机械性能等比较好。

叔胺类化合物除可单独作为固化剂使用外，还可用作多元胺、聚酰胺树脂及酸酐等固化剂的固化反应促进剂。叔胺对固化反应的促进作用与其分子结构中的电子云密度和分子长度有关。氮原子上的电子云密度越大，分子链长度越短，其促进效果就越显著。

胺类固化剂多为液体，毒性和腐蚀性较大。目前有 β-羟乙基乙二胺等胺类低毒固化剂。脂肪族多胺与环氧乙烷、丙烯腈等反应制得的加成物，由于相对分子质量增大，挥发性降低，毒性变小。

表 4-33 列出常用的胺类固化剂的结构、性能、固化条件等。

表 4-33　常用的胺类固化剂的结构、性能、固化条件[54]

类别	名称	缩写	化学结构	室温状态	黏度/(Pa·s)[或熔点/℃]	胺当量	标准固化条件
脂肪胺	三乙烯四胺	TETA	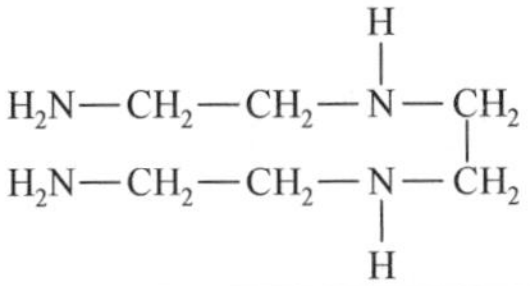 H $H_2N-CH_2-CH_2-N-CH_2$ $H_2N-CH_2-CH_2-N-CH_2$ H	液态	0.019	24.4	常温 4d 或 100℃，1h
	四乙烯五胺	TEPA	$H_2N-CH_2-CH_2-(NHCH_2-CH_2)_3-NH_2$	液态	0.001	27.1	常温 7d 或 110℃，1h
聚酰胺-多胺	—	—	—	基于胺值不同，可由半固态至液态	半固态（胺值 90）液态（1.0～2.5Pa·s，胺值 600）	90～600	常温 7d+60℃，2h
脂环胺	异佛尔酮二胺	IPDA	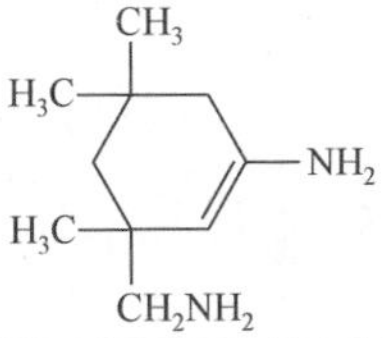 CH_3 H_3C　　NH_2 H_3C CH_2NH_2	液态	0.018	41	80℃。4h+150℃，1h
	双（4-氨基-3-甲基环己基）甲烷	Laromin C-260	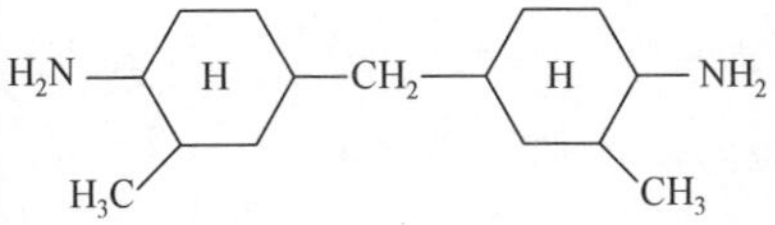 H_2N—H—CH_2—H—NH_2 H_3C　　CH_3	液态	—	60	80℃，2h+150℃，2h
芳香胺	二氨基二苯基甲烷	DDM	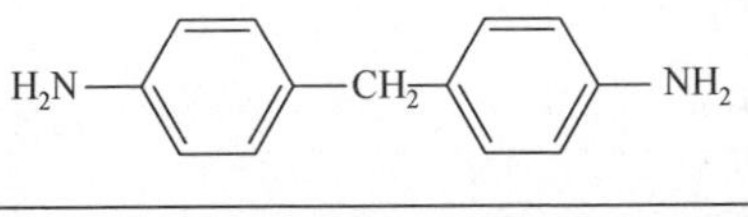 H_2N—⟨苯环⟩—CH_2—⟨苯环⟩—NH_2	固体	89	49.6	80℃，2h+150℃，4h
	二氨基二苯砜	DDS	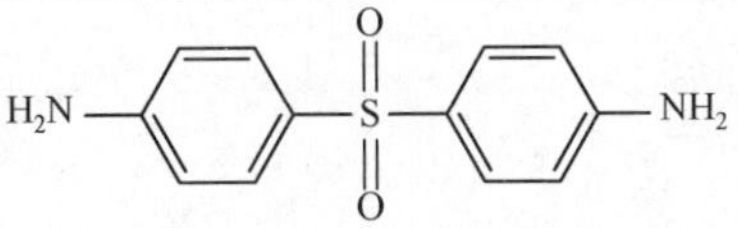 O H_2N—⟨苯环⟩—S—⟨苯环⟩—NH_2 O	固体	175	62.1	110℃，2h+200℃，4h
	间苯二胺	*m*-PDA	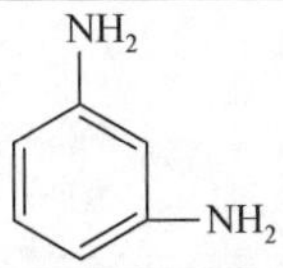 NH_2 NH_2	固体	62	34	80℃，2h+150℃，4h

注：标准固化条件适用于固化剂与双酚 A 型环氧树脂 DGEBA 混合体系

2）酸酐类固化剂

酸酐是环氧树脂加工工艺中仅次于胺类的最重要的一类固化剂。酸酐类固化剂的用量比胺类固化剂复杂一些，酸酐单独使用或同时添加促进剂的情况不同。因为有促进剂存在时固化反应历程是环氧基与酸酐的羧酸阴离子交替加成聚合，所以最佳用量为理论计算量。若不使用促进剂时，则反应历程为环氧基与羧酸（酸酐开环生成）以及环氧基与反应中生成的羟基并行反应，因此，最佳用量一般为理论计算量的 0.85。

单一酸酐固化剂用量的计算公式见式（4-2）：

$$W_g = \frac{M}{N} E_V K \tag{4-2}$$

式中，W_g 为 100g 环氧树脂所需酸酐固化剂的质量；M 为酸酐的相对分子质量；N 为酸酐基的个数；E_V 为环氧树脂的环氧值；K 为修正系数。

一般酸酐 $K = 0.85$；含氯酸酐 $K = 0.6$；使用叔胺和 $M(BF_4)_n$ 盐时 $K = 0.8$；使用叔胺作促进剂时 $K = 1.0$。

与胺类相比，酸酐固化的缩水甘油醚类环氧树脂具有色泽浅、适用期长、挥发性低以及毒性较低的特点，加热固化时体系的收缩率和放热效应也较低。其不足之处是为了获得合适的性能需要在较高温度下保持较长的固化周期，但这一缺点可借加入适当的催化剂来克服。

用酸酐固化的环氧树脂其热变形温度较高，耐辐射性和耐酸性均优于胺类固化剂的树脂。固化温度一般需要高于 150℃。

表 4-34 列出现已用于微波调控复合材料基体的部分酸酐类固化剂的性能、固化条件等。在实际应用中常多种酸酐固化剂混合使用，以适应工艺需要和改善固化物的性能。

表 4-34 部分酸酐类固化剂的性能、固化条件和特点[54]

类别	名称	缩写	室温状态	黏度/(Pa·s)[或熔点/℃]	酸酐当量	标准固化条件	特点
单官能团酸酐	甲基四氢邻苯二甲酸酐	McTHPA	液体	0.03～0.06	166	100℃，2h+150℃，5h	黏度低，易与环氧树脂混合，固化物吸湿率低，色泽浅，使用广泛
	甲基六氢邻苯二甲酸酐	McHHPA	液体	0.05～0.08	168	80℃，2h+150℃，4h	黏度低，与环氧树脂混合后适用期长，固化物透明性高，介电损耗低
单官能团酸酐	甲基纳迪克酸酐	MNA	液体	0.138	178	85℃，2h+150℃，12～24h	与环氧树脂混合后适用期长，反应速率慢，固化收缩率低，固化物耐高温老化好，耐化学药品性优异，耐碱性、耐强溶剂性欠佳

续表

类别	名称	缩写	室温状态	黏度/(Pa·s)[或熔点/℃]	酸酐当量	标准固化条件	特点
双官能团酸酐	均苯四甲酸酐	PMDA	粉末	268	109	200℃，24h	通常与单官能团酸酐混合使用，固化物热变形温度可达 250℃，耐热性、耐药品性均佳，高温电性能优良
	苯酮四酸二酐	BTDA	粉末	227	161		通常与单官能团酸酐混合使用，固化物热变形温度可达 280℃，交联密度高，耐高温老化性能好
	甲基环己烯四酸二酐	MCTC	粉末	167	132		通常与单官能团酸酐混合使用，固化物热变形温度可达 280℃，耐漏电性优良
游离酸酸酐	聚壬二酸酐	PAPA	固体	57	174	140℃，1h+150℃，20h（加促进剂）	易与环氧树脂混合，固化物韧性高，可与其他酸酐混合使用改善固化物脆性

注：标准固化条件适用于固化剂与双酚 A 型环氧树脂 DGEBA 混合体系

3）高分子聚合物类固化剂

含有活性基团—NH—、—CH_2OH、—SH、—OH 等的线型合成树脂低聚物，都有可能作环氧树脂的固化剂。使用的合成树脂种类不同，可对环氧树脂固化物的一些性能起到改善作用。常用的是一些线型合成树脂低聚物，有苯胺甲醛树脂、酚醛树脂、聚酰胺树脂、聚硫橡胶、呋喃树脂和聚氨酯树脂等。

线型的酚醛树脂和热固性酚醛树脂都可作为环氧树脂的固化剂，在线型酚醛树脂与环氧树脂的混合物中，如果不添加促进剂，混合物在常温下有数月的适用期，但固化速度比较慢。添加促进剂会大大加速固化反应的进行，混合物的适用期也会缩短。由于有较长的适用期，并且固化物的电性能好，耐冲击性能优良，在复合材料基体方面得到应用。

热固性酚醛树脂与环氧树脂的混溶性好，混合后适用期可长达一周以上，刺激性小，易成型加工，所以普遍应用于各种复合材料的成型工艺中，如缠绕、层压及模压等。热固性酚醛树脂的用量约为环氧树脂的 40%～50%，在 160℃下固化约 5h 能得到完全固化的产物。由于在加热条件下酚醛树脂本身也发生交联反应，并释放出低分子物质，所以其固化产物的致密性及机械性能不如酸酐固化体系。

与多元胺类化合物相似，低分子量聚酰胺树脂中的胺基也可与环氧基反应形成交联结构。目前国内生产用作环氧树脂固化剂的聚酰胺树脂，有 650（胺值 200）、

651（胺值 400）等几种牌号。低相对分子质量聚酰胺在室温下黏度较大，为了降低黏度，可以加入少量的活性稀释剂。聚酰胺作为固化剂的用量可以很大，一般为环氧树脂的 40%～200%。这类固化剂的适用期短，它与脂肪族多胺一样，在低温下也容易进行反应，挥发性与毒性很小。固化物具有韧性，低温性能好，收缩小及尺寸稳定性好，但耐热性、耐湿热性及耐溶剂性能差。

3. 催化聚合型固化剂

催化聚合型固化剂主要包括阴离子聚合型固化剂和阳离子聚合型固化剂。阴离子及阳离子型固化剂，主要通过引发树脂分子中环氧基的开环聚合反应，从而交联成体型结构的高聚物。这类固化剂的用量主要综合考虑树脂基体综合力学性能和工艺性，凭经验和实验来确定。

1）阴离子型固化剂

常用的是叔胺类，如苄基二甲胺、DMP-10（邻羟基苄基二甲胺）和 DMP-30[2, 4, 6-三（二甲胺甲基）酚]等。它们属于路易斯碱，氮原子的外层有一对未共享的电子对，因此具有亲核性质，是电子的给予体。单官能团的仲胺（如咪唑类化合物）的活泼氢和环氧基反应后，也具有催化作用。

苄基二甲胺用量为 6%～10%，适用期 1～4h，室温固化约 6h；DMP-10 和 DMP-30 的酚羟基显著地加速树脂固化反应速率。用量 5%～10%，适用期 30min～1h，放热量高，体系固化速度快。

2-甲基咪唑和 2-乙基-4-甲基咪唑作为固化剂毒性较小，配料容易，适用期长，黏度小，固化简便，固化物电性能和机械性能良好。用量 3%～4%，其交联反应可同时通过仲胺基上的活泼氢和叔胺的催化引发作用，较其他催化型固化剂有较快的固化速度和较高的固化程度。

2）阳离子型固化剂

路易斯酸（$AlCl_3$、$ZnCl_4$、$SnCl_4$ 和 BF_3 等）是电子接受体。这类固化剂中用得最多的是 BF_3，它能够挥发出腐蚀性的气体，能使环氧树脂在室温下以极快的速度聚合（仅数十秒钟）。BF_3 不能单独用作固化剂，因为反应太剧烈，树脂凝胶太快，无法操作。为了获得在实际情况下可操作的体系，常用 BF_3 和胺类（脂肪族胺或芳香族胺）或醚类（乙醚）的络合物，各种 BF_3 络合物的特性见表 4-35。

表 4-35 各种 BF_3 络合物的特性

BF_3-胺络合物中的胺类	外观	熔点/℃	BF_3 含量/%	室温下的适用期[①]
苯胺	淡黄色	250	42.2	8h
邻甲苯胺	黄色	250	38.3	7～8d
N-甲基苯胺	淡绿色	85	33.8	5～6d

续表

BF_3-胺络合物中的胺类	外观	熔点/℃	BF_3 含量/%	室温下的适用期[①]
N-乙基苯胺	淡绿色	48	36.0	3～4d
N, *N*-二乙基苯胺	淡绿色	—	31.3	7～8d
乙胺	白色	87	59.5	数月
哌啶	黄色	78	44.4	数月
苄胺	白色	138～139	35.9	3～4 周

①100g 二酚基丙烷二缩水甘油醚加 1g BF_3 络合物

工业上常用的是 BF_3-乙胺络合物，又称 BF_3 •400。它是结晶物质（熔点 87℃），在室温下非常稳定，离解温度约 90℃，BF_3 • 400 非常亲水，在湿空气中极易水解成不能再作固化剂的黏稠液体。它可以直接和热的树脂（约 85℃）相溶，也可将它溶解在带羟基的载体中（如二元醇、糠醇等），再用这种溶液作为固化剂。

BF_3 • 400 的用量为 3%～4%，在室温下的适用期达 4 个月。加热到 100～120℃时络合物离解，使固化反应快速进行。温度对固化反应非常敏感，低于 100℃固化速度几乎可以忽略，在 120℃时快速反应，并释放出大量的热。

4. 潜伏型固化剂

潜伏型固化剂是当将这类固化剂与环氧树脂配合后，组成物在室温下能够放置较长的时间，性能比较稳定，一旦暴露于热、光、湿气中则易于引发固化反应，使环氧树脂交联成固化物。基于这一特性，可将环氧树脂组成物配制成为单组分树脂，从而简化现场配料，减少了时间浪费、物料损失及对环境的污染，保证组分计量上的准确度。在微波辐射调控复合材料中，采用潜伏型固化剂的单组分环氧树脂作为树脂基体能够提前涂覆于增强材料上形成片状的半成品预浸料，简化了后续制件制造时材料的裁剪、定位、铺贴等工艺，使设计制造复杂形状和功能的复合材料制品成为可能，因此潜伏型固化剂现成为研究开发的重点。

在这一类固化剂中最重要的是双氰胺及其衍生物，双氰胺也称为二氰二胺，为白色结晶粉末，熔点 209℃。分子式如下：

$$H_2N—C(=NH)—NH—CN$$

双氰胺的用量一般为环氧树脂质量的 8%～11%，它的微粉末与环氧树脂混合后在室温下可保存 6～12 个月其性能不发生明显改变，但加热超过 150℃时就会快速固化。双氰胺与环氧树脂的固化反应也可采用叔胺（如苄基二甲胺）或脲类等进行催化，加入催化剂（促进剂）后，能够明显降低固化反应温度，选择不同催化剂可以使双氰胺和环氧树脂的固化反应降低到 80～130℃发生，但同时混合树脂室温下的保存时间也会相应缩短。

除环氧树脂的固化剂外，其他热固性树脂如不饱和聚酯树脂、酚醛树脂、双马来酰亚胺树脂、聚酰亚胺树脂等根据应用的不同也有相应的固化剂和固化促进剂，有很多品种是环氧树脂固化剂中包含的，这里不一一列举。

4.4 微波辐射调控复合材料吸收剂

微波吸收复合材料由透波纤维、透波树脂基体和微波吸收剂组成。吸收剂是微波吸收复合材料的主要组分之一，对材料的吸波性能具有关键影响。吸收剂按其损耗原理主要有介电型和磁介质型吸收剂，不同类型吸收剂的特点各不相同[55]。

4.4.1 介电型吸收剂

介电型吸收剂主要通过与电场的相互作用来吸收电磁波，包括导电炭黑、碳化硅、导电石墨、金属短纤维、特种碳纤维以及导电高聚物等，它们的主要特点是具有较高的介电损耗角正切，依靠介质的电子极化或界面极化衰减来吸收电磁波。

1. 导电炭黑和石墨

石墨在很早以前就被用来填充在飞机蒙皮的夹层中，吸收雷达波。美国在石墨复合材料的研究方面取得了很大进展，用纳米石墨作为吸收剂制成的石墨-热塑性复合材料和石墨-环氧树脂复合材料，称为“超黑粉”纳米吸波材料，不仅对雷达波的吸收率大于 99%，而且在低温下仍然保持很好的韧性[56]。

炭黑具有较好的导电性能，可以在材料内部形成导电链或局部导电网络，在电磁波的作用下，介质内部产生极化，其极化的强度矢量落后于电场一个角度，从而导致与电场相同的电流产生，建立起涡流，使电能转化成热能而消耗掉；另外，炭黑粒子的粒径很小，结构性高，具有多空隙，不仅有利于炭黑在基体中的均匀分散，而且可以对电磁波形成多个散射点，电磁波经过多次散射而消耗能量，达到吸收电磁波的目的，表 4-36 列出了不同种类导电炭黑和石墨吸收剂的性能。

表 4-36 不同种类导电炭黑和石墨吸收剂的性能

名称	类型	粉末电阻率/(Ω·cm)	生产厂家
乙炔炭黑	微波吸收型	10^{-2}～10^{-1}	焦作和兴化学工业有限公司
还原氧化石墨烯	SE1231	10^{-2}	常州第六元素材料科技股份有限公司
	SE1132	10^{-1}	
	SE1430	10^{0}	
膨胀石墨烯	—	10^{-3}～10^{-2}	上海超寰新材料科技有限公司

2. 碳化硅吸收剂

碳化硅具有耐高温、相对密度小、高强高韧性及电阻率高等特点，作为吸收剂的主要有碳化硅粉和碳化硅纤维两种类型。常规制备的碳化硅粉体吸波性能较低，需要经过进一步处理才能应用，常用的处理方法是对粉体进行掺杂形成复合粉体，以提高碳化硅的电导率，掺杂的元素通常有 B、P、N 等[57]。

碳化硅纤维具有高强度、高模量、低热膨胀系数以及突出的耐高温性能等优点，可在 1000～1200℃下长期使用，主要作为耐高温陶瓷基复合材料增强材料应用。用于微波吸收复合材料的碳化硅纤维，是一类经过特殊处理电阻率调控至一定范围的碳化硅纤维，利用不同电阻率的碳化硅纤维通过阻抗匹配设计能够获得微波吸收复合材料。表 4-37 为用于微波吸收复合材料的不同电阻率的碳化硅纤维性能。

表 4-37 不同电阻率碳化硅纤维的性能

材料牌号	密度/(g/cm^3)	电阻率/(Ω·cm)	生产厂家
SLF-SiC-CⅡ	2.47	10^1	苏州赛菲集
SLF-SiC-NF	2.45	10^3	苏州赛菲集
Hi-Nicalon	2.74	1.4	日本碳素
Hi-Nicalon-S	3.10	0.1	日本碳素

碳化硅纤维电阻率调控改性方法有以下三种方式：①高温处理，碳化硅纤维在经过高温处理后，会析出大量的游离碳粒子，使纤维电阻率降低，介电损耗增加。②表面改性，通过在碳化硅纤维表面沉积导电层（如碳层、镍层等）或涂覆损耗物质，可以降低碳化硅纤维的电阻率，提高纤维的电磁损耗。③掺杂改性，通过物理或化学掺杂方法在碳化硅纤维内掺杂一些具有良好导电性或磁性的元素或物相，可以调节碳化硅纤维的电磁参数，提高其电磁损耗和吸波性能[58, 59]。

3. 碳纤维吸收剂

碳纤维属于有机物转化而成的过渡态碳，其碳含量一般为 92%～95%。碳纤维的电性能接近于金属，未经处理的碳纤维是雷达波的强散射体，只有经过特殊处理，通过调节其电阻率，才能吸收电磁波。在碳纤维复合材料中，当电场方向与纤维方向垂直时，碳纤维是电磁波的反射材料；当电场方向与纤维方向平行时，碳纤维能够透过或吸收电磁波。

碳纤维的吸波性能受碳化温度、碳纤维横截面的大小和形状等因素影响。随着碳化温度的升高，碳纤维导电性逐步增大，易作为电磁波的反射材料；低温处理的碳纤维，由于其晶化程度低，结构相对疏松散乱，是电磁波的吸收材料。碳纤维的电阻率受其横截面大小和形状的影响，通过改变横截面的形状和大小，可以使碳纤维具有适宜的电阻率，从而获得良好的吸波性能，吸波用碳纤维的截面不是圆形，而是三角形、方形或多角形等多种截面类型。此外，还可以通过对碳纤维进行表面改性的方法，在碳纤维表面沉积一层有微小空穴的碳粒或碳膜，或表面喷涂一层金属镍等，实现碳纤维的吸波性能。碳纤维也可制备成短切碳纤维作为具有一定长径比的吸收剂使用[56]。

4. 导电高聚物

导电高聚物一般由共轭结构有机高分子材料（如聚乙炔、聚吡咯、聚苯胺、聚噻吩等）与导电物质（金属、非金属及氧化物类等）或掺杂剂（盐酸、浓硫酸、三氯化铁及其他有机物等）经特定工艺制备而成，是一种电损耗型吸波材料。导电高聚物经掺杂后其链结构上存在自由基，该类偶极子的存在和跃迁使其具有导电性，其导电性可在绝缘体、半导体、导体间调控改变。电导率的大小与导电高分子的分子链长、分子结构对偶极子的束缚力、电导率、掺杂剂的性质等有着密切关系[60]。

5. 席夫碱类材料

席夫碱主要是指结构中含有亚胺或甲亚胺基团（—RC ═ N—）、通常由醛或酮类化合物与伯胺在碱性条件下反应生成的亚胺衍生物，由 H. Schiff 在 1864 年首先发现。导电席夫碱材料是一种结构型导电吸波材料，主要包括：视黄基席夫碱、聚合长链的席夫碱、视黄基席夫碱盐及席夫碱掺杂非金属或金属的产物等。

视黄基席夫碱盐类是由多种视黄基席夫碱盐组成的、在线型多烯主链上含有连接二甲基的双链碳-氮结构的有机高分子聚合物，密度约为 $1.1g/cm^3$，这类高极化盐类材料结构中的双联离子位移，具有很强的极性，能迅速使电磁波转换成热能散发出去，因而具有吸波功能[61]。

4.4.2　磁介质型吸收剂

1. 铁氧体吸收剂

铁氧体按晶体结构类型可分为尖晶石型、磁铅石型和石榴石型。铁氧体一般是指铁族的和其他一种或多种适当的金属元素的复合化合物，就其导电性而论属于半导体，但在应用上是作为磁性介质使用的。铁氧体是发展最早、应用最广的吸波材料。铁氧体在高频下有较高的磁导率，且电阻率（10^2～$10^8\Omega\cdot cm$）也较大，电磁波易于进入并快速衰减，因而被广泛地应用在雷达吸波材料领域中。铁氧体具有畴壁共振损耗、磁矩自然共振损耗和粒子共振损耗等特性，其作用机理可概括为对电磁波的磁损耗和介电损耗。铁氧体复合材料具有较好的频率特性，其相对磁导率较大，相对介电常数较小，适合制作匹配层，在拓宽低频吸收效果方面具有良好的优势，但其同时也伴随着密度大、温度稳定性差、频带窄等缺点[62, 63]。不同铁氧体吸收剂基本性能见表 4-38。

表 4-38 不同铁氧体吸收剂基本性能

材料牌号	相对磁导率		相对介电常数		生产厂家
	实部	虚部	实部	虚部	
91002	＞1.9	＞1.0	4～7	0.1～0.3	成都中磁新技术开发有限公司
NDF	5GHz，≥1.4 8GHz，≥1.1	5GHz，≥0.5 8GHz，≥0.6	5GHz，≤6.0 8GHz，≤6.0	5GHz，≤0.5 8GHz，≤0.5	南京大学

2. 羰基铁吸收剂

羰基铁吸收剂是目前最为常用的吸收剂之一，它是一种典型的磁损耗型吸波材料，广泛应用的羰基铁吸收剂有粉状和针状两种。粉状羰基铁密度大、电损耗和磁损耗均较大，但是由于其介电常数实部值高，电磁参数难于匹配，使用中可通过表面处理技术降低介电常数实部值，增大吸收和拓宽带宽。与粉状羰基铁相比，针状羰基铁颗粒细、密度小，由其制备的吸波材料可兼备轻质、宽频高吸收等特点。不同羰基铁吸收剂基本性能见表 4-39。

表 4-39 不同羰基铁吸收剂基本性能

材料牌号	相对磁导率		相对介电常数		生产厂家
	实部	虚部	实部	虚部	
94RC	＞4	＞2.6	18～21	1～3	成都中磁新技术开发有限公司
ND-C20	8GHz，≥1.9 12GHz，≥1.2	8GHz，≥2.0 12GHz，≥1.7	8GHz，≤28 12GHz，≤28	8GHz，≤4 12GHz，≤5	南京大学
ND-NDB	2GHz，≥5.5 5GHz，≥3.0 8GHz，≥1.3 12GHz，≥0.9	2GHz，≥2.6 5GHz，≥3.2 8GHz，≥2.3 12GHz，≥1.6	2GHz，≤28 5GHz，≤28 8GHz，≤28 12GHz，≤28	2GHz，≤4 5GHz，≤5 8GHz，≤5 12GHz，≤6	南京大学
DFM	2GHz，≥4.0 8GHz，≥1.0 12GHz，≥0.5	2GHz，≥2.0 8GHz，≥2.0 12GHz，≥1.5	2GHz，≤50 8GHz，≤50 12GHz，≤50	2GHz，≤10 8GHz，≤10 12GHz，≤10	北京航空材料研究院

续表

材料牌号	相对磁导率		相对介电常数		生产厂家
	实部	虚部	实部	虚部	
DFSM	2GHz，≥4.0	2GHz，≥1.7	2GHz，≤20	2GHz，≤3.0	北京航空材料研究院
	8GHz，≥1.7	8GHz，≥1.8	8GHz，≤20	8GHz，≤3.0	
	12GHz，≥1.0	12GHz，≥1.5	12GHz，≤20	12GHz，≤3.0	
BD-TGHT	2GHz，≥1.4	2GHz，≥2.4	2GHz，≤24	2GHz，≤5	武汉磁电
	8GHz，≥1.55	8GHz，≥2.0	8GHz，≤27	8GHz，≤3	
BD-MZ	2GHz，≥5	2GHz，≥2.0	2GHz，≤35	2GHz，≤5	武汉磁电
	8GHz，≥1.8	8GHz，≥2.4	8GHz，≤33	8GHz，≤3	

3. 超细金属粉吸收剂

超细金属粉是指粒径在 10μm 甚至 1μm 以下的粉末，由于粒径较小，组成粒子的原子数大大减少，活性大大增加，在微波辐射下，分子、电子运动加剧，促进磁化，使电磁能转化为热能；另外，具有铁磁性的金属超细微粉具有较大的磁导率，与高频电磁波有强烈的相互作用，从理论上来讲，应具有高效吸波性能[64]。

磁性金属粒子用于电磁波能量吸收剂时，需满足一些基本要求。金属粒子受到电磁波作用时，存在趋肤效应，其粒子不能过大（粒径一般不大于 30μm），否则对电磁波的反射会迅速增加。金属粉末的粒度应小于工作频带高端频率时的趋肤深度，材料的厚度应大于工作频带低端频率时的趋肤深度，这样，既保证了能量的吸收，又能使电磁波不会穿透材料。磁性金属粒子吸收剂目前主要有两个发展方向，一是开发纳米量级的超细粉，利用纳米粒子的特殊效应来提高吸波性能；二是开发长径比较大的针状晶须（纤维），利用粒子的各向异性来提高吸波性能。

4. 磁性微球吸收剂

磁性微球包括磁性高分子微球、磁性无机-无机复合微球、磁性金属合金微球。其中，以兼具有机材料和无机材料两者优势的磁性高分子微球居多。磁性微球具有很多优良的特性，如具有电磁吸波性能，可有效避免电磁波的干扰；具有磁响应特性，即在外加磁场的作用下，可实现磁分离；材料粒径小，比表面积大，通过功能化处理，可使材料具有多功能性，被广泛应用于航空、通信、生物医药等领域[64]。

4.4.3 新型吸收剂

1. 纳米吸收剂

纳米材料是指在三维空间中，至少有一维在纳米级（1～100nm）的材料。当宏观物体细分成纳米级后，其光、电、磁、热、力学及化学方面的性质都将发生质的变化。材料磁损耗增大，具有吸波、透波、偏振等功能，可与结构材料或涂层材料复合，兼具频带宽、兼容性好、质量小和厚度薄等特点，是一种极有发展前途的吸波材料。

纳米材料尺寸小，比表面积大，表面原子比例高，悬挂键多，界面极化和多重散射可成为重要的吸波机制。量子尺寸效应使电子能级分裂，分裂的能级间距正处于微波的能量范围，从而创造了新的吸收通道。磁性纳米粒子具有较高的矫顽力，可引起较大的磁滞损耗。在电磁场的辐射下，纳米材料中的原子和电子运动加剧，促使磁化，增加电磁能转化为热能的效率，从而提高了对电磁波的吸收性能。

国内外研究的纳米吸收剂的种类主要有：纳米金属与合金吸收剂、纳米氧化物吸收剂、纳米陶瓷吸收剂、过渡金属硫化物纳米吸收剂、纳米导电聚合物吸收剂、碳纳米管吸收剂等。纳米金属吸波材料是以 Fe、Co、Ni 等金属及其合金制成粉体，与介质型纳米粉体或黏结剂复合制成薄膜，复合得到的合金粉体吸波性能优于纯的纳米金属。纳米氧化物吸收剂主要有 Fe、Mo、Ti、W、Ni、Sn 等的氧化物和复合氧化物，它们不仅吸波性能良好，还兼有抑制红外辐射的功能。纳米陶瓷吸波材料主要有 SiC、Si_3N_4 及 Si/C/N、Si/C/N/O 复合物等，主要成分为碳化硅、氮化硅和无定形碳，具有质量小、耐高温、强度大、吸波性能好等特点。尤其是 Si/C/N 吸波材料，它不仅具有以上优点，而且还具有使用温度范围宽（从室温到 1000℃均可使用）、用量小、介电性能可调、可有效减弱红外辐射信号等特性。过渡金属硫化物纳米吸波材料主要指 Cd、Mn、Ni、Zn、Cu、Ag 等过渡金属的硫化物和复合物，它们不仅在紫外、近紫外、可见光区有吸收，而且在近红外光区也有吸收。

纳米材料对电磁波的透射率和吸收率比微粉级粉体大得多。美国研制出的“超黑粉”纳米吸波材料，对雷达波的吸收率大于 99%。日本用二氧化碳激光法研制出一种在厘米和毫米波段都有很好吸收性能的 Si/C/N 和 Si/C/N/O 复合吸收剂[65]。

2. 手性吸收剂

手性吸收剂是指一种物质在一个平面内无论通过旋转还是平移都不能重合。手性吸波材料是近年来发展起来的、具有良好吸波性能的一种材料，其性质主要由其手性参数和电磁参数决定，具有手性参数可调、吸波频带宽等优点。

手性材料的吸波机理主要有两种：一是手性物质通过其旋光色散性吸收电磁波能量，当电磁波通过手性材料时，电磁波的偏振将沿传播方向旋转，其椭圆偏振率将随着传播的距离而不断变化。二是在于它独特的螺旋几何结构。对于手性材料来说，入射电磁波的电场不但能引起电极化，而且还能引起磁极化；

同样，磁场也能同时引起磁极化和电极化，这种电磁场的交叉极化是由于其螺旋结构引起的。电磁波交叉极化而产生电与磁的耦合，因而螺旋聚合物具有很好的吸收性能。

目前研究较多的手性微体主要有：金属手性微体、微螺旋碳纤维以及手性导电聚合物。金属手性微体具有耐磨性、高弹性、良好的导电性和烧结性等优点，取材、制作工艺相对简单，也是较早研究的一种手性吸波材料。螺旋碳纤维是一种有着特殊螺旋结构、具有良好电磁性能的碳纤维材料，具有耐摩擦、低密度、高电热传导性等特点，吸波效果因手性参数和纤维长度的不同而不同。手性导电高聚物又称手征合成金属，是指聚合物本身或构象的不对称性而具有旋光性的高分子，具有良好的导电性能，是在导电高分子和手性高分子的基础上发展起来的。与手性金属微体和螺旋碳纤维相比，手性导电高聚物具有质地均匀、易加工成型、密度小、制作过程相对简单、性能稳定等特点，其吸波效果较一般的导电高聚物吸波频带更宽，通过官能团修饰和反应条件改变可获得不同的手性参数，从而达到需要的吸波效果[66]。

4.5 微波辐射调控复合材料夹层芯材

微波辐射调控复合材料有夹层型和层合型两种结构形式。夹层型微波辐射调控复合材料通常由上下面板层和夹层芯材构成，芯材的介电性能和力学性能直接影响微波辐射调控复合材料的介电性能和力学性能。夹层型微波辐射调控复合材料涉及吸波和透波两类夹层芯材，吸波芯材将在 5.4 节介绍，本节主要介绍微波透明复合材料用透波蜂窝、透波泡沫和人工介质芯材。

4.5.1 透波蜂窝

透波蜂窝主要包括 Nomex 蜂窝、Korex 蜂窝和玻璃布蜂窝等，具有良好的透波性，常用于机载雷达天线罩。

Nomex 蜂窝是采用聚间苯二甲酰间苯二胺芳纶纤维纸加工并经过浸渍阻燃酚醛树脂制成，密度小，比强度、比刚度高，抗疲劳性能好，抗化学腐蚀性能好，高温稳定性良好和透电磁波性能优异，是机载雷达天线罩最常用的夹芯材料之一。目前，国外航空用蜂窝的生产厂家主要有 Hexcel、M. C. Cill、Plascore、Advanced Honeycomb Technologies 及 Euro-technologies Inc.等，国内主要是中航复合材料有限责任公司。不同厂家生产的 Nomex 蜂窝制造标准和产品性能存在差异，Hexcel（HRH-10 系列）和中航复合材料有限责任公司（NH-1 系列）制造的 Nomex 蜂窝性能分别见表 4-40 和表 4-41。

表 4-40　HRH-10 芳纶纸蜂窝芯性能[56, 67]

孔格边长/mm	密度/(kg/m^3)	压缩强度/MPa	压缩模量/MPa	剪切强度/MPa		剪切模量/MPa	
				纵	横	纵	横
3	29	0.9	60	0.5	0.35	25	17
	48	2.4	138	1.25	0.73	40	27
	64	3.9	190	2	1	63	35
	80	5.3	250	2.25	1.2	72	40
5	32	1.2	75	0.7	0.4	29	19
	48	2.4	140	1.2	0.7	40	25
6	64	5	190	1.55	0.86	55	33

表 4-41　NH-1 芳纶纸蜂窝芯性能[56]

孔格边长/mm	密度/(kg/m^3)	压缩强度/MPa	压缩模量/MPa	剪切强度/MPa		剪切模量/GPa		ε	$\tan\delta/10^{-3}$
				纵	横	纵	横		
1.83	48	1.72	90.0	1.17	0.65	43.5	20.5	1.04	2.8
	64	2.60	154	1.72	0.94	58.5	25.5	1.08	3.2
2.7	48	1.68	134	1.18	0.67	43.5	20.4	1.02	2.8
	56	2.13	160	1.48	0.78	50.6	22.0	1.1	3.1
	64	2.83	229	1.70	0.92	58.5	25.0	1.1	3.5
3	32	0.79	47.3	0.52	0.36	29.3	14.8	1.05	1.1
	48	1.69	90.0	1.13	0.69	48.4	30.1	1.07	1.7
	64	2.52	156	1.68	0.94	68.2	45.0	1.09	2.9
4	48	1.68	90.0	1.15	0.70	49.0	30.0	1.09	2.4
	56	2.14	140	1.45	0.77	60.0	38.0	1.04	2.8
5	48	1.66	136	1.27	0.73	46.6	28.0	1.07	2.0
	56	2.09	160	1.60	0.95	59.0	37.0	1.07	2.1

Korex 蜂窝是美国杜邦公司 19 世纪 90 年代末采用 Korex 蜂窝纸研发制造。Korex 蜂窝纸是采用邻位的对苯二胺与对苯二甲酸或对苯二氯代甲酸为原材料制造。Korex 蜂窝在强度、模量、耐温性能、湿热性能、抗疲劳、吸湿性、热膨胀和介电性能等方面均优于 Nomex 蜂窝，典型性能见表 4-42。

表 4-42　Korex 蜂窝的性能[56]

孔格边长/mm	密度/(kg/m³)	压缩强度/MPa	压缩模量/GPa	剪切强度/MPa		剪切模量/GPa	
				纵	横	纵	横
1.83	48	2.59	276	1.72	1.79	131	62.0
	72	5.17	517	3.38	2.14	262	103.4
2.75	48	—	—	1.57	0.95	152	62.0
	72	5.09	—	2.83	1.54	241	89.6
5.5	32	1.10	172	0.83	0.48	90	34.5
	48	2.48	—	1.65	0.90	124	62.0

玻璃布蜂窝具有优良的介电性能和力学性能，浸渍聚酰亚胺等耐高温树脂后，玻璃布蜂窝可在 300℃长期使用。美国 Hexcel 公司已经商品化的玻璃布增强复合材料蜂窝芯材典型力学性能见表 4-43，其高温下强度保持率见图 4-4[68]。

表 4-43　Hexweb® HRH372 玻璃布蜂窝室温力学性能

数值类型	稳定平压		纵向剪切		横向剪切	
	压缩强度/MPa	压缩模量/MPa	剪切强度/MPa	剪切模量/MPa	剪切强度/MPa	剪切模量/MPa
典型值	3.03	275.8	1.93	165.48	0.89	68.95
最小值	2.34	—	1.37	—	0.62	—

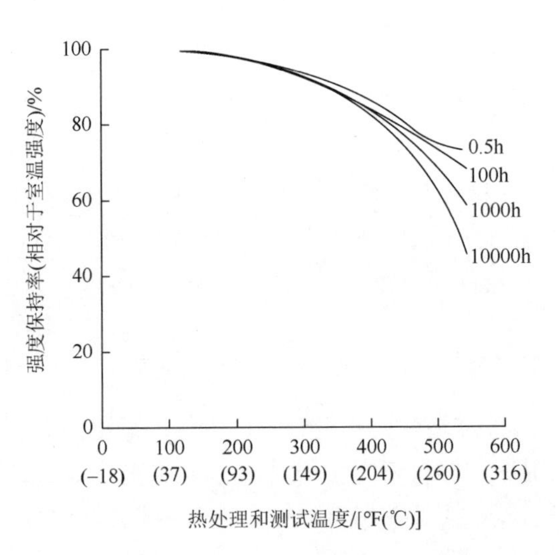

图 4-4　Hexweb® HRH372 玻璃布蜂窝高温下强度保持率

适用于夹层结构雷达天线罩的蜂窝芯材，国外 Nomex 蜂窝的形式除正六边形空格外，还有过拉伸蜂窝、柔性蜂窝（用于双曲面结构），目前国内能够工业化生产的主要还是不同规格的正六边形蜂窝，蜂窝的品种规格有待进一步增加。

4.5.2　透波泡沫

泡沫材料是由大量气体微孔分散于固体塑料中而形成的一类高分子材料，具有轻质、隔热、吸音、减震等特性。常用的泡沫材料包括聚氨酯泡沫和聚甲基丙烯酰亚胺泡沫（PMI 泡沫）。

聚氨酯泡沫是由有机异氰酸酯与多元醇反应生成的聚合物，是聚氨酯合成材料的主要品种之一，具有优良的物理机械性能、声学性能、电性能和耐化学性能。聚氨酯泡沫由聚氨酯树脂经过发泡工艺生成，具有各向同性和优异的透电磁波性能，也是机载雷达天线罩常用的夹芯材料之一。泡沫的柔韧性和刚度依赖于它的密度，天线罩一般采用的材料密度为 0.21～0.5g/cm^3。聚氨酯泡沫的力学性能和介电性能都与密度有密切关系，当泡沫材料的密度增大时，通常力学性能增加，介电性能下降。聚氨酯泡沫不同密度下的介电常数和平压强度见表 4-44。聚氨酯泡沫拉伸强度及伸长率与密度的关系见图 4-5。

表 4-44　不同密度聚氨酯泡沫的介电常数和平压强度[56]

项目	密度/(kg/m^3)		
	40.0	72.0	96.1
ε	1.06	1.10	1.15
$\tan\delta/10^{-3}$	2.9	6.1	9.8
平压强度/MPa	0.24	0.55	1.03

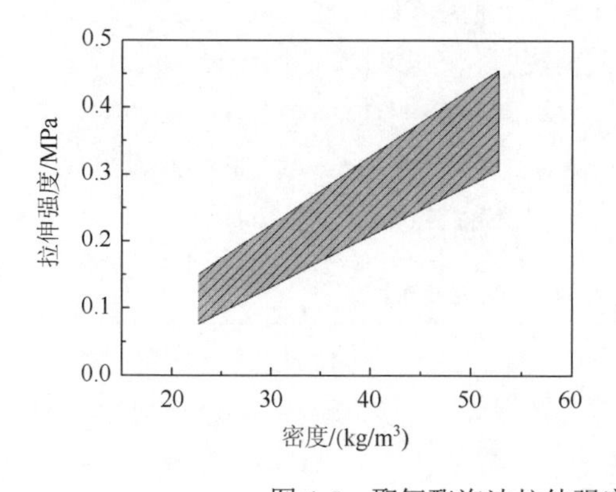

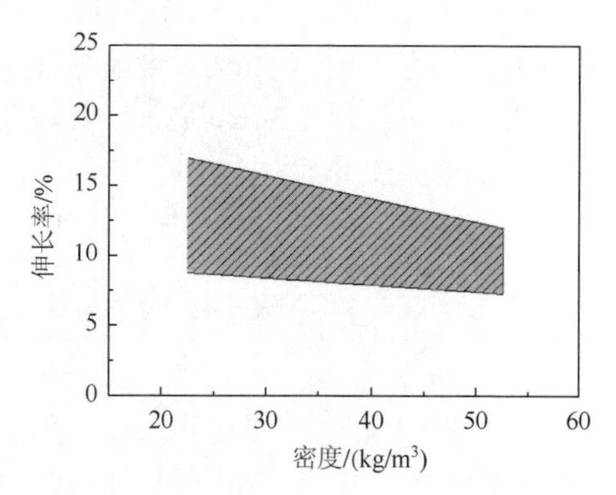

图 4-5　聚氨酯泡沫拉伸强度及伸长率与密度的关系[69]

PMI 泡沫是由德国 ROHM 公司于 1966 年首先研制成功的，具有优异的力学性能，在相同密度的条件下，是强度和刚度最高的泡沫材料。PMI 泡沫还具有良好的抗压缩蠕变性能、耐高温性能和尺寸稳定性能，适用于与中、高温 EP 或 BMI 共固化的夹层结构构件中。PMI 泡沫适用于机载雷达天线罩的最主要因素是某些型号的产品，如 ROHACELL@ IG 泡沫（德国 ROHM 公司生产）具有良好的介电性能（$\varepsilon=1.09$，$\tan\delta=0.0039$）和力学性能，结果见表 4-45。但 PMI 泡沫的介电性能与泡沫的相对密度有关，其 ε 值和 $\tan\delta$ 值随泡沫密度增加而逐渐增加，实际应用中需要根据结构强度和透波的要求进行权衡选择。

表 4-45　PMI 泡沫的性能[56]

牌号	密度/(kg/m^3)	压缩强度/MPa	拉伸强度/MPa	剪切强度/MPa	剪切模量/MPa	断裂伸长率/%
ROHACELL® IG/IG-F	52	0.9	1.9	0.8	19	3
	75	1.5	2.8	1.3	29	3
	110	3.0	3.5	2.4	50	3
ROHACELL® RIST	52	0.8	1.6	0.8	24	3
	75	1.7	2.2	1.3	42	3
	110	3.6	3.7	2.4	70	3
ROHACELL® WF	52	0.8	1.6	0.8	24	3.0
	75	1.7	2.2	1.3	42	3.0
	110	3.6	3.7	2.4	70	3.0
	205	9.0	6.8	5.0	150	3.5

4.5.3　人工介质芯材

人工介质夹芯材料是一种可进行人工调控介电常数的脉冲多普勒（PD）雷达罩中使用的一种关键材料。对人工介质材料的性能要求是介电常数可调、损耗角正切低、密度小、力学性能高、工艺稳定。该材料用于制造 PD 雷达罩的夹芯材料时，可使雷达罩在满足电性能和力学性能等指标的前提下，有效地实现结构轻量化。

人工介质材料大都是以复合泡沫塑料为基础经添加功能性填料而得到的，如国内研制的人工介质 RJ-1 材料是一种以复合泡沫塑料为基础经加入金属氧化物粒子而形成的。RJ-1 材料与国外人工介质材料性能对比见表 4-46。

表 4-46　国内外人工介质材料的性能对比[70]

名称	ε（10GHz）	$\tan\delta$（10GHz）	剪切强度/MPa	密度/(g/cm^3)
国产 RJ-1 材料	2.8～4.2	0.013	3.0	0.86～1.10
F-4J 飞机雷达罩材料	3.1	0.015	—	0.513
AMS 3709 规范材料	3.2	0.016	1.9	0.305

由表 4-46 看到，可以通过调整人工介质芯材的种类及密度得到不同介电性能和力学性能的夹芯材料，人工介质材料介电损耗低，有利于提高雷达罩的透波率。

参 考 文 献

[1] 姜肇中，邹宁宇，叶鼎铨. 玻璃纤维应用技术[M]. 北京：中国石化出版社，2004.

[2] 祖群，赵谦.高性能玻璃纤维[M]. 北京：国防工业出版社，2017.

[3] 祖群. 高性能玻璃纤维研究[J]. 玻璃纤维，2012，（5）：16-23.

[4] 韩利雄，赵世斌. 高强度高模量玻璃纤维开发状况[J]. 玻璃纤维，2011，（3）：34-38.

[5] 张增浩，赵建盈，邹王刚. 高硅氧玻璃纤维产品的发展和应用[J].高科技纤维与应用，2007，32（6）：30-33.

[6] 张雄，王义，程海峰.石英纤维透波复合材料的研究进展[J].材料导报，2012，26（19）：96-100.

[7] 洪旭辉，华幼卿. 玻璃纤维增强树脂基复合材料的介电特性[J]. 化工新型材料，2005，（4）：16-19.

[8] 包建文，蒋诗才，张代军. 航空碳纤维树脂基复合材料的发展现状和趋势[J]. 科技导报，2018，36（19）：52-63.

[9] 李伟东，张金栋，刘刚，等. 国产 T800 碳纤维/双马来酰亚胺复合材料的界面及力学性能[J]. 复合材料学报，2016，33（7）：1484-1491.

[10] 孔海娟，张蕊，周建军，等. 芳纶纤维的研究现状与进展[J]. 中国材料进展，2013，32（11）：676-684.

[11] 汤伟，王瑞岭. 对位芳纶纤维的研究与应用进展[J]. 化工新型材料，2010，38（7）：43-45，60.

[12] 易小苏，杜善义，张立同. 复合材料手册[M]. 北京：化学工业出版社，2009.

[13] 马晓光，刘越. 先进复合材料用高性能纤维发展概述[J]. 合成纤维，2001，30（2）：21-25.

[14] 朱武，黄苏萍，周科朝，等. 超高分子量聚乙烯纤维及其复合材料的研究现状[J]. 材料导报，2005，19（3）：67-69，79.

[15] 蔡忠龙，洗杏娟.超高模聚乙烯纤维增强复合材料[M]. 北京：科学出版社，1997.

[16] 王成忠，李鹏，于运花，等. UHMWPE 纤维表面处理及其复合材料性能[J].复合材料学报，2006，23（2）：30-35.

[17] 丁孟贤. 聚酰亚胺-化学、结构与性能的关系及材料[M]. 北京：科学出版社，2006.

[18] 常晶菁，牛鸿庆，武德珍，等. 聚酰亚胺纤维的研究进展[J]. 高分子通报，2017，（3）：19-27.

[19] 张银锋. 聚酰亚胺纤维的制备及其结构性能研究[D]. 杭州：浙江理工大学，2013.

[20] 乔咏梅. PBO 纤维及其复合材料研究[D]. 西安：西北工业大学，2006.

[21] 沈开猷. 不饱和聚酯及其应用[M]. 3 版. 北京：化学工业出版社，2005.

[22] 周文英，齐暑华，寇静利，等. 不饱和聚酯树脂增韧研究进展[J]. 热固性树脂，2005，20（1）：37-42.

[23] 陈平，王德中. 环氧树脂及其应用[M].北京：化学工业出版社，2004.

[24] 陈平，刘胜平. 环氧树脂[M]. 北京：化学工业出版社，2002.

[25] 钟翔屿，包建文，陈祥宝，等. 改性氰酸酯树脂体系韧性及介电性能研究[J].材料工程，2006，（1）：38-42.

[26] 洪旭辉，李亚锋. 氰酸酯改性环氧树脂耐热性研究[J]. 热固性树脂，2009，24（10）：14-16，21.

[27] 苏民社，刘军，王玉红，等. PPO/环氧玻璃布覆铜板的研制[J]. 纤维复合材料，2002，19（3）20-21.

[28] Rashid E S，Ariffin K，Kooi C C，et al. Preparation and properties of POSS/epoxy composites for electronic packaging applications[J]. Materials and Design，2009，30（1）：1-8.

[29] 商宇飞，孙晶川，李齐方，等. 低介电笼型倍半硅氧烷改性氰酸酯-环氧树脂复合材料[J]. 功能材料，2008，39（11）：1817-1820.

[30] 贾静霞，孙明明，刘彩召，等. 新型环氧树脂合成及应用[J]. 化学与黏合，2017，39（1）：56-60.

[31] 贺德鑫，张文奇，许杨，等. 四缩水甘油醚蒽基结构环氧树脂的合成[J].高分子材料科学与工程，2014，30（3）：11-14.

[32] Reghunadhan N C P，Mathew D，Ninan K N. Cyanate ester resins，recent developments[J].Advance in Polymer Science，2001，155：1-99.

[33] Chaplin A，Hamerton I，Herman H，et al. Studying water uptake effects in resins based on cyanate ester/bismaleimide blends[J]. Polymer，2000，4（11）1：3945-3956.

[34] 柳丛辉，唐玉生，孔杰. 氰酸酯树脂体系电性能研究新进展[J].工程塑料应用，2011，39（11）：84-88.

[35] Wooster T J，Abrol S. Cyanate ester polymerization catalysis by layered-silicates[J].Polymer，2004（45）：7845-7852.

[36] Kinloch A J，Taylor A C. The toughening of cyanate-ester polymers[J]. Joural of Materials Science，2002，37（3）：433-460.

[37] Dai S K，Gu A J，Liang G Z，et al. Preparation and properties of cyanate ester/polyorganosiloxane blends with lower dielectric loss and improved toughness[J].Polymers for Advanced Technologies，2011，22（2）：262-269.

[38] 梁国正，顾媛娟. 双马来酰亚胺树脂[M]. 北京：化学工业出版社，1997.

[39] 张曼，陈小强，王金艳. 双马来酰亚胺基体树脂的改性[J]. 宇航工艺材料，2012，（3）：34-37.

[40] Tandon G P，Pochiraju K V，Schoeppner G A，et al. Thermo-oxidative behavior of high-temperature PMR-15 resin and composites[J]. Materials Science and Engineering A，2008：150-161.

[41] Schoeppner G A，Tandon G P，Ripberger E R，et al.anisotropic oxidation and weight loss in PMR-15 composites[J]. Composites Part A：applied science and manufacturing，2007，38：890-904.

[42] 徐庆玉，殷蝶，曾鸣，等. 低介电苯并噁嗪树脂的研究进展[J].高分子材料科学与工程，2017，33（1）：165-172.

[43] 张凤翻. 苯并噁嗪树脂及其在宇航复合材料中的应用[J].高科技纤维与应用，2016，41（1）：10-23.

[44] 王登武，王芳. 苯并噁嗪树脂改性研究进展[J].中国胶粘剂，2013，22（1）：51-55.

[45] 顾宜，王宏远，等.苯并噁嗪树脂及其复合材料的研究进展[C]//第十八届全国复合材料学术会议论文集（上册），厦门：中国宇航学会，中国力学学会，中国复合材料学会及中国航空学会，2014：44-47.

[46] Patcharat P，Chanchira J，Phattarin M，et al. Dielectric and thermal behaviors of fluoring-containing dianhydride-modified polybenzoxazine：A molecular design flexibility[J].Journal of Applied Polymer Science，2017，34（33）：45204.

[47] 宋麦丽，崔红，闫联生，等. 高硅氧/有机硅透波材料介电性能实验分析[J]. 固体火箭技术，2006，29（5）：364-366，371.

[48] 刘艳.有机硅树脂基透波材料的制备及性能研究[D]. 济南：济南大学，2014.

[49] 房红强，梁国正，周文胜，等. 高性能 PTFE 基透波复合材料的研究进展[J]. 化工新型材料，2004，（5）：20-23.

[50] 姜卫陵，赵云峰，罗平. 高硅氧玻璃纤维布增强聚四氟乙烯（PTFE）复合材料介电性能研究[J]. 宇航材料工艺，2000，（1）：34-36，54.

[51] 朱承双. 聚醚醚酮材料的改性研究[D]. 长春：长春理工大学，2014.

[52] 张凤翻. 先进热塑性树脂预浸料用原材料[J]. 高科技纤维与应用，2014，39（3）：1-6，66.

[53] 方省众，严庆. 高性能聚酰亚胺热塑性树脂的工业化进展[J]. 高分子通报，2008，（6）：49-51.

[54] 胡玉明，吴良义. 固化剂[M]. 北京：化学工业出版社，2004.

[55] 邢丽英. 隐身材料[M]. 北京：化学工业出版社，2004.

[56] 邢丽英. 结构功能一体化复合材料技术[M]. 北京：航空工业出版社，2017.

[57] 黎炎图，黄小忠，杜作娟，等. 结构吸波纤维及其复合材料的研究进展[J]. 材料导报，2010，24（7）：76-79.

[58] 李鹏，周万城，贺媛媛. 高温吸波材料研究应用现状[J]. 航空制造技术，2008，（6）：26-29.

[59] 熊国宣，李澎，徐玲玲，等. 导电高分子吸波材料的研究进展[J]. 化工新型材料，2005，33（5）：22-24.
[60] 赵九蓬，李垚，吴佩莲. 新型吸波材料研究动态[J]. 材料科学与工艺，2002，10（2）：219-224.
[61] 邱琴，张晏清，张雄. 电磁吸波材料研究进展[J]. 电子元件与材料，2009，28（8）：78-81.
[62] 周超，戴红莲. 磁性微球制备方法[J]. 磁性材料及器件，2006，37（5）：6-10.
[63] 张凯，傅强，黄渝鸿，等. 磁性高分子微球的制备及表征技术[J]. 宇航材料工艺，2004，34（6）：1-5.
[64] 倪亚楠. 纳米电磁屏蔽及隐身的纳米吸波材料与吸波结构在武器装备中应用[D]. 南京：南京理工大学，2006.
[65] 王蓓. 视黄基席夫碱盐的制备及毫米波衰减性能研究[D]. 南京：南京理工大学，2009.
[66] 孙敏，于名讯. 隐身材料技术[M]. 北京：国防工业出版社，2013.
[67] 程文礼，袁超，邱启艳，等. 航空用蜂窝夹层结构及制造工艺[J]. 航空制造技术，2015，（7）：94-98.
[68] 斯奎，侯军生，李云溪，等. 耐高温玻璃布/聚酰亚胺蜂窝的研制[J]. 制造技术，2009，（zl）：67-69.
[69] 朱吕民，刘益军，等. 聚氨酯泡沫塑料[M]. 3 版. 北京：化学工业出版社，2004.
[70] 舒卫国，杨博，薛向晨，等. 雷达天线罩技术综述[J]. 航空制造技术，2007，（21）：37-40.

第5章

微波吸收复合材料技术

5.1 引　　言

现代战争中，信息的获取和反获取已成为斗争的焦点，先敌发现、先敌攻击是克敌制胜的重要保障。武器装备隐身化能够打破现有的攻防格局，提高战略武器的突防能力，提高战术武器的生存能力和作战效能，是当前世界军事高技术发展的重要方向之一[1]。

不同武器系统的非终端威胁区别较大。对于飞行器，最重要的非终端威胁是雷达、红外和射频。在雷达、红外和射频中，雷达探测是目前威胁飞行器的主要探测手段，因此雷达隐身技术是隐身战机关键核心技术。

飞行器面临的雷达威胁包括预警雷达和火控雷达等，对预警雷达和陆基火控雷达，其工作频率大部分处于 P、L 和 S 波段，对于机载火控雷达，其工作频率主要处于 X 和 Ku 波段。飞行器雷达隐身性能的获取，主要通过采用外形或结构的隐身设计、采用吸波材料、无源（或有源）阻抗加载等多种措施，降低飞行器的雷达信号特征，减缩飞行器的雷达散射截面积（RCS），从而实现低可探测性。一般来说，未应用外形隐身设计的战斗机，RCS 在几十平方米量级；采用外形隐身和阻抗加载技术后，RCS 减缩至平方米量级；RCS 进一步减缩至 $0.1m^2$ 以下，必须应用微波吸收材料[2, 3]。

微波吸收材料是一种能够吸收电磁波而反射、散射和透射都很小的功能材料，按其工作原理可分为以下基本类型：复磁导率与复介电常数基本相等的吸波复合材料；1/4 波长“谐振”吸波复合材料；阻抗渐变“宽频”吸波复合材料；衰减表面电流的吸波涂层[4]。

微波吸收复合材料技术是飞行器实现高隐身的关键技术。微波吸波复合材料技术的实质是自由空间和导电表面有损耗网络的匹配，在减少反射的同时提供损耗是微波吸收复合材料研制的关键。因此提高微波吸收复合材料的吸收带宽面临两个问题：一是怎样使入射波进入吸波复合材料中而不是简单地从前界面反射掉；二是一旦电磁波进入吸波复合材料内部，怎样才能达到高的吸收程度。微波吸波复合材料的研制过程是吸收带宽、性能和厚度的综合优化过程。

本章主要介绍飞行器的雷达散射源、微波吸收复合材料的分类、不同类型微波吸收复合材料的设计和性能特点，以及新型微波吸收复合材料的发展等。

5.2 飞行器强散射源分析

5.2.1 隐身飞行器设计特点[5]

在传统气动设计中，为了降低飞行器阻力，要求尽量减小飞行器的浸润面积，飞行器的机身截面通常都设计成接近于圆形，但圆形截面是雷达隐身最不希望采用的形状，理想的雷达隐身外形希望采用倾斜平面设计。同时为了改善侧向的隐身问题，要求采用斜置的双垂尾，这样导致空气动力效率变差，并导致额外质量增加。此外，为了满足飞行器隐身要求，所有武器必须内置在飞行器舱内，导致飞行器的尺寸进一步增大。

发动机压气机是飞行器前方最大的散射源，为了提高隐身性能，进气道必须采用大弯度内管道的气动力流道设计，以便形成对发动机压气机的有效遮挡，但这种设计会导致进气道的重要设计参数总压恢复系数下降，气动效率降低。

在传统飞行器的结构设计中，研究重点是在满足总体气动外形要求和结构强度/刚度要求的前提下，得到最小的飞行器结构质量，且要求结构简单、成本低、寿命长。雷达隐身要求的引入增加很多新的约束。

首先，过去不需要考虑大型武器舱开口对结构完整性的破坏，硕大舱门需要在非常大的高度/速度范围内快速开闭自如，刚度/强度设计、变形控制要求提高，设计难度大，质量代价大。其次，为了满足隐身要求，气动外形基本为平面，为保证结构的强度和刚度，要付出更多的质量代价。为保证巨大的座舱玻璃的强度/刚度和隐身外形，玻璃厚度、质量和成本大大增加。再次，飞行器表面的蒙皮分块、对缝和阶差控制难度增大，隐身飞行器的蒙皮分块必须是锯齿对缝，而且必须是全部朝向一个方向，一般要求与飞行器机翼后掠角平行。最后，大量的铆钉和紧固件是飞行器上不可忽视的散射源，必须研制新型铆钉和紧固件减低电磁散射，导致研究成本提升。

飞行器上大量的不同类型的探测器、传感器，包括所有机载天线、大气传感器、外露灯具等，都是飞行器上的雷达散射源，必须对其一一进行隐身处理。同时飞行器上最大和最昂贵的动力系统(发动机)，也必须按隐身设计要求进行设计。

隐身需求使气动设计、结构强度、系统布局以及探测器或传感器选择的难度增大，给飞行器的设计带来了诸多难点和新的挑战。

5.2.2 飞行器常见强散射源分析[2]

三代战斗机的散射源主要有飞行器外形、进气道、雷达天线舱、座舱、表面凸起物、翼面边缘、缝隙与阶差等。对于隐身飞机，外形布局、各种飞机表传感器/外凸物、缝隙与阶差等是首先要减缩的散射源。隐身飞行器一般不允许机体表面有传统飞行器的各种外凸物，如射频天线原则上选择共形安装或者内置安装；而机体外表安装的其他传感器，如大气数据系统、红外光窗系统、机外照明灯等也原则上尽量采用共形安装；传统飞行器常用的凸出机体外表的进/排气口，也应尽量共形设计。对于功能/性能上确实无法实现共形设计与安装的传感器或机表成品，则首先要求其必须采用低 RCS 设计，然后再采取其他 RCS 减缩控制措施。

1. 飞机进气道

根据作战飞行器雷达散射的不同特点和重要程度，可将飞行器的雷达散射在方位面分 3 个区域进行考虑：前向区域、侧向区域和后向区域。由于导弹对飞行器大多是迎头攻击，所以前向区域的隐身能力最为重要，后向次之。

大量数据表明，进气道是作战飞行器在前向区域影响最广、散射最强的散射源，一般单发飞行器进气道可占整机前向雷达散射的 40%左右，而双发飞行器其比例可达 60%以上。因此，进气道的雷达散射能否得到有效控制直接关系到整机在前向区域的 RCS 水平，同时由于进气道雷达散射的复杂性及其与飞行器发动机的密切关系，其 RCS 控制难度很大，而作战飞行器的布局形式多变，进气形式多种多样，更增加了进气系统 RCS 控制的难度。

由于进气道在作战飞行器隐身设计中的重要地位，国外尤其是美国战斗机非常注重其隐身设计，自 20 世纪 50 年代开始，探索开发了大量作战飞行器进气道雷达截面控制技术。例如，SR-71 飞机的进气道唇口与调节锥之间形成了很窄的环形管道，使大多数波长的雷达波不能进入，调节锥有很大的后掠角，从而使进气道获得了良好的隐身/气动效果，这是第一架具备初步的进气道隐身/气动综合设计概念的飞机。F-117A 进气道口采用了特殊的格栅设计以阻止雷达波的进入，其主要缺点是降低了进气道的总压恢复，减小了飞机的可用推力，这种设计对超声速飞行器是不可接受的。在其后的 F/A-18E/F、F-22 中采用了 Caret 进气道设计，同时满足了 RCS 控制和提高进气道总压恢复的双重目的。而 Caret 进气道的缺点是边界吸除系统相当复杂，机身边界层隔道无法取消；为了进一步减小进气道的 RCS，同时提高总压恢复和减小质量，美国 F-35 飞机采用了“蚌”（Bump）式进气道，取消了机身边界层隔道及压缩面边界层吸除系统，强调了机体/进气道压缩面一体化设计，在进气系统的 RCS 控制技术方面达到了一个更高的水平。在近期出现的大量无人驾驶飞行器（如 X-45、X-47 等）以及早些时候的 B-2 隐身轰炸机中，还采用了背负式进气道。

此外，美国在 B-1B 飞机的进气道内采用了吸波导流板，在 F/A-18E/F 和 B-1B 的进气道内安置了“吸波装置”，在 JSF 方案中也采用了类似的装置。根据资料分析，该“吸波装置”即为吸波导流体，其最新的发展趋势是将进气道布局、吸波导流体、吸波材料甚至发动机和进气管道结构等一起进行综合设计。

综上所述，进气道的雷达散射控制虽然比较复杂，但也可以大致按两步来进行：首先，根据飞行器的总体要求，权衡各方面因素，确定飞行器进气道的布局形式；其次，针对该形式进气道特点进行细节隐身设计。从目前各种进气道的几何或结构特征来看，其散射大致可分为三部分，包括进气道管道的腔体散射、唇口的镜面反射或边缘绕射和进气道隔道散射，这几部分散射的特点各不相同，需要分别进行有针对性的设计和处理。

1）进气道布局形式选择

飞行器进气形式包括：头部进气、两侧进气、腹部进气、背部进气等。头部进气因其严重限制机头雷达天线的尺寸，已被现代战斗机设计所摒弃，即便对不要求装载雷达天线的特殊用途飞行器，由于头部进气需占据宝贵的前机身空间，也会为飞行器的总体布置和使用维护带来不便。此外，头部进气形式无法利用机身对进气道进行有效遮挡，对其隐身处理不利，所以在现代飞行器设计中已很难看到选择头部进气形式的设计。

背部进气由于飞行器大迎角飞行时性能严重下降，对有较高机动性要求的飞行器也不合适。但由于背部进气可以利用机身遮挡来自下方的雷达探测，从而大幅度提升其雷达隐身能力，所以在对机动性要求不高而隐身要求很高的飞行器来说，背部进气不失为一个好的选择。

对于大多数战斗机，进气形式一般在腹部进气与两侧进气之间进行选择，从隐身设计的角度考虑，两侧进气优于腹部进气。一方面，为消除进气道末端发动机的直接雷达回波，隐身设计要求弯曲的进气道内管道以遮挡发动机入口，若采用腹部进气形式，则只能在飞行器高度方向弯曲内管道，其空间受限严重，难以实现以弯曲管道完全遮蔽发动机入口的隐身设计要求；而两侧进气可使两个内管道的入口分布于机身两侧，管道可在飞行器高度和宽度两个方向作 S 形弯曲，更容易实现以弯曲管道完全遮蔽发动机入口的隐身设计要求。另一方面，在飞行器正前方，不管两侧进气还是腹部进气，两个进气道均完全暴露，其散射对整机 RCS 的影响是完整的。但偏离一定方位后，腹部进气的两个进气道仍然完全暴露，而两侧进气由于机身的遮挡其中一侧进气道的影响会逐渐减弱直至消失。因此，从飞行器前向区域来看，即便单个进气道 RCS 相当，两侧进气的隐身性能也将优于腹部进气。综上，对于隐身飞行器而言，一般选择背部进气或两侧进气较好。

除进气形式以外，进气道种类选择也将对飞行器隐身设计，特别是进气口部分的隐身设计产生较大影响。目前常用的几种战斗机进气道种类包括：常规进气道、Caret 进气道与“蚌”式进气道，其中“蚌”式进气道在隐身设计方面具有综合优势，但与常规可调进气道相比，“蚌”式进气道在高马赫数下的气动特性设计比较困难，特别是在马赫数大于 1.8 以后。

2）管道腔体设计

若单纯追求进气效率，直管进气道最优，但这样会使发动机入口端面直接暴露在正前方入射的电磁波面前，从而在机头方向产生很强的镜面回波，即便偏离正向的入射波也将因腔体效应在很宽的范围内产生较强的回波。针对飞行器上的这一强散射源，合理的管道设计及与之相配合的电磁波吸收措施是实现其低散射的关键。

进气道截面形状是影响进气道散射特性的重要参数之一，经统计数据对比可知，对于垂直极化，在 0°～15°方位角域，圆形入口进气道散射最强，椭圆次之，正方形和矩形入口的散射相当且散射较低；在 15°～45°方位角域，各种形状入口的进气道散射基本相当；在 45°～60°方位角域，矩形入口进气道散射最强，正方形次之，圆形和椭圆形入口进气道的散射相当且相对较低。综合 0°～60°方位角域，矩形入口的进气道散射最强，椭圆入口的最小。

对于水平极化，在 0°～15°方位角域，正方形入口进气道散射最强，圆形次之，椭圆和矩形入口的散射相当且散射较低；在 15°～45°方位角域，各种形状入口的进气道散射基本相当，椭圆入口的相对较小；在 45°～60°方位角域，矩形入口进气道散射最强，正方形次之，圆形和椭圆形入口进气道的散射相当且相对较低。综合 0°～60°方位角域，正方形入口的进气道散射最强，椭圆入口的最小，但其差别远小于垂直极化。

综合垂直极化和水平极化对比结果，在其他参数一致的情况下，椭圆截面形状进气口的进气道腔体散射最弱。因此，在进气道优化设计时，应尽可能将进气口形状设计为扁形，避免设计为矩形进气口。

进气道“弯度”也是影响进气道散射的重要参数，通过综合考虑水平极化和垂直极化的统计结果，可以认为，在发动机入口被完全遮挡以前，增加进气道的“弯度”可以取得较好的抑制进气道腔体散射的效果，在发动机入口被完全遮挡以后，再增加进气道的“弯度”，将不会带来明显的效果。同时，由于飞行器设计其他方面的考虑，也不可能将进气道的弯度无限加大，但完全遮挡发动机入口是一个极重要的设计途径。因此，在进行进气道优化设计时，应尽可能将发动机入口完全遮挡。

从以上分析可知，对进气道管道腔体的优化设计可有效抑制其腔体散射，但是针对雷达隐身进行的进气道腔体形状优化设计并不能彻底消除腔体散射，在重要方位（机头±60°）的散射仍然较强，不能满足进气道隐身设计的要求，必须进一步采用技术手段对进气道腔体散射进行抑制。可采取的有效途径包括：在进气道内壁涂覆吸波材料或将内壁设计为整体吸波壁板，如美国 F-35 飞机采用三维复合材料编制技术研制的具有吸波功能的整体式进气道；在进气道终端设置吸波导流体，可有效控制进气道的 RCS，也可以通过增加进气道吸波涂料/吸波壁板的应用区域达到同样效果；在发动机进口中心锥及导流叶片采用吸波结构等。

进气道唇口的设计同样会影响进气道的隐身特性，低 RCS 进气道唇口的主要技术措施包括：控制唇缘方向，从而控制散射方向；优化选择唇缘的截面形状，降低散射强度；采用雷达吸波结构降低散射等。

对于进气道与机身之间的边界层隔道也需要进行低 RCS 设计，从电磁散射的角度分析，这实际上形成了一个小尺寸的腔体，由于其在一个方向上的几何尺寸与大部分机载雷达的波长在同一个数量级，易产生谐振，从而在较宽的范围内均易形成较强的回波，且难以控制。进气道隔道是为满足进气道气动性能要求而存在的，随着技术的进步，目前已出现了无隔道超声速进气道设计，即“蚌”式进气道，采用“蚌”式进气道即可彻底消除隔道的散射。若因气动原因必须设计进气道隔道，可以采取以下措施减小其影响：采用低 RCS 外形设计优化隔道内附件的几何外形；在隔道内可设较大尺寸的进气口，一方面有助消除边界层，另一方面可以作为导波装置，将入射波导入隔道进气口后加以吸收；在隔道表面涂覆吸波材料或将隔道表面设计为吸波结构等。

2. 飞机座舱

座舱是有人驾驶飞行器不可缺少的重要部件，无论对传统飞行器还是对隐身飞行器而言，它都是飞行器 RCS 减缩前机头方向除进气道、雷达天线舱外的三大强散射源之一。在电磁波照射下，座舱的散射场体现为两部分之和。一是电磁波进入座舱内后，经内部布置复杂的仪表板、操纵台、座椅和结构等引起的后向散射场，这种散射具有腔体类部件的散射特性，占座舱 RCS 的 90%左右；二是座舱结构连接骨架形成的缝隙和台阶等电磁散射、座舱结构连接件（如螺钉、铆钉等）形成的相对较弱散射以及座舱透明件镀膜后外形本身的电磁散射，这些散射为次强散射源散射。根据座舱 RCS 散射特点，座舱 RCS 减缩控制技术主要包括：腔体屏蔽技术、次强散射源减缩控制技术及座舱外形整形技术。

1）座舱腔体屏蔽技术

座舱腔体屏蔽技术可理解为透明件镀膜技术，在座舱透明件表面镀制一层透明导电膜，在满足透光率等光学性能要求前提下，实现对座舱腔体的电磁屏蔽。座舱腔体屏蔽以后，座舱的腔体散射效应转化为金属化后的座舱透明件的外形散射特性，所以隐身飞行器的座舱外形必须具备低 RCS 外形的特征。实际工程应用中，座舱盖透明件镀制的透明导电膜必须经过一系列试验验证，满足光学、电磁、机械力学、理化和耐环境特性等要求后，才能装机使用。其中，光学性能要求包括透光率、雾度、光学畸变和光学缺陷等；电磁性能要求包括膜层面电阻特性；力学性能要求包括拉伸强度、延伸率、弯曲强度、抗裂纹扩展性 K 值和抗银纹特性等；理化性能要求包括均匀性、附着力、耐磨性和耐化学溶剂性能等，耐环境特性要求包括高温试验、低温试验、湿热试验、盐雾试验和太阳辐射试验等。

2）座舱次强散射源减缩控制技术

座舱次强散射源散射主要包括座舱透明件结构连接件产生的棱边散射，如风挡与舱盖之间的弧框；以及这些结构件形成的电不连续处产生的边缘绕射和行波散射，如风挡/座舱盖连接口框外蒙皮及其连接件、前弧框与前机身接合处。

试验研究表明，典型传统飞行器风挡与舱盖之间的弧框的前向 RCS 为 0.05m^2 左右，所以对于隐身飞行器座舱设计，首先必须从电磁的角度消除这一弧框。F-22 和 F-35 展示了两种典型的消除方式。F-22 飞机风挡和舱盖的透明件为一整体，彻底取消了弧框，但却付出了较大的质量代价（F-22 飞机的一体化座舱盖质量为 170kg 左右，而典型传统飞行器风挡加舱盖质量约为 120kg）。而 F-35 飞机出于总量、工艺和经济性等因素的考虑，看似仍然保留了风挡和舱盖之间的弧框，但这种弧框仅仅是把风挡和舱盖连接起来，作为一个整体来开启，仍然是一种“整体”式舱盖，并不像传统飞行器那样，作为运动的舱盖和固定的风挡之间的对接弧框。只要保持整个透明件外表面连续且外表面镀膜后，即可实现对弧框的屏蔽，从而从隐身的角度“消除”此弧框。对于座舱盖透明件连接口框外蒙皮及其连接件区域，主要应用锯齿设计技术以及涂覆吸波涂料。

3）外形整形技术

在座舱透明件镀膜后，座舱腔体散射主要转化为座舱外形的散射。座舱外形整形技术是指在满足气动力、总体布局和飞行员目视等各项基本要求的前提下，优化设计低 RCS 座舱外形。一般地，座舱低 RCS 外形设计技术除满足相对容易实现的前向和后向扇区低 RCS 外形设计要求外，重点可考虑侧向扇区的 RCS 设计要求，将座舱外形在侧向应与低 RCS 机身外形尽量融合，可大大降低座舱外形的侧向 RCS。

3. 飞机雷达天线舱

雷达截面控制的重点方位是机头方向，而雷达天线舱是飞行器机头方向的三大强散射源之一，对整机雷达截面的减缩起着重要作用。传统飞行器的雷达天线舱由机扫平板裂缝天线、垂直安装框板、框板上的电缆、波导等附件组成；隐身飞行器的雷达天线舱由固定的有源相控阵雷达天线、倾斜安装框板、雷达罩组成。从传统飞行器和隐身飞行器雷达天线舱的区别可以看出，传统飞行器雷达天线舱由于飞行器平台的需求基本没有考虑隐身设计和减缩措施；而隐身飞行器雷达天线舱进行了隐身设计，天线是隐身雷达天线，安装框板进行了倾斜或使用了隐身材料进行遮挡处理。

在电磁波照射下，雷达天线舱的散射场体现为两部分之和。一是电磁波通过雷达罩进入雷达天线舱后，经内部天线结构、安装框板、结构附件、罩上附件和连接件等引起的后向散射场以及互相之间的多次反射，这种散射属于结构项散射，是主要的后向散射，占雷达天线舱 RCS 的 90%以上；二是电磁波进入雷达天线舱后，由于阻抗失配引起的二次反射，这种反射能量具有雷达天线方向图的特征，属于模式项散射。当雷达天线舱的结构项散射经过隐身设计处理后，天线的模式项散射就需要进一步进行隐身优化设计。对于典型飞行器雷达天线舱隐身设计，从典型的相控阵雷达天线舱分析，雷达天线舱的隐身设计通常包括：结构隐身设计、吸波部件设计、天线隐身设计以及雷达罩隐身设计等主要方面。

1）天线舱结构设计

飞行器的隐身设计，首要的是外形设计。良好的隐身外形设计主要是对战斗机外表面进行低 RCS 的外形设计，表面共形天线孔径的轮廓、机体表面结构缝隙、隐身材料边缘等按其俯视投影平行于本侧或对侧机翼前缘来进行设计。

内装于飞行器的前向、后向天线孔径，按照平板倾斜降低威胁区域 RCS 的原理进行天线孔径和安装框板的倾斜设计。当电磁波照射到金属平板时，金属平板垂直时的 RCS 峰值非常大，并且直接返回到入射源方向；而采用金属平板倾斜措施后，其 RCS 随着倾斜角度增加，在±15°范围内平板的后向 RCS 会急剧下降，下降可达几十分贝。当倾斜角度继续增加，下降的幅值逐渐趋于缓和。因此，可以在不明显影响天线性能的前提下，在一定的角度范围内对天线和安装框板进行倾斜。

对于传统飞行器雷达天线舱的结构隐身设计，主要针对机扫天线和安装结构的特点开展针对性减缩。传统飞行器广泛应用了平板缝阵雷达天线。当雷达天线阵面没有偏转时，飞行器机头方向是一个很强的散射源，雷达天线的安装框板面积比天线更大，但由于天线的遮挡，在天线阵面未偏转时安装框板对 RCS 的贡献比天线要小。但当雷达处于待机状态时，天线阵面处于某种偏转的位置，雷达天线对飞行器前向的 RCS 的贡献被极大地削弱，而其后的天线安装框板就成了主要的强散射源。因此，用吸波材料对安装框板进行处理，用高效率的吸波材料制作可拆卸的吸波部件来遮盖天线后的安装框板、天线座以及安装在框板上的波导等物，这样即可有效地抑制雷达天线舱的散射。

对于隐身飞行器雷达天线舱的结构隐身设计主要针对相控阵天线和安装结构的特点进行。根据分析，影响雷达天线舱隐身性能的主要因素基本在雷达、雷达罩根部金属环框、飞行器 I 框上分别产生的电磁波散射以及相互之间的物理结构上。首先，应对雷达天线安装的飞行器 I 框进行向上的倾斜，角度在 15°～30°之间，这样可以使从雷达天线和安装框板反射的最强电磁波向上偏离，偏离出机头前向的主要敏感角度区域。另外，阻断电磁波的传输路径是最直接有效的 RCS 减缩方法。采用高性能的吸波材料对在雷达罩内影响隐身性能的电磁波进行吸收，达到阻断电磁波经过多次反射导致后向散射过大的问题，从而达到电磁隐身的目的。

2）吸波部件设计

在战斗机雷达天线舱中，吸波部件的设计是重要的隐身设计手段之一，性能优良的吸波部件能极大改善雷达天线舱的结构项散射。吸波部件电磁波的主要吸收体为内部吸波材料，吸波材料的设计需要根据实际使用状态进行多轮优化迭代，最终确定吸波材料的厚度、密度、吸波效果及应用环境等参数。

根据雷达天线和安装框板的外形空间，使用高性能吸波材料，同时有针对性地设计吸波部件外形，对雷达天线安装框板、雷达天线外部结构以及结构附件等进行遮挡和吸波处理，以达到对雷达天线舱内部结构隐身的目的。

3）雷达天线设计

雷达天线的隐身设计主要是针对有源相控阵雷达天线，雷达天线的外形应尽量与飞行器机头的安装框外形平行一致。雷达天线的辐射阵子采用散射小的端射阵子形式，对雷达天线的反射阵面应采用高效的吸波材料进行处理；雷达阵子天线与后端传输线之间采用高性能的环形器进行隔离，可以大大减少模式项的反射。雷达阵子的排列和间隔需要考虑栅瓣的产生，尽量使栅瓣位置偏离到非敏感的角度区域之外。此外，对雷达天线辐射阵子的加工工艺需要进行严格控制，保证阵子之间高精度加工的一致性。

4）雷达罩设计

普通全透波雷达罩由于其高透过性，自身的 RCS 较低，不需要再进行特殊的隐身设计和处理，但为了更进一步降低隐身飞行器雷达天线舱在机载雷达带外的 RCS，采用 FSS 雷达罩是非常有用的技术手段，所以雷达罩的隐身设计主要是针对带通 FSS 雷达罩。带通 FSS 雷达罩是一种选频滤波天线罩，在己方雷达频带内具有很好的透波性能，不影响天线收发正常工作；而在通带以外，滤波罩可等效为一个全反射金属面，可利用其流线型表面的低 RCS 特性，将威胁雷达波散射到另外一个非重要方向而不是照射到天线上。

FSS 雷达罩的隐身设计主要包括两个方面，一是雷达罩的外形设计，二是雷达罩表面周期结构的设计和布局。在外形设计上，雷达罩尽量与飞行器机体外形进行融合设计，采用低 RCS 的外形。对雷达罩根部与飞行器接口的环框进行锯齿设计，锯齿外形采用平行法则，与飞行器外形平行一致，可以大大减少连接处的反射。雷达罩的低 RCS 外形一般使得飞行器机头较尖，由于 FSS 的电特性和大的入射角，从威胁方探测雷达入射来的带外电磁波将被反射到非威胁区域，对飞行器的隐身非常有好处。但对己方机载雷达的雷达波，由于低 RCS 外形带来的大入射角和非对称性等因素，带内电磁波波前相位发生畸变和相位叠加，所以带罩的天线方向图也发生畸变和被影响，如传输率降低、天线副瓣抬高、主瓣展宽或分裂等。这些影响对机载雷达的性能影响非常大，会降低雷达的探测威力范围，增加虚警等，所以外形设计需要对低 RCS 和高传输低入射角等方面进行折中和综合设计，既保证飞行器机头的低 RCS 特性，又不明显影响雷达的战术性能。对于 FSS 雷达罩表面周期结构的设计和布局，主要是要保证雷达频段的电磁波能够通过 FSS 雷达罩出去，而带外的电磁波不能通过，大部分能量经过低 RCS 雷达罩的外形散射到非威胁区域。

5.3 微波吸收复合材料

5.3.1 微波吸收复合材料设计原则

微波吸收复合材料是一类兼具承载和高雷达波吸收能力的结构功能一体化复合材料。微波吸收复合材料具有可设计性强、吸收频带宽、吸收效率高等特点，一般采用高性能透波纤维作为增强材料，高性能树脂体系与雷达波吸收剂复合作为吸波树脂基体。通过电特性与承载特性一体化设计可赋予结构吸波复合材料在具有承载能力的同时具有较好的吸波效果。

微波吸收材料是通过吸收入射微波的能量来减小反射回雷达的微波能量。与电流通过电阻时电能转换成热能耗散一样，微波能量通过吸收材料时被转换成欧姆损耗而被吸收掉。

在满足阻抗匹配的条件下，复介电常数虚部和复磁导率虚部越大，其损耗就越大，就越利于微波的吸收。因此，微波吸收复合材料的电性能设计优化需要关注其阻抗匹配和衰减特性。

1. 阻抗匹配特性

微波吸收材料的设计目标就是尽可能使相对磁导率和相对介电常数匹配，在尽可能宽的频率范围内，使材料的反射系数尽可能小，这就需要材料的特性阻抗等于传输线路的特性阻抗。对在自由空间传播的微波而言，其归一化阻抗等于 1。若要反射系数为零，则要求吸收材料特性阻抗与自由空间阻抗匹配，即要求在整个频率范围内介电常数 ε_r 与磁导率 μ_r 相等，这难以做到。实际上，人们进行电匹配设计的主要原理是使材料表层介质的特性尽量接近于空气的性质，从而达到使复合材料前表面反射尽量小，也可以通过几何形状过渡的方法获得良好的匹配或吸收。

2. 衰减特性

衰减特性是指进入材料内部的电磁波因损耗而被吸收。实现这个要求的方法则是使材料具有很高的电磁损耗，即材料具有足够大的介电常数虚部或足够大的磁导率虚部。

要提高微波吸收复合材料的吸波效能，必须提高ε''和μ''，基本途径是提高介质电导率，增加极化“摩擦”和磁化“摩擦”，同时还要满足阻抗匹配条件，使微波在界面不反射而进入介质内部被吸收。对单一组元的吸收体，阻抗匹配和强衰减特性很难同时满足。这样就有必要进行材料多元复合，以便调节电磁参数，使之尽可能在匹配条件下，提高吸收损耗能力。

5.3.2 微波吸收复合材料分类

微波吸收复合材料是在先进结构复合材料基础上，通过引入电磁吸收剂和电结构优化设计等制备的结构功能一体化复合材料。

微波吸收复合材料按结构形式可分为夹层型微波吸收复合材料和层合型微波吸收复合材料[6]。

（1）夹层型微波吸收复合材料。

夹层型微波吸收复合材料通常是由透波面板层、吸波芯层和反射面板层构成的一类结构功能复合材料。夹层型微波吸收复合材料的透波面板由透波性能好、力学性能高的复合材料制备而成，芯层材料由吸收性能好的吸波蜂窝芯或吸波泡沫芯构成。夹层型微波吸收复合材料按照结构形式主要分为A夹层和C夹层结构。夹层型微波吸收复合材料兼具质量小、吸收频带宽、较高承载能力和高吸收能力。美国的F-22和B-2隐身飞机都大量应用了蜂窝夹层型微波吸收复合材料，不仅有效降低雷达散射截面，还降低了飞机的结构质量[7, 8]。

（2）层合型微波吸收复合材料。

层合型微波吸收复合材料是采用高性能透波纤维作为增强材料，高性能树脂体系与微波吸收剂组成的吸波树脂基体复合而成，具有层合结构的一类结构功能复合材料。层合型微波吸收复合材料通常有透波层、吸波层和反射层三个不同结构层次，其微波吸收性能主要由层合整体结构的阻抗匹配特性和损耗特性决定，其中损耗层的总导纳、介质层的电磁参数以及每个功能材料层的厚度是影响层合型微波吸收复合材料吸收性能的主要因素[9-11]。

微波吸收复合材料按所用的树脂基体可分为热固性树脂基、热塑性树脂基和陶瓷基微波吸收复合材料。

（1）热塑性树脂基微波吸收复合材料。

热塑性微波吸收复合材料主要涉及经过特殊电结构设计的一类纤维增强热塑

性复合材料。将不同的增强纤维（如碳纤维、玻璃纤维、石英纤维、有机纤维、陶瓷纤维等）同热塑性材料（如 PEEK、PEK、PPS、PEKK、PET、PBT、LCP 等）纺成的单丝或复丝按一定比例交替混杂成纱束，然后按吸波要求进行电结构设计，编织混杂纱束成为各种织物，最终将织物加热加压复合成各种结构形式的复合材料。热塑性微波吸收复合材料具有优良的吸波性能，以及韧性好等特点，是一类有发展前途的结构型微波吸收复合材料[12]。

（2）热固性树脂基微波吸收复合材料。

树脂基复合材料的优点是性能的可设计性，可以根据每一功能层的电磁和力学特性，优化设计吸波复合材料的吸波性能和承载性能。热固性树脂基微波吸收复合材料包括层合型和夹层型微波吸收复合材料，是目前应用最为广泛的一类微波吸收复合材料。英国 Plessey 公司研制的新型可承受高应力的宽频吸波材料 K-RAM，由含损耗填料的芳纶组成，并衬有碳纤维反射层，厚度可在 5～10mm 内根据使用频率和力学性能要求予以调整，这种材料在 2～18GHz 频率范围内的电磁波衰减大于 7dB[12-14]。

（3）耐高温微波吸收复合材料。

耐高温微波吸收复合材料主要是经过电性能优化设计的一类陶瓷基复合材料。目前耐高温微波吸收复合材料应用的增强纤维主要有 SiC 纤维、Al_2O_3 纤维、Si_3N_4 纤维和硼硅酸铝纤维等陶瓷纤维。SiC 纤维能够在 1200℃下长期工作，纤维电阻率可调，因此在陶瓷基微波吸收复合材料中广泛使用。陶瓷基吸波材料和吸波结构已用于 F-117 隐身飞机的尾喷管，可以承受 1093℃的高温[15-17]。

5.3.3 微波吸收复合材料吸收体

按吸收原理，传统的微波吸收复合材料可分为吸收型和谐振型两大基本类型。目前应用的微波吸收复合材料，其电结构有吸收型、谐振型，以及吸收和谐振混合型吸收体。

1. Salisbury 屏幕和 Dallenbach 层吸收体

Salisbury 屏幕和 Dallenbach 层代表了两种最古老和最简单的吸收体。Salisbury 屏幕是一种谐振式吸收体，它的结构是在金属板前方的低介电常数隔离层上放置一块电阻片，如图 5-1 所示。电阻片的位置应放置在 1/4 波长的介质层上，这样才可获得较好的吸波效果。

Dallenbach 层是另一种简单的谐振式吸收体，它由金属底板上的均匀损耗层构成。材料表面的反射是由于波在两种介质分界面遇到了阻抗变化，因此如果某种材料的阻抗与自由空间的阻抗之比等于 1（即$\mu_r = \varepsilon_r$），那么在其表面将没有反射。在这种情况下，衰减则是依赖于材料的损耗特性（ε_r''，μ_r''）和电厚度。

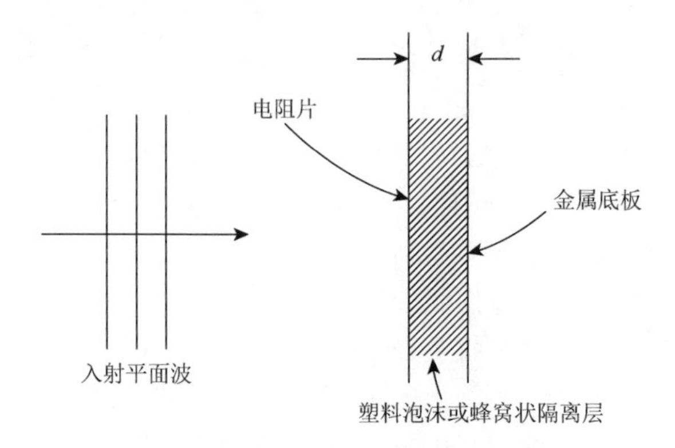

图 5-1 Salisbury 屏幕

但是具有合适的电磁特性并能在任何相当大的频率范围内起匹配作用的吸波材料很难找到，因此在实际设计中就变成了用现有的材料在一给定频率上对损耗进行优化[18]。

2. 多层电介质吸收体

要使微波吸收材料获得所希望的带宽（如 2～18GHz），采用较薄的单层吸收材料是很难实现的。因此，人们就通过使用多层介质来拓宽微波吸收材料的频带宽度。采用多层介质的目的是通过沿微波吸收材料的厚度方向缓慢地改变有效阻抗以获得最小反射，典型的有 Jaumann 吸收材料和渐变介质吸收材料。

Jaumann 吸收材料是由 Salisbury 屏幕吸收体通过增加电阻片和隔离层数目来改善带宽。为了获得最佳的吸收效果，电阻片的电阻应当从前至后逐渐变小。吸收材料的带宽与所采用的电阻片个数有关。不同电阻片个数的反射性能见图 5-2。

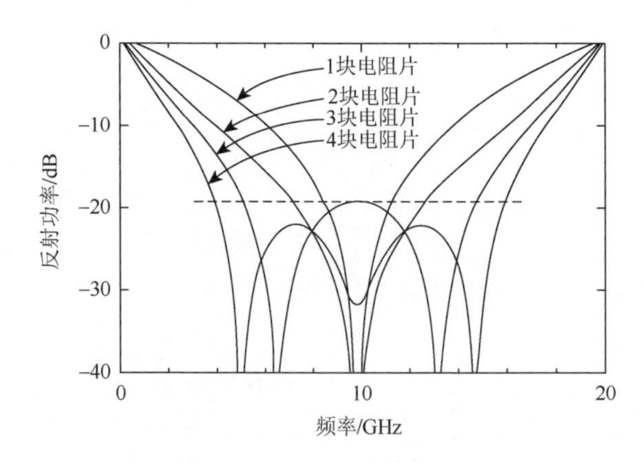

图 5-2 多层电阻片的反射性能

同 Jaumann 吸收材料通过电阻片电阻的缩减来减少反射一样，渐变介质可用来实现真空和理想导体间的阻抗匹配。渐变介质吸收材料的最佳设计方法是，在一定的入射角和厚度限制内，通过分析确定在给定频率范围内为减小$|R|$所需的μ和ε沿介质厚度方向的分布关系。目前实际的渐变介质吸收材料是由电特性逐层变化的离散介质层构成[18]。

3. 磁性吸收体

由于介电类吸收材料厚度大、吸收频带窄，为了拓宽频带，减薄厚度，发展了磁性微波吸收材料。磁性微波吸收材料由含有电及磁损耗的铁氧体、羰基铁、合金粉等吸收剂与基体材料通过电设计而获得，通过调整材料的性质，使其本征阻抗在尽可能宽的频率范围内尽量接近自由空间阻抗。

铁氧体材料在高频下具有较高的磁导率以及高的电阻（10^8～$10^{12}\Omega\cdot$cm），电磁波易于进入并得到有效的衰减，在低频下（f<1GHz）铁氧体材料具有较高的μ_r值而ε_r较小，所以作为匹配材料具有明显的优势，具有良好的应用前景。铁氧体材料存在的主要问题是密度大、温度稳定性差[19]。

磁性金属、合金粉末对电磁波具有吸收、透过和极化等多种功能，用它来吸收电磁波能量的基本要求是：金属粉末的粒度应小于工作频带高端频率时的趋肤深度，材料的厚度应大于工作频带低端频率时的趋肤深度，这样既保证了能量的吸收，又使电磁波不会穿透材料。磁性金属（合金）粉具有温度稳定性好、介电常数较大等特点，在吸波材料中得到广泛应用。

金属晶须具有良好的吸波性能，这种晶须可由 Fe、Ni、Co 及它们的合金组成。金属晶须可通过磁损耗或涡流损耗等多种吸波机制来损耗微波能量，因而可以在很宽的频率范围内实现高吸收，而且和铁氧体材料相比，还可减轻质量 40%～60%[20]。

4. 电路模拟吸波体

Salisbury、Jaumann 吸收体只利用了材料的导纳实部，如果在材料中再引入导纳虚部，则有更多的参数来调整其特性，因而可以获得有限空间内的宽带吸波材料。电路模拟微波吸收结构通常由栅格单元与间隔层构成，如图 5-3 所示。其作用与频率选择表面相似，能反射一个或多个频率，而对其他频率是透明的。栅格单元的有效电阻由材料类型及栅格尺寸、间距、几何形状等决定。E. Michielssen 等对不同频率选择表面进行了研究，提出多层结构微波吸收材料，见图 5-4。通过优化设计用不同厚度的隔离层可以获得宽频吸波效果[21-23]。

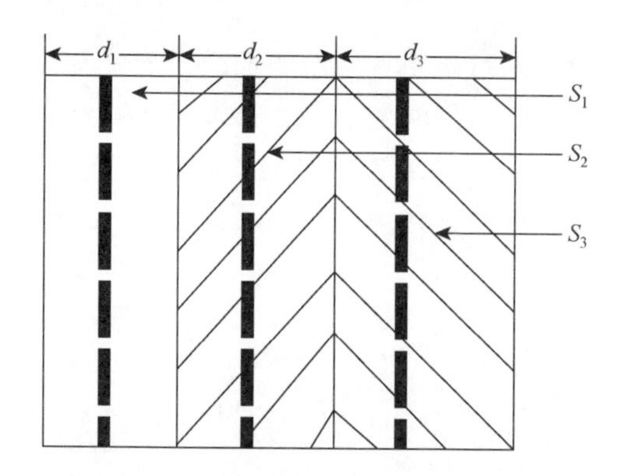

图 5-3 电路模拟吸波吸收体构造示意图

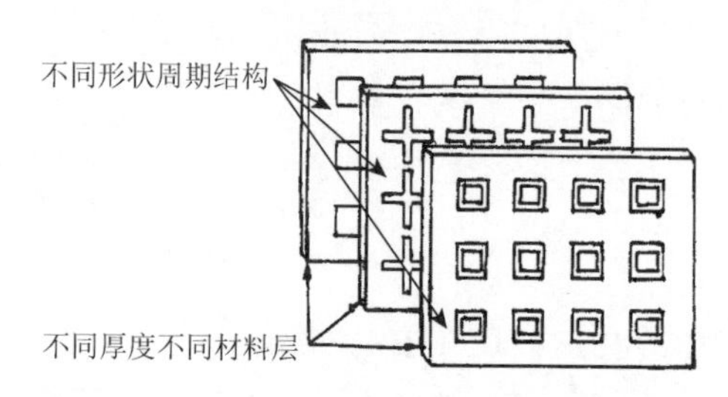

图 5-4 多层栅格结构微波吸收体示意图

5.3.4 吸波/承载复合结构[3]

吸波/承载复合结构（RAS）是具有实用价值的一种吸波复合材料结构形式。这种结构充分利用了复合材料的可设计性，将特定部位的承载要求和雷达信号特征的减缩要求结合起来，进行力学性能和电性能综合一体化设计，从而兼顾承载和吸波双重功能，迄今已有不少应用实例。

飞机进气道是一个强散射源，用吸波复合材料结构降低其 RCS 的研究已进行多年，资料报道最多的是吸波栅格结构，图 5-5 所示的结构是其中一种。整个栅格结构固定在进气道唇口部位，可以有效地衰减入射雷达波。

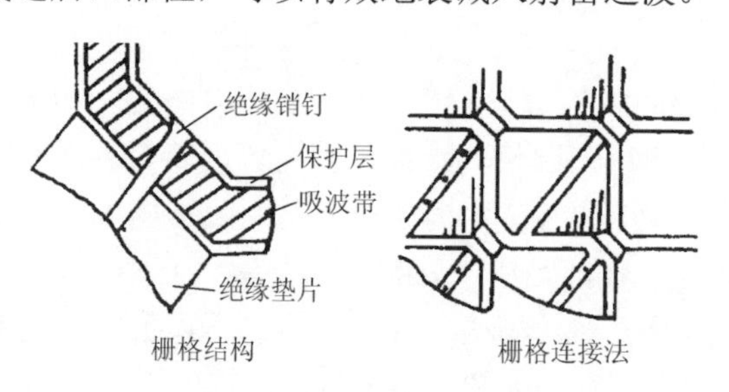

图 5-5 发动机进气道用吸波结构

机翼前缘是飞机前向的又一较强散射源，图 5-6 所示是一种用于缩减机翼 RCS

的吸波复合材料结构形式，它的蒙皮（a）为玻璃纤维增强透波材料，气动外形由未填充吸收剂的刚性泡沫材料（b）保证，刚性泡沫内侧涂覆有铝粉涂层（c），其作用是使入射电磁波的后向散射降至最小。从 d 到 f 层为梯度吸收泡沫材料，可以在较宽的频带范围内有效吸收电磁波，整个机翼前缘吸波结构由翼梁（h）支撑。

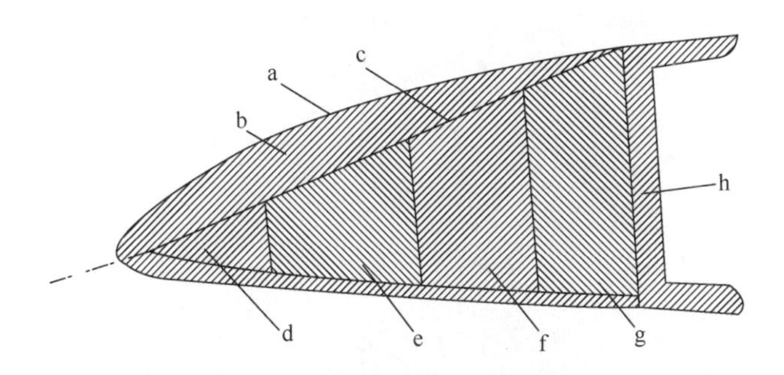

图 5-6　机翼前缘吸波复合材料结构

a-透波蒙皮；b-未填充吸收剂的刚性泡沫材料；c-铝粉涂层；d~g-梯度吸收泡沫材料；h-翼梁

另一种吸波材料结构（图 5-7）用于缩减飞机某些部位的边缘效应，该结构主要由电阻呈梯度变化的蜂窝组成，其电阻由前（R_1）向后逐渐减小，以吸收低频段的电磁散射，其面板层涂有铁磁性吸波涂层，以吸收高频段的电磁波。

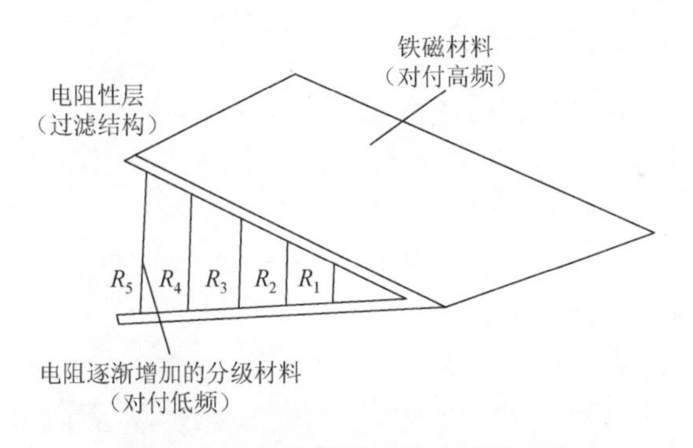

图 5-7　飞机边缘吸波复合材料结构

5.4　夹层型微波吸收复合材料

夹层型微波吸收复合材料兼具质量小、吸收频带宽、较高承载能力和高吸收能力，是采用高性能透波纤维作为增强材料，高性能树脂体系作为树脂基体，吸波蜂窝或吸波泡沫作为夹芯材料复合而成，具有多层结构的一类结构功能复合材料。

夹层型微波吸收复合材料通常由透波面板层、吸波芯层和反射面板层构成，其中透波面板由透波性能好、力学性能高的复合材料制备而成，芯层材料由吸收性能好的吸波蜂窝芯或吸波泡沫芯构成。夹层型微波吸收复合材料按照结构形式主要分为A夹层（上下各一层面板，一层夹芯）和C夹层结构（三层面板，两层夹芯），如图5-8所示；透波面板和反射面板的厚度增加，夹层结构的承载能力提高，但透波面板的厚度增加一定程度上将降低微波的透过率，进而影响夹层结构的微波吸收效果；吸波芯材的厚度增加，有利于提高夹层结构的微波吸收效果。

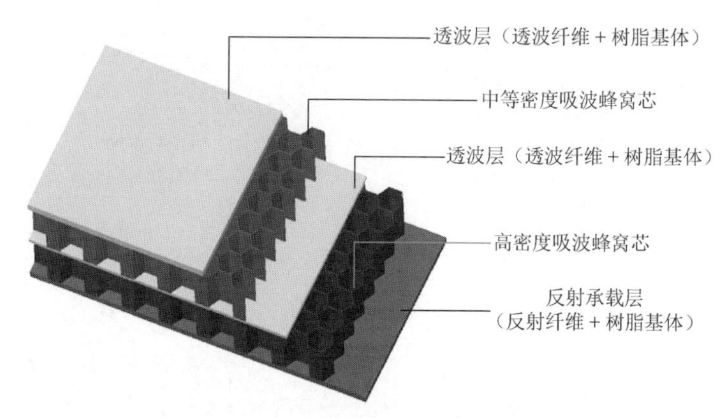

图5-8　C夹层结构微波吸收复合材料示意图

5.4.1　透波面板材料特性

夹层型微波吸收复合材料的透波面板材料通常为透波纤维增强热塑性或热固性树脂复合材料，其中透波纤维通常为玻璃纤维、芳纶纤维、聚对苯撑苯并二噁唑纤维（PBO纤维）等，热固性树脂基体包括环氧、双马、氰酸酯、聚酰亚胺等，热塑性树脂基体包括聚碳酸酯、聚苯醚、聚苯乙烯、聚醚砜、聚苯硫醚、聚醚醚酮、聚四氟乙烯等。

常用透波纤维的介电特性见表5-1。从表中可以看到，E玻璃纤维、D玻璃纤维和S玻璃纤维几种复合材料具有较高的介电常数，tanδ在0.002～0.007之间。石英纤维的介电常数低于玻璃纤维，但是tanδ在0.0001～0.0002之间，明显低于玻璃纤维。芳纶纤维、PBO纤维和聚酰亚胺纤维（PI纤维）等有机纤维的介电常数低于玻璃纤维，tanδ和石英纤维相当，明显低于玻璃纤维。

表5-1　复合材料常用透波纤维的介电性能（20℃，10GHz）

纤维种类	介电常数（E_1/E_0）	tanδ
E玻璃纤维	6.0～6.3	0.004～0.006
D玻璃纤维	4.0～4.2	0.002～0.003
S玻璃纤维	5.1～5.3	0.006～0.007

续表

纤维种类	介电常数（E_1/E_0）	$\tan\delta$
石英纤维	3.7～3.9	0.0001～0.0002
芳纶纤维	3.7～3.9	0.001～0.002
聚乙烯纤维	2.0～2.3	0.0002～0.0004
PBO 纤维	3.0～3.2	0.001～0.002
聚酰亚胺纤维	3.3～3.5	0.001～0.002

常用增强纤维的力学及导电特性见表 5-2。玻璃纤维、石英纤维、芳纶纤维、PBO 纤维、PI 纤维、碳纤维等都具有高的拉伸强度，但是玻璃纤维的拉伸模量较低，碳纤维的模量最高。在导电性方面，玻璃纤维、石英纤维、芳纶纤维、PBO 纤维、PI 纤维是绝缘材料，碳纤维是导电材料，SiC 纤维的导电性介于碳纤维和玻璃纤维之间。通过调整工艺参数等，SiC 纤维的导电性可以调整，目前已经研制了电导率在 10^0～10^6 之间的 SiC 纤维。

表 5-2 复合材料常用增强纤维力学性能及导电特性

纤维种类	拉伸强度/GPa	拉伸模量/GPa	电阻率/(Ω·cm)
E 玻璃纤维	2.8～3.5	70～80	约 1012
S 玻璃纤维	3.5～4.9	85～92	约 1012
石英纤维	5.5～6.0	72～78	1016～1017
碳纤维	3～7	200～700	0.5×10^{-5}～1.7×10^{-5}
芳纶纤维	2.4～5.5	55～170	约 1012
PBO 纤维	3.4～5.8	180～406	约 1012
聚酰亚胺纤维	2.2～3.1	145～175	约 1017
碳化硅纤维（NL-400）	2.7～2.9	170～190	106～107
碳化硅纤维（NL-500）	2.9～3.1	210～230	0.5～5.0
碳化硅纤维（KD-1）	2.3～2.4	150～190	1～100

复合材料树脂基体包括热固性和热塑性两大类。常用热固性树脂基体包括聚酯、环氧、双马、聚酰亚胺、氰酸酯树脂等，这些树脂基体为透波材料。典型热固性树脂基体的介电常数在 2.7～3.2，$\tan\delta$在 0.01～0.005 之间，见表 5-3。热塑性树脂基体的介电特性见表 5-4，从表中可以发现，热塑性树脂基体的介电性能和热固性树脂基体相类似，具有良好的介电性能。此外，对于树脂基体的选择需要依据材料的耐温需求，不同树脂基体的耐热性能见表 5-5。

表 5-3 典型复合材料用热固性树脂基体介电特性（20℃，10GHz）

树脂种类	介电常数（E_1/E_0）	$\tan\delta$
聚酯树脂	2.7～3.2	0.005～0.02
环氧树脂	3.0～3.4	0.01～0.03
氰酸酯树脂	2.7～3.2	0.004～0.01
酚醛树脂	3.1～3.5	0.03～0.037
聚酰亚胺树脂	2.7～3.2	0.005～0.008
双马来酰亚胺树脂	2.8～3.2	0.005～0.007

表 5-4 热塑性复合材料树脂基体介电特性（20℃，10GHz）

树脂种类	介电常数（E_1/E_0）	$\tan\delta$
聚碳酸酯（PC）	2.4～2.6	0.0055～0.0007
聚苯醚（PPO）	2.5～2.7	0.0008～0.001
聚苯乙烯（PS）	3.0～3.2	0.002～0.004
聚醚砜（PES）	3.4～3.6	0.002～0.004
聚苯硫醚（PPS）	2.9～3.1	0.001～0.003
聚醚醚酮（PEEK）	3.2～3.3	0.003～0.004
聚四氟乙烯（PTFE）	1.8～2.2	0.0003～0.0004

表 5-5 不同树脂基体的耐热性能

树脂种类	牌号	T_g 典型值/℃
聚碳酸酯	—	145～150
聚苯醚	—	211
聚苯乙烯	—	80～100
聚醚砜	—	225
聚苯硫醚	—	89
聚醚醚酮	—	143
聚四氟乙烯	—	130
环氧树脂	3235	≥125
	3261	170
	5228	220
	5288	220

续表

树脂种类	牌号	T_g 典型值/℃
氰酸酯树脂	B-10	289
	M-10	252
	T-10	273
	F-10	270
	L-10	258
聚酰亚胺树脂	KH304	304～320
	EC380	420
	LP-15	285～305
	PMR-15	284
双马来酰亚胺树脂	5405	220
	5428	270
	5429	240

不同透波面板复合材料的介电特性见表 5-6。

表 5-6　典型透波面板复合材料的介电特性（20℃，10GHz）

树脂种类	介电常数（E_1/E_0）	$\tan\delta$
玻璃纤维/环氧	4.2～4.7	0.007～0.014
石英玻璃/环氧	2.8～3.7	0.006～0.013
芳纶纤维/环氧	3.2～3.7	0.01～0.017
玻璃纤维/双马	4.0～4.4	0.006～0.012
石英玻璃/双马	2.5～3.3	0.004～0.009
玻璃纤维/聚酰亚胺	4.0～4.4	0.006～0.012
石英玻璃/聚酰亚胺	3.0～3.2	0.004～0.008
石英玻璃/氰酸酯	3.4～3.5	0.003～0.004
玻璃纤维/聚苯硫醚	4.0～4.5	0.005～0.01
石英玻璃/聚苯硫醚	3.3～3.5	0.002～0.003
S 玻璃纤维/聚醚醚酮	4.5～4.7	0.0008～0.001

表 5-7 为玻璃纤维增强复合材料力学特性，表 5-8 为石英纤维增强复合材料力学特性。玻璃纤维和石英纤维增强复合材料具有较高的层间性能，但复合材料的模量较低。表 5-9 为芳纶纤维增强复合材料的力学特性，芳纶纤维增强复合材料的模量较玻璃纤维增强复合材料有一定的提高，但是芳纶纤维增强树脂基复合

材料的层间和压缩性能低于玻璃纤维增强复合材料。

表 5-7 玻璃纤维增强复合材料力学性能

性能	SW-280A/3218 环氧复合材料	SW-220A/3218 环氧复合材料	SW-110A/3218 环氧复合材料
拉伸强度/MPa	660	620	400
拉伸模量/GPa	24.0	24.0	21.0
压缩强度/MPa	450	420	380
压缩模量/GPa	23.5	23.0	21.0
弯曲强度/MPa	750	690	650
弯曲模量/GPa	24.5	24.0	22.0
层间剪切强度/MPa	60	60	55

表 5-8 石英纤维增强复合材料力学性能

性能	QW-280A/3218 环氧复合材料	QW-220A/3218 环氧复合材料	QW-110A/3218 环氧复合材料
拉伸强度/MPa	550	966	873
拉伸模量/GPa	19.2	28	31
压缩强度/MPa	350	501	629
压缩模量/GPa	19.0	27.5	30.5
弯曲强度/MPa	715	765	876
弯曲模量/GPa	19.6	25	30
层间剪切强度/MPa	63	73	82

表 5-9 芳纶纤维增强复合材料力学性能

性能	芳纶/双马复合材料	芳纶/氰酸酯复合材料
拉伸强度/MPa	622	553
拉伸模量/GPa	35.7	31.4
压缩强度/MPa	199	194
压缩模量/GPa	31.5	32
弯曲强度/MPa	473	414
弯曲模量/GPa	20.3	20
层间剪切强度/MPa	37.7	40.3

夹层型微波吸收复合材料的性能除了和吸波芯材性能、夹层结构高度有关外，还和透波面板材料性能与厚度有关，图 5-9～图 5-14 为典型透波面板材料与厚度对电磁波透过的影响。从图中可以发现，相同增强材料的双马与氰酸酯树脂基复合材料的透波率相当，使用相同树脂基体时芳纶纤维和石英纤维复合材料的透波率相当。当厚度小于 1mm 时，在 8～18GHz 频率范围内复合材料面板均有较好的透波率，当厚度超过 1mm 时，复合材料面板的透波率均有较大程度的降低。因此在设计夹层型微波吸收复合材料时，在结构承载满足要求的前提下，从有利于微波吸收性能的角度出发，复合材料面板的厚度不应大于 1mm。

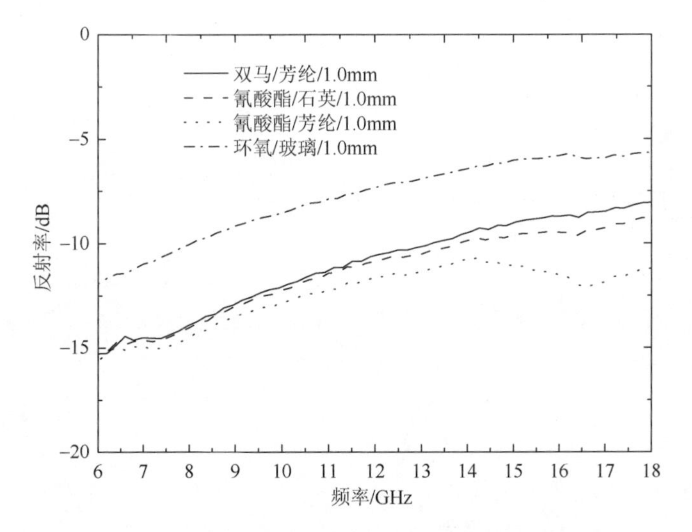

图 5-9　同一厚度不同材料体系透波面板前界面反射（1）

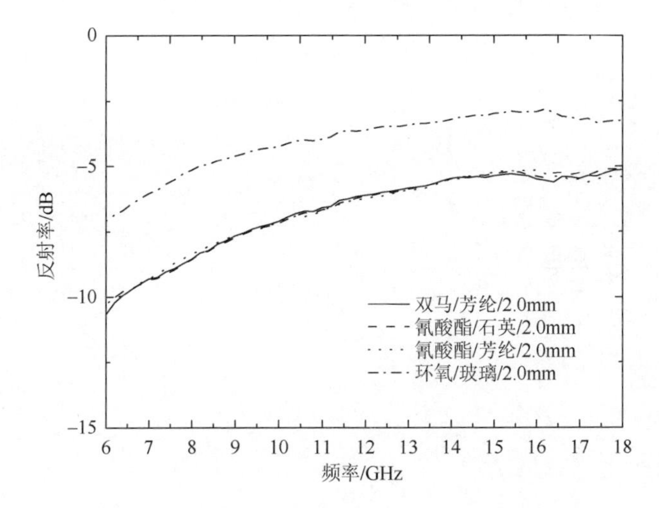

图 5-10　同一厚度不同材料体系透波面板前界面反射（2）

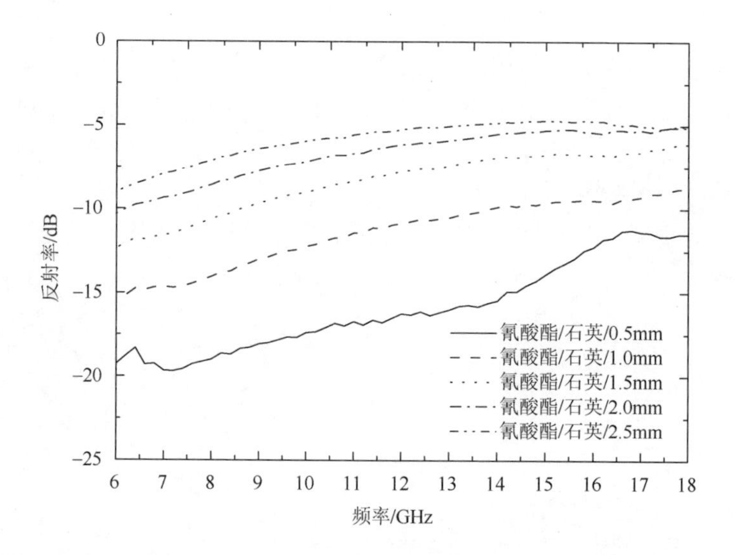

图 5-11　同一材料体系不同厚度透波面板前界面反射（氰酸酯/石英体系）

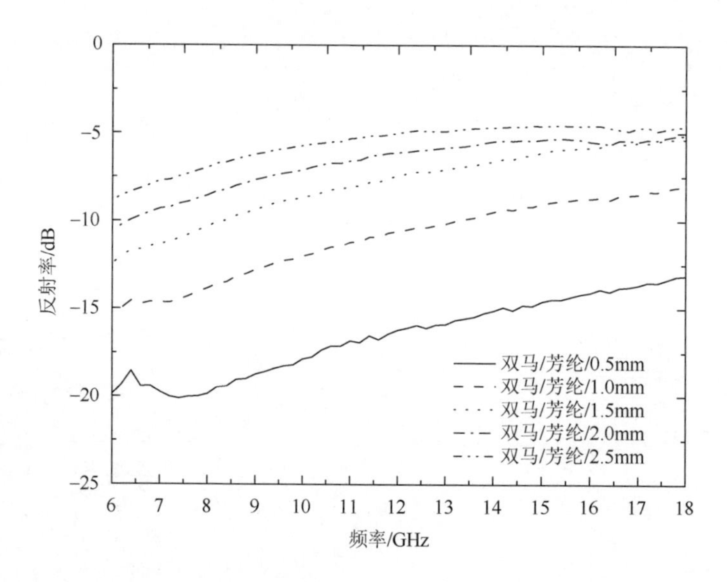

图 5-12　同一材料体系不同厚度透波面板前界面反射（双马/芳纶体系）

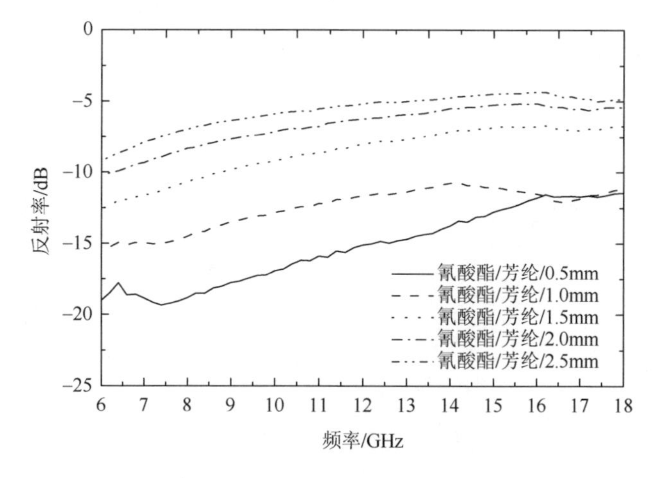

图 5-13　同一材料体系不同厚度透波面板前界面反射（氰酸酯/芳纶体系）

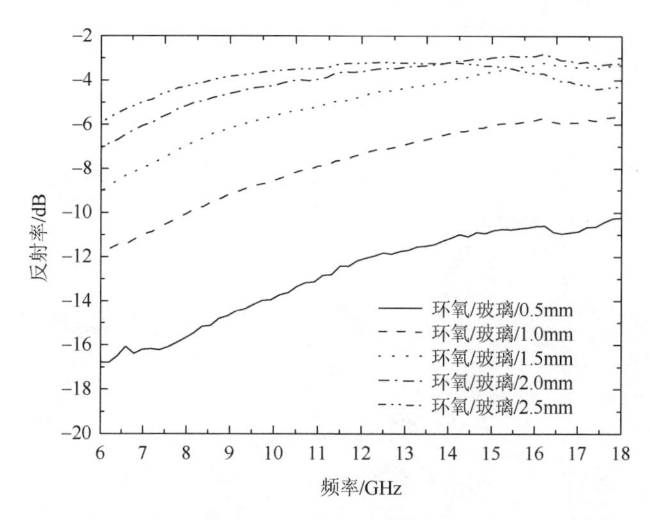

图 5-14　同一材料体系不同厚度透波面板前界面反射（环氧/玻璃纤维体系）

5.4.2 吸波芯材特性

夹层型微波吸收复合材料常用的吸波芯材主要包括吸波蜂窝芯和吸波泡沫芯。吸波蜂窝一般是由纸蜂窝或芳纶蜂窝芯经过吸波处理后制备而成，吸波蜂窝夹层型微波吸收复合材料具有轻质高强、宽频吸波性能好的特点，已在飞行器中获得大量应用[24, 25]。吸波泡沫是由不同耐温等级的基体通过添加介电类吸收剂共同发泡形成的具有一定承载和耐热性能的结构吸波泡沫，具有质轻高强的特点，同时适宜复杂结构芯材的形面加工，由其制成的夹层吸波结构具有良好的宽频可设计性。作为夹层型微波吸收复合材料的重要组成部分，吸波芯材的吸波性能对整体夹层材料的性能具有重要影响，图 5-15 和图 5-16 是不同吸波蜂窝芯和吸波泡沫芯的吸波性能，由图中可以看出吸波芯材的厚度及设计方式均会对其吸波性能具有重要影响。表 5-10 和表 5-11 是不同吸波蜂窝芯和吸波泡沫芯的力学性能。

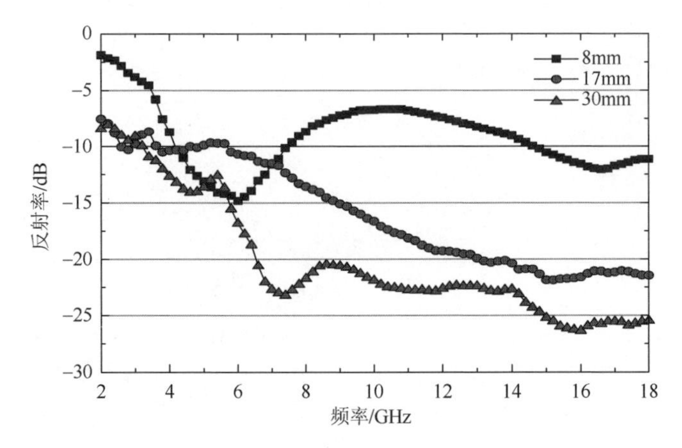

图 5-15　不同厚度吸波蜂窝的吸波性能

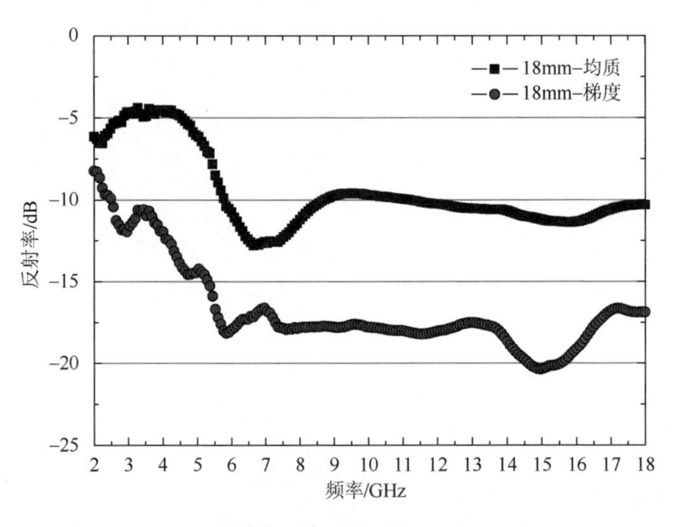

图 5-16　均质和梯度吸波泡沫的吸波性能

表 5-10　吸波蜂窝力学性能

性能	密度规格	
	$100kg/m^3$	$200kg/m^3$
压缩强度/MPa	4.87	10.1
压缩模量/MPa	241	497
平拉强度/MPa	2.54	2.85

续表

性能		密度规格	
		100kg/m³	200kg/m³
剪切强度/MPa	纵向	1.74	2.61
	横向	1.48	1.87
剪切模量/MPa	纵向	68.85	134
	横向	58.95	76.4

表 5-11　环氧吸波泡沫力学性能

性能	密度 200 kg/m³
压缩强度/MPa	3.64
压缩模量/MPa	90
拉伸强度/MPa	2.11
拉伸模量/MPa	119
剪切强度/MPa	1.65
剪切模量/MPa	102
平面拉伸强度/MPa	1.59

5.4.3　夹层型微波吸收复合材料制备

1. 吸波芯材制备工艺方法

1）吸波蜂窝制备工艺方法

吸波蜂窝通常是由纸蜂窝或芳纶蜂窝芯浸渍吸波树脂增重至设计质量制备而成，制备工艺流程如图 5-17 所示，其中吸波胶液配制和吸波蜂窝浸渍是关键步骤，对吸波蜂窝的电性能具有重要影响。

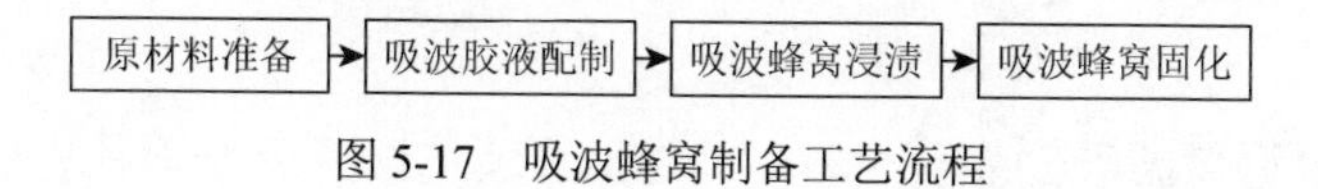

图 5-17　吸波蜂窝制备工艺流程

对于吸波胶液配制，其关键是吸收剂分散技术，可采用机械搅拌、三辊研磨、球磨等分散方法，主要是通过掌握各分散工艺参数对吸波蜂窝电性能的影响规律，确定合理的分散工艺和分散时间，实现吸收剂在胶液中的良好分散，防止吸收剂在胶液中聚集。对于吸波蜂窝浸渍关键技术，浸渍胶液的浓度、浸渍次数、浸渍增重控制、浸渍方式等因素均会对吸波蜂窝电性能的优劣和稳定性造成影响，同时各因素之间又相互关联影响，其中浸渍胶液浓度将会直接影响单次吸波蜂窝的浸渍增重量，而单次浸渍增重量又会影响浸渍次数，这两者又将影响最终吸波蜂窝浸渍增重控制；同时，吸波蜂窝的浸渍方式不同，吸波蜂窝的电性能也相差较大，梯度浸渍相比均匀浸渍可以提升吸波蜂窝的吸波效果，但同时又会带来浸渍控制难度加大、引起固化变形等不利影响。因此，为实现吸波蜂窝浸渍质量控制，一方面要掌握上述各因素对吸波蜂窝电性能的影响规律，同时还需要考虑各因素互相之间的关联影响，综合确定合理的浸渍工艺参数，保证吸波蜂窝的质量稳定性。

2）吸波泡沫制备工艺方法

对于吸波泡沫，不同类型吸波泡沫的制备方法不同，可采用一步法或两步法制备。一步法是化学反应过程和发泡过程同步进行，工艺过程较为简单，周期短，但泡沫产品性能的可调性较差，其制备工艺流程如图 5-18 所示；对于两步法，第一步是先进行预聚体制备，第二步是进行泡沫发泡，相比一步法制备过程，两步法虽然制备周期相对较长，但泡沫产品的性能可调性好，其制备工艺流程如图 5-19 所示。相比普通泡沫材料，吸波泡沫的关键是解决吸收剂在制备过程中的均匀分散问题，分散方式可采用机械搅拌、三辊研磨或球磨分散等，具体需要根据所要制备的吸波泡沫和选用的吸收剂特点而定，并通过研究分散工艺对吸收剂分散均匀性的影响，确定吸收剂分散工艺参数，实现吸收剂的均匀分散。

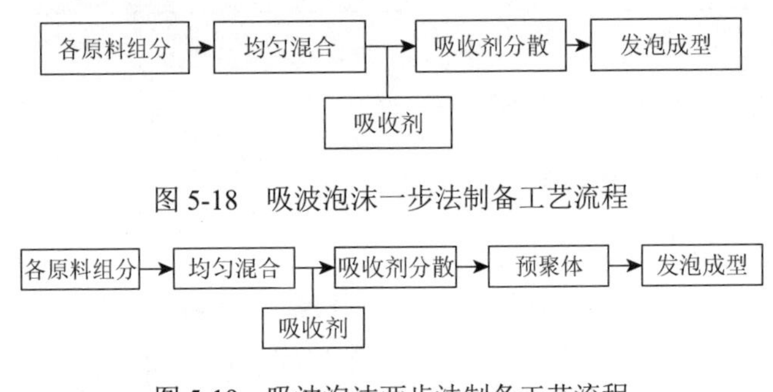

图 5-18 吸波泡沫一步法制备工艺流程

图 5-19 吸波泡沫两步法制备工艺流程

2. 夹层型微波吸收复合材料制备工艺方法

对于夹层型微波吸收复合材料，其透波上蒙皮层、反射下蒙皮层以及整体夹层结构的胶接复合通常采用热压罐成型技术，成型方法可采用共固化一次成型或分步固化二次胶接成型。共固化一次成型是将上下蒙皮、吸波芯材和胶膜按顺序组合在一起，蒙皮的固化和面板与吸波芯材的胶接固化一次成型，其特点是芯子与面板黏结强度高、制造周期短、制造成本低，但受芯材抗压强度限制，成型的蒙皮力学性能偏低，胶接定位难度大，这种成型方法适合平板及型面简单的制件，其制备工艺流程见图 5-20。二次胶接成型是将上下蒙皮预先固化成型，再与芯材、胶膜、发泡胶等材料组合胶接固化，其特点是预先固化的蒙皮表面及内部质量好，但制造周期较长、制造成本较高，芯材与蒙皮胶接面配合精度控制难度较大，这种成型方法适合上下蒙皮质量要求高、固化工艺与胶接工艺相差较大的制件，其制备工艺流程见图 5-21。

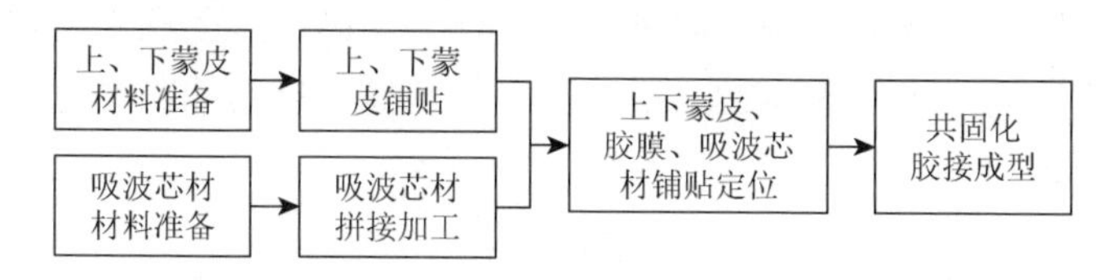

图 5-20　蜂窝夹层型微波吸收复合材料共固化胶接成型制备工艺流程

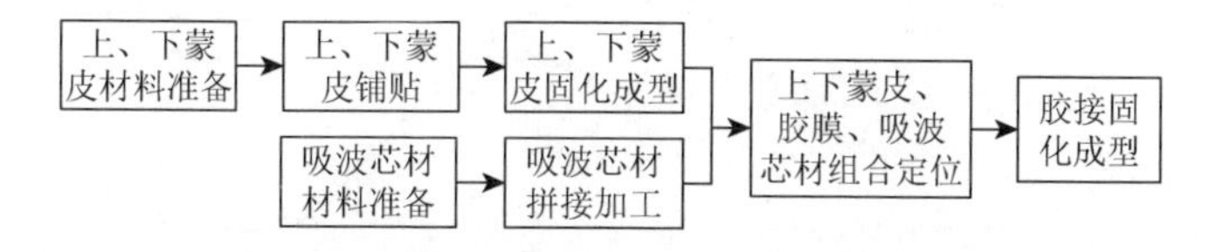

图 5-21　蜂窝夹层型微波吸收复合材料二次胶接成型制备工艺流程

夹层型微波吸收复合材料通常应用于隐身飞机的翼面边缘吸波结构（翼面前缘、翼面后缘等）。翼面前、后缘吸波结构往往具有深 V 型、大长细比的外形特点，同时由于透波蒙皮、吸波芯材及反射蒙皮的材料类型不同，热膨胀系数不同，往往存在固化变形问题，需要重点关注；此外，由于包含的材料类型较多，配合界面多，对吸波结构各材料层的厚度精度控制及界面的胶接质量控制同样是制备的关键。

对于材料厚度问题，以吸波蜂窝夹层型微波吸收复合材料为例，在加热加压固化过程中，随着温度上升，树脂黏度下降，在压力作用下，蜂窝芯会压进胶膜或蒙皮中，导致夹层材料整体厚度与设计厚度不同，从而产生电性能偏差，对于共固化成型的制件影响尤为明显。针对此问题，可以通过相同工艺下对不同厚度夹层吸波材料产生的厚度偏差影响分析，进行适当的厚度补偿，从而保证制造厚度与设计厚度的一致性。对于胶接质量控制，需要对成型模具进行合理设计以及固化参数的合理设置，一方面利用模具保证材料的精确定位，使胶接界面能够被有效施加胶接压力；另一方面，需要对加压温度和加压时间进行合理设置，确定合理的固化制度，确保制件的胶接质量。对于吸波结构的变形问题，可在固化工艺过程中采取尽可能低的固化温度，设置固化温度平台台阶，减少材料因温度剧烈变化而引起的固化变形，必要时可以通过模具设计引入预变形处理，以减小最终制件的固化变形。

5.4.4　夹层型微波吸收复合材料性能

夹层型微波吸收复合材料的整体吸波性能受透波面板性能和吸波芯材性能等

多因素共同影响，针对不同厚度的吸波芯材，通过与不同厚度和不同材质面板匹配，可形成具有不同吸波性能的夹层型微波吸收复合材料。通常情况下，降低透波面板厚度有利于提高高频吸波性能，增加吸波芯材厚度有利于拓展低频吸波性能，采用梯度设计吸波芯材有利于拓展宽频吸波性能，夹层型微波吸收复合材料的具体厚度和性能可以根据应用需求进行设计，不同厚度的蜂窝夹层结构吸波复合材料的吸波性能曲线见图 5-22，不同厚度的泡沫夹层结构吸波复合材料的吸波性能曲线见图 5-23。

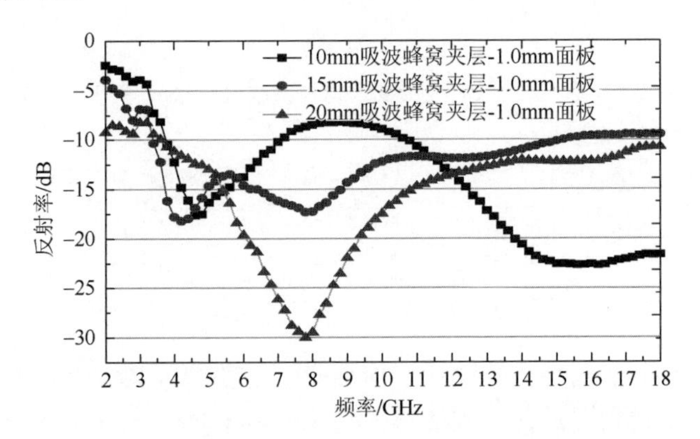

图 5-22　不同厚度蜂窝夹层型微波吸收复合材料吸波性能曲线

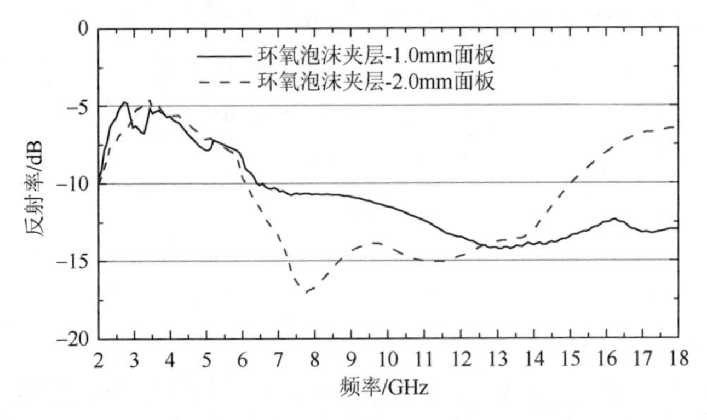

图 5-23　不同面板厚度环氧吸波泡沫夹层结构吸波性能曲线

15mm 均质环氧吸波泡沫芯

采用 C 夹层微波吸收结构，吸波性能的可设计性更强，可以进一步拓宽吸波频带，改善宽频吸波效果，图 5-24 为一种 C 夹层型微波吸收复合材料吸波性能曲线；但由于 C 夹层的材料结构组成复杂，吸波构件的无损检测难度大，因此实际应用较少。蜂窝和泡沫夹层型微波吸收复合材料力学性能分别见表 5-12 和表 5-13。

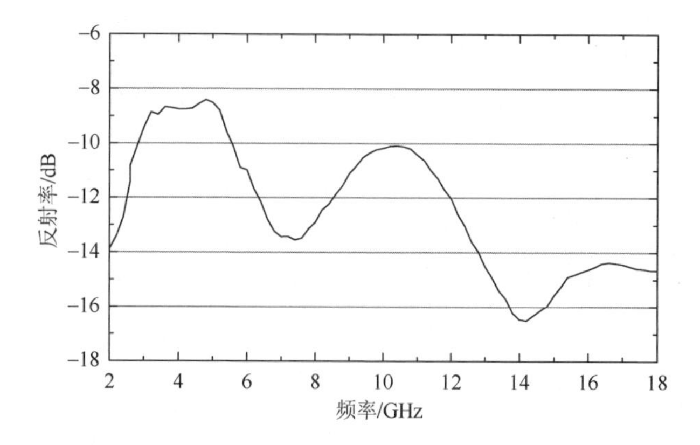

图 5-24　C 夹层型微波吸收复合材料吸波性能曲线

表 5-12　蜂窝夹层型微波吸收复合材料基本力学性能

项目	性能
压缩强度/MPa	8.5
压缩模量/MPa	350
平面拉伸强度/MPa	2.9
L 向平面剪切强度/MPa	4.6
W 向平面剪切强度/MPa	3.4
L 向三点弯曲最大载荷/kN	3.5
W 向三点弯曲最大载荷/kN	3.5
L 向三点弯曲芯子剪切强度/MPa	2.2
W 向三点弯曲芯子剪切强度/MPa	2.1
L 向四点弯曲最大载荷/kN	2359
W 向四点弯曲最大载荷/kN	2234
L 向四点弯曲芯子剪切强度/MPa	2.1
W 向四点弯曲芯子剪切强度/MPa	2.0

表 5-13　泡沫夹层型微波吸收复合材料基本力学性能

项目	环氧泡沫夹层结构（ERF-1）	双马泡沫夹层结构（BRF-1）
平面压缩强度/MPa	3.26	3.81
平面拉伸强度/MPa	1.56	1.18
弯曲强度/MPa	338	342
剪切强度/MPa	1.18	1.32
剪切模量/MPa	37	82

5.5　层合型微波吸收复合材料

层合型微波吸收复合材料是指兼具承载能力与高微波吸收能力，采用高性能透波纤维作为增强材料，高性能树脂体系与微波吸收剂组成的吸波树脂基体复合而成，具有多层结构的一类结构功能复合材料。

层合型微波吸收复合材料通常由透波层、吸波层和反射层三个不同结构层次，多达十几层或数十层材料组成。层合型微波吸收复合材料的吸收性能主要由整体层合结构的阻抗匹配特性和损耗特性决定，其中损耗层的总导纳、介质层的电磁参数以及每个功能材料层的厚度都是层合型微波吸收复合材料吸收性能的主要影响因素[9-11]。

5.5.1　透波功能层特性

层合型微波吸收复合材料的透波功能层通常不含雷达吸收剂，由高性能玻璃纤维、芳纶纤维、PBO 纤维等透波纤维作为增强材料，高性能环氧、双马、氰酸酯、聚酰亚胺等树脂体系作为树脂基体，具有良好的透波性能，厚度可根据层合型吸收材料的整体电结构需求进行设计。

5.5.2　吸波功能层特性

层合型微波吸收复合材料的吸波功能层通常由高性能玻璃纤维、芳纶纤维、PBO 纤维等透波纤维作为增强材料，高性能环氧、双马、氰酸酯、聚酰亚胺等树脂体系与微波吸收剂组成的吸波树脂基体复合而成，根据吸收剂的种类和含量不同，同一层合型微波吸收复合材料可包含多个不同种类吸波功能层，不同吸波功能层的电磁特性不同（图 5-25 和图 5-26），力学性能状态也不同（表 5-14），层合型微波吸收复合材料可根据不同吸波功能层的具体特性进行吸波/承载一体化设计。

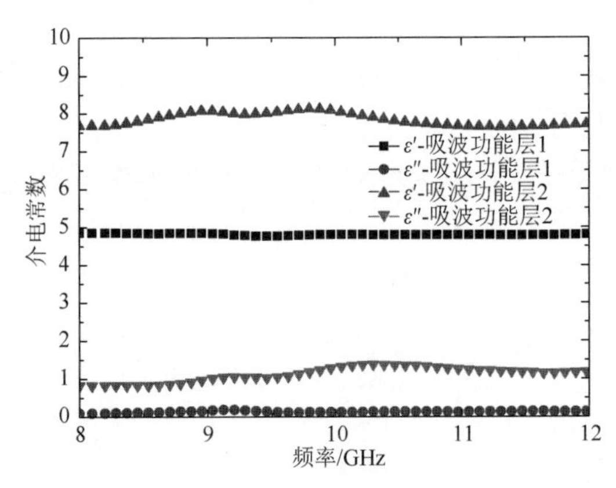

图 5-25　不同层合型微波吸收复合材料吸波功能层介电常数

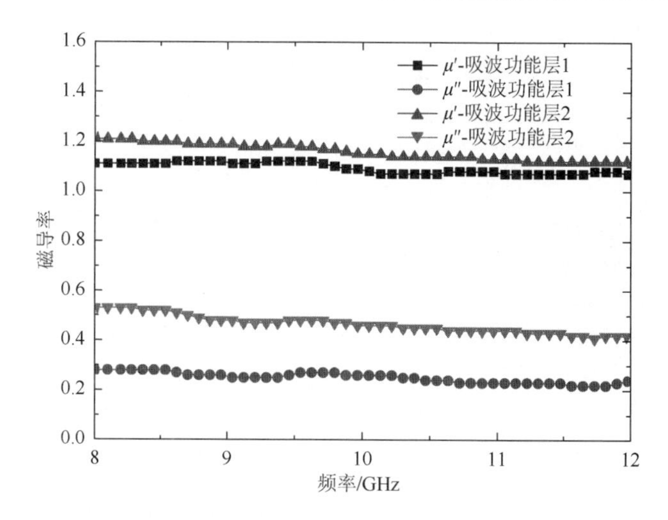

图 5-26 不同层合型微波吸收复合材料吸波功能层磁导率

表 5-14 层合型微波吸收复合材料吸波功能层力学性能

项目	吸波功能层 1	吸波功能层 2
0°拉伸强度/MPa	546	589
0°拉伸模量/GPa	32.8	32.2
0°压缩强度/MPa	206	221
0°压缩模量/GPa	29.6	26.8
0°弯曲强度/MPa	486	477
0°弯曲模量/GPa	26.6	24.1
0°层间剪切强度/MPa	39.6	40.4

5.5.3 反射功能层特性

层合型微波吸收复合材料的反射功能层通常不含微波吸收剂，由碳纤维作为增强材料，高性能环氧、双马、氰酸酯、聚酰亚胺等作为树脂基体，具有良好的微波反射性能和承载性能，厚度可根据层合型吸收材料的整体承载需求选择碳纤维复合材料体系并对材料厚度进行设计，表 5-15 是常见的碳纤维复合材料力学性能。

表 5-15 层合型微波吸收复合材料反射功能层基本力学性能

项目	反射功能层
0°拉伸强度/MPa	550
0°拉伸模量/GPa	64

续表

项目	反射功能层
0°压缩强度/MPa	554
0°压缩模量/GPa	57.5
0°弯曲强度/MPa	818
0°弯曲模量/GPa	58.3
0°层间剪切强度/MPa	71.3

5.5.4 层合型微波吸收复合材料制备

1. 吸波预浸料制备工艺方法

吸波预浸料可采用溶液法手工制备，也可以采用热熔法制备。溶液法手工制备方法存在效率低、挥发分大、污染环境等问题，一般适用于小量实验；热熔法适用于连续批量生产，可面向工程化应用，以下对其进行简要介绍。

热熔法制备吸波预浸料通常采用两步法，其制备工艺流程如图 5-27 所示，其中吸收剂在树脂中分散工艺、吸波树脂成膜、吸波树脂与增强纤维浸润特性都是需要突破的关键技术，在此基础上才能最终确定吸波预浸料的热熔制备工艺参数。

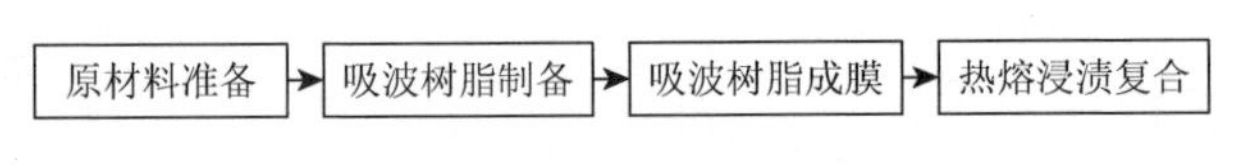

图 5-27 吸波预浸料制备工艺流程

对于吸收剂在树脂中的分散问题，可根据树脂和吸收剂的性质采用合适的分散方法，如机械搅拌、三辊研磨、捏合等，通过研究分散工艺对吸收剂分散均匀性的影响，确定吸收剂分散工艺参数，实现吸收剂在树脂中的均匀分散。在吸波树脂成膜方面，主要需要考虑吸波树脂黏温特性与成膜温度的匹配关系，温度过高，树脂黏度下降，树脂成膜性较差，不易形成连续树脂膜；温度过低，黏度上升，树脂成膜性变差，并且成膜速度明显下降，所以确定合适的成膜温度区间至关重要，既要保证成膜质量，还要兼顾成膜效率。对于吸波树脂与增强纤维的复合浸润，一方面需要考虑复合温度，另一方面还要考虑复合速度。保持一定的压力和复合速度不变的情况下，复合温度升高，树脂黏度变小，有利于树脂向纤维扩展、均匀浸透，反之则会产生相反的影响；但如果复合温度过高，树脂黏度小，易扩散，容易造成树脂向两端流失，导致预浸料面密度偏低及均匀性变差。当保持一定的复合温度和压力不变的情况下，如果复合速度过快，树脂和纤维接触时间短，浸渍相对不充分；复合速度降低，可以延长树脂和纤维接触时间，浸渍充分，浸透性好，但复合速度不宜过慢，否则将会影响复合效率。复合速度的选择与预浸料的厚度和增强纤维的类型均密切相关，需要根据实际复合情况进行合理选择。

2. *层合型微波吸收复合材料制备工艺方法*

层合型微波吸收复合材料在武器装备中主要应用于壁板类吸波结构，多采用热压罐成型工艺制备[26-29]，其制备工艺流程如图 5-28 所示。与常规复合材料热压罐成型制备不同，层合型微波吸收复合材料组成结构相对复杂，需要突破厚度精度控制、吸收剂迁移、变形控制等关键技术，以保证材料电性能和力学性能。

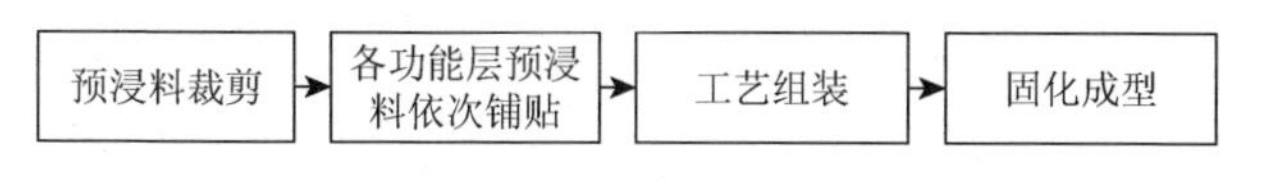

图 5-28　层合型微波吸收复合材料制备工艺流程

层合型微波吸收复合材料由多功能层（包括透波功能层、吸波功能层及反射功能层）按照特定的电结构顺序和厚度复合而成，每个功能层的电磁特性和厚度对微波吸收复合材料的电性能具有重要影响，所以必须实现各功能层的厚度精度控制和吸收剂迁移控制。对于厚度精度控制，一方面需要对预浸料的面密度进行准确计算以符合设计厚度，另一方面需要调节树脂流动性同时配合工艺辅料以避免由于树脂流失带来材料厚度偏差。对于吸收剂迁移控制，可以根据各功能层吸波树脂黏温特性，在预浸料铺贴过程中，分阶段对各功能层进行预处理，将吸收剂固化在各功能层中，尽可能避免吸收剂向外迁移。

由于层合型微波吸收复合材料的透波功能层和吸波功能层所应用的增强纤维往往是透波纤维（玻璃纤维、芳纶纤维、PBO 纤维等），而反射功能层往往应用碳纤维增强，所以对于层合型微波吸收复合材料整体结构形式来说，属于非均质、非对称的混杂纤维增强复合材料。这种混杂纤维结构，在材料固化过程中，往往会因为各结构功能层之间的热膨胀不匹配造成吸波复合材料固化变形。对于这种变形控制，可以通过调整材料铺层角度，使各角度达到均衡对称状态以减小固化变形量，同时在不影响材料固化程度的前提下，在固化工艺过程中采取尽可能低的固化温度，设置固化温度平台台阶，减少材料因温度剧烈变化而引起的固化变形。

5.5.5　层合型微波吸收复合材料性能

层合型微波吸收复合材料由上述透波功能层、吸波功能层及反射功能层按照特定的电结构设计复合而成，可通过各功能层匹配设计实现宽频吸波性能，国内外研究机构均对其开展了相关研究。

英国 Plessey 公司研制的 K-RAM 微波吸收复合材料，是一种典型的多层阻抗渐变宽频吸收复合材料，其功能层由芳纶纤维增强，并含有吸波填料，承载反射层为碳纤维层。K-RAM 吸波复合材料的厚度可在 5～10mm 根据吸波要求和力学性能要求予以调整。

国内相关单位研制了不同厚度的多功能层阻抗渐变层合型微波吸收复合材料，它由增强纤维、高性能树脂基体和吸收剂组成。厚度为 4mm 和 8mm 的层合型微波吸收复合材料的吸波性能如图 5-29 和图 5-30 所示，层合型微波吸收复合材料的力学特性见表 5-16。

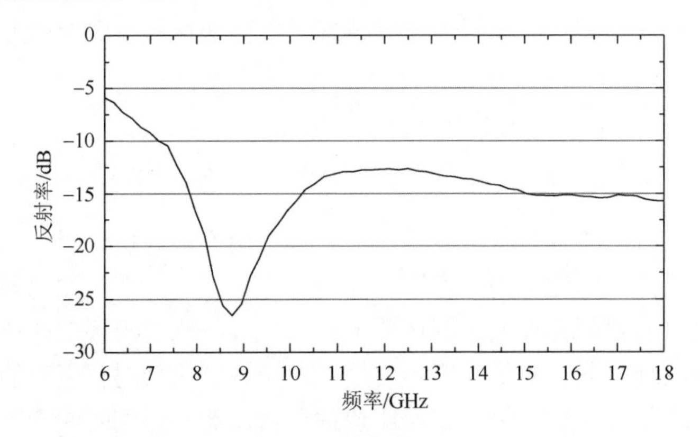

图 5-29　4mm 层合型微波吸收复合材料吸波性能

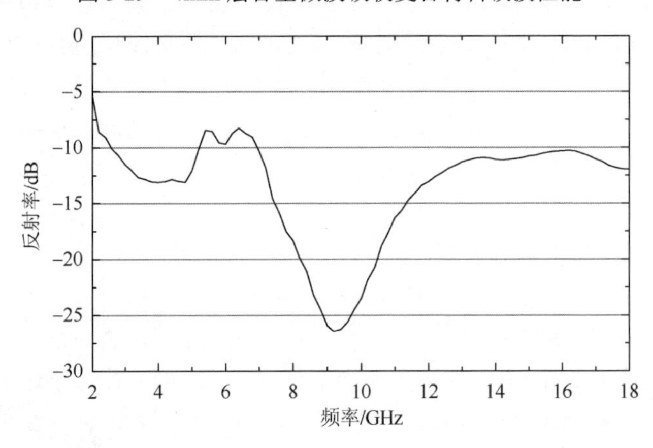

图 5-30　8mm 层合型微波吸收复合材料吸波性能

表 5-16　层合型微波吸收复合材料基本力学性能

项目	氰酸酯吸波复合材料	双马吸波复合材料	环氧吸波复合材料
0°拉伸强度/MPa	581	532	583
0°拉伸模量/GPa	28.2	28.0	29.0
0°压缩强度/MPa	184	200	232

续表

项目	氰酸酯吸波复合材料	双马吸波复合材料	环氧吸波复合材料
0°压缩模量/GPa	24.4	26.6	27.9
0°弯曲强度/MPa	464	572	477
0°弯曲模量/GPa	18.2	27.1	25.8
0°层间剪切强度/MPa	39.0	42.7	37.4

5.5.6　电路模拟结构吸波复合材料

电路模拟结构吸波复合材料是由有耗介质与电路屏复合而成的吸波复合材料，其中电路屏是由周期性金属条、栅或片构成的薄片，能够具有高于层合型微波吸收复合材料的吸收性能。

传统的 Salisbury、Jaumann 吸收体只利用了材料的导纳实部，而电路屏可以引入导纳虚部，具有更多的参数来调控吸波性能，从而在有限的空间内获得更优的吸波性能。电路屏的具体作用表现在，它能引起入射电磁波与反射电磁波的干涉，起到又一反射屏的作用，进而减小电磁波反射；电路屏可以使外场的电磁波能量感应成耗散电流能量，而添加的损耗介质则使电流能量转化成热能，从而增加结构吸波材料的吸波性能；电路屏的加入能增大结构吸波材料的表面输入阻抗模，增加与自由空间的阻抗匹配性，从而提高吸波结构的吸波性能。电路屏的有效电阻由材料类型、栅格尺寸、间距、几何形状等因素决定。

利用电路屏的特点，可以使吸波复合材料在相同厚度下具有宽频高吸收性能或在相同吸波性能下，降低材料的厚度。近年来，国内相关研究单位对电路模拟结构吸波复合材料进行了深入的研究，设计了一些吸收性能良好的电路模拟结构吸波复合材料，如图 5-31 和图 5-32 所示。

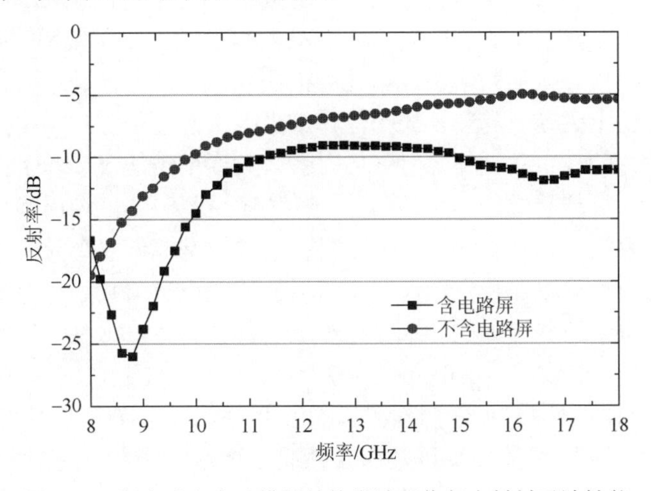

图 5-31　渐变式含电路模拟结构微波吸收复合材料吸波性能

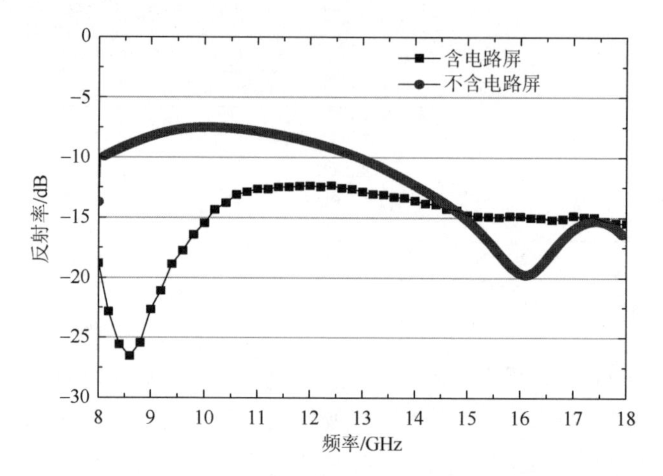

图 5-32 陷阱式含电路模拟结构微波吸收复合材料吸波性能

5.6 新型微波吸收复合材料

5.6.1 超材料结构微波吸收复合材料

超材料（metamaterials）是由亚波长结构单元构成的人工复合电磁材料，通过结构单元中特殊电磁模式的激发，可实现自然材料所不具备的超常物理性质。利用基于超材料的隐身材料技术，可实现吸波材料在较薄厚度下的宽频吸收，是微波吸收复合材料发展的新技术途径[30-33]。

1. 超材料的基本特征

严格意义上，超材料是一种单元尺度远远小于工作波长的人工周期结构，在长波长条件下（波长远大于结构单元尺寸），具有等效介电常数和等效磁导率，这些电磁参数主要依赖于其基本组成单元的谐振特性，从而区别于通常意义上的光子晶体或者人工电磁带隙材料。光子晶体或者人工电磁带隙材料中，带隙起源于基本单元散射体的多重布拉格散射效应[34-37]，其周期结构尺度和工作波长在同一数量级，因此，只能看成一种结构而非一种均质材料，不能使用等效介电常数和等效磁导率来表征其基本电磁特性。超材料通常由基本谐振单元构成，通过对单元谐振特性的设计可以在特定频段对超材料的等效电磁参数进行有效控制，如可以使其等效介电常数和等效磁导率接近于零，甚至为负，这些特性使超材料具有广阔的应用前景，在设计和实现上也具有很大的灵活性。超材料的基本特征包括：

（1）“奇异物理性质”：超材料具有负折射率、负磁导率、负介电常数等超越常规材料的奇异物理性质，这些超常性质主要取决于构成超材料的亚波长结构单元[38, 39]。

（2）“亚波长结构”：超材料属于亚波长结构，其单元结构尺寸远小于工作波长，单元结构尺寸越小，其结构特性越趋近于均质材料。事实上，对于微纳单元尺寸的超材料来说，其结构特性与均质材料几乎趋同。

（3）“等效介质”：具有亚波长单元结构的超材料，其物理性质和材料参数可使用等效介质理论描述。例如，可以提取超材料的等效介电常数和等效磁导率，这是超材料设计及应用超材料对电磁波进行调控最重要的材料参数。

目前广泛研究的超材料主要包括左手材料、复合左/右手传输线以及等效材料参数（相对介电常数或相对磁导率）在（0，1）的其他非常规材料等。

（1）左手材料：左手材料是一种最典型的超材料，也是研究最为广泛的超材料。事实上，超材料研究源于左手材料研究，在超材料研究初期，人们将研究焦点集中在介电常数和磁导率同时为负的左手材料的奇特性质及其实现上。由于左手材料具有等效负介电常数和负磁导率，表现出负相移、负折射效应、逆多普勒效应、完美透镜、逆 Cerenkov 辐射等新物理效应[40-45]。一般通过将等效介电常数和磁导率为负的结构单元组合实现左手材料，所以具有负介电常数或负磁导率的超材料研究成为左手材料的研究基础。随着研究的不断深入，人们发现具有单负特性（等效介电常数和磁导率其中之一为负）的超材料具有更为广泛的应用前景，并由此将最初的左手材料研究拓展至包括单负超材料[46-48]、各向异性超材料和手性超材料[49–54]等更广泛的研究领域。

（2）电超材料和磁超材料：随着左手材料研究的深入以及基于超材料的透波隐身技术的发展，迫切需求相对介电常数介于 0～1 的材料，金属线阵列不便于实现 0～1 的相对介电常数，由此出现了无需结构单元之间电连接即可实现小于 1 的介电常数的电谐振器概念[46]。由电谐振器单元构成的超材料被称为电超材料，相应地，由磁谐振器结构单元构成的超材料被称为磁超材料。基于此，进而提出了基于电谐振器与磁谐振器的左手材料设计思想[55, 56]。自此，电超材料和磁超材料的研究得到了快速发展。电超材料和磁超材料是分别通过电谐振子或磁谐振子单元的谐振实现的超材料，其等效相对介电常数、相对磁导率通常介于 0～1，也可以为负值。

（3）各向异性超材料：各向异性超材料是指具有抛物线型、双曲线型等各向异性介电常数或磁导率的超材料。基于介电常数或磁导率的各向异性可在等效折射率为正的情况下实现负折射[50, 57]。

在各向同性的左手材料和常规材料中，电磁波的相速度和群速度总是在一条直线上，或方向相反，或方向相同。在具有双曲线型色散关系的各向异性超材料中，相速度和群速度不在一条直线上。由于群速度的方向垂直于双曲线并且远离界面，群速度发生负折射，而相速度仍为正折射。典型的双曲线型各向异性超材料为金属线阵列，仿真和实验都已证实了这种超材料可以实现负折射和平板成像[51, 57]。

（4）手性超材料：手性超材料是指基于亚波长手性结构单元的手性参数实现的超材料，具有更大的设计灵活度，不仅可实现同时为负的介电常数和磁导率，也可在介电常数和磁导率同时为正的情况下通过手性参数实现负折射率[51-53]。

一般由于手性超材料结构简单，易于加工和应用，所以通过手性超材料实现负折射率成为左手材料研究的又一热点。另外，手性超材料还具有很强的旋光性和二向色性，在光学领域具有广阔的应用前景。

2. 超材料结构微波调控技术原理

传统无源隐身技术主要依靠外形和吸波材料。外形隐身通过将来波反射至非威胁方向降低目标在主威胁方向的RCS，属于基于反射机理的隐身技术；吸波材料通过将敌方探测微波吸收掉的方式降低RCS，是基于吸收机理的隐身技术。超材料隐身技术从理论上就具有更为丰富的隐身机理，为隐身结构和微波吸收材料设计提供了更为丰富灵活的技术手段，包括频率选择、宽带透射、强偏折、宽带吸波等[58]。

（1）频率选择反射：利用超材料的强色散特性进行的频率选择反射特性设计，基于隐身外形将带外信号反射至非威胁方向，同时带内信号具有高通透特性，用于隐身电磁窗。

（2）超宽带复合吸波：利用超材料的强各向异性、低频吸波优势和负折射等奇异的物理效应，结合传统吸波材料拓展在低频段的吸波带宽，实现涵盖低频段的超宽带、大入射角复合微波吸收材料。

（3）吸波/透波一体化：利用超材料的强色散损耗特性或微波表面等离激元的场增强特性，将带外信号强烈吸收，同时不影响带内信号的接收与发射。其特点是带内通透与带外吸收兼顾，主要用于带外吸收型隐身电磁窗、低RCS天线阵等。

（4）反射偏折：通过表面电磁参数设计将反射电磁波调控到非威胁方向，并且不同频率的电磁波偏折到不同方向，使雷达回波的主瓣方向偏离来波方向，降低后向RCS。通过虚拟的电磁外形设计取代传统的几何外形设计。其最大的特点是隐身电磁外形设计和气动外形设计分离，各自独立设计，兼顾隐身性能和气动机动性能。更为重要的是，基于超表面可实现全向隐身技术，在全方位角域内降低目标的RCS。

（5）极化转换：一是利用超表面的各向异性使反射电磁波的极化状态转变为其正交态，导致接收雷达极化失配，无法接收到雷达回波；二是将对入射角敏感的线极化波转换为对入射角不敏感的圆极化波，提升隐身材料或结构在大入射角下的隐身性能。

3. 超材料结构微波吸收复合材料简介

超材料的出现突破了传统微波吸收复合材料的反射/吸收机理的局限，超材料的频率选择、宽带透射、强偏折、宽带吸波、极化转换等新机理为隐身复合材料实现提供了更为丰富的技术途径。基于超材料微波调控新机理的微波吸收复合材料得到大量研究，在基础理论、应用基础研究方面取得了一系列重要的突破，展示了超材料在微波吸收复合材料中具有良好的应用前景。

空军工程大学基于多机制复合的宽带隐身超表面技术，2014年设计研制了在7.8～13GHz可将RCS缩减10dB以上的样件[59, 60]，如图5-33所示。

图5-33　超宽带大入射角隐身超表面原理样件

南京大学提出了基于超材料的可调吸波体，如图5-34所示，可实现X波段内动态可调的吸波性能[61]。

图5-34　可调超材料吸波体

中科院设计了3.2～16.4GHz的超宽带极化转换超表面[62]、8～16GHz宽带RCS缩减超表面[63]、有源调控极化转换超表面[64]、宽带红外超材料吸波体[65]等，实验验证了基于超材料的S/X波段宽带复合吸波材料，如图5-35所示。

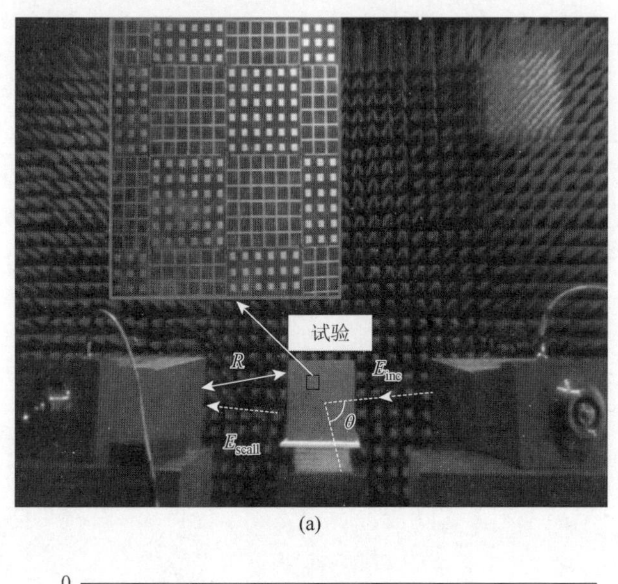

(a)

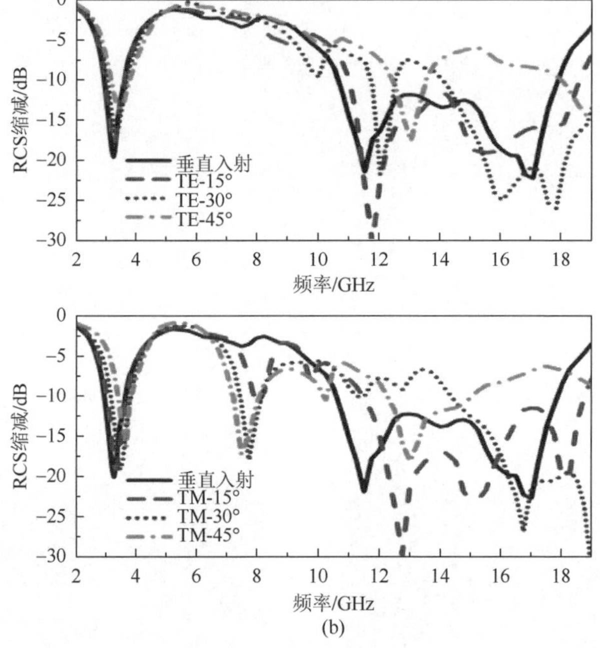

(b)

图 5-35　基于超材料的双频 RCS 缩减微波吸收材料

浙江大学开展了基于超材料的宽带微波吸收材料设计研究[66-72]，提出了基于超材料的大入射角窄带吸波材料、基于多尺度/多谐振的锯齿形宽带吸波材料、二维极化无关宽带吸波材料、基于负磁导率超材料的轻质超薄窄带吸波材料等，如图 5-36 所示。

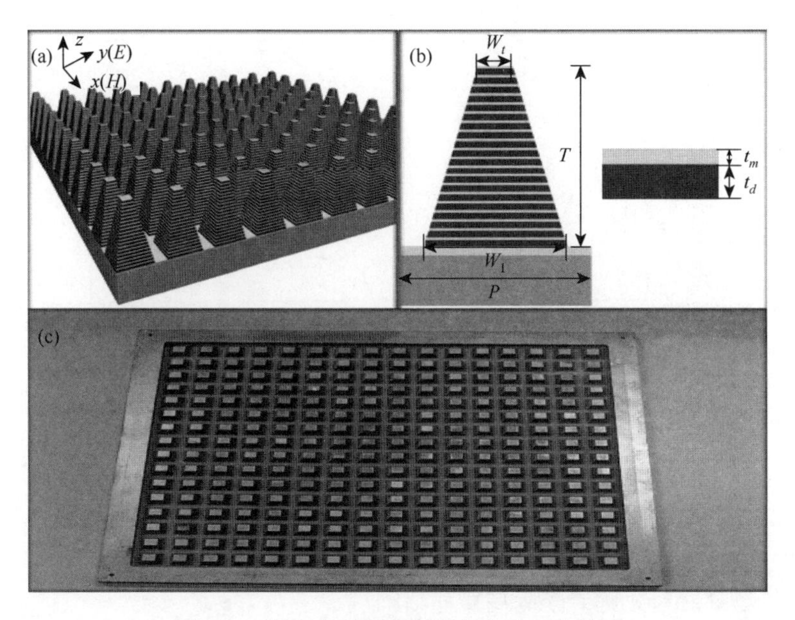

图 5-36　基于多谐振超材料的宽带吸波材料

中国航空制造技术研究院复合材料技术中心开展了超材料吸波结构与传统微波吸收复合材料相结合的新型微波吸收复合材料技术研究，一方面通过将超材料吸波结构引入多层变换吸波介质得到新型层合微波吸收复合材料，明显提高了材料的宽频吸波性能（图 5-37）；另一方面通过将超材料吸波结构与吸波蜂窝夹层结构相结合，形成新型吸波蜂窝夹层结构微波吸收复合材料，在保持吸波蜂窝夹层结构 1～18GHz 宽频吸波性能的同时，提升了低频（0.3～1GHz）范围的吸波性能，其吸波性能如图 5-38 所示。

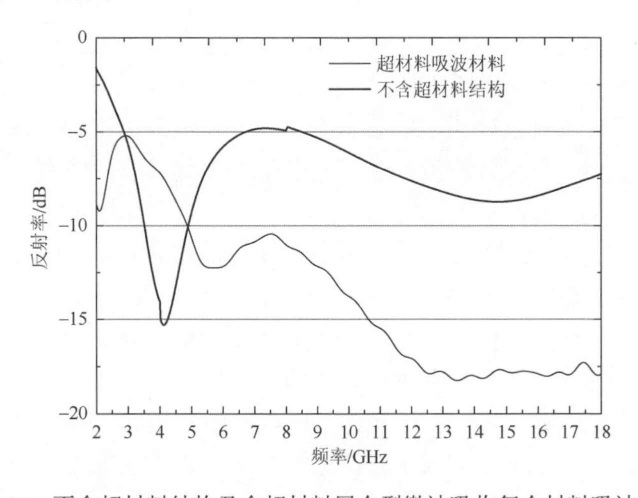

图 5-37　不含超材料结构及含超材料层合型微波吸收复合材料吸波性能

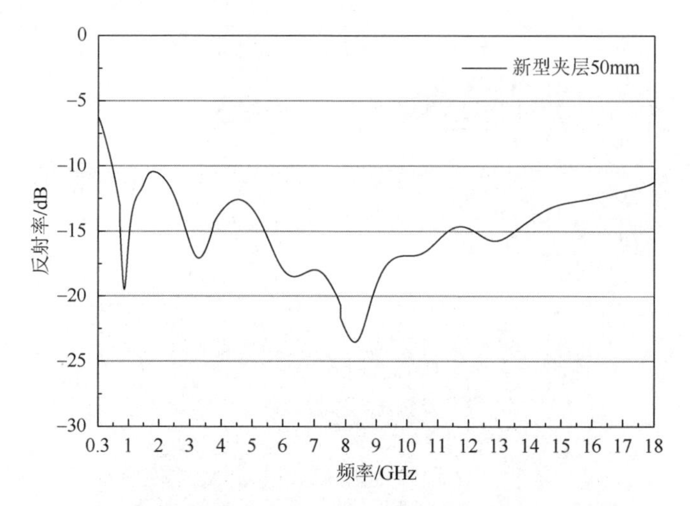

图 5-38 含超材料蜂窝夹层型微波吸收复合材料吸波性能

5.6.2 雷达/红外多频谱兼容隐身复合材料

除了雷达探测技术之外，红外探测技术的应用也越来越普遍。据统计目前对飞行器的探测，雷达探测占 60%，红外探测占 30%。红外探测距离与目标的红外辐射强度平方根成正比，红外辐射强度下降 90%，探测作用距离下降 68%。随着高探测精度和分辨率的红外探测手段的相继出现，以及红外精确制导武器的大量使用，红外跟踪设备已成为当代电子战中最有效的目标跟踪系统之一。为保证武器装备在整个作战过程中有足够的生存能力和突防能力，单一频谱隐身已不能满足应对日益复杂的电磁环境。雷达/红外多频谱兼容隐身复合材料成为隐身复合材料研究的重点方向之一。

红外波是电磁波的一部分，其波长范围为 0.76～1000μm。红外探测指的是利用波长在 3～15μm 的红外辐射特征进行探测的方法。在该波段，红外探测器主要是检测目标与背景本身温度引起的热辐射，利用其辐射的差别来识别目标，因此该波段的探测也称为热红外探测。考虑到所受的大气窗口的限制，红外探测器的实际工作波段为 3～5μm 和 8～14μm[73]。

对于雷达/红外多频谱兼容隐身的设计，从功能上看，雷达波段隐身性能的实现，需要吸波材料对雷达波具有高吸收、低反射的特性，而红外隐身材料需要满足发射率等于吸收比，因此要实现红外隐身必须尽量降低目标表面的发射率，这与雷达波段对目标的电磁特性要求是矛盾的。常规雷达吸波材料将电磁能损耗转化为热能，使温度升高对红外隐身不利；而红外隐身材料又常使用低发射率涂料，其中掺杂了金属片状粉末，增大了对雷达波的反射率，使雷达隐身能力降低，所以雷达/红外多频谱兼容隐身材料的设计一直是研究的难点[74-76]。

雷达/红外多频谱兼容隐身材料多采用复合型结构设计，将高性能的雷达吸波材料与红外隐身材料通过集成设计而复合形成隐身材料[77]，一般以夹层型结构形式较为常见。夹层结构隐身复合材料通常由透波面板层、吸波芯层和反射面板层构成，电磁波由透波面板进入材料内部，通过夹芯材料进行衰减。夹芯材料可通过选用隔热材料或相变材料，控制材料表面温度，从而具备红外隐身效果。夹层型复合隐身材料的雷达/红外隐身兼容性较好，而且通过合理的结构设计可进一步提升多频谱隐身性能。中国航空制造技术研究院复合材料技术中心研制出了一种吸波蜂窝夹层型雷达/红外多频谱兼容隐身复合材料，其将红外隐身功能层与吸波蜂窝夹层型微波吸收复合材料相结合，实现了 3～5μm 和 8～14μm 波段的表面红外发射率系数不高于 0.3，并具备了良好的宽频吸波效果（图 5-39）。

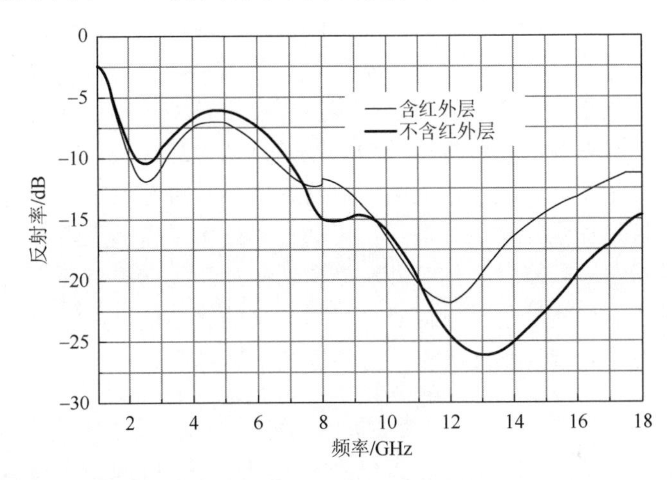

图 5-39　吸波蜂窝夹层型雷达/红外多频谱兼容隐身复合材料吸波性能

5.6.3　智能微波吸收复合材料

智能微波吸收复合材料技术是指通过一定的技术手段，使材料的微波可探测特征自动地适应不同背景条件下隐身要求的新材料技术。智能微波吸收复合材料实际上是一种系统，它可以感知不同背景条件下不同方位到达的微波特性，对感知信息进行处理，并通过自我指令对信号做出最佳响应。智能微波吸收系统可以分为 3 个子系统：信号采集子系统、信号处理与控制子系统和目标可探测特征生成子系统。信号采集子系统主要由传感器和信号处理器构成，可分别采集目标和背景的光电特征信号；信号处理与控制子系统是中央控制系统，主要由微处理器和 A/D 转换器构成，对采集信号进行分析处理，根据背景的光电特征信号，对目标可探测特征生成子系统发出工作指令，并对其工作状态进行监控；目标可探测特征生成子系统是体现智能微波吸收的功能主体，主要由微波吸收复合材料构成，通过接受控制系统的指令进行工作。在 3 个子系统中，由于现代信息技术的迅速发展，信号采集和信号处理与控制两个子系统的技术相对比较成熟，已经没有太大技术障碍，主要的难点在于目标可探测特征生成子系统，而材料是其中的关键环节和主体部分。英国 Tennat 和 Chambers 研究了用 PIN 二极管控制主动的 FSS，实现了自适应的微波吸收结构，能对 9～13GHz 频段的反射率进行有效的动态控制[78-80]。

随着信息技术的迅猛发展，侦察和制导技术将日趋完善，给传统微波吸收材料技术带来了严峻挑战，所以智能微波吸收材料必然是未来隐身技术领域的重点研究方向，但从目前的研究状况来看，智能微波吸收材料的研究在各个方面还存在很多不足。

首先，材料仍是制约智能隐身的主要因素，当前可选用的材料种类不多、可控性不足、灵敏度不够好，所以发展新的材料体系仍是智能微波吸收材料技术突破的关键所在。其次，智能微波吸收技术主要在于自动控制目标的可探测特征，实现的途径就是对材料的特性进行控制的技术。从信息控制技术本身来看，信号采集、处理和控制都比较成熟，但如何对材料的参数进行设定以及材料与控制系统的匹配衔接将是加强的重点。最后，主动传感技术是自适应隐身技术的一个重要方面，是目标主动获取背景信息并实施自适应功能的前提条件。这需要传感器件具有十分灵敏的感应功能，以便对目标与背景的诸多信息进行感知，所以加强探索主动传感技术对智能微波吸收技术的提升也同样重要。

参 考 文 献

[1] 邢丽英，张佐光. 结构隐身复合材料的发展与展望[J]. 材料工程，2002，(4)：48-51.

[2] 桑建华. 飞行器隐身技术[M]. 北京：航空工业出版社，2013：89-114.

[3] 邢丽英. 结构功能一体化复合材料技术[M]. 北京：航空工业出版社，2017：14-50.

[4] 赵灵智，胡社军，李伟善，等. 吸波材料的吸波原理及其研究进展[J]. 现代防御技术，2007，35 (1)：27-31.

[5] 桑建华，周海，陈颖闻. 隐身技术推动新一代飞行器发展[J]. 航空科学技术，2012，(3)：15-18.

[6] 李雅茹，卫海鹏，高学斌，等. 结构型微波吸收复合材料的研究进展[J]. 山西化工，2019，39 (3)：22-25.

[7] 赵宏杰，稽培军，胡本慧，等. 蜂窝夹层复合材料的吸波性能[J]. 宇航材料工艺，2010，30 (2)：72-73.

[8] 胡爱军，王志媛，金诤，等. 泡沫夹芯型吸波隐身结构复合材料的发展趋势[J]. 宇航材料工艺，2009，29 (1)：1-4.

[9] 孙敏，于名讯. 隐身材料技术[M]. 北京：国防工业出版社，2013：98-100.

[10] 刘顺华，刘军民，董星龙，等. 电磁波屏蔽及吸波材料[M]. 2 版. 北京：化学工业出版社，2014：279-293.

[11] 张晨. 多层结构吸波复合材料的设计与制备[D]. 北京：北京交通大学，2007.

[12] 黄科，冯斌，邓京兰. 结构型吸波复合材料研究进展[J]. 高科技纤维与应用，2010，35 (6)：54-58.

[13] 曹辉. 结构吸波材料及其应用前景[J]. 宇航材料工艺，1993，23 (4)：34-37.

[14] 邢丽英，刘俊能. 隐身复合材料的研究与发展[J]. 航空制造工程，1995 (12)：3-5，8.

[15] 刘海涛，程海峰，王军，等. 高温结构吸波材料综述[J]. 材料导报，2009，23 (10)：24-28.

[16] 胡悦，黄大庆，史有强，等. 耐高温陶瓷基结构吸波复合材料研究进展[J]. 航空材料学报，2019，39（5）：1-12.

[17] 梁彩云，王志江. 耐高温吸波材料的研究进展[J]. 航空材料学报，2018，38（3）：5-13.

[18] 邢丽英. 隐身材料[M]. 北京：化学工业出版社，2004：4-5.

[19] 祁亚利，殷鹏飞，张利民，等.铁氧体吸波复合材料研究进展[J]. 宇航材料工艺，2019，49（3）：9-14.

[20] 刘俊能，邢丽英. 雷达吸波涂料研究进展[J]. 航空制造工程，1996，（12）：6-8.

[21] 朱敏. 可电控 FSS 透波与吸波特性研究[D]. 南京：东南大学，2008.

[22] 程海峰，刘海韬，刘世利，等. 电路模拟吸波材料的研究及其发展[J]. 材料工程，2006，（A1）：485-487.

[23] 郑长进. 纤维（毡）/环氧树脂电路模拟吸波材料的制备与性能研究[D]. 天津：天津大学，2005.

[24] 张颖，盛家琪，刘列，等.蜂窝吸波材料的研究现状：从基材到测试[J]. 安全与电磁兼容，2019，156（1）：27-30，82.

[25] 礼嵩明，吴思保，院伟，等. 宽频蜂窝夹层结构吸波复合材料设计方法研究[J]. 玻璃钢/复合材料，2019，（7）：92-97.

[26] 冯少辉. 树脂基复合材料成型工艺的发展[J]. 商品与质量，2018，（17）：271.

[27] 管婧，超车宁. 空客公司复合材料成型工艺国内专利分析[J]. 江西化工，2019，（3）：218-219.

[28] 祖英俊. 先进复合材料热压罐成型技术的应用[J]. 经济技术协作信息，2018，（24）：128.

[29] 胡大豹. 热压罐成型复合材料成型工艺的常见缺陷及对策[J]. 科技风，2019，（34）：139.

[30] 周卓辉，黄大庆，刘晓来，等. 超材料在宽频微波衰减吸收材料中的应用研究进展[J]. 材料工程，2014，（5）：91-92.

[31] 许卫锴，卢少微，马克明，等. 超材料在隐身领域的研究及应用进展[J]. 功能材料，2014，45（4）：04017-04018.

[32] 张钊，王峰，张新全，等. 低频宽带薄层吸波材料研究进展[J]. 功能材料，2019，6（50）：6038-6045.

[33] 沈杨，王甲富，张介秋，等. 基于超材料的雷达吸波材料研究进展[J]. 空军工程大学学报（自然科学版），2018，19（6）：43-51.

[34] Yahlonovitch E.Inhibited spontaneous emission in solid-state physics and electronics[J]. Physical Review Letters，1987，58：2059.

[35] John S. Strong localization of photon in certain disordered dielectric superlattice[J]. Physical Review Letters，1987，58：2486

[36] Luo C，Johnson S G，Joannopoulos J D，et al. All-angle negative refraction without negative effective index[J]. Physical Review B，2002，65：201104.

[37] Belov P A，Simovski C R，Ikonen P. Canalization of subwavelength images by electromagnetic crystals[J]. Physical Review B，2005，71：193165.

[38] 范润华. 负介材料：超材料的分支[J]. 中国材料进展，2019，38（4）：5-10，33.

[39] 秦发祥，Estevez D，彭华新. 基于功能纤维的超复合材料设计理念 [J]. 中国材料进展，2019，38（4）：11-32.

[40] Luo H，Wen S，Shu W，et al. Rotational Doppler effect in left-handed materials[J]. Physical Review A，2008，78：033805.

[41] Seddon N，Bearpark T. Observation of theinverse Doppler effect [J]. Science，2003，302：1538-1540.

[42] Houck A A，Brock J B，Chuang I L，et al. Experimental observations of a left-handed material that obeys Snell's law[J]. Physical Review Letters，2003，90：137401.

[43] Parazzoli C G，Greegor R B，Li K，et al. Experimental verification and simulation of negative index of refraction using Snell' s law[J]. Physical Review Letters，2003，90：107401.

[44] Lu J，Grzegorczyk T M，Zhang Y，et al. Cerenkov radiation in materials with negative permittivityand

permeability[J]. Optics Express，2003，11：723-734.

[45] Shadrivov I V，Zharov A A，Kivshar Y S. Giant Goos-Hanchen effect at the reflection from left-handed metamaterials[J]. Applied Physics Letters，2003，83：2713-2715.

[46] Liu R，Degiron A，Mock J J，et al. Negative index material composed of electric and magnetic resonators[J]. Applied Physics Letters，2007，90：263504.

[47] Chen C H，Qu S B，Wang J F，et al. Wide-angle and polarization independent three-dimensional magnetic metamaterials with and without substrates[J]. Journal of Physics D：Applied Physics， 2011，44：135002.

[48] Chen C H，Qu S B，Wang J F，et al. A planar left-handed metamaterial based on electric resonators[J]. Chinese Physics B，2011，20：034101.

[49] Silveirinha M G. Broadband negative refraction with a crossed wiremesh [J]. Physical Review B，2009，79：153109.

[50] Mackay T G，Lakhtakia A. Negative refraction，negative phase velocity，and counterposition in bianisotropic materials and metamaterials[J]. Physical Review B，2009，79：235121.

[51] Zhang S，Park Y S，Li J，et al. Negative refractive index in chiral metamaterials[J]. Physical Review Letters，2009，102：023901.

[52] Zhou J，bong J，Wang B，et al. Negative refractive index due to chirality[J]. Physical Review B，2009，79：121104.

[53] Wang B，Zhou J，Koschny T，et al. Nonplanar chiral metamaterials with negative index[J]. AppliedPhyics Letters，2009，94：151112.

[54] Bai B，Svirko Y，Turunen J，et al. Optical activity in planar chiral metamaterials；theoretical study[J]. Physical Review A，2007，76：023811.

[55] 王甲富，屈绍波，徐卓，等. 磁谐振器和电谐振器组成的左手材料的设计[J]. 物理学报，2008，57：5015-5019.

[56] 王甲富，屈绍波，徐卓，等. 电谐振器和磁谐振器构成的左手材料的实验验证[J]. 物理学报，2010，59：1851-1854.

[57] Fang A，Koschny T，Soukoulis C M. Optical anisotropic metamaterials：Negative refraction and focusing[J]. Physical Review B，2009，79：245127.

[58] 屈绍波，王甲富. 超材料设计及其在隐身技术中的应用[M]. 北京：科学出版社，2013：1-9.

[59] Li Y，Zhang J，Qu S，et al. Wideband radar cross section reduction using two-dimensional phase gradient metasurfaces[J]. Applied Physics Letters，2014，104：221110.

[60] 李勇峰，张介秋，屈绍波，等. 宽频带雷达散射截面缩减相位梯度超表面的设计及实验验证[J]. 物理学报，2014，63（8）：149-155.

[61] Yuan H，Zhu B O，Feng Y. A frequency and bandwidth tunable metamaterial absorber in x-band[J]. Journal of Applied Physics，2015，117：173103.

[62] Guo Y，Wang Y，Pu M，et al. Dispersion management of anisotropic metamirror for super-octave bandwidth polarization conversion[J]. Scientific Reports，2015，5：8434.

[63] Pu M，Zhao Z，Wang Y，et al. Spatially and spectrally engineered spin-orbit interaction for achromatic virtual shaping[J]. Scientific Reports，2015，5：9822.

[64] Ma X，Pan W，Huang C，et al. An active metamaterial for polarization manipulating[J]. Advanced Optical Materials，2014，2（10）：945-949.

[65] Pu M，Hu C，Wang M，et al. Design principles for infrared wide-angle perfect absorber based on plasmonic structure[J]. Optics Express，2011，19（18）：17413-17420.

[66] Cui Y，Fung K H，Xu J，et al. Ultra-broadband light absorption by a sawtooth anisotropic metamaterial slab[J].

Nano Letters，2012，12（3）：1443-1447.

[67] Cui Y，He Y，Jin Y，et al. Plasmonic and metamaterial structures as electromagnetic absorbers[J]. Laser & photonics reviews，2014，8（4）：495-520.

[68] Zhong S，He S . Ultrathin and lightweight microwave absorber made of mu-near-zero metamaterials[J]. Scientific Reports，2013，3：2083.

[69] Zhong S，Ma Y，He S.Perfect absorption in ultrathin anisotropic ε-near-zero metamaterials[J]. Applied Physics Letters，2014，105：023504.

[70] Zhu J，Ma Z，Sun W，et al.Ultra-broadband terahertz metamaterial absorber[J]. Applied Physics Letters，2014，105：021102.

[71] Ding F，Jin Y，Li B，et al. Ultrabroadband strong light absorption based on thin multilayered metamaterials[J]. Laser & Photonics Reviews，2014，8（6）：946-953.

[72] Jiang W，Ma Y，Yuan J，et al. Deformable broadband metamaterial absorbers engineered with an analytical spatial Kramers-Kronig permittivity profile[J]. Laser & Photonics Reviews，2017，11（1）.

[73] 张凯，王波，桂泰江，等. 红外隐身涂料的研究与进展[J]. 现代涂料与涂装，2019（12）：26-30.

[74] 马成勇，程海峰，唐耿平，等. 红外/雷达兼容隐身材料的研究进展[J]. 材料导报，2007，21（1）：126-128.

[75] 保石，顾文慧，张晓光. 红外雷达复合隐身技术探讨[J]. 光电技术应用，2009，24（4）：29-31.

[76] 徐记伟，姚冰，常怀东. 几种新型的红外/雷达复合隐身材料[J]. 舰船电子对抗，2007，30（4）：39-42.

[77] 刘江，沈卫东，龚维佳. 新型红外/雷达兼容隐身复合材料的设计[J]. 兵器装备工程学报，2009，30（6）：89-91.

[78] 黄亮，姜涛. 智能隐身材料的研究现状及发展趋势[J]. 国防科技，2008，29（3）：7-11.

[79] 姜涛，余大斌，王自荣，等. 自适应隐身材料的研究现状及发展趋势[J]. 材料导报，2008，22（C2）：172-175.

[80] 郭晓铛，郝璐. 地面武器系统智能隐身技术发展现状分析[J]. 战术导弹技术，2019，（5）：23-29.

第6章

微波透明复合材料技术

6.1 引　言

微波透明复合材料是指在较宽频带内具有良好的微波透过性能，同时具有较好的强刚度的一类功能复合材料，是采用低介电常数、低损耗-高性能的树脂基体与纤维经过设计制造而成。

微波透明复合材料主要应用于雷达天线罩、空间滤波器、宽频带透波墙等微波电磁窗口及印刷电路基板、电子包装材料以及一些高频率的通信产品制造等[1]，微波透明复合材料性能决定了电磁窗口的透波率和结构质量。

随着雷达天线罩、空间滤波器及宽频透波墙等功能结构使用要求的不断提升，对材料综合性能要求也日益提高，这成为微波透明复合材料发展的动力，在装备和经济社会发展需求牵引下，近年来微波透明复合材料有了长足发展。

对增强材料而言，在微波透明复合材料中最早使用的是E玻璃纤维，后来采用特种玻璃纤维，如高强玻璃纤维（S玻璃纤维）、高模量玻璃纤维（M玻璃纤维）和低介电玻璃纤维（D玻璃纤维）等，专门用于雷达罩的纤维主要是D玻璃纤维、石英纤维和高硅氧玻璃纤维。国内微波透明复合材料专用纤维的研究开展较晚，到20世纪90年代后期才开始形成D玻璃纤维的工业化生产，但经过20多年的发展取得了长足的发展，国产S玻璃纤维的性能已经与国际先进水平相当，石英纤维及织物也有了工业化的产品，性能稳定且与国际水平相当。国内的玻璃纤维制品在品种和表面处理剂方面与国际先进水平还存在一定差距。目前国内地面雷达罩以E玻璃纤维为主要增强材料，机载和舰载雷达罩以S玻璃纤维和石英纤维为主，航天飞行器及导弹雷达罩则主要采用高硅氧纤维、S玻璃纤维和石英纤维作为增强材料。

在透波树脂基体方面，早期微波透明复合材料使用的与结构复合材料一致，如酚醛树脂、环氧树脂、不饱和聚酯等。酚醛树脂是最古老的一种热固性树脂，价格低廉，合成方便，在工业上得到广泛应用。但酚醛树脂的介电常数和损耗较高，而且脆性大，成型中放出小分子挥发物等，不能满足雷达罩用微波透明复合材料的发展要求，现已很少使用。目前，国内外军民航空领域微波透明复合材料使用的树脂基体大多数是环氧树脂，但由于分子结构的原因，虽然经过多年的研究，环氧树脂体系的介电损耗降低不明显，目前水平为 0.018～0.020，对于先进微波透明复合材料来说还是偏高。双马来酰亚胺树脂（BMI）具有优异的力学性能，良好的耐热性和成型工艺性，在结构复合材料中获得了广泛的应用。近些年来，国内 BMI 生产厂商致力于去除杂质，纯化树脂，使得 BMI 性能，尤其是介电性能得到明显提升，现其介电性能已与环氧树脂相当，成功用于 RTM 工艺生产实芯半波壁结构雷达罩，获得了良好结果。氰酸酯树脂是近年来发展最快的微波透明复合材料用树脂基体，它具有力学性能好、使用温度高和介电性能佳的特点。Dow 化学公司研制的 Tactix XU71787 氰酸酯树脂基复合材料已用于美国 F-22 飞机雷达罩；BASF 公司的 5575-2 氰酸酯复合材料用于欧洲联合研制的 EF-2000 战斗机。5575-2 复合材料的介电常数和损耗从 X 波段到 W 波段基本保持不变，表现出极佳的宽频稳定特性，符合微波透明复合材料发展方向，必将得到广泛应用[2]。

本章主要介绍微波透明复合材料的中间材料（增强纤维织物和预浸料）种类、性能特点以及微波透明复合材料的分类、成型加工技术及性能特点等。

6.2　微波透明复合材料结构分类及性能要求

6.2.1　微波透明复合材料结构分类

微波透明复合材料主要应用于雷达天线罩、空间滤波器、宽频带透波墙等微波电磁窗口及印刷电路基板、电子包装材料以及一些高频率的通信产品。在所有应用中，雷达天线罩是微波透明复合材料应用最多、最为典型，要求最为严格的产品，雷达天线罩的持续改进和升级对微波透明复合材料的要求不断提高，也引领了微波透明复合材料的研究与发展方向。雷达天线罩分为地面罩、机载罩、舰载罩和弹载罩，不同应用环境对罩体材料要求也有所不同，如舰载罩更强调罩体的低吸湿、耐盐雾等特性，其共同特点是要求罩体具有良好的承载能力和微波透明功能。要实现这一目标，除了选择合适的树脂基体和增强纤维外，还可以通过罩体结构的设计来协调承载能力-微波透明性-罩体质量之间的矛盾，取得更好的使用效果。

微波透明复合材料的结构形式可分为：层合（实心）结构和夹层（芯）结构两大类，夹层结构材料又可分为：蜂窝夹层复合材料、泡沫夹层复合材料、人工介质夹层复合材料等几类。

目前雷达天线罩应用的主要罩体结构有实心、A 夹层、B 夹层、C 夹层和多夹层结构，部分结构如图 6-1 所示。天线罩之所以多采用夹层结构，是因为夹层结构不仅具有良好的结构刚度，而且通过电结构设计可获得良好的透波性能[3]。

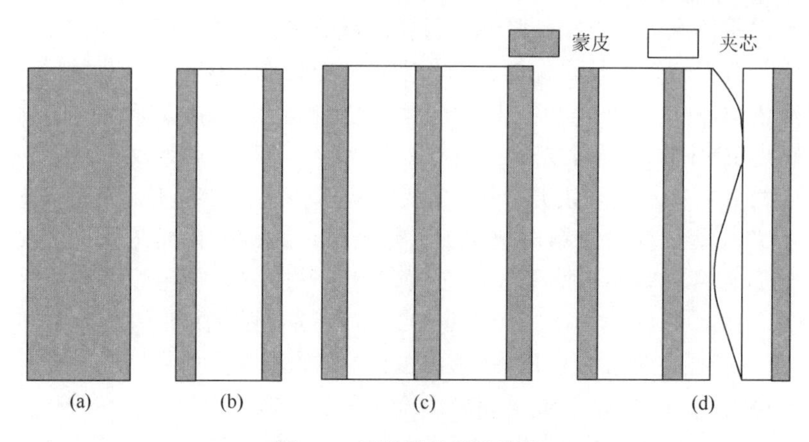

图 6-1　天线罩常见壁结构

实心结构可分为薄壁和半波长壁，如图 6-1（a）所示。薄壁结构是指罩壁厚度 $d<0.02\lambda$（波长），它具有高的电磁波透过率，但机械强度低；半波长壁结构是指天线罩壁的电气厚度在介质材料中接近于半波长的倍数，可在较大的入射角范围内获得较好的传输系数和均匀的插入相位移，但频带较窄、质量较大。单层结构一般应用于飞机的机头雷达罩，罩体呈流线型。

A 夹层结构通常是由两个致密的、厚度很薄的蒙皮和一个低密度的夹芯组成，如图 6-1（b）所示。该型结构适用于流线型天线罩，具有良好的强度质量比，而且在小到中等入射角的情况下具有良好的电性能。A 夹层结构雷达罩用于扫描频率范围较宽的雷达天线罩，如地面罩、舰载罩、预警机天线罩等。

C 夹层结构是由两个外蒙皮、一个中心蒙皮和两个中间夹芯构成的五层结构，如图 6-1（c）所示。C 夹层结构透波性较好，可在较大入射角范围内获得较高的传输性能，可用于高度流线型罩，但插入相位移随入射角变化剧烈，仅适合结构强度高的场合。C 夹层结构可以用于对结构强度要求高的大型雷达天线罩，尤其是机载大型天线罩，如预警机天线罩等。

当强度要求很高，并且频带和入射角范围很宽时，可以考虑采用七层、九层、十一层及以上的复合夹层，这种多夹层结构往往做成近于平板型的天线罩，如图 6-1（d）所示。

6.2.2　微波透明复合材料性能要求

微波透明复合材料是结构功能一体化复合材料，除了功能结构所要求的微波透明性外，还必须满足结构的强度和刚度要求，另外其耐温性和耐环境性也是必不可少的。以雷达天线罩应用为例，对微波透明复合材料的性能要求如下：

1. 电磁特性

雷达微波透明复合材料要求雷达波能最大限度地从材料透过（穿过）——单纯的微波透明性能，这类材料也要求雷达波反射率尽量低，同时雷达波在材料内部传播时尽量不被衰减，要求材料具备低损耗特征[4]。

以上要求反映在材料的电磁特性上：透明性，即要提高材料对雷达波的透过率，需要材料具有稳定的宽频介电性能，就是要有低的介电常数ε和低的损耗角正切 $\tan\delta$。一般情况下，在 0.3～300GHz 频率范围内，微波透明复合材料的适宜ε值为 1～4，$\tan\delta$ 为 10^{-1} 以下，且不随温度、频率的改变发生明显变化，这样才能在气动、受热条件下，保证不失真地透过电磁波，从而获得较理想的微波透明性能和较小的传输损失[5]。

2. 耐热性能

微波辐射调控复合材料对热性能的要求非常严格，包括要求材料具有低的热膨胀系数、高的使用温度、宽广的工作温度范围及良好的耐烧蚀性等。高超声速飞机外表面应用的微波辐射调控复合材料制件所承受的温度可达到 150℃以上，瞬时温度有可能达到 200℃，因此复合材料的长期使用温度应该在 180℃以上。高速航天器或某些导弹进入大气层时其热变化率达 540～820℃/s，瞬时急剧温升使材料内部产生相当大的温度梯度而形成很高的热应力，从而使材料变形，并且树脂基体分子结构发生改变，甚至增强纤维分子状态也会变化，会对复合材料的电磁性能带来严重影响[6]。不同的应用环境会对微波辐射调控复合材料提出不同的耐温性要求，根据要求可以通过选用耐温性高的树脂基体，如氰酸酯树脂、苯并噁嗪树脂等，增强纤维可选用无机纤维或芳纶等耐温等级高的品种，以保证在高温下复合材料的性能保持率较高[7]。

3. 耐环境性能

微波辐射调控复合材料要求具有良好的耐环境性能，根据服役环境要求考虑耐湿热、耐盐雾、耐燃油、耐太阳辐照等。在海面服役的飞机和舰船等，长期受到盐雾及海水侵蚀，在太空航行的飞行器会要求抗粒子云侵蚀以及抗雨蚀等。这些材料的使用环境常常比较复杂，一方面会影响其结构性能，另一方面改变了材料的壁厚分布，从而影响其电磁性能。盐分和水分的侵蚀不仅影响材料的电磁性能，而且还会使材料分层、剥离直至破坏。在进行特殊环境服役的飞机、舰船和航天器设计时可选用耐环境性好的树脂和纤维，保证恶劣环境下复合材料的力学性能和电磁性能稳定。

4. 力学性能

微波辐射调控复合材料往往作为承载材料使用，如用于飞机、导弹、装甲车及舰船的壳体，这些应用部位对材料的力学性能有较高的要求。总的来说对各类装备，其零部件都要求材料能够满足一定的承载强度和刚度要求，具有较高强度和模量等良好力学性能的微波辐射调控复合材料对于保证装备系统的机械可靠性和安全性至关重要，而且可实现结构减重。

以上各种性能要求中，电磁性能是为了实现材料的功能作用，体现了功能材料的特殊性，耐热性能、耐环境性能和力学性能是为了保证材料结构使用可靠、安全，体现了结构材料的通用性。

6.3 微波透明复合材料用增强纤维织物

纤维增强聚合物基复合材料的力学性能不仅取决于纤维增强相和聚合物基体的力学性能，纤维增强相和聚合物基体的体积分数以及纤维增强相的集合、排列方式等也会对复合材料的力学性能产生重要的影响。第 4 章介绍了各种无机和有机纤维增强材料的性能，然而人们在长期的实践中，实际应用的是各种形式的纤维产品。通过设计纤维的纺织结构能够使传统复合材料中许多缺点，如层间强度低、耐冲击性差等得以根本解决。同时，纺织结构用于复合材料制造能够带来减少紧固件、增加结构紧凑性和承载的合理性，使得复合材料在降低制造成本的同时提高产品性能，是复合材料结构性能一体化技术的基础。

纤维集合体中增强纤维的排列和分布取决于纺织加工的方式。在各种纤维的应用中，根据制品的具体承载及功能要求并考虑制造工艺的合理性，经常使用各种状态的纤维制品，主要包括：纱线、机织物、编织物等。在各种纤维中，玻璃纤维的各种纺织物在透波复合材料中应用最为广泛，因此在此以玻璃纤维制品为例介绍纤维纺织制品的种类、特点、用途（表 6-1）[8]。

表 6-1　玻璃纤维制品的种类、特点、用途

制品类型	分类	特点	用途
纱线	无捻粗纱	使用无捻平行原纱合股而成，因无捻又未纺织，所以强度高，树脂渗透性好	复合材料的缠绕、拉挤、喷射成型，或局部增强
	有捻纱	捻度可为 20～110 捻/m	用于生产有捻薄布和玻璃纤维带
	单向布	经向纤维多，纬向纤维少。经向纤维卷曲少，因此经向强度和模量都高	用于定向强度要求高的制品，避免一向强度不足而另一向强度富余

续表

制品类型	分类	特点	用途
机织物（二维织物）	平纹织物	每根纱线垂直上下交错一次织成。平整、硬而牢，几何及力学平衡性较好；纱线卷曲大，铺覆性较差，强度小于斜纹布	电绝缘材料和增强材料等
	斜纹织物	由一根或多根经纱，从两至多根纬纱上有规律地通过。交织点少，柔软、弹性及铺覆性较好，强度较高	手糊成型、增强材料、过滤材料和涂覆制品的基布
	缎纹织物	由经纬纱相互以3～8根组成一个交错，形成线条不等而又规则的纹路。纤维卷曲少，强度大，铺覆性好，外观有光泽	机械性能要求很高的增强材料，型面复杂的制品
机织物（三维织物）	角联结构	厚度方向纤维以偏离平面方向一定角度分层或贯穿接结而形成，用于特殊产品的整体纺织	整体天线罩增强体等
	正交结构	厚度方向纤维以平行于离面方向分层或贯穿接结所形成，技术简单，生产成本较低	共形天线、高抗冲击结构等
针织物	单向针织物	纺织玻璃纤维纱的环圈相互串套而制成的平面或管状织物	可用于缠绕法成型工艺，也可用于SMC和拉挤工艺
	双向针织物		用于模压成型、树脂传递成型和连续层压成型
编织物	二维或三维编织物预制件	由几根纺织玻璃纤维相互倾斜交织而成，其中所有纱线方向和织物长度方向不呈0°或90°	外形简单的实芯天线罩，汽车行业、风力发电系统
	单轴或多轴经向编织物	由一层或多层平行的纱线按照设计的方向交错排列而成，纤维层之间用针织线圈或化学黏合固定	风力发电、船舶、管道等

由表6-1可以看到，纤维纺织品从空间结构上可分为一维、二维和三维三大类，每一类中由于具体纺织方式的不同又可继续分类。在微波透明复合材料中常用的织物形式包括二维（机织布）和三维（机织物及经编轴向织物）纤维纺织结构。

除单一品种的纤维增强复合材料外，近年来发展了混杂纤维增强复合材料，采用混杂纤维能够使复合材料具有单一纤维不具备的良好性能，使设计的选择性增加。

6.3.1 二维纺织结构

通过纺织成型方法，将增强纤维纱线加工成二维形式的纺织结构，如各种类型的平面织物，玻璃纤维二维机织物俗称“玻璃布”，是经过专门设计，具有特定功能和结构的纺织品。使纤维束按照一定规律在平面内相互交织，从而提高纤维束之间的抱合力，二维纺织结构应用在复合材料中能够大大改善材料的面内性能和抗冲击性能。此外，二维织物还有铺放性能优异、机械化织造程度高、适用于大面积铺放等优势。以二维纺织结构为增强形式的复合材料应用广泛，许多复杂形状的复合材料制品都可以建立在二维纺织结构的基础上制造，且材料的性能大大优于短纤维增强、连续长纤维缠绕或拉挤成型的复合材料制品。

根据纤维在平面内的交织形式，常见的二维纺织结构可分为机织、针织、编织和无纺布等类别，分别有着相应的细观纤维结构和不同的力学特性，先进复合材料常用的机织结构为机织、针织和编织结构。

1. 二维机织结构的类型

机织结构由两个相互垂直排列的纱线系统，按照一定的规律交织而成。其中，平行于织物布边、纵向排列的纱线系统称为经纱；与之相垂直、横向排列的另一个纱线系统称为纬纱。机织物中经纬纱相互交织的规律和形式，称为织物组织。常用作复合材料的基本织物组织包括：平纹组织、斜纹组织和缎纹组织。这三种基本织物组织的根本区别在于经纬纱间的交织频率以及纱线轴线保持直线的长度。二维机织物的三种基本组织见图 6-2。

(a)平纹组织　(b) 斜纹组织　(c) 缎纹组织

图 6-2　二维机织物三种基本组织

1）平纹组织

如图 6-2（a）所示，由两根经纱和两根纬纱组成一个组织循环，经纱和纬纱每隔一根纱线即交错一次。平纹组织是所有织物组织中经纬线交错次数最多的，织物的结构紧密，使得平纹组织具有较大的拉伸强度。

2）斜纹组织

如图 6-2（b）所示，经纬纱各需要至少三根纱线才能构成一个组织循环。斜纹组织在织物表面呈现出由交织点处的经纱或纬纱组成的斜线图案。斜纹组织中，经纬纱交错点的次数比平纹组织少，因而可增加单位长度内的纱线根数，使织物更加密实。

3）缎纹组织

如图 6-2（c）所示，相邻经纬纱交织点相距较远，与平纹和斜纹组织相比，缎纹组织中经纬纱交织点最少，相互之间握持较弱，从而保持了纱线间的相对移动能力，即布的变形能力。同时，纱线因交织所导致的弯曲变形较小，因而能够较好地保持纱线的拉伸强度。

2. 二维机织物的主要性能指标

衡量二维机织物规格及质量的指标主要有：含水率、经纬密度、单位面积质量、拉伸断裂强力、宽度公差等。其中经纬密度是重要的特征指标，其含义是指沿织物的纬向和经向单位长度内经纱和纬纱的根数，单位为：根/cm。

3. 玻璃纤维二维织物的主要产品及基本规格与性能

二维机织物是复合材料中用量最大的增强材料形式，其优点是：规格多样（织物组织、厚度等），方便加工预浸料，铺覆简便、变形性好，便于自动化生产和质量控制等。

目前国内透波复合材料使用的增强纤维仍以 E 玻璃纤维、S 玻璃纤维及石英纤维为主，M 玻璃纤维只有少量使用，在透波结构复合材料制件上使用的主要是玻璃纤维机织物。表 6-2 为部分国产航空用玻璃纤维织物的规格与性能[9]，表 6-3 是美国 S-2 高强玻璃纤维织物的部分牌号规格与性能[10]，表 6-4 是法国 Hexcel 公司部分玻璃纤维织物的规格与性能[11]，Hexcel 公司是法国最大的复合材料增强织物及预浸料的生产商，是空中客车公司商用飞机复合材料的最大供应商，生产的复合材料用增强纤维织物涉及玻璃纤维、石英纤维、芳纶等。表 6-5 为美国杜邦公司生产的部分增强织物的规格与性能[12]。

表 6-2　部分国产航空用玻璃纤维织物的规格与性能

牌号	增强纤维	密度/(根/cm)		组织结构	单位面积质量/(g/m^2)	厚度/mm	断裂强力/(N/25mm)	
		经纱	纬纱				经向（≥）	纬向（≥）
SW110C	高强 S-2 纤维	22±1	22±1	四枚缎纹	106±10	0.11±0.011	600	600
SW180D		18±1	18±1	五枚缎纹	178±15	0.18±0.018	1200	1200
SW220B		18±1	14±1	2/2 斜纹	236±20	0.22±0.022	1900	1600
SW280F		20±1	18±1	八枚缎纹	280±20	0.25±0.025	2000	1700
EW210	无碱 E 玻纤	16±1	12±1	2/2 斜纹	210±21	0.21±0.020	1470	1270
EW240		36±1	20±1	八枚缎纹	290±7	0.24±0.020	2700	1500
QW120	石英纤维	20±2	20±2	2/2 斜纹	112±11	0.12±0.012	690	800
QW220		16±1	16±1	八枚缎纹	230±20	0.22±0.022	1600	1500

表 6-3 美国 S-2 高强玻璃纤维织物的部分牌号规格与性能

织物牌号	组织	单位面积织物质量/(g/cm^2)	纱线密度/(根/cm)		厚度/mm	断裂强力/(N/25mm)	
			经向	纬向		经向	纬向
4522	平纹	124	24	22	0.13	863	688
4533	平纹	190	18	18	0.21	1489	1358
6220HT	四枚缎纹	103	60	58	0.10	1126	1134
6543	四枚缎纹	289	48	30	0.22	3066	394
6581	八枚缎纹	297	56	54	0.26	1095	1095
6771HT	八枚缎纹	239	46	45	0.20	2580	2825
6781	八枚缎纹	303	57	54	0.24	2488	1988
6781HT	八枚缎纹	304	57	57	0.25	2829	2895

表 6-4 Hexcel 公司部分增强纤维织物的结构与性能

织物牌号	增强纤维	密度/(根/cm)		组织结构	单位面积质量/(g/m^2)	厚度/mm	断裂强力/(N/25mm)	
		经纱	纬纱				经向	纬向
120	E 玻璃纤维	24	23	4H 缎纹	105	0.08	775	657
7628		17	11.8	平纹	200	0.15	1533	1178
1581		22	21	8H 缎纹	300	0.23	1953	1638
7781		23.6	21	8H 缎纹	300	0.23	2194	1787

表 6-5 杜邦公司芳纶织物牌号结构与性能

织物牌号		纱线密度/(根/cm)		组织结构	单位面积质量/(g/cm^2)	厚度/mm	断裂强力/(N/25mm)	
		经向	纬向				经向	纬向
轻质量	166	24	24	平纹	30.6	0.05	—	—
	199	37	37		61.1	0.08	—	—
	120	13	13		61.1	0.11	195	195
	220	9	9		74.7	0.11	380	380
中等质量	181	20	20	八枚缎纹	169	0.23	380	380
	281	7	7	平纹	170	0.25	1140	1140
	285	7	7	四枚缎纹	170	0.25	1140	1140
	500	5	5	平纹	163	0.25	1420	1420
	335	7	7	四枚缎纹	231	0.30	1420	1420
	328	7	7	平纹	231	0.33	1420	1420

二维纺织结构通常根据承载特性要求，通过结构设计，采用铺层的方式获得复合材料产品，属于层合结构复合材料。但由于层与层之间缺乏有效的纤维增强，在材料厚度方向的力学性能依赖于树脂基体和纤维与基体间的界面，导致在该方向上材料性能偏低，在厚度方向上的性能通常不到其面内性能的 10%。因此，由二维材料铺叠而成的层合结构复合材料不宜用于在 z 向有较高要求的结构中，增强纤维三维织物则可以在三维空间提供增强作用。

6.3.2 三维纺织结构

三维纺织结构也称立体织物，是增强纤维在三维空间连续、多方取向、相互交织形成的具有特定单元结构的织物，可作为复合材料的预制体，对树脂基体进行整体增强，可以解决二维织物存在的一些问题。立体织物可用多种高性能增强纤维进行编织，如高强玻璃纤维、石英纤维、碳纤维、芳纶纤维等，纤维的方向、分布和含量均可设计和控制，能够满足多功能复合材料的使用要求。立体织物的特点是：纤维按照特定基础成型单元结构编织构成整体结构，其中单元结构的纤维数量和方向具有可设计性；整体制备的近净尺寸（或净尺寸）仿形复杂构件可少加工或不加工；同时立体织物具备“材料”和“构件”双功能，对复合材料是“中间材料”，对纤维材料则是“构件”。

三维纺织结构在性能上的优势使得其适合应用于抗冲击复合材料结构中，这类织物在 z 方向由纤维紧密固定，复合材料不易分层，其结构在多重打击下难以破坏，从而提高了抗冲击性能。

立体织物按照织造成型方法有编织、针织和机织技术等，示意图见图 6-3，近年来发展起来多轴向编织，本节主要介绍三维机织、编织和多轴向经编技术。

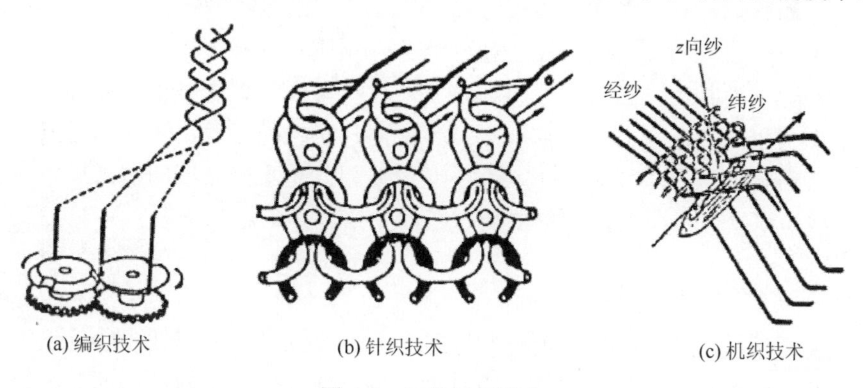

(a) 编织技术　(b) 针织技术　(c) 机织技术

图 6-3 三维纺织技术

1. 三维机织织物结构

三维机织结构是靠接结纱线在织物的厚度方向上将若干层重叠排置的二维机

织结构结合起来，使之成为整体性能良好的三维织物。通过接结组织的变化，可获得多种三维机织结构。三维机织结构一般由四种纱线系统组成，分别是经纱、纬纱、接结纱和填充纱，其中接结纱的接结方式最具有特征性，由于接结组织的变化可演变出不同种类的三维机织结构。典型的三维机织结构如图 6-4 所示[8]。

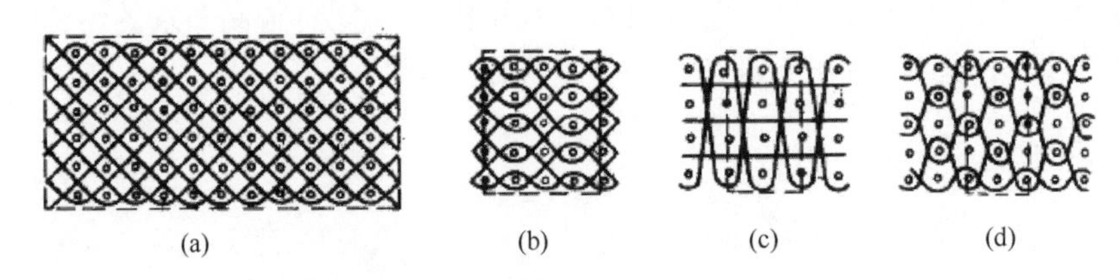

图 6-4　典型的三维机织结构

（a）贯穿角联接结；（b）分层角联接结；（c）贯穿正交接结；（d）分层正交接结

纱线系统的数量分布和取向决定了三维机织复合材料在特定方向的性能，是复合材料性能设计的关键要素。三维机织结构中，图 6-4（a），（b）中所有的接结纱沿对角方向依次穿过相邻的两列和两行纬纱的为角联接结三维结构；图 6-4（c），（d）为所有接结纱沿厚度方向在相邻的两列纬纱中穿过的正交接结三维结构。根据接结纱的接结深度，接结方式又可分为贯穿接结和分层接结两种，前者如图 6-4（a）和（c）所示，后者如图 6-4（b）和（d）所示。正交贯穿结构技术简单，操作方便，生产成本较低，是最有前途的三维机织技术。

三维正交机织物结构特征：在面内，经纱和纬纱系统中纤维束平行伸直排列，经纱层和纬纱层呈 0°和 90°沿厚度方向交错排列；在面外，z 纱沿厚度方向交错绑定外层纬纱。与层合板复合材料相比，z 纱使三维正交机织复合材料具有良好层间稳定性和整体性。

三维正交机织物复合材料在工程主承力件领域具有极大优势。与其他三维纺织结构复合材料相比，三维正交机织物复合材料中经纬纱纤维束平行排列使其具有极高面内刚度、断裂强度；z 纱交织绑定提升其层间强度、面内剪切强度和弯曲强度。在相同纤维体积含量下，互不交织并相互垂直分布三向纱系（经纱、纬纱和 z 纱）赋予三维正交机织物复合材料最大损伤容限。

2. 三维编织织物结构

目前常用的三维编织工艺有四步法编织和两步法编织，以四步法编织为主，其编织的产品截面多为矩形或圆环形截面。用于透波复合材料结构的三维编织物主要有飞机、火箭、导弹的天线罩，可实现整体成型，具有极其优良的整体力学性能，体现在以下几点。

（1）三维编织复合材料具有较高的比强度、比刚度，耐冲击，抗疲劳。

（2）三维编织复合材料的突出特点是增强纤维呈空间多向分布，克服了层合结构复合材料层间结合性能弱的缺陷。

（3）三维整体编织技术能编织各种异型结构预制件，可以一次成型复杂的零部件，减少二次加工量。

（4）三维编织复合材料具有优良的可设计性，能够通过改变编织纱线的密度和方向、角度来达到理想的力学性能。

三维编织复合材料作为一种先进的复合材料，越来越受到工程界的普遍关注，成为航空、航天领域的重要结构材料，并在汽车、船舶、建筑领域及体育用品和医疗器械等方面得到了广泛应用[13]。

3. 多轴向经编织物结构[14]

纤维三维经编技术是 20 世纪 70 年代后期发展的一种新型织造技术。由于现代纺织技术的发展和对纺织品要求的不断提高，90 年代多轴向技术得到研究和推广。经编织物是将一层或多层排列好角度的平直纤维经编结构的组织绑缚在一起而形成的，见图 6-5。这类织物经树脂浸渍固化后得到复合材料，解决了传统机织物中纤维屈曲而性能不能充分发挥的问题，使复合材料性能得到进一步提高。

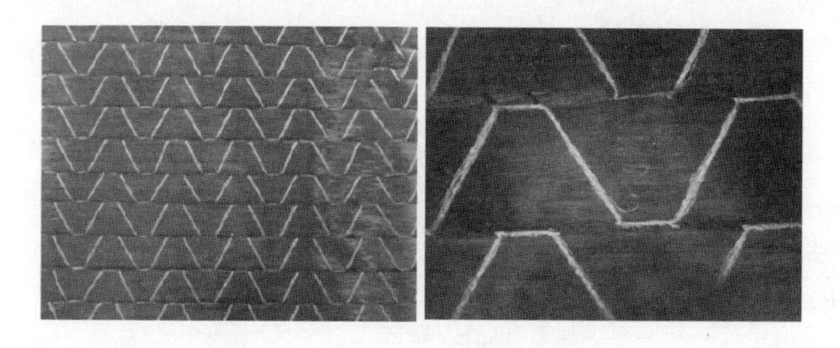

图 6-5　双轴向经编织物的实物图

1）经编织物分类

（1）单轴经编织物。也称单向布。织物中的纤维只有一个方向的编织物。

（2）双轴向经编织物。是在织物的经向和纬向同时排列着纱线，形成两个纱线层且相互垂直，由组织线圈套在一起，形成结构稳定的整体。

（3）多轴向经编织物。由各不同角度铺层的纱线层合而成，按照设计需要可采用 0°，±30°，±45°，90°的角度，可以具有各向同性的机械性能。织物结构对称性越好，材料受冲击时能量的吸收性越好，冲击破坏面积越小，破坏面积的形状越均匀对称。

2）经编织物的性能特点

（1）经编过程中强力损失小。织物中纱线强力对单纱理论强力的利用率，经纱为 91%，纬纱为 86%，而机织物的纱线强力利用率，经纱为 74%，纬纱为 69%，经编织物的纱线强力利用率提高了约 25%。

（2）纤维平直无屈曲。平直状态纤维的经编玻纤复合材料在拉伸、弯曲和冲击强度等综合力学性能方面，都比纤维呈波浪型的平纹编织玻纤复合材料要好，其中拉伸强度高出 58.25%，冲击强度高出 78.8%。

（3）工艺性好。由于纤维在织物中有序排列，树脂更容易流动和浸渍，并易于铺层和脱泡；经编织物纵向强度和稳定性由衬经纱线提供，织物横向尺寸稳定性和强度由衬纬纱线提供，因此具有较好的尺寸稳定性，使该类织物具有良好的铺设性和预成型性，适于加工复杂曲面。

（4）原料适应范围广，玻璃纤维、碳纤维、芳纶等纤维都可采用。

（5）制品表面质量好。经编织物表面平整光滑，减少了复合材料制品表面纤维的缺陷，使制品表面质量提高。

目前经编织物以高质量、高性能、低成本、低消耗和产品多样化的优点已成为纺织品发展的一个热点和新兴产业，发展迅猛。其产品广泛应用于航空航天、造船、交通运输、能源技术、建筑、体育休闲、个人防护及土木基材等方面。表 6-6 是国产部分玻璃纤维的多轴向织物预浸料的规格及性能。

表 6-6 国产部分多轴向预浸料的规格及性能[15]

性能	类型			
	±45°双轴向		0°/±45°三轴向	
织物单位面积质量/(g/m^2)	610	1010	900	1225
树脂含量/%	35	48	38	43
预浸料单位面积质量/(g/m^2)	938	1942	1452	2149
幅宽/mm	1250	1250	1250	1250

注：树脂基体为环氧树脂

6.3.3 混杂增强纤维结构

混杂纤维增强复合材料（hybrid fiber reinforced plastics，HFRP）是指在同一基体中有两种或两种以上增强纤维混杂的复合材料，通过改变增强体的组分、质量分数以及复合方式，在保持原组分材料优点的同时，获得优良的综合性能，可以获得减轻结构质量、提升力学性能、赋予功能特性等效果。

目前国内应用的微波透明复合材料主要采用玻璃纤维、石英纤维、芳纶纤维作为增强材料，玻璃和石英纤维虽然有较好的透波性能，但增强纤维的力学性能偏低，密度大；虽然芳纶纤维的比强度、比模量接近碳纤维，但复合材料力学性能明显低于碳纤维复合材料，其主要原因是芳纶纤维复合材料界面性能差，导致增强纤维的性能不能高效转化，复合材料的力学性能和湿态性能保持率明显低于碳纤维复合材料。因此需要综合考虑微波透明复合材料的透波性能、结构质量、承载特性、吸湿特性等，需要将不同特性的透波纤维进行混杂优化设计，以获得高承载、高透波、低吸湿微波透明复合材料。混杂纤维结构示意图见图 6-6。

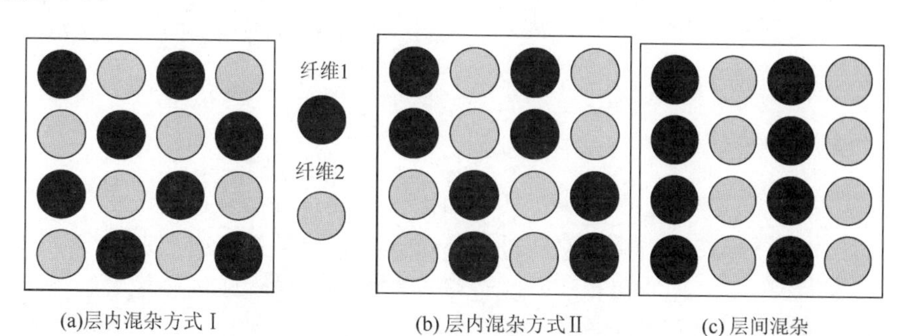

图 6-6　混杂纤维结构示意图

根据纤维相的分布情况可以将混杂纤维结构形式分为如下几类[16]：

（1）A 型——层内混杂。是通过一定的工艺方法将两种或两种以上的纤维连续均匀地混杂成一束纤维纱作为复合材料的增强纤维。根据不同的混杂程度可以成为纤维束甚至单纤级的混杂。

（2）B 型——层间混杂。是指两种或两种以上的纤维各自形成单一纤维复合材料层，然后以不同的比例及铺层方式交替地铺叠而成。层间混杂复合材料曾经用于美国固体发动机的壳体和裙边的制造。

（3）C 型——夹芯混杂。是指以一种纤维复合材料为芯材，两外侧为另一种纤维复合材料。

（4）编织混杂。两种或两种以上的纤维在不同方向上按要求编织而成的织物。

（5）AB 型——层内层间混杂。由层内混杂复合材料和层间混杂复合材料按照不同的比例和铺层方向铺叠而成。

（6）D 型——超混杂。可以由纤维材料、片状材料（金属或非金属）、陶瓷、聚合物材料等进行混杂而制成。

（7）原位混杂。复合材料由短纤维、液晶聚合物微纤和热塑性基体树脂组成。

6.3.4　纤维织物的表面处理

复合材料是由基体和增强材料组成的一种多相材料，相与相之间存在的过渡区域，称为界面或界面相。

复合材料的界面是经过一系列的化学与物理作用而形成的微观结构。这种微观结构和它的性质与树脂相、纤维相不相同，它是在成型过程中，在一定的力学、热力学与化学条件下形成的界面结构，对复合材料的各种性能的影响至关重要。良好的界面能够有效分散复合材料的载荷，充分发挥纤维的特长，提高复合材料的综合性能。复合材料的界面在树脂与纤维的接触面，因此对增强纤维织物进行表面处理是提高界面性能最有效和最经济的方法。在实际应用中，纤维织物的表面处理也是在纤维的生产过程中同步完成的。玻璃纤维织物表面处理分为浸润剂涂覆和纤维制品表面涂覆两大类[8, 9]。

1. *浸润剂涂覆*[8, 17]

在玻璃纤维的拉制过程中，在其表面涂覆一种有机物体系，这种有机物涂层能够有效润滑纤维表面，又可使数百根单丝集束，但最主要的是它对纤维原丝发生完全润湿和浸透，还能和其他一些有机物发生浸润过程或物理化学过程，把这些有机物体系称为玻璃纤维的浸润剂。对于复合材料用增强纤维而言树脂基体对纤维的浸润是形成复合材料界面的基本条件之一，完全浸润能够增加界面结合强度，有利于载荷传递，可提高复合材料的整体性能。因此玻璃纤维浸润剂的主要作用是改善树脂对纤维表面的浸润性，另外浸润剂还要求在拉丝过程中有良好的铺展性、黏结性，在纤维表面形成均匀的保护膜，减少纤维损伤而形成的毛丝和断丝。

浸润剂的作用如下：

（1）润滑/保护纤维。在纤维拉丝和后续加工全过程保护纤维丝不受损伤。

（2）黏结/集束作用。使玻璃纤维单丝黏结成一根玻璃纤维束。

（3）防止纤维表面静电荷积累。

（4）提供纤维进一步加工和应用所需的特性，如短切性、成带性，与热固性、热塑性树脂的迅速浸润性能等。

（5）纤维与树脂基体间良好的表面性能。赋予玻璃纤维与树脂基体间良好的相容性、化学吸附等表面性能。

根据组分和作用的不同，可以把玻璃纤维浸润剂分为三大类，即纺织型浸润剂、增强型浸润剂和增强纺织型浸润剂。

（1）纺织型浸润剂：是玻璃纤维纺织加工过程中使用的浸润剂，可以使纤维具有良好的拉丝、加捻、合股、整经、织造等纺织加工性能。纤维表面的纺织型浸润剂会妨碍纤维与基体之间的黏结，因此不能直接用作增强材料，需要通过热清洗和后处理工艺，将玻璃纤维表面的浸润剂除去，再经偶联剂处理后方可使用，这种加工过程生产的纤维纺织品简称“后处理布”。这类浸润剂目前在我国使用的有石蜡基浸润剂、淀粉基浸润剂。

（2）增强型浸润剂：浸润剂中含有偶联剂，具有对树脂基体或橡胶等特定物质的相容性或反应性，拉丝过程涂覆于玻璃原丝表面，可直接后续使用，无需再进行纤维表面处理。采用增强型浸润剂处理的玻璃纤维纱线织造的织物简称“前处理布”。

（3）增强纺织型浸润剂：严格来说是增强型浸润剂中的一种，特点是既可满足纤维拉丝、加捻、合股、织造等工艺要求，又不需经后处理工序可直接使用，与各种基体树脂具有良好的浸透性和结合力。采用增强纺织型浸润剂能够节约后处理工序的费用，同时避免了高温热清洗对玻璃纤维强度造成的损失。

“前处理布”由于工艺过程相对简单，成本较低，性能（尤其是拉伸强度）高，因而在国内普遍采用。长久以来，我国的玻璃纤维织物，特别是高性能玻璃纤维织物，如 HS 高强纤维织物等主要是“前处理布”，纺织用纱线采用增强型浸润剂。而国外 S-2 高强玻纤布只有少部分采用增强型浸润剂，大都是淀粉型浸润剂，需要经过热清洗，然后涂覆偶联剂，Hexcel 公司的高品质航空用玻璃纤维织物也有很多为“后处理布”。这说明“后处理布”有一些不可替代的优势。

“后处理布”由于纤维纱涂覆了有利于织造阶段工艺的石蜡基或淀粉基浸润剂，使得织造的织物断丝、起毛少及布面平整度高、单位面积质量的波动性小；再经过热清洗或闷烧过程，使织造中所引进的杂质及污染消除，最后布面涂覆上有利于与基体树脂形成良好界面的浸润剂，因此“后处理布”具有优异的外观和质量稳定性，而且与树脂基体结合界面优异。虽然在热清洗和闷烧工艺时会损失纤维的性能，尤其是纤维拉伸强度会明显降低，但由于复合材料界面的改善，“后处理布”增强复合材料的压缩强度和层间剪切强度等均有所提高。由于最后涂覆的浸润剂无需再考虑纺织过程工艺性，因而偶联剂可选择的范围及用量更为多样，研究表明，“后处理布”增强复合材料的湿热性能保持率优于“前处理布”。目前我国一些玻璃纤维织物生产厂商也开始研究“后处理布”的制造工艺，如重庆国际玻璃纤维集团、四川玻璃纤维集团公司、南京玻璃纤维研究设计院等，目前的研究重点在制定可行的热清洗和闷烧工艺、尽量减少纤维强度的损失，另外，降低后处理成本也是研究内容之一。

2. 织物的表面处理[18]

纤维进行表面处理有两个目的，一是在表面涂覆液体（或气体）材料，通过物理或化学表面处理方法形成表面功能层；二是将固体薄膜材料黏附到纤维表面形成表面覆膜，使之有利于后续应用或赋予纤维一定的功能性。表面处理的方法有：直接涂层、层压涂层和转移涂层。

（1）直接涂层：指不依靠媒介，直接把涂层涂覆在纤维上的方法。

（2）转移涂层：指将涂层剂涂覆在片状载体（离型纸或钢带）上，使它形成连续的、均匀的薄膜，与织物叠合，经过烘干和固化，把载体剥离，涂层剂膜从载体上转移到织物上的方法。

表面处理改善纤维表面性能具体包括：

（1）涂覆聚合物树脂或低分子物质以愈合纤维表面的微缺陷和损伤，提高纤维的力学性能。而且表面涂层的活性基团和物理极性还可以增强纤维与树脂基体的黏结力，增大复合材料的层间剪切强度，同时又使材料的耐湿热老化性能提高。

（2）形成纤维表面刻蚀，改善与基体树脂的黏结性。采用的方法有：等离子体处理、酸碱刻蚀处理、γ射线处理等。

（3）增加纤维表面反应基团。采用的方法有：偶联剂处理、表面接枝处理、稀土改性处理等。

6.4　微波透明复合材料用预浸料

预浸料是由树脂浸渍纤维或织物后经过一定的处理而形成的片状或卷状材料，是可储存的纤维增强塑料（FRP）半成品，是制造复合材料制品的中间材料。使用时采用一定的铺放方式将预浸料叠放在成型模具上，经加热加压使熔融的树脂基体流动充模并固化，冷却后脱模得到复合材料产品。

使用预浸料的优势有：

（1）准确控制增强体含量。在预浸料制造过程中树脂含量可控，因此使复合材料制品的厚度及纤维体积分数可实现精确设计和控制。

（2）增强纤维方向可控。预浸料有特定的纤维排布方式，可以通过设计每一层的铺贴方式调控增强纤维在复合材料制品中的方向。

（3）使用方便。免除了复合材料制造过程的备料、现场混料和浸透工序；预浸料是干态材料，易于铺层操作，提高了生产效率。

（4）提高质量。通过优化预浸料制造工艺可实现树脂基体对增强纤维的充分浸渍，降低复合材料孔隙率，提高表面质量及性能稳定性。

6.4.1　预浸料的基本要求

预浸料是在增强纤维与树脂基体经过预处理以后，在成型加工前进行的工艺操作，预浸料是保证复合材料性能的基础，复合材料成型时的工艺性能，特别是成型制品后的综合性能（结构性、功能性）都取决于预浸料的性能，对预浸料的基本要求如下[19, 20]：

（1）树脂基体和增强纤维具有良好的匹配性。通过选择适当的增强材料和树脂基体使两者相容并形成良好的界面，保证复合材料有优良的力学性能。

（2）具备适当的黏性和铺覆性。适当的黏性是使每层预浸料之间、预浸料和模具表面之间具有压敏黏性，便于在叠层铺覆时精确定位。黏性不宜过大，以便手工铺覆出现错误时可以分开预浸料加以纠正。铺覆性是指预浸料针对模具的不同曲率表面的适应性，要求预浸料在一定的外力下能够服帖地粘贴在模具上，去掉外力后也不会反弹而从模具脱开。

（3）树脂含量偏差低。一般预浸料的树脂含量波动控制在±3%，以保证复合材料纤维体积含量和力学性能的稳定性。对高精度树脂含量的预浸料来说，树脂含量精度要求控制在±1%以内。

（4）挥发分低。一般要求在2%以下，以降低复合材料中的孔隙率，提高力学性能。内部质量要求高的复合材料构件用预浸料要求挥发分小于1%。

（5）具有较长的储存寿命。一般要求室温下的黏性储存期不小于30天，−18℃冷藏条件下的储存期大于6个月，以满足复合材料构件制造过程铺贴工艺及异地用户的运输、储存及使用要求。

（6）固化成型时树脂有适当的流动度。预浸料中的基体树脂具有适当的流动性以便在成型固化过程中树脂均匀分布并进一步浸渍增强材料，但流动性并非越大越好，过高的流动性会导致对成型温度及压力过于敏感而导致过多树脂外流，影响制品的质量。

总之，预浸料是决定复合材料性能及制造工艺操作性的关键因素，需要从树脂、增强材料的选材，对两者进行相容性匹配设计，以及预浸料的制造设备及工艺参数控制等多方面综合考虑才能保证预浸料具有优异的性能。

6.4.2 预浸料的分类

微波透波复合材料预浸料按照增强体物理状态可分为单向预浸料、单向织物预浸料和织物预浸料；按增强材料不同可分为玻璃纤维（织物）预浸料、芳纶（织物）预浸料等；按固化温度不同可分为中温（90～140℃）固化预浸料、高温（150～180℃）固化预浸料及超高温（≥200℃）固化预浸料等[21, 22]。

（1）单向预浸料。预浸料中的所有纤维平行排列，靠树脂基体将纤维黏结成片状，承载纤维可按受力分析设计铺层，其纤维的力学性能利用率最高。

（2）单向织物预浸料。纤维排列主要是经向，通常其比例超过90%，仅有少量横向纤维，或横向有一些其他纤维（如尼龙等），目的是使单向预浸料不易分散开，以便于铺覆操作。

（3）织物预浸料。树脂与纤维织物复合而成，是二维增强材料，织物在制造过程中由于有经纬纱线交织，不仅会造成纤维损伤，而且由于纤维屈曲而降低力学性能，但织物预浸料易于手工操作，且对某些形状的制品铺覆更容易，因此是预浸料中使用非常广泛的。

织物预浸料还包括用纤维编织物制成的预浸料，是三维增强材料，一般只针对特定用途产品制造。

预浸料按照基体树脂分类，可分为热固性树脂预浸料和热塑性树脂预浸料，热固性树脂预浸料与热塑性树脂预浸料二者的加工方法和性能特点差异较大，热固性树脂预浸料和热塑性树脂预浸料的基本特点对比见表 6-7。

表 6-7 热塑性树脂预浸料和热固性树脂预浸料性能对比[21]

性能	热塑性树脂预浸料	热固性树脂预浸料
储存	室温长期储存	低温储存
运输	没有运输限制	冷藏运输
黏度	高黏度（浸渍需高压）	低黏度（易浸渍）
固化温度	高的熔融/固结温度（＞300℃）	低温到中温固化温度（＜200℃）
回收性	能回收重复使用（熔融）	限制的回收利用（焚烧、磨碎）

表 6-7 中的预浸料的特性是由所用的树脂基体决定的，由于热塑性树脂不会像热固性树脂基体那样发生交联反应，其预浸料制造及复合材料成型都是基体树脂熔融浸渍纤维的过程，因此热塑性树脂预浸料可在室温下长期储存，而热固性树脂预浸料则要在低温储存，运输也要在较低温度进行，以防止树脂提前发生交联反应而使预浸料失效，一般低温（–18℃）下的储存期为一年。而且热固性树脂预浸料在室温下使用时，适用期也有限制，一般为 7～60 天（树脂基体配方不同，其适用期有差异），过期后预浸料会失去黏性，甚至由于固化而无法使用。由于热塑性树脂预浸料在成型过程只发生熔融而不发生化学反应，因此理论上寿命无限长，并可以重复使用。

6.4.3 预浸料的加工方法

第一台预浸机于 1969 年问世，直到 80 年代，预浸料还被视为特种材料，仅占一架飞机用材的 5%。而今，预浸料已成为飞机主结构的重要材料，宽体客机 Airbus A350 和 Boeing B787 飞机上预浸料用量超过机体质量的 50%。据预测，全球预浸料市场将在未来几年呈大幅上升趋势[20, 21]。下面介绍先进复合材料中常用的预浸料加工方法。

1. 热固性树脂预浸料的加工方法

热固性树脂是较早用于纤维增强复合材料的树脂基体，主要原因是热固性树脂在发生固化反应前具有较低的黏度，能够较好地浸渍纤维及织物，而且热固性树脂涂覆到增强材料后使其具有黏性，这给复合材料和模具的紧密贴合以及多层材料的叠层铺贴带来了很大便利。较低的树脂基体黏度，加上较为密实的叠层、较好的贴模性使得热固性树脂基复合材料能够在较低的压力下加热（或常温）固化制造复合材料产品，操作的简单便利使热固性复合材料成为业内普遍采用的材料。预浸料的制造也是从研发热固性树脂预浸料开始的，热固性树脂预浸料的加工方法有溶液法和热熔法。

1）溶液法

也称湿法，是最早开发的预浸料制造方法之一。它是将树脂溶于一种低沸点溶剂中，形成具有特定浓度的树脂溶液，然后将纤维束或织物按照规定的速度浸渍溶液，用压辊间隙或刮刀控制树脂含量，再通过烘箱或热风通道将低沸点溶剂挥发掉，最后收卷而成。大多数热固性树脂，如环氧树脂、酚醛树脂、不饱和聚酯树脂等能够在乙醇或丙酮等低沸点溶剂中很好地溶解，形成各种浓度的均匀树脂溶液，再浸渍纤维制成预浸料。

溶液法的优点是设备投资小，操作方便，适合制备小批量的预浸料，缺点是生产效率低，树脂含量控制精确度低，挥发分含量高，同时树脂基体必须能够溶解于低沸点溶剂中，这使得可选择的树脂范围受到极大限制。另外，预浸料的产品规格也有限，目前一般仅在新产品开发时使用。溶液法连续制备预浸料工艺示意图见图 6-7。

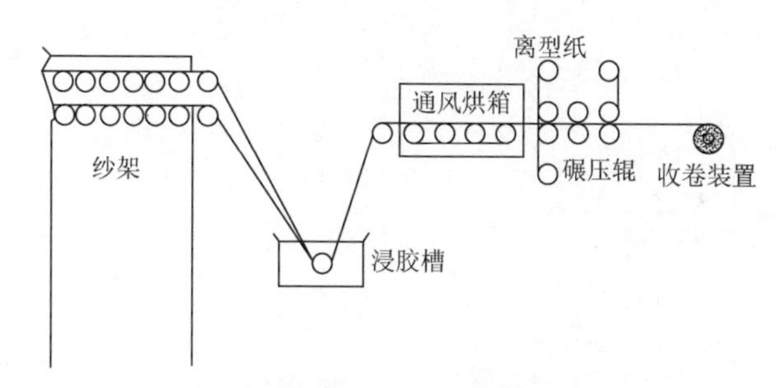

图 6-7　溶液法连续制备预浸料工艺示意图

2）热熔法

也称干法，是将树脂在较高温度下熔融，然后通过不同方式浸渍增强纤维制成预浸料。热熔法又分为一步法和两步法。一步法是直接将纤维通过已熔融树脂并由刮板控制树脂胶膜厚度，见图 6-8，经压辊挤压使树脂和纤维充分浸渍后收卷而成预浸料。两步法也称胶膜法，是先在制膜机上将熔融后的树脂均匀涂覆在离型纸上制成胶膜，见图 6-9（a），然后与纤维或织物在复合机上复合，树脂胶膜与纤维通常以“三明治”结构叠合，上下两层胶膜，中间是纤维，叠合后经加热加压使得熔融的树脂嵌入纤维中，见图 6-9（b），最大程度保证树脂浸渍纤维，且树脂含量均匀。

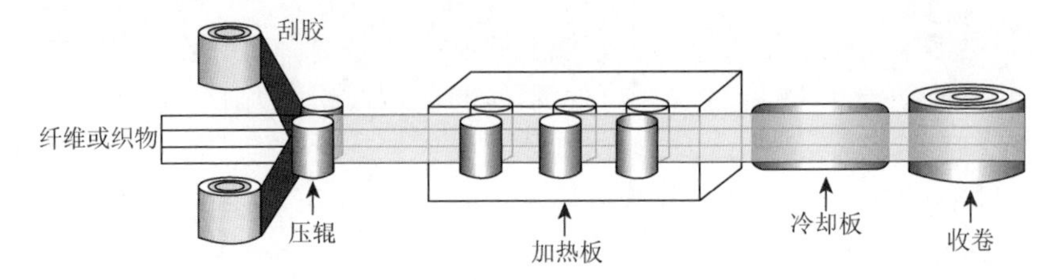

图 6-8 热熔法（一步法）制备预浸料原理图

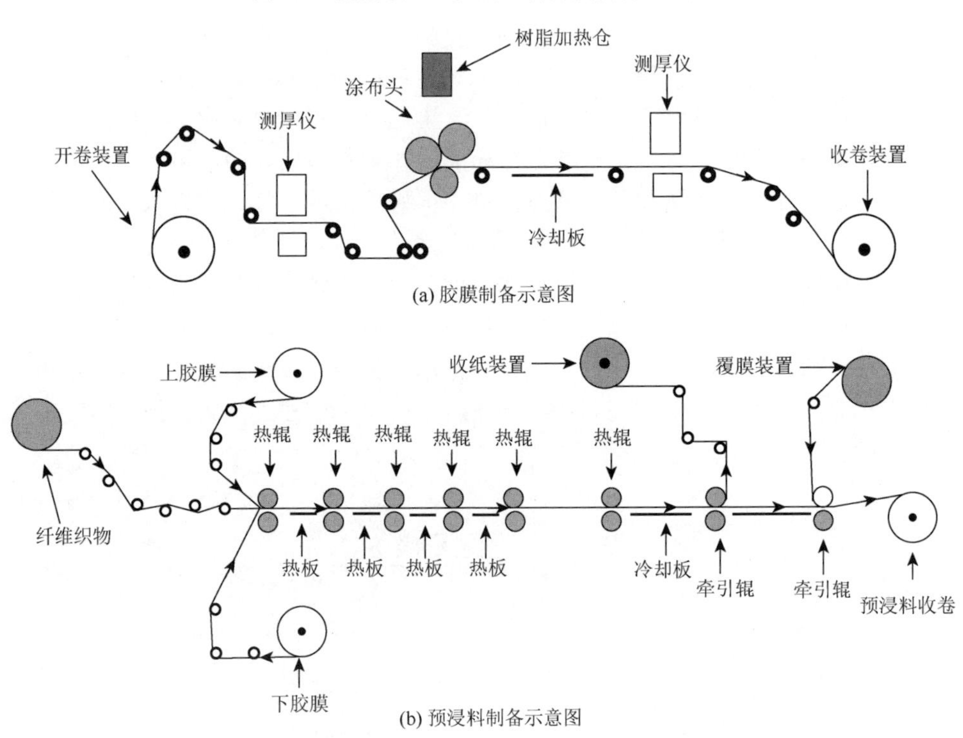

图 6-9 热熔法（两步法）制备预浸料原理图

热熔法的优点是预浸料树脂含量控制精度高，挥发分低，可生产连续长度预浸料，适合制造大型复合材料构件。采用热熔法预浸料制备的复合材料制品内部密实，孔隙率低，外观质量好。缺点是设备复杂，投资大，要求树脂的熔点较低，且熔融黏度低，在浸渍纤维过程中基本不发生化学反应等。

热熔法制备预浸料虽然设备投资较大，但生产效率高，一般达到 3～5m/min，如果连续生产，每天产量可达到 5000～6000m，特别适合单一品种连续生产，是目前国内外高性能预浸料最主要的加工方式。

2. 热塑性树脂预浸料的加工方法

热塑性树脂预浸料的加工方法是在热固性树脂预浸料生产方法的基础上逐步

发展起来的。复合材料应用越来越广泛，尤其是在武器装备上的应用增加，对复合材料各方面性能的要求也不断提升。热固性树脂基复合材料存在一些固有的缺点，如断裂韧性、损伤容限低，吸湿，储存期相对短，加工周期长，难以回收污染环境等。而热塑性树脂基复合材料则具有以下优点：①韧性好，疲劳强度高，冲击损失容限高；②预浸料理论上有无限的储存期；③热成型工艺性好，成型周期短，生产效率高；④边角料或废料可以再熔融成型或回收利用，环境污染少。因此，热塑性树脂预浸料越来越受到人们关注，也成为复合材料领域的研究开发热点。

高性能热塑性树脂基体主要有聚醚醚酮（PEEK）、聚酰亚胺（PI）、聚苯硫醚（PPS）、聚醚酮酮（PEKK）等。由于热塑性树脂的熔点大都超过300℃，熔融黏度大于100Pa·s，而且黏度随温度变化很小，因此制备热塑性树脂预浸料的关键是解决树脂对增强纤维的浸渍。常用热塑性树脂的热性能见表6-8。下面主要介绍连续纤维增强的热塑性复合材料所用预浸料的制备方法。

表6-8 预浸料中常用热塑性树脂的热性能

热塑性树脂	形态	T_g/℃	T_m/℃	热变形温度/℃	加工温度/℃
聚丙烯（PP）	结晶	–10	165	60	200～260
聚酰胺（PA）	结晶	50	265	75	270～325
聚苯硫醚（PPS）	结晶	88	273	315	315～330
聚醚醚酮（PEEK）	结晶	143	343	165	370～380
聚醚酮酮（PEKK）	结晶	156	338	160	360～380
聚醚酰亚胺（PEI）	无定形	210	—	200	335～426

连续纤维增强热塑性树脂预浸料的制备方法可归纳为两大类：第一类是预浸渍法，类似热固性树脂预浸料的制备方法，将流动的液态树脂逐渐浸渍纤维，并最终充分浸渍每根单丝，得到半成品的预浸料。预浸渍法分为溶液浸渍法和熔体浸渍法；第二类是后浸渍法或预混法，即预混料的制备方法，将热塑性树脂以粉末、纤维或薄膜形态与增强纤维结合在一起，形成一定结构形态的半成品，在成型过程中通过加温加压实现树脂对纤维的充分浸渍。通常预混法包括粉末工艺法、纤维混杂法、薄膜层叠法。

1）溶液浸渍法

溶液浸渍法（so1ution impregnation technique）是从热固性树脂预浸料的溶液法转化而来，选择一种合适的溶剂，也可以是几种溶剂配成的混合溶剂，将树脂完全溶解，制得低黏度的溶液，并以此浸渍纤维，然后将溶剂挥发制得预浸料。与热固性树脂不同的是高性能热塑性树脂基体分子链极性小，而且呈结晶或半结晶状态，难以溶于普通低沸点溶剂（如丙酮、乙醇）中，只有部分非结晶性树脂如 PEI、PES（聚醚砜）等在二氯甲烷、二氯乙烷、氯仿等毒性较大的低沸点溶剂中可溶解或溶胀，还同时需要在高温条件下才能有比较高的溶解度，而 PEEK、PPS 这类结晶型树脂难以找到合适的低沸点溶剂，因而不宜用溶液法制备预浸料。

2）熔融浸渍法

熔融浸渍法（melt impregnation technique）也是从热固性树脂预浸料的热熔法制造工艺发展而来。与溶液浸渍法相比较，熔融浸渍法由于工艺过程无溶剂，减少了环境污染，节省了材料，预浸料树脂含量控制精度高，提高了产品质量和生产效率。

热塑性树脂预浸料的熔融法又可分为直接浸渍法和热熔胶膜法两种预浸方法。前者是通过纤维或织物直接浸在熔融液体的树脂中制造预浸料。通过熔融技术，在高黏度下浸渍纤维，因为熔体黏度高，将树脂压入纤维很困难，实际的办法是在一定的张力下将平行的丝束从树脂熔体中拉过而浸渍纤维。后者是将树脂分别放在加热到成膜温度的上下平板上，调节刮刀与离型纸间的缝隙以满足预浸料树脂含量的要求，主要通过牵引辊使离型纸与纤维一起移动，上下纸的胶膜将纤维夹在中间，通过压辊将熔融的树脂嵌入到纤维中浸渍纤维，通过夹辊控制其厚度，经过冷却板降温，成品收卷。熔融直接浸渍法示意图见图 6-10。

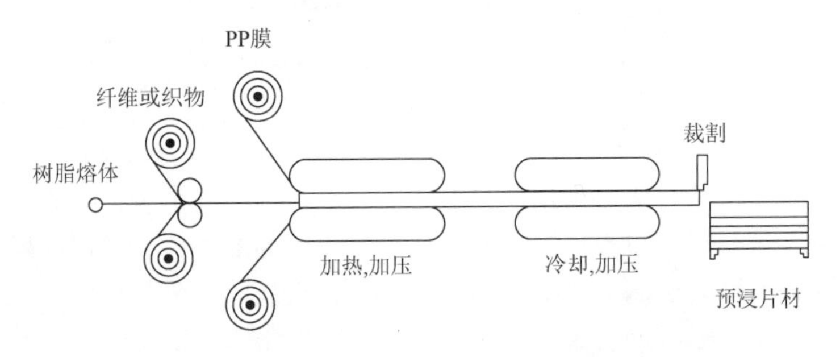

图 6-10　热塑性树脂预浸料熔融直接浸渍法示意图

熔融浸渍工艺要求树脂的熔点较低，并在熔融状态下具备较低的黏度、较高的表面张力，与纤维有较好的浸润性。但是热塑性树脂具有熔融黏度高的特点，导致对增强纤维的浸润性和渗透性差，邻近纤维之间的连接困难，成型过程中树脂不易流动，难以实现增强纤维与基体树脂的均匀分布。因此，采用熔融浸渍技术制备热塑性树脂预浸料的关键在于增强纤维的均匀分散、基体树脂对纤维的完全浸润以及纤维与树脂的良好界面结合。

3）粉末工艺法

粉末工艺法（powder impregnation technique）是固体流态化的工艺方法，与上述方法不同，它是固体（粉末）与固体纤维之间的“浸渍”，是将粉状树脂以各种不同方式施加到增强体上。粉末工艺法又包括悬浮液浸渍法、流化床浸渍法、静电浸渍法等。

悬浮液浸渍法是将树脂粉末及其他添加剂加入液体中配制成悬浮液，增强纤维长丝经过浸液槽中，在其中经悬浮液充分浸渍后，进入加热炉中熔融、烘干；或通过喷涂、刷涂等方法使树脂粉末均匀地分布于增强体中，经过加热炉处理后的纤维 / 树脂束可制成连续纤维预浸带的方法。

流化床浸渍法是使每束纤维或织物通过一个由树脂粉末形成的流态化床，树脂粉末悬浮于一股或多股气流中，气流在控制的压力下穿过纤维，所带的树脂粉末沉积在纤维上，随后经过熔融炉使树脂熔化并黏附在纤维上，再经过冷却成型段，使其表面均匀、平整，冷却后，收卷制造热塑性树脂预浸料的工艺。

静电浸渍法是将带静电的树脂粉末沉积到被吹散的纤维上，再经过高温处理使树脂熔融嵌入到纤维中，再经过加热加压处理而成预浸料的工艺。由于增加了静电场的作用，树脂粉末带电，从而大大增加了树脂在增强体上的沉积和对增强体的附着作用，使预浸料的树脂均匀性增加。

粉末法的特点是能快速连续生产热塑性树脂预浸料，纤维损伤少，工艺过程历时少，聚合物不易分解，具有成本低的潜在优势。这种方法的不足之处在于适于这种技术的树脂粉末直径以 5～10μm 为宜，而制备直径在 10μm 以下的树脂颗粒难度较大，且浸润所需的时间、温度、压力均依赖于粉末直径的大小及其分布状况。

4）纤维混杂法

纤维混杂法（fiber commingled/cowoven technique）是先将热塑性树脂纺成纤维或纤维膜带，再根据含胶量的多少将增强纤维与树脂纤维按一定比例紧密地并合成混合纱，然后将混合纱织制成一定的产品形状，最后通过高温作用使树脂熔融，嵌入纤维中。树脂纤维与增强纤维可以混编成带状、空心状、二维或三维等几何形状的织物。

纤维混杂法是热塑性复合材料加工技术的一次革新，技术关键是制备与增强纤维直径相当的树脂纤维，然后使两种纤维混杂成一种复合纱，再编织成预浸料，或直接用两种纤维进行编织。纤维混杂法得到的具有良好的柔软性和垂悬性的预浸料或预制体变形能力强，铺覆性好，对于变曲率、变厚度的复杂结构的成型非常有优势，是一种很有前途的成型方法。纤维混杂法的优点是树脂含量易于控制，纤维能得到充分浸润，可以直接缠绕成型得到制件；同时，由于热塑纤维和增强纤维紧密结合在一起，减小了树脂渗透的距离，也能有效克服热塑性树脂浸渍的困难，并且因为材料具有良好的柔韧性，可以实现三维近实物形状编织，所以可以大大提高材料的韧性及损伤容限，同时缩短制件的制作周期。其缺点是：①只有具备可纺性的热塑性塑料才可用此法；②增加了比较复杂的化纤生产工艺；③纺制直径极细的热塑性树脂纤维（＜10μm）非常困难，同时编织过程中易造成纤维损伤，因而限制了这一技术的应用发展。

5）薄膜层叠法

薄膜层叠法（film stacking technique）首先将增强纤维织物或纱与树脂薄膜交替层叠来制得预混料，这种工艺是把织物或纱和树脂薄膜交替层叠，然后在适当的温度、压力作用下将熔融的聚合物基体压入纤维之间，并在压力下固结。

薄膜层叠法是制备热塑性树脂复合材料的一种标准方法，与其他方法比较起来简单易行，不需要专门设备，只需要将热塑性树脂压制成一定厚度的薄膜，铺覆时与纤维相隔铺放，利用压制阶段的加热和加压实现树脂和纤维的结合。但采用这种工艺时，由于熔融的热塑性树脂黏度很大，不容易充分浸渍纤维织物或纤维束，因而制品内部质量不易控制。因此必需合理地选取压制参数，使树脂充分浸渍纤维，才能生产出高质量的复合材料。

上述热塑性树脂预浸料的加工方法中没有哪一种十分完善，或明显优于其他方法，对于各种热塑性树脂预浸料的制备，从业者必须根据所用的材料和用途选择最佳的工艺方法，有时可以是几种方式结合使用，来确保以较高效率制成热塑性树脂预浸料。

6.5 微波透明复合材料成型技术

如上所述，微波透明复合材料具有优异的介电性能、力学性能和环境适应性等特点，使其在具有透波功能的复合材料制件尤其是雷达罩的制造方面发挥着重要作用。为了使雷达罩的性能满足设计要求，首先选择性能优异的材料（树脂和纤维等），材料决定了产品的基本性能，而合理且经济的成型制造工艺技术也是实现产品预期性能的重要决定因素。复合材料的成型工艺正在经历由手工操作向全面自动化生产的发展过程，制造工艺经多年的探索实践正在日臻完善。

复合材料的成型工艺类型很多，大致可以按照以下几方面分类。按照固化方式分为：热压罐成型、真空袋成型、模压成型、液体成型技术等；按照复合材料的结构形式分为：层合结构件和夹层结构件成型技术；按照树脂基体种类可分为：热固性树脂基体和热塑性树脂基体复合材料成型技术。

微波透明复合材料制件采用的常用成型制造工艺的分类及特点见表6-9[23]。

表 6-9 微波透明复合材料成型工艺的分类及比较

成型工艺分类			主要特点
纤维预浸	预浸料	热压罐成型	可制造复杂构件，零件质量优异。对人员技术水平要求高，生产效率低，设备投资大，目前航空用微波透明雷达罩等多数采用此法成型
		真空袋成型	模具费用低，设备投资少。压力最高 0.1MPa，制品内部质量较低，一般用于地面天线罩等民用产品
		模压成型	尺寸精度高，内外表面均光滑，产品质量稳定，重复性好。成型压力大，适合批量生产，模具费用大，不适宜制造大型复合材料结构
		自动铺丝铺带	是铺叠成型的工艺方法，可实现复合材料的自动化生产，提高产品精度，低废品率，快速生产，设备投资大，是复合材料工艺的一个发展方向
	在线预浸	缠绕成型	产品强度高，易实现机械化和自动化生产，产品质量稳定，重复性好，适合生产对称的回转体结构
树脂转移法	树脂注入预成型体	RTM	能生产形状复杂的小型整体制件，可实现高精度、无余量制造，减少连接件，适用纤维缝纫和编织技术，辅助材料用量小，模具费用高，在进行批量生产中可降低成本，用于生产机头雷达罩等

6.5.1 微波透明复合材料几种常用的成型技术

热固性树脂基微波透明复合材料成型加工工艺方法主要包括：热压罐成型工艺、模压成型工艺、树脂传递模塑（RTM）成型工艺，以及纤维缠绕成型工艺等。

1. 热压罐成型工艺

预浸料热压罐成型是热固性树脂结构复合材料最成熟可靠的成型技术之一。其方法是将预浸料按设计要求铺贴在模具上形成结构件叠层毛坯，然后将叠层毛坯和其他工艺辅助材料组合在一起，构成一个真空袋组合系统，见图 6-11，在热压罐中于一定压力和温度下固化，形成各种制件[24]。

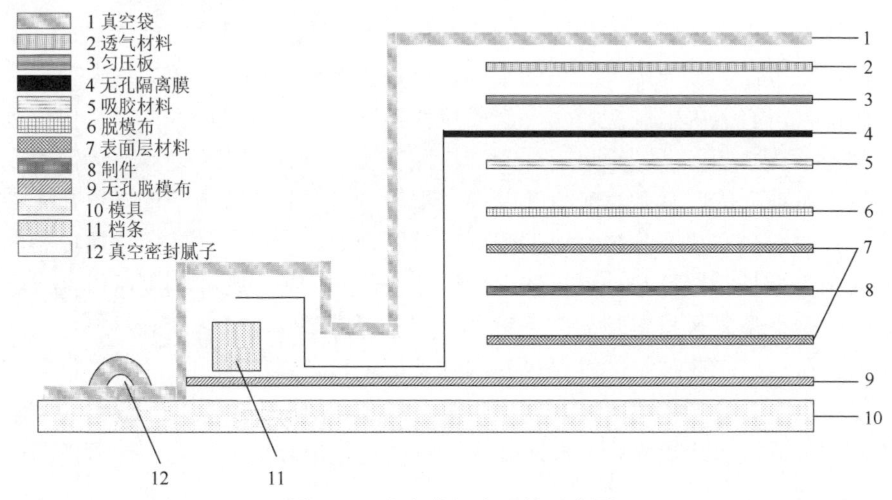

图 6-11 真空袋组合系统示意图

热压罐成型工艺有如下优点：①固化温度场和压力均匀，使复合材料构件性能稳定，具有均匀的树脂含量、致密的内部结构和良好的内部质量；②它是单面成型模具，模具结构简单；③可整体成型尺寸较大、结构相对复杂的复合材料制品。缺点是固化设备投资成本高，能源利用率较低。热压罐法适合于大面积复杂型面的蒙皮、壁板、壳体的制造，许多大型的机载、舰载和弹载雷达天线罩需要应用此种工艺方法制造。

2. 模压成型工艺[25]

模压成型技术是树脂基结构复合材料中较为成熟的成型工艺技术之一。模压成型方法见图 6-12。

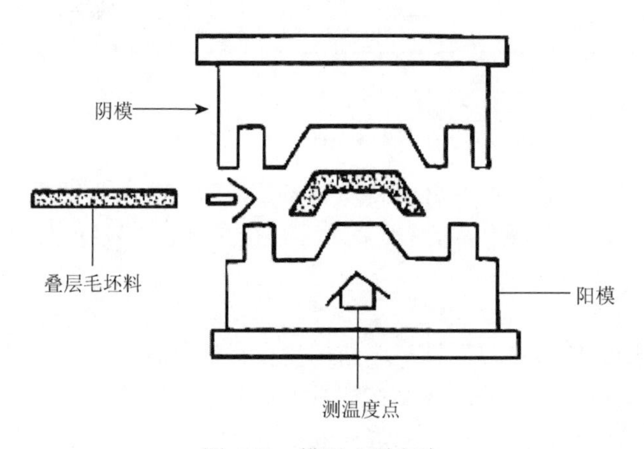

图 6-12　模压成型方法

模压成型技术是将一定量的预混料或预浸料加入到模具内，经加热、加压来固化的成型方法。模压成型工艺的主要优点是生产效率高，便于实现专业化和自动化生产，可有效降低制造成本，产品尺寸精度高，重复性好。其零件厚度公差可控制在±3%～±5%，挠曲在 1mm（按照 1m 长度计）范围之内，因而可用于制造航空发动机的叶片和直升机桨叶等高精度产品。该成型方法的难点在于模具结构形式的选择，模具各模块协调配合以及脱模取出制品的技巧。模压成型的不足之处在于模具制造复杂，投资较大，再加上受压力吨位的限制，所以其最适于批量生产中小型复合材料制品。近年来，随着树脂基纤维增强复合材料需求日益增长，模压成型工艺技术的发展也取得了长足进步，已能做到产品的性价比高、对环境污染小、生产率高，使其能不断满足汽车、航空、航天等工业化的需求。例如，类似平板状或尺寸小、壁厚要求严格的雷达罩或微波透明制件可以用此种工艺方法制造。

3. RTM 成型工艺[26]

树脂传递模塑（resin transfer molding，RTM）技术是模压成型技术的一种延伸，最早是为适应飞机雷达罩成型发展起来的，经过多年的研发，现已成功地用于各种纤维增强复合材料制造。其工艺过程是首先在模具的型腔内铺放好按性能和结构要求设计好的纤维增强预成型体，然后利用真空或注射装置提供的压力将专用树脂注入到闭合的模腔内，直至整个型腔内的纤维预成型体完全被浸润，最后进行固化成型和脱模。图 6-13 是 RTM 成型示意图。

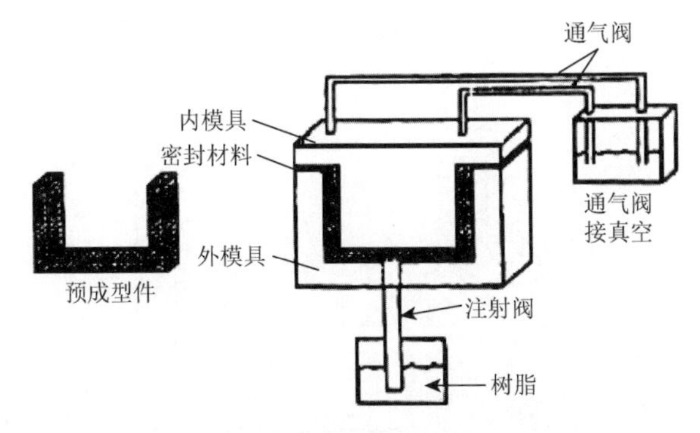

图 6-13　RTM 成型工艺示意图

RTM 工艺是近年来发展迅速的适宜多品种、中批量、高质量先进复合材料制品生产的成型工艺，其特点主要体现在：①具有无需胶衣涂层即可为构件提供双光滑表面的能力；②能制造出具有良好表面品质、高精度的复杂构件；③成型效率高，适合于中等规模复合材料制品的生产；④便于使用计算机辅助进行模具和产品设计；⑤成型过程中散发的挥发性物质很少，有利于环境保护。

RTM 工艺也存在某些缺点：一般 RTM 成型的制品存在孔隙率较大，纤维体积含量较低，树脂在纤维中分布不均，树脂对纤维浸渍不够完全等缺点。为此在原有 RTM 基础上发展了多种工艺，如真空辅助树脂传递模塑（vacuum-assisted resin transfer molding，VARTM）工艺、结构反应注射模塑（structural reaction injection molding，SRIM）工艺等。

VARTM 工艺示意图如图 6-14 所示。它的主要特征是 RTM 模具一头为进胶口，另一头出胶孔上连接真空源。在树脂注入模腔前首先将进胶口密封，而出胶口的真空不断抽去夹杂在纤维层中的空气和附在纤维表面的水汽，从而降低孔隙含量；真空使预成型纤维更紧密，使纤维体积含量大幅度提高；真空形成负压，树脂顺真空通路沿预成型件各层面流动，达到充分浸渍纤维，并使纤维/树脂分布均匀。

SRIM 工艺示意图如图 6-15 所示。

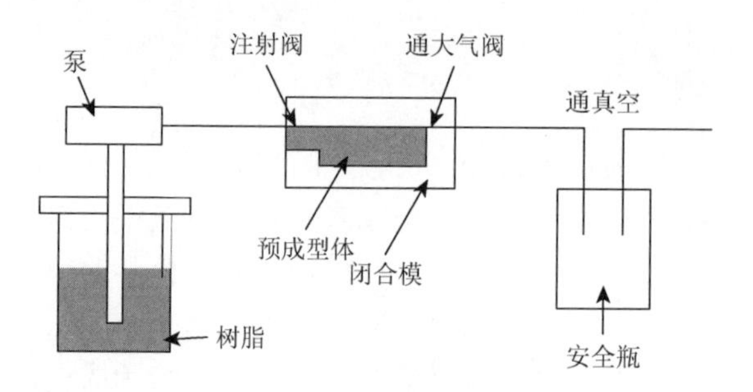

图 6-14 VARTM 工艺示意图

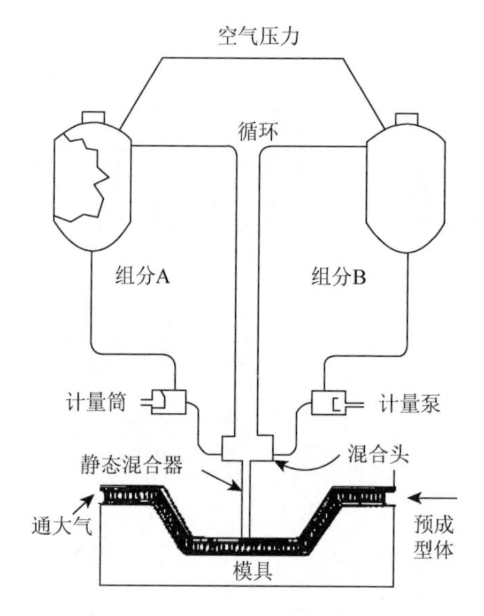

图 6-15 SRIM 工艺流程示意图

在 SRIM 成型中，两种树脂组分（即图中的 A 与 B），通过计量泵混合并注射入模腔，在进入模腔后的瞬间，树脂 A、B 组分发生反应，固化后即成为复合材料制品。

由 RTM 工艺技术延伸与改进的新工艺还有多种，这些工艺技术的研究促进了 RTM 规模化、自动化的发展。

4. 纤维缠绕和纤维铺放工艺[25]

纤维缠绕原理示意图见图 6-16。

这一方法的要点是连续纤维纱束浸渍树脂后，在张力控制下按预定路径精确地缠绕在转动的模具上，按一定的规范固化，固化后脱模。缠绕方式可分为径向缠绕、螺旋缠绕和极向缠绕等，工艺方法分为干、湿两种。

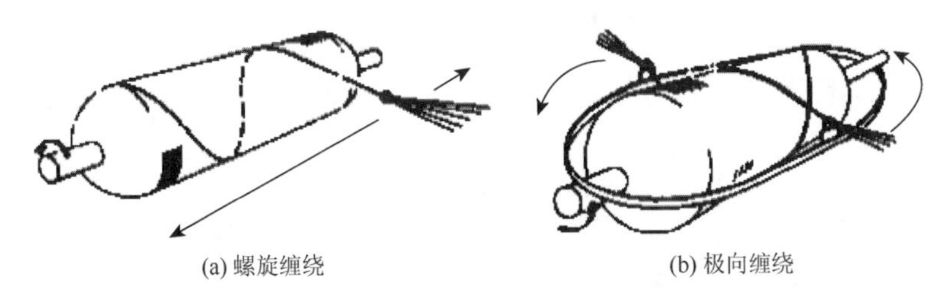

(a) 螺旋缠绕　(b) 极向缠绕

图 6-16　纤维缠绕原理示意图

纤维缠绕成型的优点是：①能够按产品状况设计缠绕规律，从而能充分发挥纤维的强度。②比强度高。一般来讲，纤维缠绕压力容器与同体积、同压力的钢质容器相比，质量可减轻 40%～60%。③可靠性高。纤维缠绕制品易实现机械化和自动化生产，工艺条件确定后，缠绕成型的产品质量稳定，精确。④生产效率高。采用机械化或自动化生产，需要的操作工人少，缠绕速度快（240m/min），所以劳动效率高。⑤成本低。在生产同一产品时，可合理配选若干种材料（包括树脂、纤维和内衬），使其再复合，达到最佳的技术经济效果。

纤维缠绕的缺点是：①缠绕成型适应性小，不能缠绕任意结构形式的制品，特别是表面有凹陷的制品，因为缠绕时，纤维不能紧贴芯模表面而架空；②缠绕成型需要有缠绕机、芯模、固化加热炉、脱模机及熟练的技术工人，这方面需要的投资大，技术要求也高，因此，只有大批量生产时才能降低成本，才可以获得较高的技术经济效益。因此研制大型的缠绕系统和优良的缠绕机，以及构建先进的缠绕生产线，成为了发展缠绕工艺的关键。

6.5.2　热固性树脂基层合型微波透明复合材料成型技术

层合结构微波透明复合材料是由基体树脂和增强纤维（织物）组成的，树脂基体可以为不饱和聚酯、环氧树脂、双马树脂、氰酸酯树脂等，增强纤维包括玻璃纤维和石英纤维等无机纤维，或芳纶等有机纤维，以及纤维的各种织物。层合结构复合材料是最早用于飞机雷达罩的，目前在飞机机头雷达罩、地面雷达罩等仍有应用。早期的机头罩以不饱和聚酯树脂为基体，无碱玻璃纤维织物为增强材料，采用手糊工艺铺贴，室温下固化，再经过干燥箱后固化成型后脱模而成。这样生产的雷达罩的树脂含量高，而且性能波动大，制品的力学性能和电性能的稳定性均较差，难以满足高性能雷达罩的要求。后来发展了纤维预先浸渍成型技术，即将树脂和纤维先加工成预浸料，严格控制预浸料的树脂含量，预浸料再按照设计经过裁剪铺叠，加热加压固化成型后成为复合材料制品，制品的树脂含量均匀，内部密实，质量稳定，能够采用各种先进树脂基体和纤维生产。后来针对一些特定零件发展了 RTM 工艺，对于数量较多的产品，能够提高生产效率，降低成本，以下介绍这两种工艺的基本流程、工艺参数和质量控制等。

1. 纤维预先浸渍成型技术

预先浸渍法一般是先将树脂和纤维加工成预浸料，用预浸料按照设计确定的纤维方向和层数逐层在模具上铺贴而成，然后采用热压罐法或模压法固化成型，工艺流程见图 6-17。

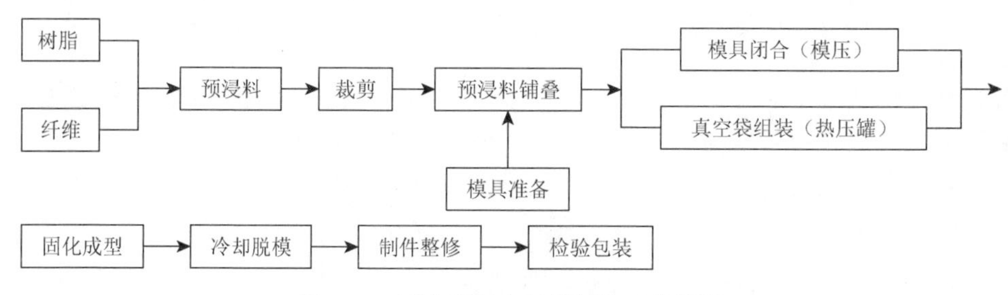

图 6-17 层合型复合材料制造工艺流程

微波透明复合材料透波率是由复合材料的介电性能和电磁波的入射角决定的。复合材料的介电性能是由树脂基体和增强纤维的相对比例及各自的介电性能决定的，树脂基体和增强纤维确定后，其介电性能已经确定，因此树脂和增强纤维的相对比例就成为了决定复合材料介电性能的主要因素，因此对于微波透明复合材料制件来说控制复合材料增强纤维体积含量是关键质量控制点。

控制复合材料的纤维体积含量有三个关键：①预浸料的树脂含量。预浸料的树脂含量应略高于或等于复合材料树脂含量理想值。一般来说，在热压成型过程中，都会有些许树脂流淌或挤出而损失，预浸料树脂含量略高可以弥补这些损失。②利用吸胶层。吸胶层是一种辅助材料，能在一定压力和温度下吸收一定量的树脂，当称量预浸料叠层的质量超过预先计算的质量时，可以在正式固化成型前，通过计算来确定除去多余树脂所需要的吸胶层层数，将吸胶层铺叠在预浸料叠层上面，组装好真空袋，在适当温度和压力下让预浸料中的多余树脂转移到吸胶层上，然后揭掉吸胶层，重新组合真空袋，固化成型。③合理制定固化参数。典型的中温固化环氧树脂固化参数见图 6-18，在固化过程中主要参数是温度、压力和真空度，还有一个重要参数是加压时机，加压时机过晚，热固性树脂已经开始明显的交联反应，树脂黏度增大后再施加压力会使树脂预浸料中的气体难以排除，造成固化后的复合材料中孔隙率高，影响力学性能和湿热性能，材料吸水率高对介电性能也有不良影响。反之，如果加压时机过早，可能在树脂的黏度较低时施加较大压力而使树脂从胚料中大量流出，造成复合材料树脂含量过低，从而影响复合材料的力学性能和介电性能。理想情况是通过试验选择树脂开始缓慢反应的温度保温一段时间，使树脂开始形成部分交联，这样可以使树脂的黏度增大，加压时不至外流过多而保留在复合材料中。

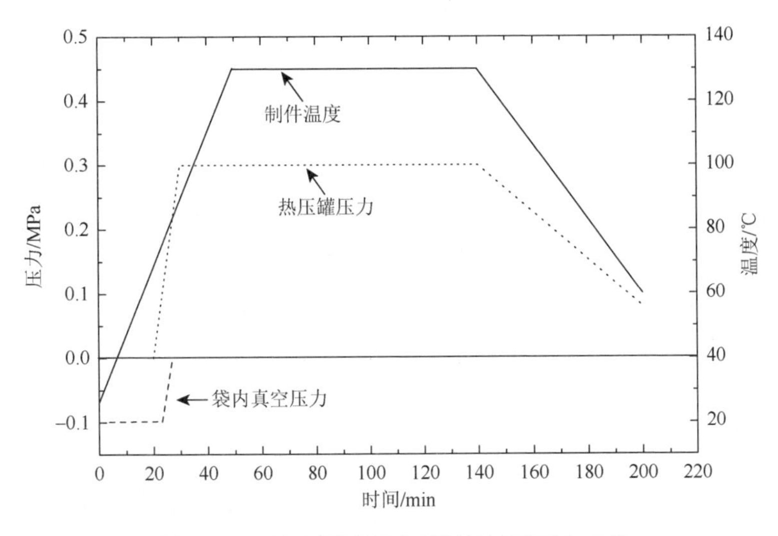

图 6-18　环氧树脂基复合材料热压罐固化工艺

2. 树脂转移法制造工艺

树脂转移法层合型复合材料制品是采用树脂传递模塑（RTM）、真空辅助树脂传递模塑（VARTM）或结构反应注射模塑（SRIM）方法制造的。这类成型方法多用于制造实心的飞机机头或弹载雷达天线罩，RTM 工艺流程见图 6-19[23]。采用 RTM 方法制造的制件内外表面均有优异的型面精度和表面质量，生产效率高，对于批量产品来说生产成本较低。

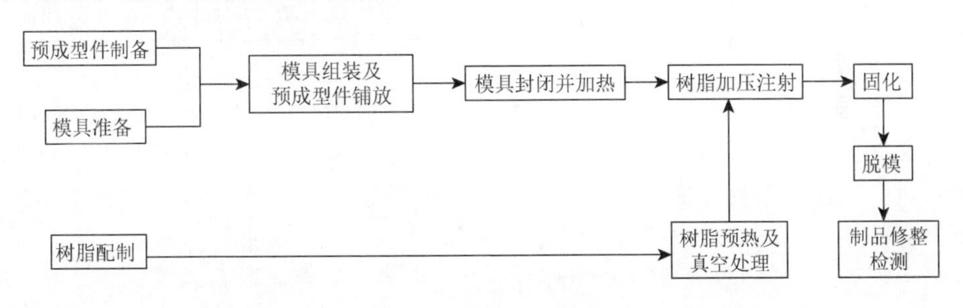

图 6-19　RTM 工艺流程

树脂模塑工艺的主要影响因素为树脂、模具和纤维预成型件。对它们的基本要求如下。

（1）对基体树脂的要求。室温存放；在常温下为液体或低熔点的固体；温度升高至预定浸渍温度时，树脂黏度应在 300～800cP（$1cP=10^{-3}Pa\cdot s$）左右；黏度升至 800cP 的时间可调；达到 800cP 后能快速凝胶；在真空/热状态下无挥发分、无气泡。

（2）对模具的要求。良好的自锁性，防止树脂溢流；正确合理的树脂流向、必要的树脂流道和进胶与出胶口的布置；足够的刚性，以确保固化产物不变形；高尺寸精度，以求不需二次加工；易于脱模并实现高的表面光洁度；低成本。

（3）对预成型件的要求。纤维布置与构型应保证制件结构强度、刚度和几何尺寸满足设计要求；良好的浸润性；在模具中易于铺放，并充满整个模腔。

目前用于树脂模塑的高性能树脂有环氧树脂、双马来酰亚胺树脂、氰酸酯树脂等，地面雷达罩也有采用不饱和聚酯树脂和乙烯基树脂。

预成型体则可分为缝纫预成型体和纺织预成型体。缝纫预成型体指采用一定的工艺手段将干态纤维（一般为帘子布或经编织物）按照设计的铺层顺序铺叠好后，用特制的线在垂直于铺层平面方向（z 向）按照一定的缝纫工艺参数，将多层联结为一个整体而成。纺织预成型体指采用纺织方法形成的预成型体，如三维编织、三维机织等。

树脂模塑工艺的主要工艺参数为：注射温度、注射压力及注射速度。几种环氧树脂 RTM 工艺的典型参数见表 6-10。

表 6-10　几种环氧树脂的 RTM 工艺参数

树脂体系	注射温度/℃		注射压力/10^3MPa	固化温度，时间	后处理条件
	树脂温度	模具温度			
1	80	120	20～80	175℃，30min	175℃，2h
2	105	163	20～80	175℃，30min	175℃，2h
3	83	108	40～80	175℃，30min	175℃，2h

注射温度是指实施 RTM 工艺过程中树脂注射的温度，一般应参照所用树脂的动态黏度-温度曲线以及等温黏度曲线确定，注射温度一般选择在树脂的最低黏度附近。若注射温度过低则树脂黏度较大，会导致预成型体内的纤维与树脂浸润不充分，使制件局部产生干斑、表面贫胶等缺陷。若温度过高会导致树脂流动时间缩短，不利于预制件纤维的充分浸润[23]。

注射压力是指实施树脂注射时选用的压力，一般依据树脂的黏度、模具的刚度及零件的结构形式等通过试验确定。若注射压力过低会导致树脂在预成型体内的流动速度减慢，降低了工作效率，且会使大尺寸、结构复杂零件不能够在工作时间内与树脂充分浸润，形成干斑或贫胶点。若注射压力过高不仅会使预成型体内的纤维变形，而且可能使模具产生变形，影响整个零件的外形尺寸。一般 RTM 工艺选择的注射压力为 0.1～0.3MPa。

注射速度是指每分钟注入模腔内树脂的量，一般与预成型体的渗透率、树脂黏度、模具刚度、制件的结构尺寸及纤维体积含量等因素相关。

6.5.3　热固性微波透明夹芯结构复合材料成型技术

夹芯结构一般是由三层材料制成的复合材料组成一个结构整体，表层和底层是高强度、高模量材料（称作面板或蒙皮），中间层是轻质的夹芯材料。复合材料夹芯结构是复合材料与其他轻质材料的复合，采用这种结构形式可以有效地减轻结构质量和提升透波性能。在微波透明复合材料中应用的复合材料夹芯结构主要有泡沫塑料夹芯结构、蜂窝夹芯结构及近年来发展迅速的人工介质夹芯结构。

夹芯结构复合材料的制造工艺主要有两种：共固化制造工艺和二次胶接制造工艺。

1. 共固化制造工艺

共固化制造工艺指复合材料面板固化成型和面板与芯材的胶接同时进行的制造工艺。其特点是成本低、适合制造型面复杂的夹层结构。上下面板可以由玻璃纤维等无机纤维和芳纶等有机纤维及其织物等预浸料铺叠而成，胶黏剂一般采用热固性树脂涂覆在基材（无纺布、尼龙网格布等）上制成的胶膜，将面板与蜂窝等芯材组合为一体，然后固化成型为复合材料零件。共固化工艺的大致流程见图 6-20。

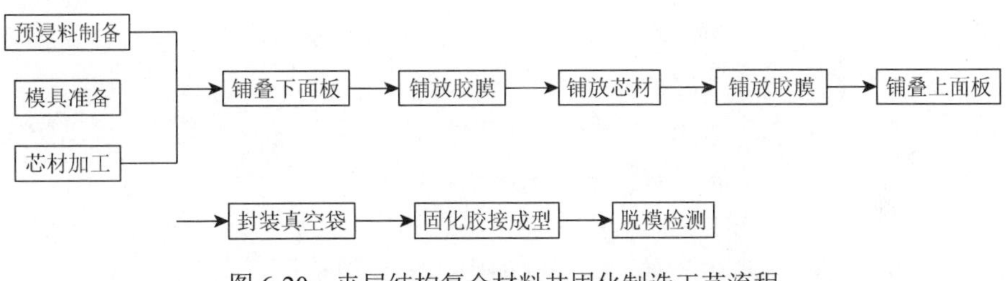

图 6-20　夹层结构复合材料共固化制造工艺流程

共固化工艺制造的夹层结构由于面板预浸料在压力作用下容易凹陷，导致其力学性能下降，一般面板的力学性能比单独固化的面板性能下降 10%。对力学性能要求较高的制件需要采用二次胶接制造工艺。

2. 二次胶接制造工艺

二次胶接制造工艺指复合材料面板先期固化成型，然后再与芯材进行胶接的工艺。该工艺制造的复合材料面板质量高，适合制造承受较大载荷的夹层结构，对于结构复杂的夹层结构，采用二次胶接工艺可以获得较好的外形面和表面质量，但同时二次胶接工艺对参与胶接的零件配合关系要求高，制造成本相对较高。二次胶接工艺流程见图 6-21。

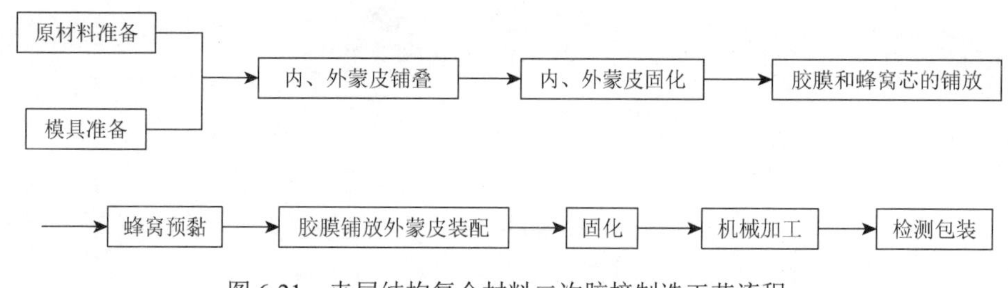

图 6-21 夹层结构复合材料二次胶接制造工艺流程

复合材料成型模具主要有凹模（阴模）和凸模（阳模），具体采用何种形式，主要取决于制品的结构、外形、尺寸公差及表面质量要求等。

下面以一个 A 夹层结构天线罩为例来简要说明实际的制造过程[27]。

为了满足天线罩高精度、严格的外形尺寸和力学性能的要求，选择了热压罐成型工艺，面板材料为中温固化环氧树脂/高强玻璃纤维织物，芯材为 Nomex 蜂窝，采用凸模成型。

Nomex 蜂窝夹芯与蒙皮的胶接，常采用二次成型或三次成型，具体步骤为：二次成型是先将内蒙皮在模具上铺贴成型后进行第一次固化，然后与蜂窝芯胶接，并在蜂窝芯子上铺贴外蒙皮，再进行第二次固化。三次成型是将内蒙皮在模具上铺贴后固化，然后将蜂窝芯子胶接在内蒙皮上进行第二次固化，最后在蜂窝芯子上铺贴外蒙皮，并进行第三次固化。实践证明，三次成型的质量是最优的。可以看到，在这个应用实例中，不论是二次成型还是三次成型，蜂窝和内蒙皮胶接属于二次胶接工艺，而外蒙皮和蜂窝芯的胶接成型则是共固化工艺。虽然夹层结构的制造工艺可以分为共固化工艺和二次胶接工艺，但在实际制造中，可以是两种方法各取部分，以达到保证质量、便于操作、提高效率的目标。

对复合材料的固化工艺而言，温度、时间和压力是三个关键的工艺参数，其中温度场的控制最为重要。对于大尺寸的雷达天线罩来说，只有控制好温度场的均匀性，才能保证热压罐成型过程中制件受热均匀，进而保证其力学性能、气动外形和透波性能。微波透明复合材料的透波性能与制件的成型固化质量密切相关，如面板的树脂含量和孔隙率会带来复合材料介电性能的变化，树脂含量升高，复合材料的介电常数降低，介电损耗增加，拉伸弯曲强度降低，孔隙率高会使复合材料的力学性能下降，吸水率上升，湿热性能恶化。另外制件的型面变形会影响雷达罩入射角的变化，对其透波性能带来影响。因此，在夹层结构复合材料的制造中需要采用预吸胶等方法来控制蒙皮树脂含量在要求的范围内，也需要采取各种方法对制件的型面尺寸进行精确控制，确保产品的结构强度和透波功能性。

6.5.4 热塑性微波透明复合材料成型技术

由于热塑性树脂高熔点、高熔融温度，缺乏合适溶剂，因此其复合材料成型加工与热固性树脂复合材料有不同之处，如制备热塑性预浸料，采用热固性树脂预浸料常用的溶液法或热熔法难度较大，因而出现了悬浮法、粉末法、纤维混杂法等特殊的预浸工艺。连接方式除了可采用与热固性树脂复合材料相同的黏结法、机械连接法，还可以用超声焊、电阻焊等焊接连接法。在成型方法上，热塑性树脂与热固性树脂最大的不同是成型过程只发生物理变化而不发生化学变化，因此除了可以采用热固性树脂的某些方法，如模压法、热压罐法外，还有一些热塑性特有的成型方法，热塑性树脂复合材料的制备流程见图 6-22。下面简要介绍几种热塑性复合材料特有的成型方法[19]。

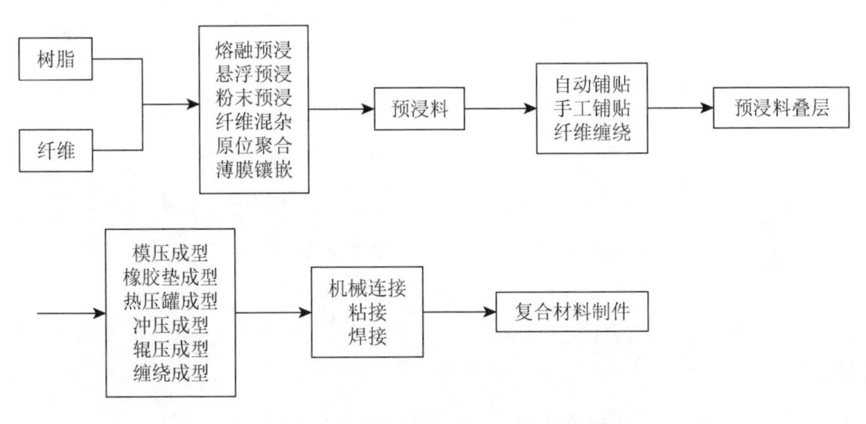

图 6-22　热塑性树脂复合材料制备流程

1. 冲压成型

冲压成型与热固性树脂复合材料的模压成型相似，可参考图 6-12。冲压成型是将按模腔大小裁切好的 FRTP 预浸片材在加热炉内加热至高于树脂熔化的温度，然后送入压模中，快速热压成型。成型周期一般在几十秒至几分钟内完成。这种成型方法能耗、生产费用均较低，生产效率高，是目前热塑性树脂基复合材料中重要的一种成型方法。

2. 辊压成型

辊压成型与热塑性塑料的压延成型相似。用于 FRTP 的片材加工时，把几层放好的预浸料在连续的基台上，用远红外或电加热的方法加热软化，然后通过牵引经过热辊、冷却辊，从而逐渐成型为所需形状的制品。这种方法为连续成型，生产效率高，制品尺寸在长度方向不受限制。

3. 缠绕成型

热塑性复合材料的纤维缠绕成型与热固性复合材料的不同之处是缠绕时要把

预浸纱（带）加热到软化点，并在与芯模的接触点上放置一只加热辊。通常的加热方法有传导加热、介电加热、电磁加热、电磁辐射加热等。在电磁辐射加热中，又因电磁波的波长或频率不同而分红外辐射（IR）、微波（MW）和射频（RF）加热等，最近几年还发展了激光加热及超声加热系统。

近年来国外许多公司致力于新型缠绕工艺研究，开发出了几种具有特色的成型方法。其中有一步成型法，即纤维通过热塑性树脂粉末沸腾流化床制成预浸纱（带），然后直接缠绕在芯模上；还有通电加热成型法，即对碳纤维预浸纱（带）直接通电，靠通电发热使热塑性树脂熔化，将纤维纱（带）缠绕成制品；第三种是用机器人进行缠绕，提高缠绕制品的精度和自动化程度。

6.5.5 微波透明复合材料成型技术的发展

随着树脂基复合材料在军事及民用领域应用的快速增长，提高生产效率的同时降低成本是复合材料扩大应用的关键。从复合材料的成本构成看，原材料成本约占 30%，结构件制造过程成本约占 65%，降低结构件的制造成本是实现低成本的关键。目前提高生产效率和降低制造成本最有效的方法是采用自动化生产工艺，复合材料的自动铺放成型工艺是自动化生产工艺中研究最多、最有应用前景的。

复合材料的自动铺放成型包括自动铺带和自动铺丝技术。这两种技术均是将预浸料裁剪和铺叠两者结合，克服了传统手工预浸料裁剪及铺贴精确度差、差错率高、效率低下的缺点，通过自动化精确控制提高了制品质量及生产效率，降低了复合材料的制造成本，提高了产品质量一致性，适用于大型复合材料构件制造；其中自动铺带主要用于小曲率或单曲率构件（如翼面、柱／锥面）的自动铺叠，由于预浸带较宽，以高效率见长；而自动铺丝侧重于实现复杂形状的双曲面（如机身、翼身融合体及 S 进气道等），适应范围宽，但效率逊于前者[28-32]。

1. 自动铺带成型技术（automated tape lay-up，ATL）

以带离型衬纸的单向预浸料带为原料，利用自动铺带机实现预浸带位置自动控制，在铺带头中完成预定边界形状切割，然后在压辊作用下按设计轨迹直接铺叠到模具表面。研究表明：手工铺叠复合材料效率为 1.3kg/h，而自动铺带技术能达到 6.8～13.6kg/h，效率提高 5～10 倍；手工铺叠复合材料的废料量为 15%～20%，而自动铺带技术只有 5%左右。同时，采用自动铺带技术制造的复合材料构件具有尺寸精度高、内应力低等特点，自动铺带成型原理图见图 6-23。

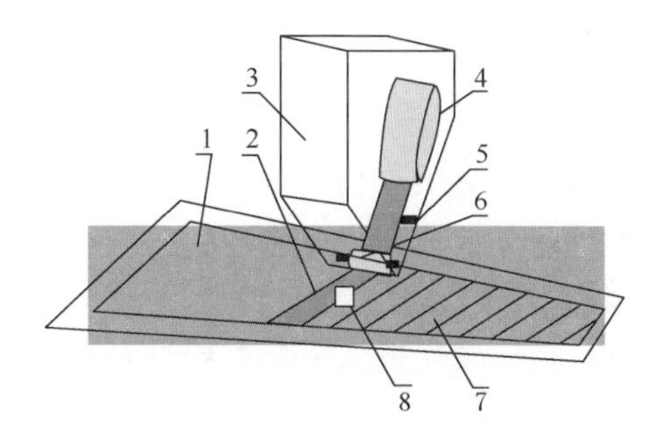

图 6-23 自动铺带成型原理

1-模具；2-预浸带；3-铺带头；4-带盘；5-切刀；6-压辊；7-铺层；8-开口

20 世纪 60 年代，美国率先在先进复合材料制造领域开发自动铺带技术，实现了人工辅助铺带到全自动铺带。80 年代后，自动铺带技术开始广泛应用于商业飞机制造。经 90 年代的蓬勃发展，自动铺带技术在成型设备、软件开发、铺放工艺和原材料标准化等方面得到深入发展，在大型飞机（Boeing787，A400M，A350XWB）广泛应用。

2. 自动铺丝成型技术（automatic fiber placement，AFP）

自动铺丝成型技术是在纤维缠绕成型技术和自动铺带成型技术基础上发展起来的一种自动化制造技术，又称纤维铺放技术或窄带铺放技术。该技术利用多自由度自动铺丝机，由铺放头将数根预浸纱在柔性压辊下集为一条宽度可变的预浸带（宽度变化由程序控制预浸纱根数作自动调整）后铺放在旋转芯模表面、加热软化预浸纱并压实定型，最后加热固化成型（对热塑性体系，可以在铺放过程中直接加热定型，甚至可以取消热固化）。典型的自动铺丝机设备如图 6-24 所示。

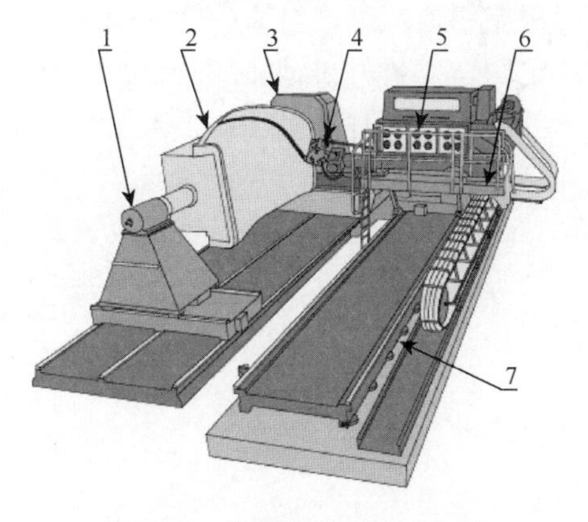

图 6-24 自动铺丝设备示意图

1-尾架；2-模具；3-主轴箱；4-铺放头；5-纱架系统；6-小车；7-导轨

自动铺丝成型技术的核心是铺放头的设计研制和相应材料体系开发。该技术通常使用的材料体系是预浸纱，预浸纱是用树脂在严格控制的条件下浸渍单根连续纤维束，制成树脂基体与增强材料的组合体，将浸渍树脂的单根连续纤维束缠绕到纱筒上制成预浸纱，铺丝时自动铺丝机直接从纱筒上退纱利用铺放头铺放到模具表面。研究表明，预浸丝束的质量直接关系到铺放制件的质量，丝束的宽度精度、树脂含量精度、黏塑性变形等均会对铺放设备正常运行产生影响。

AFP 是近年来发展最快、最有效的自动化成型制造技术之一，与自动铺带技术相比，对制件的适应性更强，既可以铺凸面也可以铺凹面。采用自动丝束铺放工艺，不仅可极大地提高产品质量和可靠性，铺层的取向均匀性等也大大高于手工铺层，降低了产品报废率和辅助材料消耗，同时它还具有在铺层时切割丝束及增加丝束的能力，可以对铺层进行剪裁以适应局部加厚/混杂、铺层递减以及开口铺层等多方面的需要，使得该技术适合复杂曲面及复杂边界的构件成型。高质量、高精度、高可靠性的特点，使得自动铺丝成型技术在发达国家已经广泛用于大型飞机、运载火箭等各类航空航天飞行器中多种结构部件的制造。

据统计，目前在复合材料制造中，采用自动铺放工艺的不超过 20%，尚有很大的提升空间。复合材料的自动铺放成型工艺是未来发展的方向，是促进复合材料产品降低成本、进入更广阔市场的必由之路。

6.6 微波透明复合材料

复合材料是由基体树脂和增强纤维组成的，其性能是由树脂的性能、纤维的性能及界面性能共同决定的。复合材料是非均质、各向异性材料，各组分相对独立，但其性能并非简单的加和，而是很多性能大于加和，体现出协同作用。树脂基体的作用是将纤维连接成为一个整体，并传递应力。树脂主要决定复合材料的耐温性、耐环境性、韧性及加工工艺性能，另外也决定着复合材料的功能性，如透波性、阻燃性、导电性等。增强纤维则是复合材料的主要承力组分，特别是拉伸强度、弯曲强度和冲击强度等的主要承担者。

6.6.1 复合材料的性能及影响因素

1. 复合材料的结构特性[33]

复合材料设计可分为三个层次：单层材料设计、铺层设计、结构设计。单层材料设计包括正确选择增强材料、基体材料及其配比，该层次决定单层板的性能。

也有一种理论将纤维增强层合结构从固体力学角度分为三个结构层次，即一次结构、二次结构、三次结构。

一次结构：由基体和增强材料复合而成的单层材料，其力学性能取决于组分材料的力学性能、相几何（各相材料形状、分布、含量）和界面区性能；

二次结构：由单层材料层合而成的层合体，其力学性能取决于单层材料的力学性能和铺层几何（各层厚度、铺层方向、铺层序列）；

三次结构：工程结构（产品结构）、力学性能取决于层合体的力学性能和结构几何。

可见单层结构或称一次结构是决定复合材料性能的最基本要素，是由基体性能、纤维和界面三方面决定的。

聚合物基复合材料的力学性能包括拉伸、压缩、弯曲、剪切、冲击、疲劳等，这些性能主要取决于树脂基体、增强材料及其界面的性能，所以在给出力学性能数据时，要确定其树脂基体的组成（或牌号），增强纤维的直径、捻度、支数、织物厚度、经纬密度、成型工艺参数、固化度、树脂含量等，这些因素均会影响复合材料的最终性能。

2. 复合材料的功能特性[25, 33]

功能复合材料是指除力学性能外还提供其他物理性能的复合材料，微波辐射调控透波复合材料是具有高透波功能的结构复合材料。复合材料的功能性可以通过改变复合结构的因素，即复合度、对称性、尺度和周期性等调整，找到最佳组合，获得最优性能。

（1）调整复合度。复合度是指参与复合各组分的体积（或质量）分数。由于复合材料中各组分的物理性质差别很大，可以改变各组分的含量，使复合材料的物理性能在较大范围内调节，透波复合材料是由增强纤维和基体材料构成的，两者的介电性能直接决定透波复合材料的介电性能。

（2）调整对称性。对称性是指材料组分在空间几何布局上的特征。连续纤维增强树脂基复合材料多为层合和夹层结构，可以通过改变每一层的功能性，实现诸如阶梯形递增或递减的功能性目标。

（3）调整尺度。当功能体尺寸从微米、亚微米减小到纳米时，原有的宏观物理性质会发生变化。另外，在原有周期性的边界条件上发生变化会使物理性质出现新的效应。因此，改变复合材料功能体的尺寸可以使复合材料物理性能发生巨大变化。

（4）调整周期性。一般随机分布的复合材料是不存在周期性的，然而，如果采用特殊工艺使功能体在材料内部呈现一定的周期分布，并使之与外加作用场（光、声、电磁波等）的波长呈现一定的匹配关系，便可产生特殊的功能作用。

材料的基本性质是内在的“潜质”问题，而结果因素则是外在的“控制”问题，也就是复合材料的功能性可以在加入量的比例、结构与形式安排上加以调整。这些调整也依赖于对原材料的预处理、预浸料及成型工艺等因素，采用不同树脂基体制造的复合材料具有不同的性能，即使是同一树脂基体，与不同的增强材料复合，其性能也会有很大差异，而且与材料的预处理、成型工艺密切相关。

本节将着重介绍国内外已应用的，较成熟的不同种类树脂基体与多种透波纤维复合而成的微波透明复合材料，便于读者了解和比较。

6.6.2 环氧树脂微波透明复合材料

环氧树脂复合材料具有优良的综合性能，尤其是加工工艺性能特别优异，适合于各种成型方式，具有很高的性价比，特别适用于地面、机载、舰载各种透波复合材料结构件应用。20 世纪 70～90 年代，Boeing 飞机大量采用符合 BMS8-79 的环氧树脂/E 玻璃纤维预浸料制造民机天线罩等，该复合材料的 ε 为 4.3～4.9，$\tan\delta \leqslant 0.023$，$T_g$ 为 121℃，可与蜂窝直接粘接，代表牌号为 Hexcel 的 F155/1581。2000 年以后，对透波性能要求较高的相控阵雷达天线罩开始使用石英纤维，树脂仍多为中温固化的环氧树脂。环氧/石英预浸料用于 Airbus A400M 军用运输机的翼尖罩。国内亦开发出多种环氧树脂基体的结构透波复合材料，在各类雷达天线罩、透波窗中得到应用[34]。

环氧树脂本身是一系列线性高分子，在常温下是黏稠的液体或脆性的固体，几乎没有机械强度，必须发生固化交联反应，转变为三维网状立体结构，且不溶不熔的高聚物时，才能呈现出一系列优良的性能。基础环氧树脂与固化剂发生交联聚合反应构成聚合物的高分子网络结构，网络结构决定着树脂基体的 T_g、吸水率、耐环境性能等基本性能。由于不同种类热固性树脂所需加入的固化剂及其他改性剂的种类和用量配比不同，因此要想得到理想的树脂体系就需要对树脂基体进行复配技术研究，选择合适的固化剂、改性剂种类和用量，即配方设计。各生产商用不同牌号区别不同的树脂基体配方体系，形成了研究者和生产商视为技术和商业秘密的多种树脂体系。采用不同牌号的树脂基体制造的复合材料具有各不相同的性能，这也是配方设计的关键所在。

在热固性树脂体系中，环氧树脂和固化剂种类很多，根据使用性能和制造工艺要求，选择性地加入其他组分：促进剂、增韧剂、稀释剂、填充剂等，最终通过配方优化设计形成不同使用温度、力学性能和介电性能的材料体系。以下简要介绍高性能微波透明复合材料使用或有潜在使用价值的环氧复合材料体系，见表 6-11[35-37]。

表 6-11　适用于微波透明复合材料基体的环氧树脂组成及其作用

名称	类型及性能特点
环氧树脂	是树脂基体的主体成分，可采用复配形式，多种环氧树脂混合使用。 双酚 A 型：品种多样，随分子量增加形态从液态到固态，软化点从低到高，可根据性能及工艺需求进行搭配使用，介电性能优良。 双酚 S 型：有低分子量和高分子量产品，固化物的 HDT 和热稳定性均较双酚 A 型树脂提高，介电性能与双酚 A 型环氧相当。 缩水甘油胺型：用 DDS 固化后，T_g 可达 260℃，介电常数与双酚 A 型 EP 相当，介电损耗略高。 脂环族：黏度低、环氧当量值较小；较高的热变形温度，耐电弧性及耐漏电痕迹性好，耐紫外光性能好；固化温度高，介电常数和损耗较低
固化剂	是树脂基体的必需组分。 胺类：二氨基二苯基甲烷（DDM）、二氨基二苯砜（DDS）等。特点：品种繁多，适合作为预浸料用树脂基体固化剂，固化物力学性能优良，介电性能良好。低分子胺类毒性较大。 酸酐类：邻苯二甲酸酐、顺丁烯二酸酐、四氢苯酐等。特点：色泽浅、低挥发性以及毒性较低，固化物热变形温度较高，耐辐射性和耐酸性均优于胺类固化剂，具有优异的介电性能。 催化聚合型：苄基二甲胺、DMP-10、BF3 等。通过引发树脂分子中环氧基的开环聚合反应，交联成体型结构的高聚物，用量少。 潜伏型：双氰胺及其衍生物，优异的常温储存性，加热至一定温度快速反应，可以通过促进剂控制固化温度。固化物力学性能优良，介电性能好，在环氧树脂固化剂中应用最多。
促进剂	加入后能够显著降低固化温度、提高反应速率，一般也会缩短树脂室温下的适用期 亲核型促进剂：对胺类固化剂固化的环氧树脂起单独催化作用，而对酸酐类则起双重催化作用。 亲电型促进剂：是环氧树脂/胺类固化体系常用的促进剂，以三氟化硼络合物为代表物。 金属羧酸盐型促进剂：常为锰、钴、锌、钙和铅等的金属羧酸盐，在环氧/酸酐进行交联反应时，能够降低反应温度，提高反应速率。这类促进剂在常温下适用期长，可作为潜伏性促进剂，使用方便
增韧剂	增加树脂基体韧性，提高耐冲击性能。 刚性无机填料：纳米碳酸钙、纳米二氧化硅、纳米黏土、硫酸钙晶须等。机理：在材料受到外力时，在粒子上产生应力集中，引发大量银纹，迫使粒子周围的基体产生塑性变形，吸收大量冲击能。粒子的存在也起到阻碍银纹发展钝化、终止银纹及增韧效果。 橡胶弹性体增韧：常用聚丁二烯/丙烯腈弹性体，采用的活性端基有：羧基、氨基、羟基等。机理：树脂固化过程中，这些橡胶弹性体嵌段一般能够从基体中析出，在物理上形成两相结构。当受外力作用时，两相界面因橡胶颗粒的存在而发生塑性变形，即界面处产生微小的裂纹而消耗外加力，阻止裂纹的延伸，从而达到增韧的目的。 热塑性树脂：聚砜、聚醚酰亚胺、聚苯醚、聚醚砜等。特点：合理地调控动力学和热力学因素可以分别得到分散相、双连续相以及反转相的相结构体系，当改性体系形成连续相以后，体系的韧性得到大幅度提高。 其他增韧剂：液晶热固性树脂（LCT）、核-壳结构、微胶囊等
稀释剂	加入可降低树脂体系黏度，改善工艺性。 活性稀释剂：丙烯基缩水甘油醚、丁基缩水甘油醚和苯基缩水甘油醚等。特点：含有能够与树脂或固化剂反应基团，可以参加环氧树脂的固化反应，成为树脂固化物交联网络结构的一部分。 非活性稀释剂：丙酮、丁酮、乙醇、二氯甲烷等。特点：与树脂相容，但并不参加树脂的固化反应，需要从树脂固化物中挥发掉，否则造成阻碍树脂的固化反应或内部产生气泡等
填充剂	加入可提高耐磨性、耐热性、强度和模量，降低成本，调节电磁性能等。 如空心玻璃球加入可使环氧树脂的介电常数下降，通过调节玻璃球直径、壁厚和加入量等可得到不同介电常数的树脂基体

1. 玻璃纤维及石英纤维增强环氧树脂基复合材料[12, 34]

玻璃纤维是最早应用于透波结构的增强纤维，其复合材料具有结构强度高，透波性能好，耐环境性能优良，可以采用多种成型工艺成型等特点，且玻璃纤维原材料来源广泛，形式多样，具有极高的性价比，因此目前仍在透波复合材料结构中占据主要地位。对于有极高透波率或宽频透波要求的结构，选用石英纤维增强的复合材料，其力学性能介于无碱 E 玻璃纤维和高强玻璃纤维之间，但介电常数及损耗明显降低。美国 Park Electrochemcal 公司研制的 E-761 中温固化环氧树脂基体与多种玻璃纤维及石英纤维制成的复合材料性能见表 6-12，国内多个牌号玻璃纤维（石英纤维）织物增强中温固化环氧树脂复合材料的性能见表 6-13。

表 6-12　国外典型环氧树脂体系微波透明复合材料性能

性能	树脂基体牌号				
	E-761				E-720
增强材料	7781（E 玻璃纤维）	6781（S2 玻璃纤维）	4581（石英纤维）	Spectra®951–PT（UHMWPE）	581（石英纤维）
加工方式	适合于热压罐、模压、真空法成型				—
固化温度/℃	82～121				180
长期使用温度/℃	≤70				177
玻璃化转变温度/℃	115				180
经向拉伸强度/MPa	497	607	593	448	621
经向拉伸模量/GPa	25.5	—	24.8	—	—
经向压缩强度/MPa	455	511	448	34.5	345
经向压缩模量/GPa	24.8	—	20.0	26.9	—
弯曲强度/MPa	656	814	635	96.6	621
弯曲模量/GPa	22.1	—	22.1	—	23.4
层间剪切强度/MPa	62.1	59.3	48.3	—	—
ε					
9.375GHz	4.20	—	3.30	—	3.3～3.6
18GHz	4.20	—	3.15	—	
5～8 GHz	—	—	—	2.6～2.8	
$\tan\delta$					
9.375GHz	0.013	—	0.009	—	0.012～0.014
18GHz	0.013	—	0.008	—	
5～8 GHz	—	—	—	0.010	

注：性能为常温干态下测试

表 6-13　国内玻璃纤维（石英纤维）增强环氧树脂微波透明复合材料性能

性能	材料牌号				
	SW280A/3218	QW220/3218	EW210/5251	QW280/5258	EW-210/F・JN-2-01
增强材料	高强玻璃纤维织物	石英玻璃纤维织物	无碱玻璃纤维织物	石英玻璃纤维织物	无碱玻璃纤维织物
加工方式	预浸料铺贴后热压罐成型	预浸料铺贴后热压罐成型	RTM 成型	预浸料铺贴后热压罐成型	预浸料铺贴后真空袋法成型
单位面积纤维质量/(g/m^2)	280	220	210	280	210
树脂质量分数/%	38～42	38～42	—	38～42	40～45
固化温度/℃	130	130	160	175	180
长期使用温度/℃	80	80	155	100	155
玻璃化转变温度/℃	154	154	230	158	213
经向拉伸强度/MPa	668	614	340	600	302
经向拉伸模量/GPa	24.7	21.6	19.5	24.0	17.6
经向压缩强度/MPa	459	396	425	480	230
经向压缩模量/GPa	23.5	22.0	18.6	23.8	20.5
弯曲强度/MPa	788	715	460	558	415
弯曲模量/GPa	25.1	19.6	17.5	27.9	21.1
ε	4.23	3.52	4.08	3.38	4.0
$\tan\delta$	0.018	0.012	0.021	0.010	0.019

从表 6-13 看到，国产环氧树脂基微波透明复合材料的使用温度最高可达 150℃，根据树脂基体和增强材料的不同，复合材料的性能有较大差异，可以采用热压罐或 RTM 等方法成型，复合材料的性能已经达到国外同类材料的水平。

2. 芳纶纤维增强环氧树脂基复合材料

芳纶纤维具有低密度、低介电、高比强度和比模量等特性，已广泛用于航天、航空、兵器、造船、汽车、建筑等行业，是有机增强纤维中目前应用最为广泛的，其复合材料在国防工业中主要用于防弹、阻燃、透波和吸波领域。芳纶（Kevlar49）/环氧树脂复合材料的性能见表 6-14。

表 6-14　Kevlar49/914 复合材料力学性能

性能	测试温度/℃		
	22	150	180
0°弯曲强度/MPa	676	363	262
0°弯曲模量/GPa	87	64	5
90°弯曲强度/MPa	46	—	22
90°弯曲模量/GPa	4.5	—	0.9
层间剪切强度/MPa	69	38	25

914 改性环氧树脂是 Hexcel 公司研制和生产的高温（177℃）固化的环氧树脂基体，Hexcel 公司 K120 型、K285 型芳纶织物增强环氧树脂复合材料的性能见表 6-15。

表 6-15　芳纶织物/914 复合材料性能

性能	测试温度/℃					
	22		100		150	
	K120/914	K285/914	K120/914	K285/914	K120/914	K285/914
经向拉伸强度/MPa	484	464	—	—	—	—
经向拉伸模量/GPa	29	32	—	—	—	—
经向压缩强度/MPa	202	192	151	136	—	—
经向压缩模量/GPa	24	26	—	—	—	—
经向弯曲强度/MPa	393	424	313	323	—	—
经向弯曲模量/GPa	21	20	20	18	—	—
层间剪切强度/MPa	34	34	28	30	21	22

F155 是 Hexcel 公司的中温（125℃）固化环氧树脂基体，具有优良的韧性和黏结性能，Hexcel 公司生产的 F155 树脂和芳纶织物 K120 型、K285 型复合材料性能见表 6-16。

表 6-16　芳纶织物/F155 复合材料的性能

性能	K120/F155		K285/F155	
织物组织	Kevlar49，平纹		Kevlar49，四枚破缎纹	
单位面积纤维质量/(g/m^2)	61		170	
树脂流动度/%	14～26		11～26	
树脂质量含量/%	54～60		49～55	
预浸料单层压厚/mm	0.11		0.25	
	24℃测试	71℃测试	24℃测试	71℃测试
经向拉伸强度/MPa	427	400	571	547
经向拉伸模量/GPa	26.9	25	30.3	26.9
经向压缩强度/MPa	221	165	261	195
经向压缩模量/GPa	26.9	21	23.4	23.4
平板拉伸强度/kPa	5.52	4.14	5.16	4.41
滚筒剥离强度/[(cm·kg)/7.6cm]	9.2	—	33	—

3233 环氧树脂是国内自主研制的中温（130℃固化）的阻燃型复合材料树脂

基体，具有优良的耐湿热老化性能、抗冲击性能、自熄阻燃性及优异的抗疲劳性能，可在 80℃下长期使用。以 3233 为基体树脂，796 芳纶织物为增强体复合材料性能见表 6-17。

表 6-17 芳纶织物 796/3233 阻燃透波环氧树脂复合材料性能

性能	实测值
单位面积纤维质量/(g/m^2)	173±15
经向拉伸强度/MPa	448
经向拉伸模量/GPa	29.3
纬向拉伸强度/MPa	418
纬向拉伸模量/GPa	27.9
弯曲强度/MPa	372
弯曲模量/GPa	23.7
层间剪切强度/MPa	49

3. 混杂纤维增强环氧树脂基复合材料

在相同纤维体积含量的条件下，玻璃纤维（GF）复合材料的模量低于芳纶（KF）复合材料，而前者的层间剪切性能、压缩性能等却大于后者。表 6-18 和表 6-19 是不同混杂比（GF∶KF，质量比）和混杂方式的纤维层压板的力学性能[38]。

表 6-18 不同混杂比环氧树脂复合材料的力学性能

混杂比（GF∶KF）	拉伸强度/MPa	拉伸模量/GPa	弯曲强度/MPa
100∶0	260.4	26.0	425.2
70∶30	269.8	28.8	403.7
45.5∶54.5	326.8	36.8	368.8
18.2∶81.8	371.9	37.8	350.2
0∶100	434.4	42.8	380.5

表 6-19 不同混杂方式环氧树脂复合材料的力学性能

混杂方式 GF∶KF = 45.5∶54.5	拉伸强度/MPa	拉伸模量/GPa	弯曲强度/MPa
层间	326.8	36.8	368.8
夹芯	279.0	33.1	433.0

混杂纤维层压板的拉伸强度和弹性模量随 Kevlar 纤维含量增高而增大，而弯

曲强度下降。这说明混杂纤维复合材料的拉伸性能和弯曲性能较好地符合混杂定理。通过对同一混杂比但不同混杂方式的复合材料性能比较，夹芯混杂纤维复合材料的拉伸性能虽有所下降，但弯曲性能大大提高。对于夹芯混杂方式而言，不同性质纤维织物构成的界面数较少时，层间剪切性能提高，弯曲性能也相应提高。因此，一定混杂比的夹芯结构复合材料可提高材料的综合力学性能。

不同混杂比和混杂方式对复合材料介电性能的影响见表 6-20 和表 6-21[38]。

表 6-20　层间混杂环氧复合材料的介电性能

混杂比（GF∶KF）	测试状态	1MHz		100MHz	
		ε	$\tan\delta/10^{-2}$	ε	$\tan\delta/10^{-2}$
100∶0	常态	4.51	3.03	4.68	4.72
	湿态	4.53	3.43	4.73	4.61
70∶30	常态	4.52	2.38	4.65	4.62
	湿态	4.50	3.52	4.71	4.67
45.5∶54.5	常态	4.18	2.34	4.30	3.95
	湿态	4.33	3.37	4.68	4.34
18.2∶81.8	常态	4.06	2.41	4.30	3.16
	湿态	4.34	3.27	4.42	3.38
0∶100	常态	3.87	2.36	3.98	3.04
	湿态	4.98	3.77	4.80	3.91

表 6-21　不同混杂方式环氧复合材料的介电性能

混杂方式 GF∶KF = 18.8∶81.2	测试状态	1MHz		100MHz	
		ε	$\tan\delta/10^{-2}$	ε	$\tan\delta/10^{-2}$
层间	常态	4.06	2.41	4.30	3.16
	湿态	4.34	3.27	4.42	3.38
夹芯	常态	4.05	2.53	4.25	3.15
	湿态	3.96	3.55	4.32	3.47

一般来说，在常态下 ε 和 $\tan\delta$ 随芳纶纤维含量增加而降低；在湿热条件下，ε 和 $\tan\delta$ 随芳纶纤维含量增加而增大。这是由于芳纶纤维的吸湿造成复合材料介电性能下降，因此采用玻璃纤维和芳纶混杂可以减少复合材料的吸湿性，提高材料的性能。由表 6-20 可以看出，同一混杂比下，混杂方式对复合材料的介电性能影响不大。

表 6-22、表 6-23 分别列出不同混杂比和混杂方式层压板的透波传输性能（S_{21}）和透过率。由表 6-22 看到，随着芳纶纤维含量的增加，透波性增强。由表 6-23 可以看出，混杂纤维复合材料透波性与混杂方式没有直接关系。

表 6-22　不同混杂比环氧复合材料的透波性能

混杂比（GF∶KF）	100∶0	70.8∶29.2	46∶54	18.8∶81.2	0∶100
S_{21}/dB	0.815	–0.733	–0.608	–0.575	–0.547
透过率/%	82.9	84.5	86.9	87.6	88.6

注：测试频率为 7.92～8.22GHz；试片叠加厚度 8mm，混杂方式为层间混杂

表 6-23　不同混杂方式环氧复合材料的透波性能

混杂方式	层间	夹芯
S_{21}/dB	–0.575	–0.570
透过率/%	87.6	87.7

注：测试频率为 7.92～8.22GHz；试片叠加厚度 8mm；混杂比（GF：KF）为 18.8∶81.2

6.6.3　氰酸酯微波透明复合材料

氰酸酯（CE）优良的综合性能决定了它作为高透波雷达天线罩基体树脂的应用潜力很大，目前，国外已将 CE 应用于雷达天线罩，其代表产品为 BASF 的石英纤维织物/5575-2，其应用于 EF2000 天线罩。F-22 战机的雷达罩采用了美国 DOW 化学公司开发的 Tactix Xu71787 氰酸酯树脂，纤维为 S-2 玻璃纤维。国外几种典型 CE 树脂复合材料的性能见表 6-24。

表 6-24　国外典型氰酸酯树脂体系微波透明复合材料的性能[34]

性能	材料牌号			
	石英/Arocy B	石英/5575-2	E 玻璃纤维/XU 71787	石英/HexPly®954-2A
生产商	Hexcel	BASF	Dow	Hexcel
固化/工作温度/℃	177/177	177/177	177/177	177/—
T_g/℃	289	260	265	191
弯曲强度/MPa	793	440（拉伸强度）	—	765
弯曲模量/GPa	26.9	579MPa（压缩强度）	—	20.7
ε	3.23	3.25	4.0	3.22
$\tan\delta$	0.006	0.005	0.003	0.006

5528 是国内研发的氰酸酯树脂体系，由中航复合材料有限责任公司生产，国产石英纤维织物 QW280 增强 5528 树脂复合材料具有优异的耐热性、力学性能和介电性能，表 6-25 和图 6-25 分别为 QW280/5528 复合材料的力学性能及宽频介电性能。

表 6-25　QW280/5528 复合材料性能

性能	25℃测试	135℃测试
经向拉伸强度/MPa	1099	837
经向拉伸模量/GPa	28.5	27.7
纬向拉伸强度/MPa	567	515
纬向拉伸模量/GPa	20.6	18.4
经向压缩强度/MPa	498	—
经向压缩模量/GPa	27.8	—
纬向压缩强度/MPa	366	—
纬向压缩模量/GPa	20.8	—
经向弯曲强度/MPa	929	—
经向弯曲模量/GPa	26.4	—
纬向弯曲强度/MPa	644	488
纬向弯曲模量/GPa	19.9	18.4
经向层间剪切强度/MPa	77.2	60.3
纬向层间剪切强度/MPa	66.8	60.1

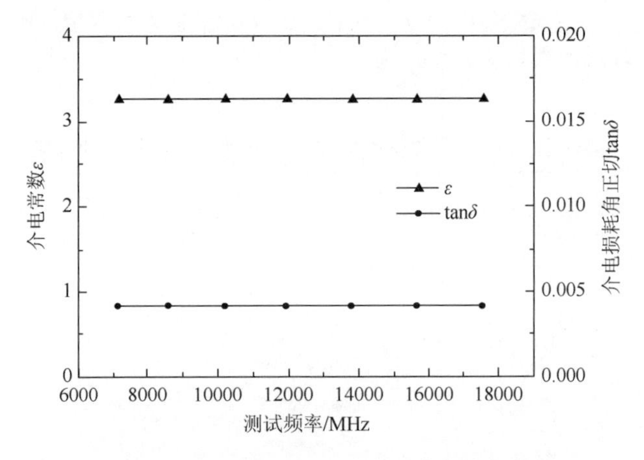

图 6-25　QW280/5528 复合材料宽频介电性能

QW280/5528 复合材料的 T_g 为 220℃，而且可以看到，QW280/5528 复合材料不仅力学性能优异，而且在很宽的频率范围内介电常数和损耗稳定，是高性能微波透明复合材料结构的理想材料。

6.6.4　双马来酰亚胺微波透明复合材料

双马来酰亚胺树脂（BMI）基体与环氧树脂比较，主要特点是有较好的耐温性，因此，应用在需要耐较高温度的天线罩上，F-35 的雷达罩采用 S-2 增强的双马树脂基复合材料。为了降低 BMI 固化温度，同时改善固化物性能，目前在高性能微波透明复合材料用 BMI 基体树脂中采用以下改性方式：①二元胺与 BMI 反应增长分子链，增韧基体，如 Rhone-Poulene 公司的 Kerimid 601、国产 5405BMI 基体等；②烯丙基化合物改性 BMI，如 Ciba-geigy 的 XU292 和国产 QY8911BMI 基体等；③高性能热塑性树脂增韧，如国产 QY9511、5429BMI 基体等。

国内西北工业大学在双马来酰亚胺树脂基体结构透波复合材料方面进行了研究，研制了双马来酰亚胺树脂基微波透明复合材料，典型国内外双马来酰亚胺微波透明复合材料性能见表 6-26。

表 6-26　双马来酰亚胺树脂基体微波透明复合材料的性能[39, 40]

性能		材料牌号		
		EW-210/4501A（国产）	EW-210/4503A（国产）	Hexcel®HexPly® F650（Hexcel 公司产品）
增强材料		无碱玻璃纤维织物	无碱玻璃纤维织物	581（石英纤维）
加工方式		热压罐	RTM	热压罐
固化温度/℃		220	200	250
长期使用温度/℃		180	150	260
玻璃化转变温度/℃		274	259	316
经向拉伸强度/MPa		334	309	532
经向拉伸模量/GPa		25.0	18.1	24.8
经向压缩强度/MPa		334	343	505
经向压缩模量/GPa		—	20.9	28.0
弯曲强度/MPa	RT	502	478	60.7（剪切强度）
	高温	384（230℃）	334（135℃）	
弯曲模量/GPa	RT	24	17.5	—
	高温	—	11.4（135℃）	
ε		4.05	4.02	3.31
$\tan\delta$		0.014	0.014	0.0030

双马来酰亚胺树脂基体复合材料的长期使用温度可达 180～260℃，与氰酸酯树脂相当，比环氧树脂提高了 50～130℃左右，ε 和 $\tan\delta$ 值也比环氧树脂有所降低，可用于飞行速度高，对透波性能和耐温性同时具有较高要求的机载罩或弹载罩。

6.6.5 聚酰亚胺微波透明复合材料

聚酰亚胺（PI）复合材料的耐温性超过其他热固性树脂基复合材料，是一种耐高温天线罩材料。PI 与 E 玻璃纤维、石英、芳纶复合材料的性能见表 6-27。

表 6-27 聚酰亚胺树脂基体微波透明复合材料性能[12]

材料性能	E 玻璃纤维织物/PI	石英织物/PI	Kevlar 49/PI
树脂含量/%	24	22	35
经向拉伸强度/MPa	200	200	350
经向压缩强度/MPa	190	180	180
弯曲强度/MPa RT	576	300	280
弯曲强度/MPa 300℃	444	—	—
弯曲模量/GPa RT	24.5	17	22
弯曲模量/GPa 300℃	19.1	—	—
ε	4.1	3.0	3.3
$\tan\delta$	0.010	0.006	0.006

由表 6-27 可以看到，三种复合材料的介电性能差异较大，这也是增强纤维本体的介电性能差异大所致，石英纤维增强 PI 显示出较低的介电常数和介电损耗角正切。

6.6.6 有机硅微波透明复合材料

俄罗斯对有机硅进行了多年深入系统的研究，已将有机硅复合材料成功应用于战略导弹、火箭以及航天飞机中，所采用的硅树脂为聚二甲基有机硅，再添加少量的高温除碳剂。表 6-28 是俄罗斯有机硅微波透明复合材料的主要性能。

表 6-28 俄罗斯有机硅微波透明复合材料性能[34]

性能	纤维模压/硅树脂	高厚布模压/硅树脂	有机硅热裂解 3DSiO_2/SiO_2
密度/(g/cm^3)	1.7～1.9	1.5～1.6	1.5～1.6
拉伸强度/MPa	64	120～140	30～40
压缩强度/MPa	23	30～50	10～15
弯曲强度/MPa	60	60～80	10～25
热导率/[W/(m·K)]（50℃）	0.45	0.49	0.36
比热容/[kJ/(kg·K)]	0.88	0.88	0.84
线胀系数/$10^{-6}K^{-6}$（20～2737K）	10	3.2	2.0
ε（10GHz，27℃）	4.0	3.0	3.0
ε（10GHz，1027℃）	5.0	3.2	3.0
$\tan\delta$（10GHz，27℃）	0.1	0.01	0.01
$\tan\delta$（10GHz，1027℃）	0.15	0.01	0.01

6.6.7　热塑性微波透明复合材料

1. 聚四氟乙烯微波透明复合材料

聚四氟乙烯（PTEF）复合材料主要应用于：①低马赫数空间飞行器，如导弹制导系统、卫星遥感系统、飞行器遥测、通信天线系统等。②静态地面雷达天线罩。③印刷电路板。以 PTFE 为基体，复合精细电子陶瓷、微纤维制成复合介质电路板等。美国、俄罗斯等已在运载火箭、飞船、导弹及返回式卫星等航天飞行器无线电系统中适量应用。表 6-29 是俄罗斯使用的高硅氧玻璃纤维布/PTFE 复合材料的典型性能。

表 6-29　俄罗斯 PTFE 基复合材料的性能[34]

性能	高硅氧玻璃布/PTFE
密度/(g/cm^3)	1.9～2.1
导热系数(RT～200℃)/[W/(m·K)]	0.29～4.6
ε	2.7～3.3（1MHz） 3.0～3.5（9.3GHz）
$\tan\delta$	0.004～0.005
经向拉伸强度/MPa	40.0～90.0
断裂伸长率/%	0.90～1.54
弯曲强度/MPa	48.1～54.5
剪切强度/MPa	3.86～3.98

与石英纤维相比，高硅氧玻璃纤维综合性价比优势明显，但高硅氧纤维因含有一定量的氧化物杂质，加上微孔结构易吸收水分，其介电性能随环境湿度的变化较大。鉴于高硅氧玻璃纤维这一不足，用作透波增强材料的高硅氧纤维应尽可能充分酸处理并热烧结，去除玻璃中的金属氧化物杂质和结构水，提高硅含量。同时在作为复合材料增强材料时准备阶段应该进行憎水处理，并充分干燥，在加工过程中也需要控制好环境的温湿度，使产品性能更加稳定。

2. 其他热塑性树脂微波透明复合材料

荷兰腾卡特先进复合材料公司在 20 世纪 80 年代与荷兰 Delft 大学合作开发了 Cetex 商标的连续纤维增强热塑性塑料片（板）材。标准的 Cetex 产品有 Cetex PPS 和 Cetex PEI，分别以聚苯硫醚（PPS）和聚醚酰亚胺（PEI）为基体，以玻璃纤维或芳纶及其织物为增强材料制成。片（板）材厚度为 0.2～50mm，典型尺寸为 3.8m×1.3m。Cetex PPS 和 Cetex PEI 已大量用于制造空客大型客机零部件，如 A340-500/600 机翼前缘的 J 字形结构件等。该公司后续又推出了 Cetex Thermo-Line 品牌热塑性单向带，以聚醚醚酮（PEEK）、聚醚酮酮（PEKK）、聚苯硫醚（PPS）或聚醚酰亚胺（PEI）为基体，以玻璃纤维或芳纶为增强材料，包括 S-2 高强玻璃纤维增强的单向带预浸料，部分产品的性能见表 6-30～表 6-32[21]。

表 6-30　Cetex Thermo-Line 无碱 E 玻璃纤维/热塑性树脂单向带的规格及性能

性能	无碱 E 玻璃纤维/PEEK 单向带	无碱 E 玻璃纤维/PPS 单向带
纤维质量分数/%	68±3	68±3
纤维体积分数/%	52±3	53±3
纤维面密度/(g/cm^2)	313	260
复合材料密度/(g/cm^3)	1.95	2.0
厚度/mm	0.24	0.19
预浸料单位面积质量/(g/cm^2)	460	382
预浸料宽度/mm	305	305

表 6-31　Cetex Thermo-Line 无碱 E 玻璃纤维/热塑性树脂单向带复合材料力学性能

性能	纤维方向	E 玻璃纤维/PEEK 层合板	E 玻璃纤维/PPS 层合板
拉伸强度/MPa	0°	1207	1118
	45°	—	135
	90°	51	46
拉伸模量/GPa	0°	45	44
	45°	—	14.5
	90°	15.2	13.8
压缩强度/MPa	0°	1172	1111
压缩模量/GPa	0°	43	41
弯曲强度/MPa	0°	1276	1201
弯曲模量/GPa	0°	44	43
层间剪切强度	0°	70	63

表 6-32　高强 S-2/热塑性树脂单向带规格及性能[9]

	性能	S-2/PEEK 单向带	S-2/PPS 单向带
预浸料物理性能	纤维质量分数/%	74±3	73±3
	纤维体积分数/%	60±3	59±3
	纤维面密度/(g/cm^2)	204	204
	复合材料密度/(g/cm^3)	2.0	2.03
	厚度/mm	0.14	0.14
	预浸料单位面积质量/(g/cm^2)	276	229
	预浸料宽度/mm	160	160
复合材料力学性能	拉伸强度/MPa	1750	1475
	拉伸模量/GPa	47	53
	压缩强度/MPa	1110	763
	压缩模量/GPa	46	68
	弯曲强度/MPa	1540	—
	弯曲模量/GPa	45	—
	层间剪切强度	86	—

国内哈尔滨工业大学对聚醚砜（PES）、酞侧基聚醚砜（PES-C）、酞侧基聚醚酮（PEK-C）三种国产高性能热塑性树脂基体复合材料进行了研究，得到的复合材料性能见表 6-33[41]。

表 6-33　国产高强玻璃纤维 HS2 增强热塑性树脂的性能

性能	PES	PES-C	PEK-C	环氧 E-51 + 固化剂
0°拉伸强度/MPa	1156	1123	1126	1241
0°拉伸模量/GPa	51	49	52	51
0°压缩强度/MPa	404	524	529	513
0°压缩模量/GPa	45	47	54	52
弯曲强度/MPa	662	874	920	—
弯曲模量/GPa	45	47	51	—
剪切强度/MPa	18	27	29	21
剪切模量/GPa	5.0	5.4	63	5.1
纤维体积分数/%	52	48	51	54

从表 6-33 所列数据看到国产高强玻璃纤维增强热塑性树脂复合材料的性能与增强环氧树脂复合材料的性能基本相当，即达到工程应用的性能，这为热塑性树

脂基复合材料的推广应用奠定了良好的基础。

对于热塑性树脂基体来说，很多树脂是结晶或半结晶的，因此导致成型工艺参数，尤其是温度及升温、降温速率对热塑性复合材料性能的影响远大于热固性复合材料，不同工艺参数对 PEEK 复合材料性能的影响见表 6-34 和表 6-35。

表 6-34　不同成型温度对高强玻璃纤维/PEEK 复合材料性能的影响[42]

工艺条件		360℃成型/30min 保温、自然冷却	390℃成型/30min 保温、自然冷却
拉伸性能	强度/MPa	965	764
	模量/GPa	36.2	36.1
	断裂伸长率/%	1.80	1.78
弯曲性能	强度/MPa	677	590
	模量/GPa	24.7	24.3
	扰度/mm	3.0	2.9
层间剪切强度/MPa		43.4	38.6
冲击韧性/（J/cm^2）		42.4	40.1

表 6-35　不同冷却条件对高强玻璃纤维/PEEK 复合材料性能的影响

工艺条件		自然冷却	中等速度冷却	快速强制冷却
拉伸性能	强度/MPa	965	1090	760
	模量/GPa	36.2	36.8	35.5
	断裂伸长率/%	1.80	1.78	1.90
弯曲性能	强度/MPa	678	840	650
	模量/GPa	24.8	24.9	24.4
	扰度/mm	3.00	2.87	3.30
冲击韧性/(J/cm^2)		42.1	40.9	44.1

由表 6-34 和表 6-35 可以看到，PEEK 复合材料拉伸强度在 360℃成型的比 390℃成型的提高了 25%以上，弯曲强度、层间剪切强度和冲击韧性均有所提高；在中等冷却速度下得到的复合材料强度较高，而冲击韧性稍差。这些均是由于成型工艺影响了热塑性树脂的内部结晶态结构，从而使树脂基体性能和界面黏结性能都有所改变。

6.7　微波透明复合材料技术发展

未来战争是高技术战争，多手段、全方位、立体化的电子作战，先敌发现、先敌进攻是取得未来战争胜利的重要保障。日益复杂的战场电磁环境在频谱上表现为无限宽广，工作频带由传统的雷达频带（0.5～18GHz）分布向两端延伸，高端向毫米波、红外和激光雷达方向发展，低端向 VHF、UHF 和 HF 波段发展，扩展工作带宽是航空电子装备的发展趋势。以雷达技术发展为例，天线罩材料是跟随雷达的发展而发展的。目前最先进的机载有源相控阵雷达可靠性高、被拦截概率低、雷达截面积小、扫描速度快、探测距离远，下一步的发展方向是把各种天线和飞机的外蒙皮结合起来，使得飞机的外蒙皮就是射频的发射体和接收体，这就是机载共形天线技术。采用共形天线有如下优点。

（1）不引入附加的空气阻力。

（2）比平面阵的扫描空间覆盖大。

（3）为飞机内部腾出更多的空间移作他用。

（4）增加了天线可用口径，能够得到更高的天线增益和更窄的天线波束。

电子战对宽带和超宽带微波透明复合材料需求越来越迫切，对材料性能的要求具体来说可归纳为以下几点。

（1）优异的宽频微波透明性：低介电常数，低介电损耗，并且在宽广的温度和频率范围内保持不变或变化小。

（2）耐热及耐环境性：在高温下、长期盐雾、高湿度、紫外线环境下保持优良的力学性能和介电性能。

（3）结构减重：复合材料具有更高的比强度和比模量。

（4）介电参数可调：便于共形天线技术的功能设计。

为实现以上要求，微波透明复合材料的研究发展重点将集中于以下方面：

（1）增强纤维：无机纤维将进一步提升纤维强度和模量，为结构减重提供可能；优化现有纤维浸润剂，提升复合材料界面性能，提高复合材料耐湿热和耐环境性能；低介电玻璃纤维的研制及纺织工艺研究，提高增强材料承载及微波透明综合性能；高性能有机芳纶纤维、聚酰亚胺纤维、PBO 纤维等的研发，在保证纤维低介电常数和损耗的前提下，提高纤维的强度、模量，改善界面性能及耐环境性能，减轻结构质量；加强混杂纤维研发，充分发挥其混杂效应，全面提升宽频微波透明复合材料的微波透明性和力学性能等综合性能，满足先进雷达天线罩的发展需求。

（2）树脂基体：环氧树脂、双马树脂和氰酸酯树脂等常规热固性树脂基体在今后较长时间内还是地面雷达罩、舰载雷达罩和机载雷达罩用微波透明复合材料的主要基体树脂，氰酸酯树脂因其耐湿热性能和介电性能优异将更多地用于高性能雷达天线罩。树脂改性仍是提高性能的主要手段，新型结构树脂的研发也在进行中；新型树脂基体：耐高温聚酰亚胺树脂、苯并噁嗪树脂等在高超声速飞机、弹载及卫星的雷达天线罩上将会得到日益广泛的应用，研究将致力于进一步提高耐温性、力学性能，改善使用工艺性能等；对热塑性树脂而言将出现一些新型的，或在现有特种热塑性树脂基础上改进的树脂品种，在结晶性、与纤维的结合强度方面比现有品种有明显的提升，能够充分发挥热塑性树脂在微波透明性及耐温耐湿热性能的优势，真正实现在高性能雷达天线罩上的应用。

（3）夹芯材料：高性能宽频微波透明复合材料用夹芯材料（蜂窝、泡沫、人工介质等）的研制，尤其是能够调节介电常数的人工介质是未来共形天线（罩）/机身一体化结构的设计制造必不可少的材料。

（4）一体化设计：研究微波透明复合材料体系组分对湿、热及电磁波的响应特性，建立微波透明复合材料环境变化对电性能影响模型，为雷达天线罩的一体化设计奠定基础；开展共形天线设计、材料与制造工艺技术基础研究，实现共形天线的工程化应用。

参考文献

[1] 张佐光. 功能复合材料[M]. 北京：化学工业出版社，2004.

[2] 高树理. 微波功能复合材料的应用与发展[J]. 航空制造技术，2004，(7)：49-56，59.

[3] 杜耀惟. 天线罩电信设计方法[M]. 北京：国防工业出版社，1993.

[4] 张佳明，章桥新，张建红，等. 透波多功能复合材料的研究[J]. 材料导报，2006，20（2）：37-39.

[5] 夏文干，韩养军，杨洁，等. 高功率高透波材料的研究[J]. 高科技纤维与应用，2003，28（4）：39-43.

[6] 张煜东，苏勋家，侯根良.高温透波材料研究现状和展望[J]. 飞航导弹，2006，(3)：56-58.

[7] 袁海根，周玉玺.透波复合材料研究进展[J]. 化学推进剂与高分子材料，2006，4（5）：30-36.

[8] 姜肇中，邹宁宇，叶鼎铃. 玻璃纤维应用技术[M]. 北京：中国石化出版社，2003.

[9] 祖群，赵谦. 高性能玻璃纤维[M]. 北京：国防工业出版社，2017.

[10] 祖群. 高性能玻璃纤维发展历程与方向[J]. 玻璃钢/复合材料，2014，(9)：19-23.

[11] 中国航空研究院. 复合材料结构设计手册[M]. 北京：化学工业出版社，2003.

[12] 陈祥宝. 聚合物基复合材料手册[M]. 北京：化学工业出版社，2004.

[13] 谢剑飞. 三维机织物增强 PMR 型聚酰亚胺复合材料的制备、表征基黏结性能研究[D]. 上海：东华大学，2011.

[14] 张莉. 玻璃纤维经编针织结构增强复合材料的力学性能研究[D]. 石家庄：河北科技大学，2008.

[15] 威海光威复合材料有限公司. 产品手册[Z]，2018.

[16] 王静. 高性能纤维混杂方式与混杂复合材料性能关系的研究[D]. 杭州：浙江理工大学，2008.

[17] 谢常庆. 增强树脂用玻璃纤维表面处理技术研究进展[J]. 四川兵工学报，2014，35（10）：125-127，137.

[18] 竺林. 玻璃纤维涂层织物的技术与应用[J]. 玻璃纤维，2014，(5)：1-7.

[19] 陈祥宝，包建文，娄葵阳. 树脂基复合材料制造技术[M]. 北京：化学工业出版社，1999.

[20] 徐燕，李炜. 国内外预浸料制备方法[J]. 玻璃钢/复合材料，2013，(9)：3-7.

[21] 张凤翻. 先进热塑性树脂预浸料用原材料[J]. 高科技纤维与应用，2014，39（3）：1-6，66.

[22] Lukaszewicz D J，Ward C，Potter K D，et al. The engineering aspects of automated prepreg layup：History，present and future[J]. Composites：Part B，2012，43（3）：997-1009.

[23] 赵渠森.先进复合材料手册[M]. 北京：机械工业出版社，2003.

[24] 何亚飞，矫维成，杨帆，等. 树脂基复合材料成型工艺的发展[J]. 纤维复合材料，2011，(6)：7-13.

[25] 益小苏，杜善义，张立同. 中国材料工程大典：第十卷 复合材料工程[M]. 北京：化学工业出版社，2005.

[26] 冯武. RTM 工艺缺陷形成机理与控制方法研究[D]. 武汉：武汉理工大学，2005.

[27] 舒卫国，杨博.大尺寸高性能天线罩的研制[J]. 玻璃钢/复合材料，2006，(1)：51-52，44.

[28] 高丽红. CF/PPEK 复合材料成型工艺与原理的研究[D]. 哈尔滨：哈尔滨工业大学，2005.

[29] 蒋诗才，邢丽英，陈祥宝，等. 复合材料预浸料自动铺带成型适宜性研究[J]. 武汉理工大学学报，2009，31（21）：44-47.

[30] 杜善义.先进复合材料与航空航天[J].复合材料学报，2007，24（1）：1-12.

[31] 李勇，肖军. 复合材料纤维铺放技术及其应用[J]. 纤维复合材料，2002，(3)：39-41.

[32] 赵聪，陆楠楠，闫西涛，等. 自动铺丝用预浸料制备工艺研究[J]. 固体火箭技术，2014，37（5）：718-723.

[33] 吴人洁. 复合材料[M]. 天津：天津大学出版社，2000.

[34] 邢丽英. 结构功能一体化复合材料技术[M]. 北京：航空工业出版社，2017.

[35] 陈平，刘胜平. 环氧树脂[M]. 北京：化学工业出版社，2002.

[36] 陈平，王德中. 环氧树脂及其应用[M]. 北京：化学工业出版社，2004.

[37] 李晓燕，任圆，甘文君，等. 热固性树脂的增韧进展[J]. 热固性树脂，2010，25（5）41-46.

[38] 高建军，靳武刚. 透波性混杂纤维复合材料性能与应用[J]. 工程塑料应用，2000，28（3）：18-20.

[39] 梁国正，顾媛娟. 双马来酰亚胺树脂[M]. 北京：化学工业出版社，1997.

[40] 中国航空材料手册编辑委员会. 中国航空材料手册：第 6 卷 复合材料 胶黏剂[M]. 2 版. 北京：中国标准出版社，2002.

[41] 王荣国，刘文博，张东兴，等. 连续玻璃纤维增强热塑性复合材料工艺及力学性能的研究[J]. 航空材料学报，2001，21（2）44-47.

[42] 邓杰，李辅安，刘建超，等. 高强玻璃纤维增强 PEEK 复合材料成型工艺研究[J]. 高科技纤维与应用，2004，29（3）：28-31.

第7章

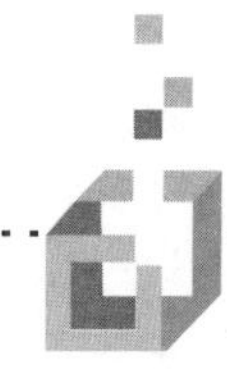

微波辐射调控复合材料的应用与发展

7.1 引　言

先进微波辐射调控复合材料主要包括微波吸收复合材料和微波透明复合材料。微波吸收复合材料是兼具承载和雷达波吸收能力的一类结构功能一体化复合材料，先进微波吸收复合材料具备吸收频带宽、吸收效率高等特点。应用微波吸收复合材料不但可以明显降低 RCS，同时可以实现结构减重，是武器装备实现轻量化和隐身功能的关键材料。微波透明复合材料是指在宽频带具有良好的透波性能，同时具有较好的力学性能的一类结构功能一体化复合材料。微波透明复合材料在电磁窗口应用，既要作为飞行器的结构部件承受气动载荷，保护雷达天线免受环境暴露之害和气动热的直接影响，又为雷达波提供了发射和接收的电磁窗口，是装备提升环境适应性和探测能力的关键材料。

本章主要从应用和发展趋势两方面分别介绍微波吸收复合材料在隐身飞机、隐身装甲车辆、舰船装备、雷达探测系统等的应用，以及微波透明复合材料在机载雷达罩、舰船雷达罩、地面雷达罩等电磁窗口的应用，分析提出微波吸收复合材料和微波透明复合材料的未来发展重点。

7.2 微波吸收复合材料的应用

微波吸收复合材料主要应用于军事领域，如隐身飞机、导弹以及其他隐身武器装备。微波吸收复合材料的应用对于减轻武器装备结构质量，提高隐身性、机动性和生存能力具有重要的作用[1-5]。除此之外，微波吸收复合材料技术在雷达探测系统也得到广泛应用，可消除环境干扰，提高雷达测距准确度。

7.2.1 目标雷达散射截面减缩

为了更好地讨论微波吸收复合材料的在隐身装备的应用效果，必须引入雷达散射截面积（radar cross section，RCS）。RCS 是指雷达发射的电磁波照射到目标上时其入射能量与反射波能量之比。反射能量的大小随雷达频率、极化方式以及目标特征（飞行器的几何外形、尺寸、表面结构材料等）而变化。

1. 影响 RCS 的主要贡献因子

现有大部分雷达的工作波段为 1～20GHz，即波长在 30～1.5cm 范围内，不同的雷达采用的中心频率是不同的，如警戒雷达和跟踪雷达使用的典型波长与特性尺寸相比差别较大，如表 7-1 所示。RCS 的大小和雷达所用的频率、极化方式以及目标特征有关，即使仅当雷达频率发生变化，雷达波的散射是不同的。不同雷达频率下飞行器的 RCS 来自多个散射点的作用。

表 7-1　警戒雷达与跟踪雷达使用波长比较

频率	应用	波长
150MHz	远距监视	2m
2GHz	近距监视	15cm
10GHz	跟踪	3cm

散射现象主要产生于以下几种情况。

1）平面或角反射器

在平面情况下，RCS 更多地局限在镜面反射方向，而强度非常弱的二次波瓣在该方向之外。如果选择好这些平面的方向，则信号特征的贡献可以忽略。

在角反射器情况下，如平面是金属的，则存在频闪现象。因为无论入射角如何，射在上反角正面的入射雷达信号都沿几何形状（如回波沿原路返回）反射。

2）绕射

绕射是由于点、角、边或曲线变化而引起的，由此产生的 RCS 为第二位的（与反射现象相比）；但是面对敌方机载雷达的照射，飞行器上具有的明显棱角，可使电磁波在此处形成主要回波。

3）表面波

表面波有爬行波和行波两种类型。爬行波存在于电介质材料或损耗小的材料。其传播速度远低于光速，如目标直径为 10 或 15 个波长，则爬行波就不太重要。

行波存在于细长物体。雷达波束在小攻角下照射在整个物体表面产生感应并向前传播电流，该电流在移动中产生电磁场并辐射。当行波在行进中被截获并散射到反方向时，特别是反射回信号源方向时，就增大了 RCS。行波的反向传播是由于物体尖端及结构之间的不连续性、材料的变化或外形突变引起的。

4）腔体散射

腔体是指进气道、喷管、驾驶舱、光电传感器的流线形外壳等。这是飞行器上的几个强散射源，对 RCS 有重要的贡献。处理这些强散射源一般遵循双重功能的原则，如驾驶舱既应是光学透明，又应有与机身相同的导电性；进气道在获得 RCS 减缩的同时，又能保证向发动机供气。

2. RCS 的减缩处理

合理的飞行器外形设计与气动布局和雷达波吸收材料（RAM）的应用是获得低 RCS 的两个主要途径。具体可以采用以下三种实施途径。

（1）避免采用反射能量回到对方雷达方向的外形。

（2）采用可吸收入射波能量的吸波材料。

（3）隐蔽或采用有源与无源干扰。

表 7-2 为目标的外形尺寸与其 RCS 的对应关系。由表可见 F-117A 的雷达目标反射截面积只有人的 1/40，与小鸟在同一数量级；雷达目标反射截面积的减小可以使雷达探测距离减小，表 7-3 给出了它们之间的对应关系。

表 7-2 目标外形尺寸及 RCS

名称	机长/翼展/m	RCS/m^2
海盗旗轰炸机	60/56	15
F4 战斗机	19/12	6
米格-29 战斗机	18/12	3
阵风战斗机	15/11	2
人	—	1
B-2 隐身战略轰炸机	21/52	0.1
鸟	—	0.01
F-117A 隐身攻击机	16/12	0.025
昆虫	—	0.00001

表 7-3 RCS 减小与雷达探测距离的关系

RCS 减少量/dB	雷达探测距离减小系数
10	0.56
15	0.42
20	0.32
25	0.24
30	0.18

降低飞行器 RCS 的具体技术措施有以下两方面。

1）镜面反射的处理

目前大多数雷达都是单站雷达，接收和发射天线相距很近，只有当能量反射到接收机时才能探测到飞机。因此，应通过机体、机翼、尾翼和垂直安定面外形设计来分散反射能量使之偏离发射机方向。

机体应无垂直平面，如果必须有，则应该使其向内侧倾斜，同时避免几何形状的不连续性。

机翼前缘也是飞机前部较强的反射体，最好选择后掠翼，以便把能量分散到副瓣方向，因为后掠角越大，回波越小，被雷达探测的概率也就越小。

2）腔体的处理

进气道可能产生单个辐射或同时出现多次反射，为此可采用倾斜的中间隔板，使发动机前段不被雷达照射或采用几何尺寸与威胁雷达频率相适合的隔栅，这种隔栅可向发动机提供足够的空气透气性。

采用 S 形进气道并在进气道内涂覆吸波材料，减弱多次反射的反射能量。

把进气口最大限度埋入机身，同时采用特殊的锯齿形状，并选择难以观测到的安装位置。

7.2.2　微波吸收复合材料在航空领域应用

对于飞行器而言，其主要威胁来自雷达，所以雷达隐身技术对于飞行器至关重要。威胁飞行器的雷达包括预警雷达和火控雷达，其中预警雷达和陆基火控雷达工作频率大部分处在 L 和 S 波段，机载火控雷达工作频率主要处在 X 和 Ku 波段。因此，飞行器主要需求在 L～Ku 波段高吸收的微波吸收复合材料。

针对飞行器的隐身技术及材料的系统研究和应用是 20 世纪 50 年代开始的，早期隐身技术的应用主要在美国，有 U-2 高空侦察机、SR-71 高空高速侦察机和 D-21 高空高速侦察机，20 世纪 70 年代出现了 F-117A 隐身攻击机和 B-2 隐身战略轰炸机。到了 20 世纪八九十年代，开始了隐身战斗机的研制，其主要代表是 F-22 和 F-35 战斗机。隐身技术也开始在高端无人机上得到应用，如 X-45 和 X-47 无人作战飞机验证机。

随着对隐身装备重要性认识的不断加深，其他国家也开始研制隐身飞行器，如俄罗斯的隐身飞机苏-57、中国的隐身飞机 J-20，以及法国的“神经元”无人作战飞机验证机、德国的“梭鱼”无人作战飞机验证机、瑞典的“FILUR”无人作战飞机验证机、英国的“雷神”无人作战飞机验证机；日本、韩国和印度也分别推出了各自的隐身飞行器计划[6]。

1. F-117A 隐身攻击机

F-117A 隐身攻击机是世界上第一种服役的隐身战斗机（图 7-1），由洛克希德·马丁公司研制，其 RCS 估计约 0.02m^2，采用了多棱面形体外形，大斜度机身侧面，大后略角机翼前缘和后缘，垂尾外倾斜，多面体各表面与垂直方向夹角大于 30°，使基本反射为上、下方向，雷达信号不反射回接收方向；广泛使用了微波吸收涂料（机身、机翼、垂尾等部位），翼面边缘结构隐身构件使用微波吸收复合材料制成[7]。

图 7-1　F-117A 隐身攻击机

2. F-22 等隐身战斗机

第四代战斗机包括美国的 F-22 和 F-35 战斗机，俄罗斯的苏-57 战斗机，中国的 J-20 战斗机等。F-22 战斗机是首款隐身第四代战斗机，由洛克希德·马丁等公司研制，1997 年开始批量生产（图 7-2）。F-22 综合平衡了隐身性能、超声速巡航、

图 7-2　F-22 隐身战斗机

敏捷性、可靠性、可维护性的不同要求，在隐身技术方面比 F-117A 更先进、更成熟。微波吸收复合材料主要用于边缘结构和腔体，机身表面涂覆吸波涂层，发动机喷管采用了耐高温陶瓷基雷达吸波结构。

3. B-2 隐身战略轰炸机

B-2 隐身战略轰炸机是由诺斯罗普公司研制的世界上最先进的战略隐身轰炸机，见图 7-3。B-2 隐身战略轰炸机采用独特的飞翼式布局，整个外形呈三角形，机身、机翼和发动机舱融为一体，外部涂有雷达吸波层，机体后缘呈锯齿形，机翼和翼面前后缘均采用微波吸收复合材料（RAS）。

图 7-3　B-2 隐身战略轰炸机

7.2.3　微波吸收复合材料在导弹领域应用

对于导弹武器系统，其主要威胁特征信号包括可见的几何形状信号、机载雷达特征信号、热力学上的红外特征信号、磁特征信号、声频特征信号和电磁辐射特征信号等，降低和减少这些特征信号的可探测性也就成了提高导弹武器系统突防能力和生存能力的关键。目前采取的措施一方面是在总体设计上减少雷达等目标的电磁信号特征、红外辐射特征和几何形状信号特征，另一方面是通过使用微波吸收复合材料来实现隐身，减少导弹武器系统部件的强散射。对于导弹武器系统，雷达、通信、进气道、尾喷管、弹翼和导航等系统以及各种传感器都是强散射源[8]。

美国、俄罗斯、欧洲、日本等都把隐身性能作为新一代导弹武器的重要性能。SRAM 短程攻击导弹，采用微波吸收复合材料水平安定面代替金属水平安定面，并已在 B-52 飞机装备应用；AGM-136A 反雷达辐射导弹，弹体采用微波透明复合材料制作，同时采用低红外辐射涡扇发动机提升隐身能力；“战斧”巡航导弹目前的雷达散射截面只有 0.05m^2，新一代巡航导弹 AGM-129（图 7-4），导弹壳体结构采用微波吸收复合材料，整个导弹的雷达散射截面积仅为 0.005m^2。日本的 XSSM-Ⅱ地对地导弹、ASM-1 空舰导弹和 SSM-1 地对舰导弹均应用微波吸收复合材料以提升隐身能力[9-13]。

图 7-4 新一代巡航导弹 AGM-129

7.2.4 微波吸收复合材料在装甲领域应用

地面武器装备所受威胁主要来自无人机监视雷达、直升机跟踪雷达与红外成像、机载激光搜索与测距、陆基战场厘米波监视雷达，以及反坦克导弹的毫米波/红外成像制导等多方位的准确识别和精确打击。先进探测与制导技术的发展，早期以防光学技术为主的地面装备隐身技术已不能满足应用需求，地面武器装备的隐身防护技术需求不断更新，才能保障自身的生存和攻击能力。总体来说，当前的坦克装甲车辆没有进行雷达隐身设计，即便通过隐身材料使得坦克装甲车辆具备一定的隐身性能，也远远不能满足未来战场的需求。由于坦克装甲车辆的外形尺寸在 5 m 以上，结构复杂，强散射源和热辐射源分布角域广。车体四周大平面、上装部位的车长镜、车长门、动力舱、炮塔等部位形成的腔体、二面角和多面体，均为强电磁波散射源，目标特征显著，采用微波吸收复合材料减缩坦克装甲车辆的 RCS 是提高其雷达隐身能力的主要技术途径[14]。

1. 2T 隐身装甲侦察车

白俄罗斯著名的米诺托尔装甲武器制造公司和俄罗斯的三家军工企业共同研制出了具备优良隐身性能的 2T 新式装甲侦察车，如图 7-5 所示。该装甲侦察车重约 27t，乘员 3 人，外围轮廓采用大折射面组合设计，具有“流线型”的视觉效果，同时装甲的表面应用了隐身涂料，使车体具有良好的隐身性能，可躲避雷达、光学和热能探测系统。安装在炮塔内部的可升降导弹发射器也综合应用了外形隐身技术和微波吸收复合材料隐身技术，有效缩减了雷达散射截面积（RCS），达到增强战车隐身性能的效果[15]。

图7-5　2T隐身装甲侦察车

2. “武士2000”隐身装甲侦察车

英国隐身装甲侦察车“武士2000”，战车全重为26t，最高速度为90km/h，最大行程约700km，如图7-6所示。为降低该车的红外、雷达和声频信号特征，该车采取了以下措施：发动机排气口放在车后部并用空气冷却以降低排气温度；车身两侧略向外倾斜，承载装置的下部用裙板覆盖，以降低雷达的可探测性；应用微波吸收复合材料制备装甲外壳，一方面使整车质量同比减轻20%，另一方面微波吸收复合材料装甲外壳的应用和金属部件大幅减少，降低了雷达可探测性，具备了较好的雷达隐身性能。

图7-6　“武士2000”隐身装甲侦察车

3. AMX-30-B2 隐身主战坦克

法国Giat公司以法军AMX-30主战坦克为基础研发了隐身原型样车AMX-30-B2（图 7-7），该车车身采用了微波吸收复合材料，炮塔和底盘采用了外形隐身设计，降低了雷达反射信号，其炮塔设计向内侧倾斜，为 105mm 口径炮设计和安装了特别的表面保护物，车身侧面装甲皆向外倾斜，车身侧面特制裙板的下垂部分加长，用以覆盖车轮。此外，Giat 公司也正在开发研制隐身型勒克莱尔主战坦克，并将对其进行全面测试。从该公司公布的概念车构想模型可以看出，该车将采用多频谱隐身组件、对外露部件进行隐身外形设计等措施，力求大幅提升隐身性能[16]。

图 7-7　AMX-30-B2 隐身主战坦克

7.2.5 微波吸收复合材料在舰船领域应用

舰船易被探测的信息特征主要包括雷达散射、水下波特征、红外特征、可见光特征、磁场特征以及尾流场特征等，舰船隐身需要通过综合多种隐身技术手段降低上述各种可探测信息特征，避免被敌方发现和攻击。目前具有隐身功能的舰船主要有美国的“阿利•伯克”级驱逐舰、法国的“拉斐特”级护卫舰（图 7-8）、俄罗斯的“无畏”级护卫舰、英国的 23 型护卫舰、以色列的“萨尔-5”级轻型护卫舰、瑞典的“维斯比”导弹艇（图 7-9）等[17, 18]。

对于雷达隐身，主要包括外形隐身设计和使用吸波材料两种主要技术途径。对于外形隐身设计，主要是改进舰体及上层建筑的外形，以减小雷达散射截面，包括尽可能减小舰艇水线以上部分的几何尺寸；采用消除产生镜面反射的表面设

图 7-8　法国海军“拉斐特”级护卫舰

图 7-9　瑞典海军“维斯比”导弹艇

计和产生角反射效应的外形组合，避免出现大平面和垂直相交面，舰体和上层建筑外壁应用倾斜式结构；减少甲板外露设备或武器设备数量，并进行外形优化设计；尽量减少舰艇船体及上层建筑外壁上的开口，以避免产生雷达波的“腔体”反射；采用隐身桅杆；对甲板上不可隐蔽的天线进行一定角度的倾斜等。微波吸收复合材料结构一般用于舰艇的上层建筑等，如法国 Eltro 公司研制了一种防弹结构材料，由片状塑料或合成材料加金属导线、金属网络以及层状吸收材料组成，其强度与 7mm 钢板相当，同时具备良好的吸波能力，可用作潜艇甲板材料。英国 BTR 材料公司把吸波材料与 Kevlar 纤维增强材料相结合，研制出了一种耐冲击微波吸收复合材料，可用于舰艇上层建筑[19, 20]。

除在航空、航天、兵器和舰船领域应用外，微波吸收复合材料在雷达天线系统也有重要的应用。雷达在工作时由于附近某些多重反射、杂乱回波及彼此干扰而影响了系统的正常工作和可靠性，应用微波吸收复合材料可以抑制这些干扰、改善天线方向图、提高雷达侧向测距准确度[21]。微波设备使用中需要消除环境干扰或内部吸收屏蔽以防止微波泄漏，多种微波元件，如吸收匹配负载、衰减器件、等效天线等也常应用微波吸收复合材料。

7.3　微波透明复合材料的应用

微波透明复合材料是一类重要的电磁窗口材料，其作用是保护机载、弹载、舰载和地面雷达等在恶劣环境条件下通信、遥测、制导、引爆等系统能正常工作，主要用于制备雷达天线罩等部件，在航空、航天、兵器和舰船等领域得到广泛应用[22-28]，如图 7-10 所示。

图 7-10　微波透明复合材料的应用

7.3.1　微波透明复合材料在机载雷达罩应用

雷达天线罩是飞机雷达系统的重要组成部分，是一个气动/结构/透波功能一体化的部件。航空雷达天线罩主要应用于气象雷达、地面成像雷达、高度雷达、雷达信标、火控雷达、航空卫星通信、空地微波通信等。早期的机载雷达天线罩是流线型罩。1940 年，英国研制出对水面搜索雷达和 AI 型空空截击雷达，并率先装备了有机玻璃材质机载雷达天线罩。1941 年美国在 B18-A 战斗机上开始安装用胶合板材料制成的半球形天线罩，罩内配备 S 波段的机载雷达。1944 年，麻省理工学院采用玻璃纤维蒙皮和聚苯乙烯纤维芯材研制出一种 A 夹层天线罩替代了胶合板材料。到第二次世界大战结束时大批采用微波透明复合材料制造的机载雷达天线罩在军用飞机得到应用，当时的典型代表有 B29 轰炸机的轰炸瞄准雷达吊舱罩（图 7-11）。

图 7-11 B29 轰炸机及其轰炸瞄准雷达吊舱罩

20世纪50年代,美国采用E玻璃纤维改性聚酯树脂透波复合材料研制了以F-86为代表的第一代喷气式战斗机雷达天线罩。60 年代，美国率先采用环氧树脂/E 玻璃纤维复合材料与芳纶纸蜂窝开发出了蜂窝夹层结构微波透明复合材料，并研制出了 A 夹层和 C 夹层结构雷达天线罩，成功应用于 F-4 和 F-5 为代表的第二代战机。自此，蜂窝夹层结构微波透明复合材料开始在各类飞机雷达天线罩上获得广泛应用，1968 年交付的美国空军 C-5 运输机上的天线罩，其底部直径达 5m，长 3m，全重 253kg，采用 7 层蜂窝夹层结构，可以展宽工作频带在 C，X，Ku 波段使用。C-5 运输机如图 7-12 所示。

图 7-12 C-5 运输机

1970 年美国俄亥俄州立大学发表了基于频率选择表面（FSS）技术的金属化天线罩的论文，标志着隐身天线罩技术的萌芽。70 年代，以 F-15 和 F-16 为代表的第三代战机已采用双马来酰亚胺/S 玻璃纤维、D 玻璃纤维制备低反射、高传输变厚度实心半波壁雷达天线罩。80 年代末，麻省理工学院等研究机构解决了雷达罩罩体的副瓣抬高问题。由于新材料的发展，美国化学制造公司于90年代初，开始采用玻璃纤维增强聚四氟乙烯RAYDEL制备雷达罩，这种天线罩在透波和降低副瓣方面都达到了很好的效果。近年来，隐身天线罩技术为第四代超声速战斗机实现隐身功能提供了有力支撑，以F-22和F-35为代表的第四代战机雷达天线罩既能够宽频带透波，又具有隐身特性。F-22的雷达工作频段为X波段，带宽达4GHz，并具有大长细比、带边条特征的尖削外形，结合频率选择表面技术，F-22机头雷达罩具有低RCS特征，如图7-13所示。

图7-13　F-22战斗机的雷达天线罩

除各类战斗机、运输机与轰炸机雷达罩外，微波透明复合材料的另一个重要用途是用作预警机雷达天线罩。20世纪60年代，美、苏开始发展空中预警计划，解决地面预警雷达因地面曲率带来的盲区问题，1963年，美国波音公司联合西屋公司采用夹层结构研制大型机载预警机E-3A的雷达天线罩，该罩为扁平椭球悬罩，直径9.1m，安装在波音707机背上方，工作频段为S波段，蒙皮采用E玻璃纤维织物增强环氧树脂复合材料制备，于1978年交付使用，如图7-14所示。

从预警机的工作频段上来看，现役的空军预警机绝大部分工作在L波段或S波段，如美国E-3、俄罗斯A-50U的工作波段均为S波段；澳大利"亚锲尾"、土耳其"和平鹰"与以色列"费尔康"的工作波段均为L波段。以色列的"海雕"为L+S波段。早期的舰载预警机也是工作在L波段或S波段，但现役的舰载预警机则工作在UHF波段，如著名的E2-C及其各类改型舰载预警机和美国最新型舰载预警机E2-D。预警机机载雷达天线安装形式大致可分为三种：①经典的背负式旋转罩（圆盘形）天线，如E-2C、E-3A、P-3AEW、A-50和TU-126等机型。

②平衡木式。雷达天线罩呈长方形安装在机身背部。典型代表是瑞典的“爱立眼”预警机，如图 7-15 所示。③共形相控阵天线。采用平面型电扫阵列天线，其阵面分别置于机头、机尾和机身两侧或上方。其典型代表为以色列的“费尔康”预警机，采用 6 个相控阵天线，2 个在前机身两侧 12m 宽、2m 长的整流罩里，2 个在后机身两侧的整流天线罩里，1 个 3m 的天线在球形机头的整流罩里，第 6 个在尾翼下面，可以根据不同的工作模式配置不同的天线，它们的结构与机身共形，如图 7-16 所示。

图 7-14　E-3A 预警机

图 7-15　瑞典的“爱立眼”预警机

图 7-16　“费尔康”预警机

国内天线罩技术起步于 20 世纪 50 年代，先后成功研制了各种雷达天线罩，应用于“歼八”、强 5、轰 6、空警系列型号，如图 7-17 所示。近年来，国内研究人员还开展了宽频、共形承载天线的研究，为未来战机的天线承载结构一体化设计制造与提升飞机综合性能提供技术支撑。

图 7-17　各类雷达天线罩

在民机方面，美国联邦航空管理局（FAA）在 RTCA/DO-213（一般指 DO-213）机头罩最低性能规范中规定了民航气象雷达的性能，在规范中通过透波率对雷达罩划分了五个等级，如表 7-4 所示[28]。

表 7-4　民航气象雷达罩等级性能

等级	透波率	
	平均值	最小值
A 级	90%	85%
B 级	87%	82%
C 级	84%	78%
D 级	80%	75%
E 级	70%	55%

民机雷达罩使用温度通常在–50～70℃，主要采用中温固化微波透明复合材料，包括不饱和聚酯和环氧树脂，增强材料采用玻璃纤维，结构形式为夹层结构。1992 年在 FAA 批准下，环氧/石英天线罩首次用于民航运输，但由于石英纤维成本较高，用量与玻璃纤维相比一直较少。目前国内外的民机机头罩多采用夹层结构，该种结构质量轻易维护，如 ARJ21 机头雷达罩采用 Cytec 公司的 7701 环氧树脂增强 E 玻纤织物复合材料蒙皮与蜂窝芯材制备而成。新舟飞机是采用手工湿法糊制的玻璃钢蒙皮蜂窝夹层结构，C919 则采用泡沫夹层结构。AIRBUS 320/330 系列的雷达天线罩根据不同的应用部位，蒙皮分别采用了玻璃纤维、石英纤维和 Kevlar 纤维增强环氧透波复合材料。

7.3.2　微波透明复合材料在舰船雷达罩应用

舰船雷达罩与机载雷达罩相比，对罩体的耐温性要求较低，但为了适应海洋服役环境的需要，对材料的耐盐雾、湿热、腐蚀等方面的要求较高。目前舰载雷达天线罩的材料的树脂基体以不饱和聚酯、环氧树脂为主，增强材料则根据雷达工作频段和性能要求的不同选用无碱、高强玻璃纤维及石英纤维或芳纶纤维[29, 30-32]。典型的舰载雷达天线罩见图 7-18。

图 7-18　舰船雷达天线罩

同时为了满足减重以及雷达隐身及探测功能性需求，微波透明复合材料也用来制备舰船上层建筑。二十世纪八十年代末期，美国采用玻璃纤维增强聚酯复合材料制备“鹗”级扫雷艇的上层建筑，随后推广应用到驱逐舰等大型舰船桅杆，美国的“怀特”航母（CVL49）和“塞班”航母（CVL48）上均改装使用了玻璃纤维复合材料桅杆。DDG 51 Ⅱ型驱逐舰的桅杆也采用了 E 玻璃纤维增强乙烯基树脂复合材料。法国海军于 1992 年开始在舰船上层建筑采用复合材料，2002 年交付的 5 艘“拉斐特”级舰的上层建筑均采用复合材料 GRP 夹层板建造，其采用复合材料制造的部分包括：内部武器系统外罩、前面的指挥室、直升机架、架子大门和烟囱。意大利海军 2004 年下水的“福斯卡里”（P493）护卫舰的大部分桅杆和直升飞机库均采用玻璃纤维增强材料制备。美国新型 DDG1000 驱逐舰的雷达选用了隐身天线罩，外层采用高强度纤维增强蒙皮，中间采用芯材，层间设计频率选择材料层，具有良好的隐身及探测功能[29, 33]，DDG1000 驱逐舰的上层建筑如图 7-19 所示。

图 7-19　DDG1000 驱逐舰的上层建筑

同时微波透明复合材料在舰船围壳、声呐罩、导流罩等部位上也有大量应用。1946 年美国制造了长 8.43m 的聚酯玻璃钢交通艇，1953 年，美国海军在“食蚊鱼”级潜艇上安装了玻璃纤维增强复合材料围壳，并沿用至今。20 世纪 90 年代初，美国采用 Kevlar 增强聚酯树脂复合材料制造了 14.3m 长巡逻艇的单壳结构。在导流罩方面，世界上最小的核动力潜艇 NR-1 试验潜艇艇艏声呐导流罩由玻璃纤维/环氧复合材料制成，采用热压罐工艺一体成型。目前，潜艇潜望镜的导流罩多采用玻璃纤维增强不饱和聚酯或环氧树脂复合材料，如荷兰复合材料公司生产的反潜水面舰龙骨声呐的声呐罩采用 E 玻璃纤维增强乙烯基酯/环氧树脂复合材料制备而成，见图 7-20 [34]。

我国自 1958 年成功研制出聚酯玻璃纤维工作艇，60 年代末成功研制了潜艇复合材料声呐导流罩，80 年代后期开发了复合材料雷达天线罩、水雷壳体等，90 年代又研制成大型水面舰的复合材料桅杆、舱口盖、舵门、炮塔和上层建筑等，使用的微波透明材料主要有不饱和聚酯、乙烯基树脂与环氧树脂等，增强材料主要为 E 玻璃纤维和高强玻璃纤维及其织物。近年来，随着微波透明复合材料技术的发展及电子信息技术的进步，各种高性能环氧树脂、氰酸酯/石英复合材料也开始在各类舰载雷达天线罩获得应用。

图 7-20　荷兰复合材料公司生产的复合材料龙骨声呐罩[34]

7.3.3　微波透明复合材料在地面雷达罩应用

地面雷达天线罩大多结构和性能对称，最常见的为截球罩，也有圆柱壳形罩。地面雷达天线罩常见的结构有空间骨架式天线罩与薄壳式天线罩。所采用的微波透明复合材料多为玻璃纤维增强不饱和聚酯体系，近年来随着新材料的研发，聚四氟乙烯复合材料也开始批量获得应用，在军事领域还包括环氧/玻璃纤维和环氧/石英等材料。地面雷达天线罩的工作温度通常为–50～70℃，湿度 0～100%RH，要求在风速 198km/h 下正常工作，在 241km/h 下不破坏，冰雪载荷承受能力不小于 2940N/m^2，同时要求耐腐蚀（盐雾、酸雨）、防紫外辐射、耐砂石和冰雹冲击、防雷击。

空间骨架式天线罩采用自支撑式结构，整个结构是由坚固的刚性骨架与微波透明复合材料蒙皮组成，支撑骨架为金属或介质材料，工作波长低于 L 波段的常用介质骨架天线罩，高于 L 波段的常用金属骨架天线罩，如图 7-21 所示。

图 7-21　金属骨架地面雷达天线罩

薄壳式天线罩采用均匀各向同性的微波透明复合材料制成，可以分为充气式和刚性天线罩两种。其中充气式天线罩尺寸较大，使用频带范围较宽，典型工作频段为 L、S 波段；刚性天线罩多为夹层结构天线罩，由夹层复合材料组成，其蒙皮大多是玻璃纤维增强不饱和聚酯或环氧树脂，芯材为玻璃蜂窝、芳纶纸蜂窝或者泡沫，如图 7-22 所示，常用于高性能地面雷达罩。Essco 公司采用夹层结构研制出的气象夹层式雷达罩副瓣仅抬高 1～2dB[35]。

图 7-22　夹层结构地面雷达天线罩

另外，出于运输及成型方便，地面雷达天线罩特别是大型罩常被分割成若干板块，使用前将这些板块连接，架设成整体罩，如 7-23 所示。

图 7-23　分体式地面雷达天线罩

第一部地面天线罩是由美国 Connell 航空实验室于 1946 年提出方案并进行研制的充气式天线罩，直径 16.8m。为了克服充气式天线罩结构上的不足，使之能够适用于更加恶劣的环境，1952 年美国开始研制增强塑料刚性地面天线罩。1954 年，麻省理工学院用玻璃钢复合材料制造了直径 9.45m 的截球体金属骨架天线罩，并于 1955 年完成电性能试验，运用于通信、雷达天线以及哈勃天文望远镜上。1956 年，美国使用直径 16.8m 的介质骨架天线罩在北美大陆的北极圈内建造了一座远程预警雷达站。1960 年，Goodyear 公司制造了直径 42.7m 的介质骨架天线罩用于弹道导弹预警雷达系统。1964 年麻省理工学院为大型天文望远镜制造了直径 45.75m 的球形金属骨架天线罩，工作频率为 8～35GHz，天线罩在 35GHz 频率下的传输效率大于 78%。70～80 年代，空间骨架天线罩成为主流地面雷达天线罩。1983 年，美国在马绍尔群岛建造了直径为 20.5m 的金属骨架天线罩，用于弹道导弹防御试验，该天线罩在 35GHz 下传输损耗小于 0.8dB，在 95GHz 下天线的传输系数仍能保持 87%。由于新材料的发展，美国化学制造公司于 20 世纪 90 年代初，开始采用玻璃纤维增强聚四氟乙烯 RAYDEL 制备充气式雷达罩。这种天线罩在透波和降低副瓣方面都达到了很好的效果。2005 年，美国雷神公司在海基移动的 X 波段 SBX 系统安装了直径 36m 的大型充气天线罩，其能够承受 130mi/h（1mi=1.609344km）的风速，为导弹防御雷达提供可靠性防护[23, 28]。

在 20 世纪 60 年代，国内开始地面雷达天线罩的研制工作，最早采用的是充气罩的形式。1965 年至 1972 年，南京十四所、上海玻璃钢研究所等单位研制出了直径 44m 的蜂窝夹层结构地面介质骨架天线罩[35]。至 90 年代后期，我国天线罩的自主创新能力得到明显提升，哈尔滨玻璃钢研究所、上海玻璃钢研究院等相继推出 C 波段、P/L 波段和 S 波段高性能地面雷达天线罩，如图 7-24 所示。

图 7-24 各类地面雷达天线罩

在民用领域，近年随着 5G 通信的快速发展，高透波、轻量化、耐候性强、环保的 5G 天线罩也得到广泛的研究和应用。目前除前文所述的聚酯、环氧等基体微波透明复合材料外，5G 天线罩还可以采用 PE（聚乙烯）、PP（聚丙烯）、ASA

（苯乙烯、丙烯腈和甲基丙烯酸甲酯的三元共聚物）、PC（聚碳酸酯）和其他热塑性工程塑料等树脂基体，增强材料多采用玻璃纤维，如华为的天线罩就是采用高强玻璃纤维增强聚丙烯树脂制备。

7.3.4 微波透明复合材料在导弹卫星透波窗应用

导弹/武器雷达罩主要应用于雷达制导、无源反辐射寻的以及无源辐射成像等。导弹雷达天线罩既是导弹弹体的组成部分，又是雷达制导系统的防护罩，一般位于导弹前端。历史上第一部空空导弹天线罩是1950年由雷神公司为“银雀”导弹（图7-25）研制的由层压蒙皮和泡沫芯材组成的A夹层结构。为了保护弹体内天线系统在高温飞行环境下能正常工作，导弹天线罩除应具备良好的透波性能、气动承载能力外，还需要具备在高温等苛刻条件下保持结构的完整性和电磁波的透波性。导弹雷达天线罩的工作温度通常为150～1700℃，工作湿度0～100%RH，飞行速度从亚声速到*Ma*为2～5[36-38]。根据飞行速度的不同，导弹雷达天线罩的树脂基体通常可以选择不饱和聚酯、环氧树脂、酚醛树脂、双马树脂、聚酰亚胺以及有机硅等。

图7-25 “银雀”导弹及其天线罩

不饱和聚酯是最早用于天线罩的树脂基体之一，因其耐热性较低，常用于飞行速度在*Ma*为3以下的导弹雷达天线罩。20世纪50年代初，美国Nangatuck化学公司用三聚氰酸三烯丙酯对普通不饱和聚酯进行改性，提高树脂的耐热性，研发出商品Vibrin135和Vibrin136，将复合材料的长期使用温度提高至150℃，美国波音公司采用E玻璃纤维缠绕成型增强该类改性聚酯树脂复合材料研制出“波马克”（Bomore）导弹CIM-10天线罩，用于区域防空，*Ma*为2.8。同时美国还采用玻璃纤维增强聚酯复合材料制备了“霍克”对空导弹雷达天线罩，并在尖端飞行时温度较高的地方，涂有酚醛或双马来酰亚胺树脂，其典型飞行速度为*Ma* 2.5，用于中低空防御。而同时期苏联的“萨姆-6”防空导弹，也采用了和“霍克”类似的玻璃纤维增强聚酯复合材料，不过在放热区域采用了聚酰亚胺涂层，飞行速度在 *Ma* 3 以内，用于机动式全天候型中近程、中低空防空系统。三种导弹及其天线罩如图 7-26 所示。

（a）“波马克”

（b）“霍克”

（c）“萨姆-6”

图 7-26　“波马克”、“霍克”以及“萨姆-6”导弹及其天线罩

环氧树脂是导弹天线罩最常用的基体树脂之一，但由于环氧树脂的使用温度较低，一般用于亚声速导弹天线罩。美国 20 世纪 80 年代潜射型战斧巡航导弹雷达天线罩、进气道采用了玻璃纤维/环氧树脂基复合材料，头锥采用了 Kevlar/聚酰亚胺复合材料，尾锥采用了玻璃粗纱/环氧复合材料，其巡航速度为 *Ma* 0.72，是一种多用途巡航导弹，如图 7-27 所示。我国的亚声速岸舰、舰舰导弹天线罩采用环氧树脂复合材料为蒙皮、聚氨酯泡沫为芯层的 A 型夹层结构制备的天线罩的传输功率不低于 85%。

图 7-27　战斧巡航导弹及其天线罩

对于速度在 *Ma* 3 以上，短时耐温在 500℃以下的导弹天线罩，多采用聚酰亚胺等材料[39]。美国“哈姆”反辐射导弹天线罩采用短时耐温水平达到 500℃的聚酰亚胺树脂复合材料制备（马赫数为 3.2），工作频段覆盖 0.8～18GHz。俄罗斯的 X-31Ⅱ导弹罩体采用改性酚醛树脂复合材料制备，马赫数为 3.1。此外，苏联 Kh-31 反辐射导弹选用石英纤维增强酚醛树脂复合材料制备天线罩，飞行速度最大达到 *Ma* 3.5。有机硅树脂/石英纤维复合材料用于高超声速飞行器如 AGM88A（“哈姆”）反辐射导弹，飞行速度可达 *Ma* 4；美国 Rogers 公司利用研制的 Duroid 5870 玻璃纤维增强聚四氟乙烯复合材料（介电常数 2.33±0.02；介电损耗为 0.0005）制备了“麻雀”AIM71 导弹天线罩[40]。

卫星整流罩作为运载火箭有效载荷的保护罩，避免使其受气动加热、加载和声震等环境因素的损害。为了保证通信联系与遥测的需要，卫星整流罩一般在倒锥段和圆筒段设计微波透明窗口，如欧洲“阿里安”号运载火箭卫星整流罩的倒锥段为芳纶复合材料面板填充环氧的蜂窝结构。我国的“长征 3”运载火箭卫星整流罩的端头前锥段采用了玻璃钢蜂窝夹层结构。

7.3.5 微波透明复合材料在微波天线结构和微电子行业的应用

微波透明复合材料在频率选择反射面和轻质天线上也有广泛的应用。1986 年欧洲航天局（ESA）为卫星通信和数据传输研制的直径 1.1m、质量 4.5kg 的双色副反射器，采用蜂窝夹层结构，蒙皮为 Kevlar 纤维复合材料，蜂窝芯为 Nomex 纸蜂窝芯材。使用于 11.2GHz 频段的传输和 9.1GHz 频段的反射，其型面精度达到 0.09mm（RMS），传输损耗为 0.5dB，反射损耗为 0.3dB。现设在瑞典的 LANDSAT-D 卫星天线系统的双色副反射器直径为 1.42m，用于 S/X 频段，X 波段的反射损耗＜0.1dB，S 波段的传输损耗＜0.25dB，主要采用芳纶复合材料制备[27, 41]。

中国电子科技集团公司第三十九研究所研制的双色副反射器采用 Kevlar 纤维织物与玻璃纤维织物制备混杂复合材料蒙皮，采用 Nomex 纸蜂窝作为芯夹层结构，其透波损耗在 2.2GHz 小于 0.3dB，反射损耗小于 0.5dB，满足了双频天线系统对材料的强度、刚度和高透波性的要求，该制件在卫星通信导弹测量等天线上具有广阔的应用前景。

日本的广播卫星天线，口径为 φ 0.508m×1.27m，天线反射面为椭圆形偏置抛物面。反射面为 Kevlar 纤维复合材料夹层结构。反射面背面支撑结构用 Kevlar 纤维织物增强复合材料制造。美国 RCA 公司为多颗卫星研制的多部抛物面天线中，其反射面均采用 Kevlar 纤维织物增强复合材料制造。

微波透明复合材料由于其低介电、低损耗的特质，在微电子行业也有广泛的应用，尤其在覆铜板和印制电路板方面。这些基板材料按树脂体系可以分为：环氧、聚酰亚胺、氰酸酯、聚四氟乙烯、聚苯醚以及双马来酰亚胺等。目前工业上应用最广泛的是玻璃纤维织物增强环氧树脂（FR4），该产品的介电常数为 4.2～4.8 之间，玻璃化转变温度为 130℃，综合性能优异，但 FR4 也存在耐湿热性不好，介电损耗高，线性系数偏高，阻燃性差等缺点。目前，人们通过添加含磷阻燃剂、酚醛树脂、氰酸酯树脂等改性方法来改善环氧树脂基覆铜板的性能[42]。

PTFE 基玻璃纤维基板由于优异的介电性能，耐化学腐蚀，高频率范围内介电常数、介电损耗变化小，适用于作为高速数字化和高频微波线路板。但其缺点也很突出，存在工艺性能差，玻璃化转变温度低，刚性差，黏结性差，剥离强度低等问题。通常采用聚全氟乙丙烯改性 PTFE，提高产品的弯曲强度和剥离强度，同时降低介电损耗和热压成型温度和压力[43]。

聚酰亚胺耐热性好，在–200～400℃内具有优异的力学、介电、耐辐射等性能，且其线性膨胀系数与铜相近，与铜箔之间的黏结力强，目前通常用作挠性印制电路板。它的基本结构是以特殊的 PI 绝缘膜为基材，覆以铜箔黏结，然后进一步刻蚀加工而成。日本松下电工生产的 R4705 就是一种以聚酰亚胺为主的 CCL 产品，介电常数为 3.9，介电损耗为 0.005。

双马来酰亚胺（BMI）早在 20 世纪 80 年代初已开始用于覆铜板，其主要问题为韧性差，阻燃性能不佳。通过人们长期的研究，目前 BMI 的增韧问题已得到比较好的解决，但在阻燃性能方面仍有待继续研究。

氰酸酯由于具有优异的介电性能、耐热性和极低的吸水率，在高性能 PCB 领域有广阔的应用前景。早在 1984 年，HI-TEK 聚合物公司就开发出了 PCB 专用氰酸酯树脂。1986 年，DOW 化学公司也生产出用于覆铜板的氰酸酯。目前，高性能 PCB 中应用最大的是双酚 A 型氰酸酯，如 Norplexloak 的 E245、HI-TEK 的 Arocy-B40S、Dow 化学的 Xu71787 等。

聚苯醚（PPO）力学强度高，尺寸稳定性、耐热性和耐湿热性好，介电性能优良，已成为高频应用覆铜板的重要应用研究方向之一。松下电工在聚苯醚类低损耗覆铜板中的应用开发较早，且有市场占有度极高的 Megtron 系列高速低损耗覆铜板，对聚苯醚树脂的开发应用掌握得比较全面[44, 45]。三菱瓦斯[46]以乙烯苄基聚苯醚树脂、含磷氰酸酯、含萘环的环氧树脂和含萘环的氰酸酯制备了一种低介电树脂组合物，浸渍玻璃布所得覆铜板 $T_g \geqslant 200$℃，$D_f \leqslant 0.005$，剥离强度≥0.7kg/cm。日立化成[47]以聚苯醚树脂和侧链含 1, 2-乙烯基≥40%的丁二烯聚合物制备了一种半互穿网络，以制备均一的聚苯醚/丁二烯树脂混合物，并且加入氢化丁二烯-苯乙烯-丁二烯热塑性弹性体及含不饱和双键的马来酰亚胺树脂，所制备的覆铜板介电性能优异，热性能较好，3GHz 下 $D_k = 3.25$，$D_f = 0.0029$，$T_g = 180$℃，剥离强度 0.88kN/m。何岳山等[48]以烯丙基改性聚苯醚树脂，烯丙基改性苯并噁嗪树脂，烯丙基双马来酰亚胺树脂及碳氢树脂为原料，所制备的低损耗覆铜板，1GHz 下 $D_k = 3.7 \sim 3.8$，$D_f = 0.003 \sim 0.004$，$T_g = 180 \sim 200$℃，$T_d = 380 \sim 400$℃。

其他方面，美国杜邦公司 1982 年开始出售 Kevlar 纤维复合材料电路板，其尺寸稳定性极佳。日本帝人公司也将它的 Technora 芳纶纤维用作无引线陶瓷基片载体的增强材料，制成特种电路基板，与传统的环氧玻璃布层压板相比，尺寸稳定性好，介电常数低，更适合于高速传输线电路。日本东洋公司也开发了一种具有高的尺寸稳定性和高抗湿性的聚间苯二胺纤维无纺布，用环氧树脂浸渍制成柔性印刷电路板。JERS-1 卫星的 SAR 天线由可展开的 8 块平板组成，每块板由双层蜂窝夹层结构构成，上层称为辐射面板，下层为支撑面板，其辐射面板为芳纶复合材料电路板制成的微带天线基板，板厚 6mm。“风云二号”气象卫星的天线组件的电路板采用 Kevlar 纤维复合材料面板/Nomex 蜂窝夹层结构。

7.4 微波辐射调控复合材料技术发展

7.4.1 微波吸收复合材料技术发展

微波吸收复合材料技术经过半个多世纪的发展，已在多方面取得了较为显著的突破，并在先进航空、航天和舰船等装备上得到广泛应用。但目前仍然存在吸收频带窄、吸收效率低、材料密度大等问题。微波吸收复合材料技术的未来发展方向为：

1. 宽频高吸收复合材料技术

随着远距离预警雷达、监视和目标截获雷达在现代武器装备的广泛使用，现代雷达系统所覆盖的主要频带从 2～18GHz 扩展到 0.3～18GHz，明显向低频拓展，这将削弱现有微波吸收复合材料的隐身贡献。为了满足对抗日益复杂的战场电磁环境，需要微波吸收复合材料在保持高频段吸收性能的同时，拓展低频吸收性能，使微波吸收复合材料在宽频范围内具备高吸收性能，以满足装备发展的应用需求。

国内相关研究单位对电路模拟吸波材料和超材料隐身技术进行了深入的研究，研制了吸收性能良好的含电路模拟结构宽频微波吸收复合材料和含超材料结构宽频微波吸收复合材料，如图 7-28 和图 7-29 所示。

2. 多频谱兼容隐身复合材料技术

随着探测技术的不断发展，除了雷达探测外，可见光、红外、激光等探测技术和水波、声波等声探测技术构成了现代战场上从水下、地（海）面、空中直至太空的大区域范围的多维化的侦察、监视与预警网，所以多频谱多波段兼容隐身是微波吸收复合材料技术发展的一个重要方向。

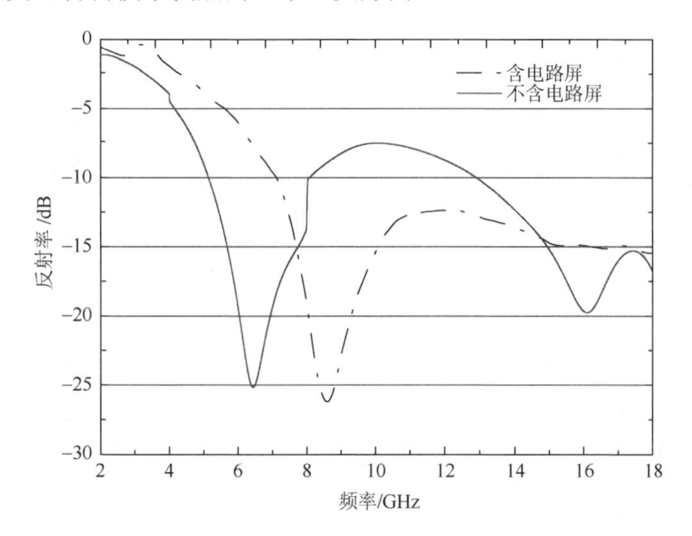

图 7-28　含电路模拟结构微波吸收复合材料吸波性能

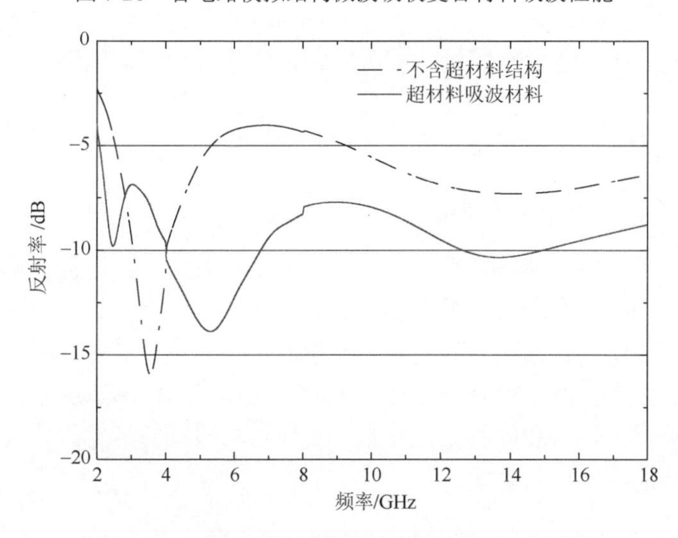

图 7-29　含超材料结构微波吸收复合材料吸波性能

3. 耐高温微波吸收复合材料技术

超高速巡航要求机体结构应用耐高温微波吸收复合材料技术，机身和翼面边缘结构部件将承受更高的气流冲刷，工作温度将达 250～300℃；全向隐身要求综合考虑前向、侧向和后向隐身性能，需要对靠近发动机区域的边缘结构进行隐身设计或改造，其中靠近发动机区域的边缘结构、进气道和尾喷管等部位的工作温度可达到

500～700℃，同样需要应用耐高温隐身复合材料技术。综合以上需求，需要开展耐300℃以上树脂基和耐700℃以上陶瓷基结构微波吸收复合材料技术研究。

4. 多功能集成微波吸收复合材料技术

未来飞行器装备要求具有结构高承载、电子战能力强、低RCS的性能等，这对机载天线安装区域的结构设计技术提出了更高的要求，需同时满足结构透波/隐身/承载的要求；而且天线安装区域多为前缘、后缘或机头区域，是飞机上最容易遭受外来冲击载荷的部位之一，面对适航要求的鸟撞等外来冲击载荷，不仅需要保证结构的强度，还要保证隐身和透波功能的实现。因此，研究多功能集成复合材料技术可以实现多种材料的匹配设计与融合，实现多种功能集成，是未来的发展重点和趋势。目前主要研究方向为采用频率选择表面微波透明复合材料减小电磁窗口的频带宽度；采用共形天线透波一体化复合材料缩小透波电磁窗口的物理尺寸；采用超材料使电磁窗口具备开关功能等。

5. 微波吸收结构智能化技术

通过赋予材料具有感知功能、信号处理功能、自我指令并对信号做出最佳响应的功能，实现吸波复合材料结构的智能化，使其可以根据电磁环境的变化调节自身结构和电磁特性并对环境做出最佳响应，这是提高结构吸波复合材料的吸收效率及其轻质化的新途径，将是微波吸收复合材料未来发展的一个重要方向。

6. 微波吸收复合材料修补技术

随着微波吸收复合材料及其结构的广泛应用，如何对其进行合理的维护和修理将成为装备保持隐身能力的重要影响因素。未来需要针对其在制造和服役过程中出现的缺陷损伤及快速修复问题，开展微波吸收复合材料的修理技术研究，建立适于不同缺陷的吸波结构修补方法和性能评估规范。研制适于吸波构件低温低压工艺的修补材料体系和修补工艺技术，实现结构缺陷的高性能修复，对于微波吸收复合材料的应用极其重要。

7.4.2 微波透明复合材料技术发展

随着装备性能的提升，微波透明复合材料构件已从传统的非、次承力构件向承力方向发展，对微波透明复合材料的性能也提出了更高的要求，不仅要求介电常数和损耗进一步降低，而且要求提升材料力学性能，以实现构件承载、减重需求，以及要求微波透明复合材料具备优良的工艺性，以提高生产效率，降低制造成本。未来微波透明复合材料的研究重点为以下几点。

（1）开发高性能透波纤维，在低介电常数的玻璃纤维方面，通过连续高硅氧纤维和空芯高强度玻璃纤维等的研制及织物纺织工艺的研究，提高增强材料透波性能，使增强材料介电常数达到 2.0±0.2，介电损耗达到 0.006～0.008；在保持芳纶纤维、PBO 纤维、聚酰亚胺纤维等高性能有机纤维低介电和低损耗性能的前提下，进一步提高纤维的强度、模量以及耐环境性能等。

（2）通过开展聚合物大分子结构-性能调控等基础研究，建立分子结构裁剪调控方法，设计合成低介电常数与损耗、高力学性能、耐高温和优异耐环境特性微波透明基体树脂；开展高性能宽频高透波天线罩夹芯材料（蜂窝、泡沫、人工介质等）的研制，提高芯材的透波、耐温及力学特性；研制不但具有高透波性能，而且具有高综合力学性能和耐环境性能的微波透明复合材料。

（3）构建在温度、湿度、应力等多场共同作用下的宽频电磁参数精准测试技术，掌握微波透明复合材料在实际服役环境下的透波性能变化规律，建立微波透明复合材料电性能/环境响应特性模型和承载/透波/一体化设计方法，支撑微波透明复合材料雷达天线罩透波性能提升和结构减重，以及微波透明复合材料承力构件设计应用。

（4）具有隐身/透波功能的结构一体化复合材料及承载共形天线是未来发展趋势。建立微波透明复合材料共形天线设计、材料与制造工艺技术，实现共形天线的工程化应用。将频率选择表面（FSS）和微波吸收复合材料（RAM）结合起来，建立透波/吸波一体化复合材料结构设计，保证天线在工作频带下高透波，工作频带外电磁波高吸收，满足未来装备对透波/隐身功能结构的需求。

参 考 文 献

[1] 邢丽英，张佐光. 结构隐身复合材料的发展与展望[J]. 材料工程，2002，(4)：48-51.

[2] 邢丽英，蒋诗才，李斌太. 含电路模拟结构吸波复合材料[J]. 复合材料学报，2004，21 (6)：27-33.

[3] 孙敏，于名讯. 隐身材料技术[M]. 北京：国防工业出版社，2013.

[4] 周梁，田武.隐身技术的发展趋势[J]. 国外科技动态，2001，(2)：27-29.

[5] 张卫东，冯小云，孟秀兰.国外隐身材料研究进展[J]. 宇航材料工艺，2000，(3)：1-4.

[6] 桑建华.飞行器隐身技术[M].北京：航空工业出版社，2013.

[7] 李绪东. 国外隐身飞机及隐身材料[J]. 飞机设计参考资料，2001，(1)：46-48.

[8] 谷荣亮，杜江，陈涛. 红外隐身涂层在导弹上的应用[J]. 制导与引信，2007，28 (1)：53-56.

[9] 夏新仁，冯金平. 导弹隐身技术的发展现状与趋势[J]. 航空科学技术，2007，(5)：17-22.

[10] 谷荣亮. 导弹隐身技术与反隐身技术的研究[J]. 制导与引信，2008，29 (4)：46-50.

[11] 翟青霞，黄英，苗璐，等. 树脂基复合吸波材料在航空、航天中的应用[J]. 玻璃钢/复合材料，2009，209 (6)：72-76.

[12] 彭瑾，徐兴柱，宋艳波，等. 国外导弹隐身技术现状与发展趋势[J]. 飞航导弹，2009，(3)：23-27.

[13] 曲东才. 隐身巡航导弹的发展及主要隐身技术分析[J]. 中国航天，2000，(10)：40-44.

[14] 周光华，周学梅. 坦克装甲车辆的多频谱隐身技术分析[J]. 兵器装备工程学报，2010，31 (9)：45-47.

[15] 李鑫. 俄罗斯和白俄罗斯设计的 2T 型装甲侦察车[J]. 国外坦克，2001，(8)：18-20.

[16] 曹玉芬. 法国揭示隐形坦克[J]. 国外坦克，2002，(8)：39.
[17] 江雨. 隐身设计与中国海军舰艇[J]. 舰载武器，2007，(12)：41-49.
[18] 李翔. 现代海战兵器的隐身和反隐身技术[J]. 舰载武器，2000，(2)：44-50.
[19] 马玉璞. 舰用非金属隐身材料的发展[J]. 舰船科学技术，2001，(2)：28-34.
[20] 高山. 水面战斗舰艇隐身设计浅探[J]. 船舶，2008，19 (6)：10-12.
[21] 郑永春，王世杰，冯俊明，等. 天然掺杂铁氧体的电磁参数调控机制分析及其在吸波材料中的应用[J]. 中国科学：技术科学，2006，36 (5)：550-559.
[22] Skolnik M I. Radar Handbook[M].New York：McGraw-Hill Companies，2008.
[23] Kozakoff D J. Analysis of Radome-Enclosed Antennas[M]. Boston：Artech house，2010.
[24] Baker A，Dutton S，Kelly D. Composite Materials for Aircraft Structures [M]. Virginia：American Institute of Aeronautics and Astronautics，Inc.，2004.
[25] 邢丽英. 结构功能一体化复合材料技术[M]. 北京：航空工业出版社，2017.
[26] 陈祥宝. 聚合物基复合材料手册[M]. 北京：化学工业出版社，2004.
[27] 刘丽. 天线罩用透波复合材料[M]. 北京：冶金工业出版社，2008.
[28] 张强. 天线罩理论及设计方法[M]. 北京：国防工业出版社，2014.
[29] Mouritz A P，Gellert E，Burchill P，et al. Review of advanced composite structures fornaval ships and submarines [J].Composite Structures，2001，53 (1)：21-41.
[30] 张国腾，陈蔚岗，唐桂云.复合材料制造轻量化技术在船舰制造领域的应用[J].纤维复合材料，2010，30(7)：385-393.
[31] 方志刚，刘斌，李国明，等. 舰船装备材料体系发展与需求分析[J].中国材料进展，2014，33 (1)：26-30.
[32] 肇研，余启，董麒，等. 中国海洋工程复合材料的发展现状与思考[J].新材料产业，2013，(11)：26-30.
[33] 钱江，李楠，史文强. 复合材料在国外海军舰船上层建筑上的应用与发展[J].舰船科学技术，2015，37 (1)：233-237.
[34] 李楠，谢会超，王珏，等. 国外海军舰船复合材料声纳罩的应用与发展[J]. 舰船科学技术，2017，39 (6)：1-5.
[35] 孙宝华. 地面雷达罩用聚合物基透波材料及其性能的研究[D]. 哈尔滨：哈尔滨工业大学，2000.
[36] 曹峰，杨备，张长瑞，等. 宽频透波天线罩研究进展[J]. 兵器材料科学与工程，2011，34 (4)：85-89.
[37] 彭望泽. 防空导弹天线罩[M]. 北京：宇航出版社，1993.
[38] 戎华. 导弹天线罩技术简介[J].声学与电子工程，2003，(3)：36-38.
[39] 曹运红. 用于导弹雷达天线罩的材料、工艺现状及未来发展趋势[J]. 飞航导弹，2005，(5)：59-64.
[40] 石毓锬，梁国正，兰立文. 树脂基复合材料在导弹雷达天线罩中的应用[J]. 材料工程，2000，(5)：36-39.
[41] 靳武刚. 芳纶透波复合材料及在天线结构中的应用[J]. 高科技纤维与应用，2003，28 (1)：20-24.
[42] 周文胜，梁国正，房红强，等. 高性能树脂基覆铜板的研究进展[J]. 工程塑料应用，2007，32 (7)：71-74.
[43] 胡福田，杨卓如. 改性聚四氟乙烯覆铜板的制备与性能研究[J]. 化工新型材料，2007，35 (12)：54-56，69.
[44] 齐藤英一郎，古森清孝，伊藤直树. 多聚酯合成物（聚苯醚），聚酯胶片，多层板，印刷电路板，以及多层印刷电路板[P]：CN，1458963A. 2003-11-26.
[45] 彭康，董辉，潘锦平，等. 低分子量聚苯醚的制备及其在低介电损耗覆铜板中的应用[C]. 咸阳：第十七届中国覆铜板技术·市场研讨会论文集，2016.
[46] Syouichi I，Yoshitaka U，Michio Y. Resin composition，prepreg and resin sheet，and metal foil-clad laminate[P]：US，20150017449A1. 2015-01-15.
[47] Kenichi K，Yasuyuki M， Takao T. Thermosetting resin composition，and resin varnish，prepreg and metal-clad laminate using the same[P]：JP，2011225639A. 2011-11-10.
[48] 杨虎，何岳山. 一种无卤树脂组合物及其用途[P]：CN，201410051996. 9. 2014-02-14.

关键词索引

G

H

J

K

L

M

N

P

Q

R

S

T

W

X

Y

Z